国家出版基金资助项目

现代数学中的著名定理纵横谈丛书

丛书主编　王梓坤

BÉZOUT THEOREM

Bézout定理

刘培杰数学工作室　编

哈尔滨工业大学出版社

HARBIN INSTITUTE OF TECHNOLOGY PRESS

内容简介

本书主要介绍了 Bézout 定理的相关知识及代数几何学方向的一些著名数学家.本书共分十编,主要有初中数论中的 Bézout 定理、代数几何学的历史、Bézout 定理与几何学、中国的三位代数几何大师等.

本书适合从事这一数学分支或相关学科的数学工作者、大学生以及数学爱好者研读.

图书在版编目(CIP)数据

Bézout 定理/刘培杰数学工作室编.—哈尔滨:
哈尔滨工业大学出版社,2024.3
(现代数学中的著名定理纵横谈丛书)
ISBN 978 - 7 - 5767 - 0509 - 6

Ⅰ.①B… Ⅱ.①刘… Ⅲ.①代数几何 Ⅳ.①O187

中国国家版本馆 CIP 数据核字(2023)第 015167 号

BÉZOUT DINGLI

策划编辑	刘培杰　张永芹
责任编辑	张永芹　李　欣
封面设计	孙茵艾
出版发行	哈尔滨工业大学出版社
社　址	哈尔滨市南岗区复华四道街 10 号　邮编 150006
传　真	0451 - 86414749
网　址	http://hitpress.hit.edu.cn
印　刷	辽宁新华印务有限公司
开　本	787 mm×960 mm　1/16　印张 43.75　字数 482 千字
版　次	2024 年 3 月第 1 版　2024 年 3 月第 1 次印刷
书　号	ISBN 978 - 7 - 5767 - 0509 - 6
定　价	288.00 元

(如因印装质量问题影响阅读,我社负责调换)

代序

读书的乐趣

你最喜爱什么——书籍.

你经常去哪里——书店.

你最大的乐趣是什么——读书.

这是友人提出的问题和我的回答.真的,我这一辈子算是和书籍,特别是好书结下了不解之缘.有人说,读书要费那么大的劲,又发不了财,读它做什么?我却至今不悔,不仅不悔,反而情趣越来越浓.想当年,我也曾爱打球,也曾爱下棋,对操琴也有兴趣,还登台伴奏过.但后来却都——断交,"终身不复鼓琴".那原因便是怕花费时间,玩物丧志,误了我的大事——求学.这当然过激了一些.剩下来唯有读书一事,自幼至今,无日少废,谓之书痴也可,谓之书橱也可,管它呢,人各有志,不可相强.我的一生大志,便是教书,而当教师,不多读书是不行的.

读好书是一种乐趣,一种情操;一种向全世界古往今来的伟人和名人求

1

教的方法,一种和他们展开讨论的方式;一封出席各种活动、体验各种生活、结识各种人物的邀请信;一张迈进科学宫殿和未知世界的入场券;一股改造自己、丰富自己的强大力量.书籍是全人类有史以来共同创造的财富,是永不枯竭的智慧的源泉.失意时读书,可以使人重整旗鼓;得意时读书,可以使人头脑清醒;疑难时读书,可以得到解答或启示;年轻人读书,可明奋进之道;年老人读书,能知健神之理.浩浩乎! 洋洋乎! 如临大海,或波涛汹涌,或清风微拂,取之不尽,用之不竭.吾于读书,无疑义矣,三日不读,则头脑麻木,心摇摇无主.

潜能需要激发

我和书籍结缘,开始于一次非常偶然的机会.大概是八九岁吧,家里穷得揭不开锅,我每天从早到晚都要去田园里帮工.一天,偶然从旧木柜阴湿的角落里,找到一本蜡光纸的小书,自然很破了.屋内光线暗淡,又是黄昏时分,只好拿到大门外去看.封面已经脱落,扉页上写的是《薛仁贵征东》.管它呢,且往下看.第一回的标题已忘记,只是那首开卷诗不知为什么至今仍记忆犹新:

日出遥遥一点红,飘飘四海影无踪.

三岁孩童千两价,保主跨海去征东.

第一句指山东,二、三两句分别点出薛仁贵(雪、人贵).那时识字很少,半看半猜,居然引起了我极大的兴趣,同时也教我认识了许多生字.这是我有生以来独立看的第一本书.尝到甜头以后,我便千方百计去找书,向小朋友借,到亲友家找,居然断断续续看了《薛丁山征西》《彭公案》《二度梅》等,樊梨花便成了我心中的女英雄.我真入迷了.从此,放牛也罢,车水也罢,我总要带一本书,还练出了边走田间小路边读书的本领,读得津津有味,不知人间别有他事.

当我们安静下来回想往事时,往往会发现一些偶然的小事却影响了自己的一生.如果不是找到那本《薛仁贵征东》,我的好学心也许激发不起来.我这一生,也许会走另一条路.人的潜能,好比一座汽油库,星星之火,可以使它雷声隆隆、光照天地;但若少了这粒火星,它便会成为一潭死水,永归沉寂.

抄,总抄得起

好不容易上了中学,做完功课还有点时间,便常光顾图书馆.好书借了实在舍不得还,但买不到也买不起,便下决心动手抄书.抄,总抄得起.我抄过林语堂写的《高级英文法》,抄过英文的《英文典大全》,还抄过《孙子兵法》,这本书实在爱得狠了,竟一口气抄了两份.人们虽知抄书之苦,未知抄书之益,抄完毫末俱见,一览无余,胜读十遍.

始于精于一,返于精于博

关于康有为的教学法,他的弟子梁启超说:"康先生之教,专标专精、涉猎二条,无专精则不能成,无涉猎则不能通也."可见康有为强烈要求学生把专精和广博(即"涉猎")相结合.

在先后次序上,我认为要从精于一开始.首先应集中精力学好专业,并在专业的科研中做出成绩,然后逐步扩大领域,力求多方面的精.年轻时,我曾精读杜布(J. L. Doob)的《随机过程论》,哈尔莫斯(P. R. Halmos)的《测度论》等世界数学名著,使我终身受益.简言之,即"始于精于一,返于精于博".正如中国革命一样,必须先有一块根据地,站稳后再开创几块,最后连成一片.

丰富我文采,澡雪我精神

辛苦了一周,人相当疲劳了,每到星期六,我便到旧书店走走,这已成为生活中的一部分,多年如此.一次,偶然看到一套《纲鉴易知录》,编者之一便是选编《古文观止》的吴楚材.这部书提纲挈领地讲中国历史,上自盘古氏,直到明末,记事简明,文字古雅,又富于故事性,便把这部书从头到尾读了一遍.从此启发了我读史书的兴趣.

我爱读中国的古典小说,例如《三国演义》和《东周列国志》.我常对人说,这两部书简直是世界上政治阴谋诡计大全.即以近年来极时髦的人质问题(伊朗人质、劫机人质等),这些书中早就有了,秦始皇的父亲便是受害者,堪称"人质之父".

《庄子》超尘绝俗,不屑于名利.其中"秋水""解牛"诸篇,诚绝唱也.《论语》束身严谨,勇于面世,"己所不欲,勿施于人",有长者之风.司马迁的《报任少卿书》,读之我心两伤,既伤少卿,又伤司马;我不知道少卿是否收到这封信,希望有人做点研究.我也爱读鲁迅的杂文,果戈理、梅里美的小说.我非常敬重文天祥、秋瑾的人品,常记他们的诗句:"人生自古谁无死,留取丹心照汗青""休言女子非英物,夜夜龙泉壁上鸣".唐诗、宋词、《西厢记》《牡丹亭》,丰富我文采,澡雪我精神,其中精粹,实是人间神品.

读了邓拓的《燕山夜话》,既叹服其广博,也使我动了写《科学发现纵横谈》的心.不料这本小册子竟给我招来了上千封鼓励信.以后人们便写出了许许多多的"纵横谈".

从学生时代起,我就喜读方法论方面的论著.我想,做什么事情都要讲究方法,追求效率、效果和效益,方法好能事半而功倍.我很留心一些著名科学家、文学家写的心得体会和经验.我曾惊讶为什么巴尔扎克在51年短短的一生中能写出上百本书,并从他的传记中去寻找答案.文史哲和科学的海洋无边无际,先哲们的明智之光沐浴着人们的心灵,我衷心感谢他们的恩惠.

读书的另一面

以上我谈了读书的好处,现在要回过头来说说事情的另一面.

读书要选择.世上有各种各样的书:有的不值一看,有的只值看20分钟,有的可看5年,有的可保存一辈子,有的将永远不朽.即使是不朽的超级名著,由于我们的精力与时间有限,也必须加以选择.决不要看坏书,对一般书,要学会速读.

读书要多思考.应该想想,作者说得对吗?完全吗?适合今天的情况吗?从书本中迅速获得效果的好办法是有的放矢地读书,带着问题去读,或偏重某一方面去读.这时我们的思维处于主动寻找的地位,就像猎人追找猎物一样主动,很快就能找到答案,或者发现书中的问题.

有的书浏览即止,有的要读出声来,有的要心头记住,有的要笔头记录.对重要的专业书或名著,要勤做笔记,"不动笔墨不读书".动脑加动手,手脑并用,既可加深理解,又可避忘备查,特别是自己的灵感,更要及时抓住.清代章学诚在《文史通义》中说:"札记之功必不可少,如不札记,则无穷妙绪如雨珠落大海矣."

许多大事业、大作品,都是长期积累和短期突击相结合的产物.涓涓不息,将成江河;无此涓涓,何来江河?

　　爱好读书是许多伟人的共同特性,不仅学者专家如此,一些大政治家、大军事家也如此.曹操、康熙、拿破仑、毛泽东都是手不释卷,嗜书如命的人.他们的巨大成就与毕生刻苦自学密切相关.

王梓坤

目录

1

2

5

第一编

初等数论中的 Bézout 定理

在 Z 中的几个例子

只要我们能够消除许多人从其童年生活中产生的对数学的反感,就可以激发人们对数学的兴趣.

——H. Rademacher

第 1 章

§1 引 言

英国著名数论学家 L. J. Mordell(莫德尔)曾说过:"明显地,我们希望一个好的证明是使用最小的计算量和最容易的方法.证明的最基本思想必须是极其简单的,并且只考虑适合于证明的那些思想.在证明中运用这些思想,应该是看上去必然却又完全意外的."

本书主要叙述的是一个数论中的常用定理——Bézout(贝祖)定理,从最简单的情形一直讲到最前沿的代数几何.

我们先看几个数学竞赛中的简单例子:

在数学竞赛中,证明两数互素是数论问题证明中经常遇到的问题,Bézout 定理的一个推论为这类问题的证明提供了一个重要方法.

Bézout 定理 设 a,b,d 是整数,则 $(a,b)=d$ 的充要条件是 $d\mid a,d\mid b$,存在整数 u,v,使得 $ua+vb=d$,其中 (a,b) 表示整数 a,b 的最大公约数.

定理的证明在各类数学竞赛的数论参考书中都有提及,这里不再重复了.特别地,$(a,b)=1$ 的充要条件是存在整数 u,v,使得 $ua+vb=1$,这就是 Bézout 定理的一个重要推论,它为证明两数互素提供了有力工具,南昌大学附属中学的王文江老师给出几个例题予以说明.

例 1 (第一届国际数学奥林匹克竞赛题)对任意整数 n,证明:分数 $\dfrac{21n+4}{14n+3}$ 是既约分数.

证明 问题等价于要证 $21n+4$ 与 $14n+3$ 互素,而 $3(14n+3)-2(21n+4)=1$,由 Bézout 定理的推论可知命题得证.

注 1 要说明整数 a 与 b 互素,只需找到整数 u,v,使得 $ua+vb=1$ 即可.

例 2 (2015 年全国高中数学联赛江西省预赛题)正整数数列 $\{a_n\}$ 满足 $a_1=2$,$a_{n+1}=a_n^2-a_n+1$,证明:数列的任何两项皆互素.

证明 $a_{n+1}=a_n^2-a_n+1$ 可化为

$$a_{n+1}-1=a_n(a_n-1)$$

从而

$$a_n-1=a_{n-1}(a_{n-1}-1)$$

据此迭代得

$$\begin{aligned}
a_{n+1} - 1 &= a_n(a_n - 1) = a_n a_{n-1}(a_{n-1} - 1) \\
&= a_n a_{n-1} a_{n-2}(a_{n-2} - 1) \\
&= \cdots = a_n a_{n-1} \cdots a_1(a_1 - 1) \\
&= a_n a_{n-1} \cdots a_1
\end{aligned}$$

所以

$$a_{n+1} - a_n a_{n-1} \cdots a_1 = 1$$

即 $a_n - a_{n-1} \cdots a_1 = 1$. 由 Bézout 定理推论可知 $k < n$,
$(a_n, a_k) = 1$,证毕.

注 2   本题通过数列迭代构造出 $ua + vb = 1$,从而
说明数列任意两项互素.

例 3   有 200 个盒子,每个盒子中有一些球(球的
个数不一定相等),选 107 个盒子,并在这些盒子中各
放一个球,完成一次操作,证明:可以通过有限多次操
作,使得所有盒子中球的个数都相同.

证明   因为 200 与 107 互素,所以存在整数 u, v,
使得 $200u + 107v = 1$($u = -130, v = 243$ 就是其中一
组),即 $107 \times 243 = 200 \times 130 + 1$. 将 200 个盒子排成
一圈,从某个盒子 A 开始,按固定方向顺次进行 243 次
操作,A 盒子增加了 131 个球,其余的每个盒子增加了
130 个球,若我们开始选定的 A 盒子中的球个数最少,
则通过有限次操作,可使所有盒子中的球的个数相等.

注 3   本题是 Bézout 定理的推论在组合数论中的
一个应用,其巧妙解决了组合中的操作问题.

§2   由 IMO 金牌选手提供的一道西部竞赛题

早些年国家制定了西部大开发的战略,一个新的

数学竞赛——中国西部数学邀请赛便应运而生. 下例便是其中一道试题:

例 4（2017 年中国西部数学邀请赛试题）已知 9 个正整数 $a_1, a_2, \cdots, a_9$（允许相同）满足：对任意的 $1 \leqslant i < j < k \leqslant 9$，均存在与 i, j, k 不同的 $l(1 \leqslant l \leqslant 9)$，使得

$$a_i + a_j + a_k + a_l = 100$$

求满足上述要求的有序九元数组 $(a_1, a_2, \cdots, a_9)$ 的个数.

（本题由昔日 IMO 金牌得主何忆捷供题）

解 设 $f(x_1, x_2, \cdots, x_n, \cdots) = \sum_{i=1}^{n} a_i x_i$，易验证这样的 f 符合条件.

接下来证明所有符合条件的 f 均具有所给形式.

设 $\{e_n\}$ 是第 n 项为 1，其他项为 0 的数列，设 $f(e_n) = a_n$，且

$$g(x_1, x_2, \cdots, x_n, \cdots) = f(x) - \sum_{i=1}^{n} a_i x_i$$

由 g 的构造知，其满足

$$g(x + y) = g(x) + g(y)$$

且若 x 仅有有限项非零，则 $g(x) = 0$.

下面只需证明对所有的 $x \in A$，均有

$$g(x) = 0$$

设 $x = \{x_n\}$. 由 Bézout 定理知，存在数列 $y = \{y_n\}$ 和 $z = \{z_n\}$，满足对所有正整数 n，均有

$$x_n = 2^n y_n + 3^n z_n$$

从而

$$g(x) = g(y) + g(z)$$

要证 $g(x) = 0$,只需证 $g(y) = g(z) = 0$.

由于对所有有限项非零的数列 x 均有 $g(x) = 0$,故对任意正整数 n,均有

$$g(y) = g(y_1, \cdots, y_{n-1}, 0, \cdots, 0) + g(0, \cdots, 0, y_n, \cdots)$$
$$= g(0, \cdots, 0, y_n, \cdots)$$
$$= 2^n g\left(0, \cdots, 0, \frac{y_n}{2^n}, \frac{y_{n+1}}{2^n}, \cdots\right)$$

能被 2^n 整除. 故 $g(y) = 0$.

类似地,$g(z) = 0$. 因此,g 恒等于 0. 故

$$f(x_1, x_2, \cdots, x_n, \cdots) = a_1 x_1 + a_2 x_2 + \cdots + a_n x_n$$

余略.

（此解答由著名奥数教练邹瑾、王广廷提供）

我们可以看到解决本题的关键在于利用 Bézout 定理.

§3　2017 年 IMO 试题中一道数论题目的多种解法

例 5　对于一个有序整数对 (x, y),若 x 与 y 的最大公约数为 1,则称数对 (x, y) 对应的点为"本原格点". 给定一个有限的本原格点集 S,证明:存在正整数 n 和整数 $a_0, a_1, \cdots, a_n$,使得对于点集 S 中的每一个 (x, y),均有

$$\sum_{i=0}^{n} a_i x^{n-i} y^i = 1$$

证法 1　（中国队队员任秋宇、张骉的证明）思路是以 $|S| = 3$ 为基础进行归纳的.

若对于 $|S| = n \geq 3$ 命题成立,则考虑

$$S = \{(x_0, y_0), (x_1, y_1), (x_2, y_2), \cdots, (x_n, y_n)\}$$

先对 $S_1 = \{(x_1, y_1), (x_2, y_2) \cdots, (x_n, y_n)\}$ 用归纳假设,知存在齐次二元多项式 $P_1(x, y)$,满足

$$P_1(x_i, y_i) = 1 \quad (i = 1, 2, \cdots, n)$$

记 $P_1(x_0, y_0) = a.$

再对 $S_2 = \{(x_0, y_0), (x_2, y_2), \cdots, (x_n, y_n)\}$ 用归纳假设,知存在齐次二元多项式 $P_2(x, y)$,满足

$$P_2(x_i, y_i) = 1 \quad (i = 0, 2, \cdots, n)$$

记 $P_2(x_1, y_1) = b.$

若 a 或 b 中有一个数为 1,则问题已经解决. 若这两个数均不为 1,则根据归纳基础($n = 3$ 的情形),存在一个齐次二元多项式 $Q_0(x, y)$,满足

$$Q_0(a, 1) = Q_0(1, b) = Q_0(1, 1) = 1$$

故 $P(x, y) = Q_0(P_1(x, y), P_2(x, y))$ 满足要求.

引理 1 ($n = 3$ 的情形)对于任意 $a, b \in \mathbf{Z} \setminus \{1\}$,存在整系数齐次多项式 $h(x, y)$,使得

$$h(a, 1) = h(1, b) = h(1, 1) = 1$$

证明 若 $|ab| = 1$,则 $|a| = |b| = 1$,可取 $h(x, y) = 2x^2 - y^2.$

以下假设 $|ab| \neq 1$,并设 $h(x, y)$ 具有如下形式

$$h(x, y) = k_0 x^n + k_1 x^{n-1} y + \cdots + k_n y^n$$

则

$$k_0 a^n + k_1 a^{n-1} + \cdots + k_n = 1$$
$$k_0 + k_1 b + \cdots + k_n b^n = 1$$
$$k_0 + k_1 + \cdots + k_n = 1$$

以上三个方程有 $n + 1$ 个未知数. 由最后一个等式知

$$k_0 = 1 - k_1 - \cdots - k_n$$

代入前两个等式分别得

$$\sum_{i=1}^{n} k_i (a^{n-i} - a^n) = 1 - a^n \Leftrightarrow \sum_{i=1}^{n} \left(k_i a^{n-i} \sum_{j=0}^{i-1} a^j \right) = \sum_{i=1}^{n-1} a^i$$

$$\sum_{i=1}^{n} k_i (b^i - 1) = 0 \Leftrightarrow \sum_{i=1}^{n} \left(k_i \sum_{j=0}^{i-1} b^j \right) = 0$$

$$\Rightarrow k_1 = - \sum_{i=2}^{n} \left(k_i \sum_{j=0}^{i-1} b^j \right)$$

故

$$\sum_{i=2}^{n} k_i \left(\sum_{j=n-i}^{n-1} a^j - a^{n-1} \sum_{j=0}^{i-1} b^j \right) = \sum_{i=0}^{n-1} a^i$$

即

$$(1 - ab) \sum_{i=2}^{n} k_i \left(\sum_{j=2}^{i} \left(a^{n-j} \sum_{t=0}^{j-2} a^t b^t \right) \right) = \sum_{i=0}^{n-1} a^i \quad (1)$$

此时,注意到 k_2 的系数为

$$M = (1 - ab) a^{n-2}$$

k_n 的系数为

$$N = (1 - ab) \left(\sum_{j=2}^{i} \left(a^{n-j} \sum_{t=0}^{j-2} a^t b^t \right) \right)$$

由于 $(a, N) = (a, 1) = 1$,且

$$(M, N) = 1 - ab$$

故只要

$$(1 - ab) \mid (1 + a + \cdots + a^{n-1}) \quad (2)$$

一次不定方程(1)就必定有整数解.

而 $a \neq 1$,从而

　　式$(2) \Leftrightarrow (1 - ab)(1 - a) \mid (a^n - 1)$

因为 $(a, (1 - ab)(1 - a)) = 1$,所以,取 $n = \varphi(\mid (1 - ab)(1 - a) \mid)$ 即可.

引理 1 得证.

对于一般位置的三个本原格点,易知,存在一个整系数的单模变换,把其中一点映到 $(1,1)$. 接着作一个平移变换

$$(x,y) \mapsto (x-1, y-1)$$

再作一个单模整系数线性变换把另两个格点变到坐标轴上,最后作一个平移变换

$$(x,y) \mapsto (x+1, y+1)$$

就可以化归到引理 1 的情形.

用类似的讨论可证明 $|S| = 2$ 时,命题也成立.

证法 2 首先,我们知道,其实只要找到一个齐次多项式,使得对于 $S = \{(x_1, y_1), (x_2, y_2), \cdots, (x_n, y_n)\}$ 中的点都有 $f(x_i, y_i) = \pm 1 (i = 1, \cdots, n)$ 成立就行了. 然后,取 $f^2(x,y)$ 即可. 如果这些点中有两点和原点共线,那么必然是关于原点对称的两点,任意齐次多项式在这两点上的取值的绝对值相同,因此我们可以假设 S 中的任意两点和原点不共线.

考虑齐次多项式 $l_i(x,y) = y_i x - x_i y$,定义

$$g_i(x,y) = \prod_{j \neq i} l_j(x,y)$$

这样当且仅当 $j = i$ 时,$l_i(x_j, y_j) = 0$. 所以 $g_i(x,y)$ 是一个 $n-1$ 次多项式,且具有以下两条性质:

(1) $j \neq i$ 时,$g_i(x_j, y_j) = 0$;

(2) $g_i(x_i, y_i) = a_i \neq 0$.

对于任意 $N \geq n-1$,存在一个 N 次齐次多项式也具有上述两条性质. 事实上,只要取一个一次多项式 $I_i(x,y)$,使得 $I_i(x_i, y_i) = 1$(因为 (x_i, y_i) 是一个本原格点,这样的 I_i 总是存在的),再考虑 $I_i(x,y)^{N-(n-1)} g_i(x,y)$

即可.

下面,我们来把问题化简成如下命题:

命题 1　对于任意正整数 a,存在一个次数不小于 1 的整系数齐次多项式 $f_a(x,y)$,使得对于任意的本原格点 (x,y),都成立 $f_a(x,y) \equiv 1 (\bmod a)$.

为说明从这个命题出发可以得到原题的结论,我们只要取 a 为前述 $a_i(1 \leq i \leq n)$ 的最小公倍数. 取命题中的 f_a,选择它的一个幂次 $(f_a(x,y))^k$,使得其次数至少是 $n-1$,然后从这个多项式减去 $g_i(x,y)$ 的适当倍数即可.

下面我们通过对 a 作分解来证明该命题. 首先,如果 a 是一个素数的幂 $(a = p^k)$,那么我们可以得到:

(1) 如果 p 是奇素数,取 $f_a(x,y) = (x^{p-1} + y^{p-1})^{\phi(a)}$;

(2) 如果 $p = 2$,取 $f_a(x,y) = (x^2 + xy + y^2)^{\phi(a)}$.

现在假设正整数 a 可以分解成 $a = q_1 q_2 \cdots q_k$,其中 q_i 是素数的幂,且两两互素,设 f_{q_i} 是按照上述规则构造的多项式,取它的一个适当的幂次 F_{q_i},使得对于所有的 i,多项式 F_{q_i} 的次数都是一样的. 注意对于任意互素的 x 和 y,都有

$$\frac{a}{q_i} F_{q_i}(x,y) \equiv \frac{a}{q_i} (\bmod a)$$

由 Bézout 定理知,存在 $\dfrac{a}{q_i}$ 的一个整系数线性组合的值恰为 1,这样同样的系数就可以给出 F_{q_i} 的一个整系数线性组合,使得对于任意本原格点 (x,y),多项式的值模 a 都余 1. 由于所有的 F_{q_i} 次数相同,故我们得到的是一个齐次多项式.

证法 3　(由以色列领队 Dan Carmon 根据原供题

人的证法略加简化得到）我们对 S 的元素个数进行归纳. 若 $|S|=1$，则设 $S=\{(x_0,y_0)\}$. 由 Bézout 定理知，存在整数 a,b，使得 $ax_0+by_0=1$，取齐次整系数多项式 $P(X,Y)=aX+bY$，则对任意 $(x,y)\in S$，有 $P(x,y)=1$.

下面假设 $|S|=k\geqslant 2$，并且结论在取 $k-1$ 时成立. 任取 $(x_0,y_0)\in S$，由 Bézout 定理知，存在整数 a,b，使得 $ax_0+by_0=1$. 作平面上的单模（即行列式为 1 的）整系数线性变换

$$T:\mathbf{R}^2\to\mathbf{R}^2,T(X,Y)=(aX+bY,-y_0X+x_0Y)$$

T 也是 $\mathbf{Z}^2$ 到 $\mathbf{Z}^2$ 的一个双射，并且将本原格点也映到本原格点. 如果对 $T(S)$，存在齐次整系数多项式 $P(X,Y)$，使得对任意 $(x,y)\in T(S)$，$P(x,y)=1$，那么齐次整系数多项式 $P(T(X,Y))=P(aX+bY,-y_0X+x_0Y)$，就满足对任意 $(x,y)\in S$，$P(T(x,y))=1$. 我们只需对 $W=T(S)$ 来证明. 注意 $T(x_0,y_0)=(1,0)\in W$，记 $W'=W\backslash\{(1,0)\}$.

由归纳假设，存在齐次整系数多项式 $F(X,Y)$，使得对任意 $(x,y)\in W'$，都有 $F(x,y)=1$. 设 $W'=\{(x_1,y_1),\cdots,(x_{k-1},y_{k-1})\}$，令

$$G(X,Y)=\prod_{i=1}^{k-1}(-x_iY+y_iX)$$

于是对 $1\leqslant i\leqslant k-1$，都有 $G(x_i,y_i)=0$，而 $G(1,0)=y_1y_2\cdots y_{k-1}=a$. 设

$$F(X,Y)=a_0X^n+a_1X^{n-1}Y+\cdots+a_nY^n$$

由于

$$F(x_i,y_i)=a_0x_i^n+y_i(a_1x_i^{n-1}+\cdots+a_ny_i^{n-1})=1$$

故

$$(a_0,y_i)=1\quad(1\leqslant i\leqslant n-1)$$

从而 $(a_0, a) = 1$. 取正整数 d, 使得 $a_0^d \equiv 1 (\bmod\ a)$, 且 $d > \deg G$. 令 $M = \dfrac{a_0^d - 1}{a} \in \mathbf{Z}$, 且

$$P(X, Y) = F(X, Y)^d - MX^{d\deg F - \deg G} G(X, Y)$$

于是 $P(X, Y)$ 是 $d\deg F$ 次齐次整系数多项式. 对 $1 \leqslant i \leqslant k - 1$ 有

$$P(x_i, y_i) = F(x_i, y_i)^d - Mx_i^{d\deg F - \deg G} G(x_i, y_i) = 1 - 0 = 1$$

而

$$P(1, 0) = F(1, 0)^d - MG(1, 0) = a_0^d - \frac{a_0^d - 1}{a} \cdot a = 1$$

§4 基础知识简介——公倍数与公约数

1. 公约数与最大公约数

定义 1 设 $a_1, a_2, \cdots, a_n (n \geqslant 2)$ 是不全为零的整数, 如果 $c \mid a_i (i = 1, 2, \cdots, n)$, 则称 c 为 $a_1, a_2, \cdots, a_n$ 的公约数; $a_1, a_2, \cdots, a_n$ 所有公约数中最大的一个称为 $a_1, a_2, \cdots, a_n$ 的最大公约数, 记作 $(a_1, a_2, \cdots, a_n)$. 由上述定义即可得到下面两个结论:

(1) 若 $b \neq 0$, 则 $(0, b) = |b|$;

(2) $(a_1, a_2, \cdots, a_n) = (|a_1|, |a_2|, \cdots, |a_n|)$.

由于有上面两个结论, 今后我们只讨论正整数的公约数问题.

定理 1 设正整数 a 和 $b (a > b)$ 满足等式

$$a = bq + r \quad (0 \leqslant r < b, q, r \in \mathbf{Z})$$

则 $(a, b) = (b, r)$.

证明 设 $d \mid a, d \mid b$, 则 $d \mid bq$, 又因为 $r = a - bq$, 所

以 $d \mid r$，即 a,b 的公约数也是 b,r 的公约数.

这表明 a,b 的全体公约数组成的集合，与由 b,c 的全体公约数组成的集合是同一个集合，故它们的最大公约数是同一个，即 $(a,b) = (b,r)$.

由本定理可给出一个求两个正整数的最大公约数的重要方法——辗转相除法〔也称作 Euclid（欧几里得）算法〕：

设 a,b 是两个正整数，且 $b \nmid a$ 时，根据带余除法可得到下面的算式

$$a = bq_1 + r_1 \quad (0 \leqslant r_1 < b_1)$$

若 $r_1 = 0$，则 $(a,b) = b$；

若 $r_1 \neq 0$，又可用 r_1 去除 b，得 $b = r_1 q_2 + r_2, 0 \leqslant r_2 < r_1$；

若 $r_2 = 0$，则 $(a,b) = (b,r_1) = r_1$；

若 $r_2 \neq 0$，再用 r_2 去除 r_1，得 $r_1 = r_2 q_3 + r_3, 0 \leqslant r_3 < r_2$；

……

如此继续下去，由于 $b > r_1 > r_2 > r_3 > \cdots$ 以及 $r_i (i = 1,2,\cdots)$ 是非负整数，则一定在进行到某一次运算时，比如第 $n+1$ 次运算时，得到 $r_{n+1} = 0$.

但由于 $r_n \neq 0$，则有

$$(a,b) = (b,r_1) = (r_1,r_2) = \cdots = (r_{n-1},r_n) = r_n$$

定理 2 设 $a,b \in \mathbf{N}^*$，则在上述辗转相除过程中，余数 r_i 与 a,b 满足关系式

$$Q_i a - P_i b = (-1)^{i-1} r_i \quad (i = 1,2,\cdots,n) \quad (3)$$

其中 P_i, Q_i 由递推式确定

$$\begin{cases} P_i = q_i P_{i-1} + P_{i-2} \\ Q_i = q_i Q_{i-1} + Q_{i-2} \end{cases} \quad (i = 1,2,\cdots,n) \quad (4)$$

这里 $P_0 = 1, P_1 = q_1; Q_0 = 0, Q_1 = 1$.

证明　当 $i = 2$ 时,由辗转相除过程得

$$-r_2 = r_1 q_2 - b = (a - bq_1) q_2 - b = aq_2 - (q_1 q_2 + 1) b$$

这里 $P_2 = q_1 q_2 + 1 = q_2 P_1 + P_0, Q_2 = q_2 = q_2 Q_1 + Q_0$.

故此时式(3)成立,即 $i = 2$ 时结论成立.

假设式(3)对不大于 $n'(n' \geqslant 2)$ 的正整数成立,则

$$\begin{aligned}
(-1)^{n'} r_{n'+1} &= (-1)^{n'} (r_{n'-1} - r_{n'} q_{n'+1}) \\
&= (Q_{n'-1} a - P_{n'-1} b) + (Q_{n'} a - P_{n'} b) q_{n'+1} \\
&= (q_{n'+1} Q_{n'} + Q_{n'-1}) a - (q_{n'+1} P_{n'} + P_{n'-1}) b \\
&= Q_{n'+1} a - P_{n'+1} b
\end{aligned}$$

故式(3)对于一切 $n' \leqslant n$ 的正整数成立.

推论 1　若 $a, b \in \mathbf{N}^*$,则一定存在整数 s, t,使得 $as + bt = (a, b)$.

同理,对 $a_1, a_2, \cdots, a_n \in \mathbf{N}^*$,一定存在整数 m_1, $m_2, \cdots, m_n$,使得 $\sum_{i=1}^{n} a_i m_i = (a_1, a_2, \cdots, a_n)$.

推论 2　$(a, b) = 1$ 的充要条件是:存在整数 s, t,使得 $as + bt = 1$.

例 6　已知自然数 a, b 互素,证明:$a + b$ 与 $a^2 + b^2$ 的最大公约数等于 1 或 2.

证明　设 d 是 $a^2 + b^2$ 及 $a + b$ 的最大公约数,则有 $d \mid a^2 + b^2, d \mid a + b$.

于是 $d \mid (a + b)^2 - (a^2 + b^2)$,即 $d \mid 2ab$.

从而,$d \mid 2a(a + b) - 2ab = d \mid 2a^2, d \mid 2b(a + b) - 2ab = d \mid 2b^2$. 因此,$d$ 是 $2a^2$ 和 $2b^2$ 的公约数.

由题设知,$(a, b) = 1$,则 $(a^2, b^2) = 1$.

所以 $2a^2$ 和 $2b^2$ 的最大公约数不可能被大于 2 的整数整除. 因而 $d \leqslant 2$.

故 $a^2 + b^2$ 与 $a + b$ 的最大公约数是 1 或 2.

例 7 对任意的正整数 n,求证:$\dfrac{12n+7}{14n+8}$ 是既约分数.

证明 因为

$$14n + 8 = (12n + 7) \times 1 + 2n + 1$$
$$12n + 7 = (2n + 1) \times 6 + 1$$

所以

$$(14n + 8, 12n + 7) = (12n + 7, 2n + 1)$$
$$= (2n + 1, 1) = 1$$

故当 $n \in \mathbf{N}^*$ 时,$\dfrac{12n+7}{14n+8}$ 是既约分数.

2. 公倍数与最小公倍数

定义 2 设 $a_1, a_2, \cdots, a_n$ 是非零的整数. 如果存在整数 b,满足 $a_1 \mid b, a_2 \mid b, \cdots, a_n \mid b$,则称 b 为 $a_1, a_2, \cdots, a_n$ 的公倍数,在 $a_1, a_2, \cdots, a_n$ 的公倍数中最小的正数,称为 $a_1, a_2, \cdots, a_n$ 的最小公倍数,记作 $[a_1, a_2, \cdots, a_n]$.

用上述定义很容易证明:$[a_1, a_2, \cdots, a_n] = [\,|a_1|, |a_2|, \cdots, |a_n|\,]$.

因而今后我们只讨论正整数的最小公倍数.

定理 3 $a_i \mid b (i = 1, 2, \cdots, n, n \geqslant 2)$ 的充分必要条件是 $[a_1, a_2, \cdots, a_n] \mid b$.

证明 (充分性)因为 $a_i \mid [a_1, a_2, \cdots, a_n]$,且 $[a_1, a_2, \cdots, a_n] \mid b$,所以 $a_i \mid b (i = 1, 2, \cdots, n, n \geqslant 2)$.

(必要性)设 $[a_1, a_2, \cdots, a_n] = m$,由带余除法定理知,$b = mq + r, 0 \leqslant r < m$.

因为 $a_i \mid b, a_i \mid m, r = b - mq$,所以 $a_i \mid r (i = 1, 2, \cdots,$

n),则 r 是 $a_1, a_2, \cdots, a_n$ 的公倍数,而 $0 \leqslant r < m$,故 $r = 0$,即 $m \mid b$. 定理得证.

这个定理告诉我们:若干个数的任一公倍数一定是它们最小公倍数的倍数.

3. 最大公约数与最小公倍数的性质

定理 4　$(a_1, a_2, \cdots, a_n) = d$ 的充分必要条件是:

(1) $d \mid a_i (i = 1, 2, \cdots, n)$;

(2) 若 $d_1 \mid a_i$,则 $d_1 \mid d (i = 1, 2, \cdots, n)$.

证明　(充分性)因为 $d \mid a_i (i = 1, 2, \cdots, n)$,所以 d 是 $a_1, a_2, \cdots, a_n$ 的公约数. 由(2)知,对 $a_1, a_2, \cdots, a_n$ 的任一公约数 d_1,必有 $d_1 \leqslant d$,故得 $(a_1, a_2, \cdots, a_n) = d$.

(必要性)若 $(a_1, a_2, \cdots, a_n) = d$,则由公约数的定义知(1)成立.

若 $d_1 \mid a_i (i = 1, 2, \cdots, n)$,由定理 2 的推论 1 可知,存在 $m_i (i = 1, 2, \cdots, n)$ 使得 $a_1 m_1 + a_2 m_2 + \cdots + a_n m_n = d$,所以 $d_1 \mid d$ 成立.

定理得证.

这个定理告诉我们:若干个数的任一公约数一定是它们的最大公约数的约数,最大公约数的约数就是它们全体的公约数.

定理 5　$(a_1, a_2, \cdots, a_n) = d$ 的充分必要条件是

$$\left(\frac{a_1}{d}, \frac{a_2}{d}, \cdots, \frac{a_n}{d} \right) = 1.$$

证明　(必要性)如果 $\left(\frac{a_1}{d}, \frac{a_2}{d}, \cdots, \frac{a_n}{d} \right) = c > 1$,则

$c \left| \dfrac{a_i}{d} \right.$,所以 $dc \mid a_i (i = 1, 2, \cdots, n)$.

这样 dc 就是 $a_1, a_2, \cdots, a_n$ 的公约数.

因为 $c > 1$，所以 $cd > d$. 这与 $(a_1, a_2, \cdots, a_n) = d$ 矛盾. 从而 $\left(\dfrac{a_1}{d}, \dfrac{a_2}{d}, \cdots, \dfrac{a_n}{d} \right) = 1$.

（充分性）当 $\left(\dfrac{a_1}{d}, \dfrac{a_2}{d}, \cdots, \dfrac{a_n}{d} \right) = 1$ 时，如果 $(a_1, a_2, \cdots, a_n) \neq d$，因为 $d \mid a_i (i = 1, 2, \cdots, n)$，根据定理 4，令 $(a_1, a_2, \cdots, a_n) = dd_1, d_1 > 1$，则有 $dd_1 \mid a_i$，即

$$d_1 \left| \frac{a_i}{d} \right. \quad (i = 1, 2, \cdots, n)$$

这样 d_1 便是 $\dfrac{a_1}{d}, \dfrac{a_2}{d}, \cdots, \dfrac{a_n}{d}$ 的大于 1 的公约数，与 $\left(\dfrac{a_1}{d}, \dfrac{a_2}{d}, \cdots, \dfrac{a_n}{d} \right) = 1$ 矛盾.

故 $(a_1, a_2, \cdots, a_n) = d$.

定理 6　如果 $(a_1, a_2, \cdots, a_n) = d$，且 $m \in \mathbf{Z}_+$，$c \mid a_i (i = 1, 2, \cdots, k)$，则有：

（1）$(ma_1, ma_2, \cdots, ma_n) = md$；

（2）$\left(\dfrac{a_1}{c}, \dfrac{a_2}{c}, \cdots, \dfrac{a_n}{c} \right) = \dfrac{d}{c}$.

证明　（1）因为 $(a_1, a_2, \cdots, a_n) = d$，由定理 5 得

$$\left(\frac{a_1}{d}, \frac{a_2}{d}, \cdots, \frac{a_n}{d} \right) = 1$$

又因为 $\dfrac{a_i}{d} = \dfrac{ma_i}{md} (i = 1, 2, \cdots, n)$，所以

$$\left(\frac{ma_1}{md}, \frac{ma_2}{md}, \cdots, \frac{ma_n}{md} \right) = 1$$

进而可知，$(ma_1, ma_2, \cdots, ma_n) = md$.

（2）因为 $(a_1, a_2, \cdots, a_n) = d$，由定理 5 得

$$\left(\frac{a_1}{d}, \frac{a_2}{d}, \cdots, \frac{a_n}{d} \right) = 1$$

又

$$\frac{a_i}{d} = \frac{\dfrac{a_i}{c}}{\dfrac{d}{c}} \quad (i = 1, 2, \cdots, n)$$

所以

$$\left(\frac{\dfrac{a_1}{c}}{\dfrac{d}{c}}, \frac{\dfrac{a_2}{c}}{\dfrac{d}{c}}, \cdots, \frac{\dfrac{a_n}{c}}{\dfrac{d}{c}}\right) = 1$$

则 $\left(\dfrac{a_1}{c}, \dfrac{a_2}{c}, \cdots, \dfrac{a_n}{c}\right) = \dfrac{d}{c}$. 定理得证.

例 8　假设 d 是正整数 a 和 b 的最大公约数, d' 是正整数 a' 和 b' 的最大公约数. 证明: aa', ab', ba', bb' 的最大公约数等于 dd'.

证法 1　由题设, 可设 $a = a_1 d, b = b_1 d, a' = a_1' d'$, $b' = b_1' d'$, 其中 $(a_1, b_1) = 1, (a_1', b_1') = 1$.

于是, $aa' = dd' a_1 a_1', ab' = dd' a_1 b_1', ba' = dd' b_1 a_1'$, $bb' = dd' b_1 b_1'$.

因此, dd' 是数 aa', ab', ba', bb' 的公约数.

若要证明 dd' 是 aa', ab', ba', bb' 的最大公约数, 则只要证明 $a_1 a_1', a_1 b_1', b_1 a_1', b_1 b_1'$ 没有公共质约数即可.

假设 $a_1 a_1', a_1 b_1', b_1 a_1', b_1 b_1'$ 有公共的质约数 p. 因为 $(a_1, b_1) = 1$, 则 a_1 和 b_1 中至少有一个不能被 p 整除, 假设 a_1 不能被 p 整除, 这样, 乘积 $a_1 a_1'$ 能被 p 整除, 因此 a_1' 能被 p 整除.

同样, 由数 $a_1 b_1'$ 能被 p 整除, 可知 b_1' 能被 p 整除.

但 $(a_1', b_1') = 1$, 因此, a_1' 与 b_1' 不能同时被 p 整除, 矛盾.

于是 a_1a_1', a_1b_1', b_1a_1', b_1b_1' 没有公共质约数, 即 dd' 是 aa', ab', ba', bb' 的最大公约数.

证法 2 由最大公约数的性质, 可得

$$(aa', ab', ba', bb') = ((aa', ab'), (ba', bb'))$$

但是

$$(aa', ab') = a(a', b') = ad'$$
$$(ba', bb') = b(a', b') = bd'$$

因此

$$(aa', ab', ba', bb') = (ad', bd')$$
$$= (a, b)d' = dd'$$

即 dd' 是 aa', ab', ba', bb' 的最大公约数.

定理 7 $[a_1, a_2, \cdots, a_n] = m$ 的充分必要条件是 $\left(\dfrac{m}{a_1}, \dfrac{m}{a_2}, \cdots, \dfrac{m}{a_n}\right) = 1$.

证明 (必要性) 当 $[a_1, a_2, \cdots, a_n] = m$ 时, 如果 $\left(\dfrac{m}{a_1}, \dfrac{m}{a_2}, \cdots, \dfrac{m}{a_n}\right) = c > 1$, 则有 $c \left| \dfrac{m}{a_i} \right.$, 即

$$a_i \left| \frac{m}{c} \right. \quad (i = 1, 2, \cdots, n)$$

这样 $\dfrac{m}{c}$ 就是 $a_1, a_2, \cdots, a_n$ 的公倍数, 又因为 $c > 1$, 所以 $\dfrac{m}{c} < m$, 这与 $[a_1, a_2, \cdots, a_n] = m$ 矛盾, $\left(\dfrac{m}{a_1}, \dfrac{m}{a_2}, \cdots, \dfrac{m}{a_n}\right) = 1$.

(充分性) 因为 $\left(\dfrac{m}{a_1}, \dfrac{m}{a_2}, \cdots, \dfrac{m}{a_n}\right) = 1$, 所以 $a_i | m (i = 1, 2, \cdots, n)$, 即 m 是 $a_1, a_2, \cdots, a_n$ 的公倍数.

如果 $[a_1, a_2, \cdots, a_n] = m_1 \neq m$, 那么 $m = m_1 q$, 即

$$m_1 = \frac{m}{q}.$$

因为 $a_i | m_1$，所以 $a_i \left| \dfrac{m}{q} \right.$，即

$$q \left| \frac{m}{a_i} \right. \quad (i = 1, 2, \cdots, n)$$

则 q 是 $\dfrac{m}{a_1}, \dfrac{m}{a_2}, \cdots, \dfrac{m}{a_n}$ 的大于 1 的公约数，这与

$\left(\dfrac{m}{a_1}, \dfrac{m}{a_2}, \cdots, \dfrac{m}{a_n} \right) = 1$ 矛盾.

故 $[a_1, a_2, \cdots, a_n] = m$.

定理 8 如果 $[a_1, a_2, \cdots, a_n] = a$，且 $a \in \mathbf{N}^*, c | a_i$ $(i = 1, 2, \cdots, n)$，则有：

(1) $[ma_1, ma_2, \cdots, ma_n] = ma$；

(2) $\left[\dfrac{a_1}{c}, \dfrac{a_2}{c}, \cdots, \dfrac{a_n}{c} \right] = \dfrac{a}{c}$.

定理 9 (1) $(a_1, a_2, \cdots, a_i, \cdots, a_n) = (a_i, a_1, a_2, \cdots, a_n)$；

(2) $(a_1, a_2, a_3, \cdots, a_n) = ((a_1, a_2), a_3, \cdots, a_n)$；

(3) $(a_1, a_2, \cdots, a_{m+n}) = ((a_1, a_2, \cdots, a_m), (a_{m+1}, a_{m+2}, \cdots, a_{m+n}))$.

证明 我们只证明该定理的结论 (3). 设 $(a_1, a_2, \cdots, a_{m+n}) = d_1, (a_1, a_2, \cdots, a_m) = d_2, (a_{m+1}, a_{m+2}, \cdots, a_{m+n}) = d_3, (d_2, d_3) = d$.

因为 $d_1 | a_i (i = 1, 2, \cdots, m+n)$，所以 $d_1 | d_2, d_1 | d_3$，所以 $d_1 | d$.

又因为 $d | d_2, d | d_3$，所以 $d | a_i (i = 1, 2, \cdots, m+n)$.

因为 $(a_1, a_2, \cdots, a_{m+n}) = d_1$，所以 $d | d_1$.

因为 $d_1, d \in \mathbf{N}$，所以 $d_1 = d$. 结论成立.

定理 10 （1）$[a_1, a_2, \cdots, a_i, \cdots, a_n] = [a_i, a_1, a_2, \cdots, a_n]$；

（2）$[a_1, a_2, a_3, \cdots, a_n] = [[a_1, a_2], a_3, \cdots, a_n]$；

（3）$[a_1, a_2, \cdots, a_{m+n}] = [[a_1, a_2, \cdots, a_m], [a_{m+1}, a_{m+2}, \cdots, a_{m+n}]]$.

请读者仿照定理 9 的证明自己证明.

定理 9 和定理 10 表明：求多个数的最大公约数或最小公倍数时，随意交换前后的次序，或将其中的某几个数结合成一组先求，结果不变. 另外，多个数的最大公约数、最小公倍数可以由求两个数的最大公约数、最小公倍数一步一步地求出.

定理 11 $(a, b)[a, b] = ab$.

证法 1 令 $(a, b) = d, [a, b] = m$，则有

$$\left(\frac{a}{d}, \frac{b}{d}\right) = 1, \left(\frac{m}{a}, \frac{m}{b}\right) = 1$$

故

$$\left(\frac{a}{d}, \frac{b}{d}\right)\left(\frac{m}{a}, \frac{m}{b}\right) = 1$$

而

$$\left(\frac{a}{d}, \frac{b}{d}\right)\left(\frac{m}{a}, \frac{m}{b}\right) = \left(\left(\frac{a}{d}, \frac{b}{d}\right)\frac{m}{a}, \left(\frac{a}{d}, \frac{b}{d}\right)\frac{m}{b}\right)$$

$$= \left(\left(\frac{m}{d}, \frac{mb}{ad}\right), \left(\frac{ma}{bd}, \frac{m}{d}\right)\right)$$

$$= \left(\frac{m}{d}, \frac{mb}{ad}, \frac{ma}{bd}, \frac{m}{d}\right)$$

$$= \left(\frac{abm}{abd}, \frac{mb^2}{abd}, \frac{ma^2}{abd}, \frac{abm}{abd}\right)$$

故

$$\left(\frac{abm}{abd}, \frac{mb^2}{abd}, \frac{ma^2}{abd}, \frac{abm}{abd}\right) = 1$$

22

于是

$$(abm, mb^2, ma^2, abm) = abd$$

而

$$
\begin{aligned}
(abm, mb^2, ma^2, abm) &= m(ab, b^2, a^2, ab) \\
&= m((a,b)b, (a,b)a) \\
&= m(a,b)(a,b) \\
&= md^2
\end{aligned}
$$

故

$$md^2 = abd$$

即

$$md = ab$$

则

$$ab = (a,b)[a,b]$$

定理得证.

证法2 因为 ab 是 a,b 的公倍数,所以 a,b 的最小公倍数也是 ab 的约数,存在 q 使

$$ab = q[a,b]$$

有 $a = q\dfrac{[a,b]}{b}$ 且 $\dfrac{[a,b]}{b}$ 为整数,故 q 是 a 的约数. 同理 q 是 b 的约数,即 q 是 a,b 的公约数. 下面证明,q 是 a, b 的最大公约数. 若不然,$q < (a,b)$. 有

$$ab = q[a,b] < (a,b)[a,b] \tag{5}$$

设 $k = \dfrac{ab}{(a,b)} = a\dfrac{b}{(a,b)}$,可见 k 是 a 的倍数,同样 $k = \dfrac{ab}{(a,b)} = b\dfrac{a}{(a,b)}$,$k$ 是 b 的倍数,即 k 是 a,b 的公倍数,则存在正整数 m,使得 $k = m[a,b]$,有

$$\frac{ab}{(a,b)} = m[a,b] \geqslant [a,b]$$

23

得 $ab = q[a,b] \geqslant (a,b)[a,b]$，与式(5)矛盾，所以，$q = (a,b)$，得证 $(a,b) \cdot [a,b] = ab$.

也可以由

$$1 \leqslant m = \frac{k}{[a,b]} = \frac{\dfrac{ab}{(a,b)}}{\dfrac{ab}{q}} = \frac{q}{(a,b)}$$

得 $q \geqslant (a,b)$，与 $q < (a,b)$ 矛盾. 思考 $ab = q[a,b]$，$ab = (a,b)k$ 两步可以交换吗?

推论 1 若 $(a,b) = 1$，则 $[a,b] = ab$.

4. 最大公约数与最小公倍数的求法

求两个数的最大公约数的方法，首先使用观察比较的方法，即先把每个数的约数找出来，然后再找出公约数，最后在公约数中找出最大的公约数.

比如求 12 和 18 的最大公约数时，我们可以把 12 的约数全部找出，即 1,2,3,4,6,12，然后再把 18 的约数全部找出，即 1,2,3,6,9,18，可以发现 12 和 18 的公约数有 1,2,3,6，从而找到了 12 和 18 的最大公约数为 6.

这种方法对于求两个以上数的最大公约数，特别是数目比较大的数，显然是不方便的. 因此，我们需要去寻找另外的求两个数的最大公约数与最小公倍数的方法.

(1)短除法.

例 9 求 $(36,108,204)$ 和 $[36,108,51]$.

解 $(36,108,204) = 4 \times (9,27,51) = 4 \times 3 \times (3,9,17) = 12 \times ((3,9),17) = 12 \times (3 \times (1,3),17) = 12 \times (3,17) = 12 \times 1 = 12$.

$[36,108,51] = 3 \times [12,36,17] = 3 \times [[12,36],$

24

$17] = 3 \times [12 \times [1,3],17] = 3 \times [12 \times 3,17] = 3 \times [36,17] = 3 \times 36 \times 17 = 1\ 836.$

（2）辗转相除法.

例 10　（2007 年克罗地亚竞赛试题）若 $n \in \mathbf{N}$，求 $(5n+6,8n+7)$.

解　由于

$$
\begin{aligned}
(5n+6,8n+7) &= (5n+6,3n+1) \\
&= (2n+5,3n+1) \\
&= (2n+5,n-4) \\
&= (n+9,n-4) \\
&= (n-4,13)
\end{aligned}
$$

而 13 为素数，故

$$(5n+6,8n+7) = (n-4,13) = 1 \text{ 或 } 13$$

下面举例说明 1 和 13 均能取到.

当 $n = 1$ 时，$(11,15) = 1$；

当 $n = 14$ 时，$(26,39) = 13$.

例 11　用辗转相除法求 $(8\ 127,11\ 352,21\ 672,27\ 090)$.

解　$(8\ 127,11\ 352,21\ 672,27\ 090)$

$$
\begin{aligned}
&= (8\ 127,3\ 225,5\ 418,2\ 709) \\
&= (2\ 709,516,0,2\ 709) \\
&= (2\ 709,516,0,0) \\
&= (516,129,0,0) \\
&= (129,0,0,0) \\
&= 129
\end{aligned}
$$

（3）借助于数论结论进行解答.

例 12　证明：$[a,b,c] = \dfrac{abc(a,b,c)}{(a,b)(b,c)(c,a)}$.

证明 因为

$$[a,b,c] = [a,[b,c]] = \frac{a[b,c]}{(a,[b,c])} = \frac{\dfrac{abc}{(b,c)}}{\left(a,\dfrac{bc}{(b,c)}\right)}$$

$$= \frac{abc}{(b,c)} \times \frac{(b,c)}{(a(b,c),bc)} = \frac{abc}{(ab,bc,ca)}$$

$$= \frac{abc(a,b,c)}{(ab,bc,ca)(a,b,c)}$$

而

$$(ab,bc,ca)(a,b,c) = (ab(a,b,c),bc(a,b,c),ca(a,b,c))$$

$$= (a^2b,ab^2,abc,abc,b^2c,bc^2,ca^2,abc,c^2a)$$

$$= (ab(a,c),b^2(a,c),bc(a,c),ca(a,c))$$

$$= (a,c)(ab,b^2,bc,ca)$$

$$= (a,c)((ab,b^2),(bc,ca))$$

$$= (a,c)(b(a,b),c(a,b))$$

$$= (a,c)(a,b)(b,c)$$

所以

$$[a,b,c] = \frac{abc(a,b,c)}{(a,b)(b,c)(c,a)}$$

例 12 的结论在求解最大公约数与最小公倍数时会经常用到.

例 13 （第 1 届美国数学奥林匹克试题）设记号 $(a,b,\cdots,g)$ 和 $[a,b,\cdots,g]$ 分别表示正整数 $a,b,\cdots,g$ 的最大公约数与最小公倍数,例如 $(3,6,9)=3,[6,15]=30$. 证明

$$\frac{[a,b,c]^2}{[a,b][b,c][c,a]} = \frac{(a,b,c)^2}{(a,b)(b,c)(c,a)}$$

证明 由 $[a,b] = \dfrac{ab}{(a,b)}$ 及例 12 的结论知

26

$$[a,b,c] = \frac{abc(a,b,c)}{(a,b)(b,c)(c,a)}$$

可得

$$\frac{[a,b,c]^2}{[a,b][b,c][c,a]} = \frac{\left\{\dfrac{abc(a,b,c)}{(a,b)(b,c)(c,a)}\right\}^2}{\dfrac{ab}{(a,b)} \cdot \dfrac{bc}{(b,c)} \cdot \dfrac{ca}{(c,a)}}$$

$$= \frac{(a,b,c)^2}{(a,b)(b,c)(c,a)}$$

例 14　设 x,y 是正整数，$x<y$ 且 $x+y=667$，它们的最小公倍数是最大公约数的 120 倍，求 x,y.

解　设 $(x,y)=d$，则 $x=md$，$y=nd$，其中 $(m,n)=1$ 且 $m<n$，于是 $[x,y]=mnd$. 所以

$$\begin{cases} md+nd=667 \\ \dfrac{mnd}{d}=120 \end{cases}$$

即

$$\begin{cases} (m+n)d=23\times 29 & (6) \\ mn=2^3\times 3\times 5 & (7) \end{cases}$$

由 $m<n$ 及式(7)可得

$$\begin{cases} m=1 \\ n=120 \end{cases}; \begin{cases} m=2 \\ n=60 \end{cases}; \begin{cases} m=3 \\ n=40 \end{cases}; \begin{cases} m=4 \\ n=30 \end{cases}$$

$$\begin{cases} m=5 \\ n=24 \end{cases}; \begin{cases} m=6 \\ n=20 \end{cases}; \begin{cases} m=8 \\ n=15 \end{cases}; \begin{cases} m=10 \\ n=12 \end{cases}$$

由式(6)可知，只能取 $\begin{cases} m=5 \\ n=24 \end{cases}$ 或 $\begin{cases} m=8 \\ n=15 \end{cases}$.

从而 $d=23$ 或 29，故 $x=115$，$y=552$ 或 $x=232$，$y=435$.

例 15　设自然数 $A=10x+y$（y 是 A 的个位数字，

x 是非负整数),证明:$(10n-1)\mid A$ 的充分必要条件是 $(10n-1)\mid(x+ny)(x\in\mathbf{N}^*)$,并用此法判断 21 498 能否被 19 整除,21 489 能否被 29 整除.

证明

$$A = 10x + y = 10x + 10ny - 10ny + y$$
$$= 10(x+ny) - (10n-1)y$$

(充分性)因为 $(10n-1)\mid A$,$(10n-1)\mid(10n-1)y$,$10(x+ny)=A+(10n-1)y$,所以 $(10n-1)\mid 10(x+ny)$.

因为 $(10n-1,10)=1$,所以 $(10n-1)\mid(x+ny)$.

(必要性)因为 $(10n-1)\mid(x+ny)$,$(10n-1)\mid(10n-1)y$,$A=10(x+ny)-(10n-1)y$,所以 $(10n-1)\mid A$.

下面用此方法判断 21 498 能否被 19 整除.

$$19 = 20 - 1,\, n = 2$$

$$
\begin{array}{r}
2149\cancel{8} \\
+\quad 16 \\
\hline
216\cancel{5} \\
+\quad 10 \\
\hline
22\cancel{6} \\
+\quad 12 \\
\hline
34
\end{array}
$$

因为 $19\nmid 34$,所以 $19\nmid 21\,498$.

$$29 = 30 - 1,\, n = 3$$

$$
\begin{array}{r}
2148\cancel{9} \\
+\quad 27 \\
\hline
217\cancel{5} \\
+\quad 15 \\
\hline
23\cancel{2} \\
+\quad 6 \\
\hline
29
\end{array}
$$

因为 $29 \mid 29$,所以 $29 \mid 21\,489$.

由于这种判断方法是反复去掉整数的个位数字作加法,故简称这种方法是割(尾)加法.

§5　两道习题与两道试题

例 16　设 $a,b,c,d \in \mathbf{Z}, a > b > c > d > 0$,满足
$$ac + bd = (b + d + a - c)(b + d + c - a)$$
证明:$ab + cd$ 不为素数.

证明　由题意
$$ac + bd = (b + d)^2 - (a - c)^2$$
$$b^2 + bd + d^2 = a^2 - ac + c^2$$

假设 $ab + cd = p$ 为素数,则 $a = \dfrac{p - cd}{b}$,代入上式,整理得
$$p(p - 2cd - bc) = (b^2 - c^2)(b^2 + bd + d^2)$$
其中 $0 < b^2 - c^2 < ab < p$,所以
$$p \mid b^2 + bd + d^2 < ab + ab + cd < 2p$$
于是
$$p = b^2 + bd + d^2 = ab + cd$$
整理得 $b(b + d - a) = d(c - d)$.

当 $p = ab + cd$ 为素数时,$(b, d) = 1$,所以 $b \mid c - d$.
而 $0 < c - d < b$,矛盾!

故 $ab + cd$ 不为素数.

例 17　设 $a,b,c,d \in \mathbf{Z}, a > b > c > d > 0$. 若
$$b + d + a - c \mid ac + bd$$
求证:$ab + cd$ 不为素数.

证明 设 $ac + bd = k(b + d + a - c), k \in \mathbf{N}^*$. 注意到

$$ac + bd = (a + d)c + (b - c)d$$
$$= k(a + d) + k(b - c)$$

于是

$$(a + d)(c - k) = (b - c)(k - d) \qquad (8)$$

而 $c > d$, 所以 $d < k < c$.

假设 $ab + cd = p$ 为素数. 注意到
$$p = (a + d)b - (b - c)d$$
由 Bézout 定理知, $(a + d, b - c) \mid p$.

而 $(a + d, b - c) < b < p$, 所以 $(a + d, b - c) = 1$.

联系式 (8), $a + d \mid k - d$, 但是 $d < k < c$, 故 $0 < k - d < a + d$, 上式不成立.

所以假设不成立, 即 $ab + cd$ 不为素数.

2017 年全国高中数学联赛决赛压轴的是一道数论不等式试题, 具体如下:

例 18 设 m, n 均为大于 1 的正整数, $m \geqslant n$, a_1, $a_2, \cdots, a_n$ 是 n 个不超过 m 的互不相同的正整数, 且 $a_1, a_2, \cdots, a_n$ 互素. 证明: 对任意实数 x, 均存在一个 i, $1 \leqslant i \leqslant n$, 使得 $\| a_i x \| \geqslant \dfrac{2}{m(m + 1)} \| x \|$. 这里 $\| y \|$ 表示实数 y 到与它最近整数的距离.

分析 由于题中涉及互素的整数, 我们自然会联想起数论中的 Bézout 等式: 设 a, b 是两个互素的正整数, 则存在两个整数 s, t, 使
$$as + bt = 1$$
又因为题中涉及不等式估计, 我们自然想到 s 和 t 分别对 b 和 a 作带余除法, 得到进一步加强版的

30

Bézout 等式:设 a,b 是两个互素的正整数,则存在两个整数 s,t,且 $|s|<b,|t|<a$,使

$$as + bt = 1$$

类似地,多项式也有如下结论:

设 $f(x)$ 与 $g(x)$ 是两个互素的多项式,则存在 $u(x),v(x)$,且 $\deg u(x)<\deg g(x),\deg v(x)<\deg f(x)$,使

$$u(x)f(x) + v(x)g(x) = 1$$

由于题中涉及 n 个变数,我们自然需要更一般的多元 Bézout 等式:设 $a_1,a_2,\cdots,a_n$ 是 n 个不超过 m 的互素的正整数,则存在 n 个整数 $u_1,u_2,\cdots,u_n$,使

$$u_1a_1 + u_2a_2 + \cdots + u_na_n = 1$$

与两个变数加强版的 Bézout 等式比较,江苏省泰兴中学的封志红老师猜到这里很可能要求这些 u_i 满足 $|u_i|<m$,猜到这个结果的话,本题的难度就降低了.

我们可以一眼看出函数 $\|y\|$ 与常见的小数部分函数是相类似的,实际上

$$\|y\| = \begin{cases} \{y\} & \left(\text{若 } 0 \leqslant \{y\} \leqslant \dfrac{1}{2}\right) \\ 1-\{y\} & \left(\text{若 } \dfrac{1}{2} \leqslant \{y\} < 1\right) \end{cases}$$

若熟悉小数部分函数的性质,则容易得到 $\|y\|$ 也满足三角不等式,即

$$\|y_1 + y_2\| \leqslant \|y_1\| + \|y_2\|$$

更一般地,若 $u_1,u_2,\cdots,u_n$ 是整数,则

$$\|u_1y_1 + u_2y_2 + \cdots + u_ny_n\| \leqslant |u_1|\|y_1\| + |u_2|\|y_2\| + \cdots + |u_n|\|y_n\|$$

证明 由于 $a_1,a_2,\cdots,a_n$ 是 n 个不超过 m 的互不

相同的互素的正整数,则存在 n 个整数 $u_1, u_2, \cdots, u_n$,
使

$$u_1 a_1 + u_2 a_2 + \cdots + u_n a_n = 1$$

我们来证明,通过调整,可以要求 $u_1, u_2, \cdots, u_n$ 的
绝对值均不超过 m. 记

$$S_1(u_1, u_2, \cdots, u_n) = \sum_{u_i > m} u_i \geq 0$$

$$S_2(u_1, u_2, \cdots, u_n) = \sum_{u_i < -m} (-u_i) \geq 0$$

若 $S_1(u_1, u_2, \cdots, u_n) > 0$,则存在 $u_i > m$,使 $u_i a_i >$
1.

由于 $a_1, a_2, \cdots, a_n$ 均为正整数,且 $u_1 a_1 + u_2 a_2 + \cdots + u_n a_n = 1$,所以有某个 $u_j < 0$.

令 $u_i' = u_i - a_j, u_j' = u_j + a_i, u_k' = u_k, k \neq i, k \neq j, 1 \leq k \leq m$. 容易知道

$$u_1' a_1 + u_2' a_2 + \cdots + u_i' a_i + \cdots + u_j' a_j + \cdots + u_n' a_n = 1$$

由于 $0 < u_i - m < u_i' < u_i, u_j' = u_j + a_i < a_i < m$,所以

$$S_1(u_1', u_2', \cdots, u_n') < S_1(u_1, u_2, \cdots, u_n)$$
$$S_2(u_1', u_2', \cdots, u_n') < S_2(u_1, u_2, \cdots, u_n)$$

若 $S_2(u_1, u_2, \cdots, u_n) > 0$,则存在 $u_j < -m$,同样,
有某个 $u_i > 0$.

令 $u_i' = u_i - a_j, u_j' = u_j + a_i, u_k' = u_k, 1 \leq k \leq n, k \neq i,$
$k \neq j$. 与上面类似,可得

$$S_1(u_1', u_2', \cdots, u_n') < S_1(u_1, u_2, \cdots, u_n)$$
$$S_2(u_1', u_2', \cdots, u_n') < S_2(u_1, u_2, \cdots, u_n)$$

由于 $S_1(u_1, u_2, \cdots, u_n)$ 与 $S_2(u_1, u_2, \cdots, u_n)$ 均为非
负整数,若 S_1 或 S_2 大于 0,由上面的一次调整,S_1 或
S_2 就严格减小,且减小的差是正整数. 因而,经过有限
步调整,可以得到

$$S_1(u_1, u_2, \cdots, u_n) = S_2(u_1, u_2, \cdots, u_n) = 0$$

因此存在 n 个整数 $u_1, u_2, \cdots, u_n$，且 $|u_i| < m$，使 $u_1 a_1 + u_2 a_2 + \cdots + u_n a_n = 1$. 于是

$$u_1 a_1 x + u_2 a_2 x + \cdots + u_n a_n x = x$$

$$\parallel x \parallel \; = \; \parallel u_1 a_1 x + u_2 a_2 x + \cdots + u_n a_n x \parallel$$

$$\leqslant |u_1| \parallel a_1 x \parallel + |u_2| \parallel a_2 x \parallel + \cdots + |u_n| \parallel a_n x \parallel$$

$$\leqslant m \sum_{i=1}^{n} \parallel a_i x \parallel$$

所以

$$\max_{1 \leqslant i \leqslant n} \parallel a_i x \parallel \; \geqslant \frac{1}{mn} \parallel x \parallel$$

若 $n \leqslant \frac{1}{2}(m+1)$，则

$$\max_{1 \leqslant i \leqslant n} \parallel a_i x \parallel \; \geqslant \frac{\parallel x \parallel}{mn} > \frac{2 \parallel x \parallel}{m(m+1)}$$

若 $n > \frac{1}{2}(m+n)$，则 $a_1, a_2, \cdots, a_n$ 中存在两个相邻正整数，不妨设 a_1, a_2 相邻，则

$$\parallel x \parallel \; = \; \parallel a_2 x - a_1 x \parallel \; \leqslant \; \parallel a_1 x \parallel + \parallel a_2 x \parallel$$

故 $\parallel a_1 x \parallel \geqslant \dfrac{\parallel x \parallel}{2} \geqslant \dfrac{2 \parallel x \parallel}{m(m+1)}$ 与 $\parallel a_2 x \parallel \geqslant \dfrac{\parallel x \parallel}{2} \geqslant$

$\dfrac{2 \parallel x \parallel}{m(m+1)}$ 中至少有一个成立.

所以，存在一个 $i, 1 \leqslant i \leqslant n$，使

$$\parallel a_i x \parallel \; \geqslant \frac{2 \parallel x \parallel}{m(m+1)}$$

2019 年北京大学的个人能力挑战赛的试题涵盖了平面几何、代数、组合、数论四大块内容. 其中第四题是代数的问题. 嘉兴一中的吴宇培同学的解答如下：

例 19　已知 p, q 是两个互素的正整数，证明：对

33

任意的实数 x,都有

$$|\sin(pqx)\cdot\sin x|\leqslant pq|\sin(px)\cdot\sin(qx)|$$

证明 我们边分析边证明. 本题的入手点是:对任意正整数 n, $|\sin(nx)|\leqslant n|\sin x|$. 这只要对 n 归纳即可.

下面我们回到原题,根据 Bézout 定理,存在正整数 a,b,使得 $|ap-bq|=1$. 于是

$$\begin{aligned}
|\sin x| &= |\sin(apx-bqx)|\\
&= |\sin(apx)\cos(bqx)-\cos(apx)\sin(bqx)|\\
&\leqslant |\sin(apx)|+|\sin(bqx)|\\
&\leqslant a|\sin(px)|+b|\sin(qx)|
\end{aligned}$$

及 $|\sin(pqx)|\leqslant p|\sin(qx)|, q|\sin(px)|$. 则

$$|\sin(pqx)\cdot\sin x|\leqslant(pa+qb)\cdot[\sin(px)\cdot\sin(qx)]$$

最后,我们希望 $pa+qb\leqslant pq$,这只需要考虑一个调整

$$(a-q)p-(b-p)q=ap-bq=-1,1$$

经过调整,可以使 $|a|\leqslant\dfrac{q}{2}$, $|b|\leqslant\dfrac{p}{2}$,这就达成了我们希望之事.(由于绝对值的存在,a,b 的正负不是本质的,故只要将其调整到绝对值最小的完系即可.)

我们对 Bézout 定理最后的调整进行说明:

将 a,b 调整到绝对值最小的相应的完系中(前者模 q,后者模 p):若 $a\geqslant q$,则令 $(a,b)\rightarrow(a-q,b-p)$,这一步调整满足 $(a-q)p-(b-p)q=ap-bq$,于是我们可以反复下去,直到 $0<a<q$,若 $a>\dfrac{q}{2}$,则有 $|a-q|\leqslant\dfrac{q}{2}$. 这样,我们得到一组新的 (a,b),满足

$$|a|\leqslant\frac{q}{2} \tag{9}$$

此时

$$|b|q = |ap \pm 1| \leqslant |a|p + 1 \leqslant \frac{pq}{2} + 1$$

于是

$$|b| \leqslant \frac{p}{2} + \frac{1}{q} \qquad (10)$$

若式(9)与式(10)中有一个不取等号,则$|ap + bq| < pq + 1$,满足要求. 若

$$|a| = \frac{q}{2}, |b| = \frac{p}{2} + \frac{1}{q} = \frac{pq + 2}{2q}$$

则$2|q, q|2$,所以$q = 2, p$ 为奇数. 对于这一组$(p, q) = (p, 2)$,我们取新的一组 $a = 1, b = \frac{p-1}{2}$,此时满足

$$\left| 1 \cdot p - \frac{p-1}{2} \cdot 2 \right| = 1$$

且

$$1 \cdot p + \frac{p-1}{2} \cdot 2 > 2p = qp$$

§6　Bézout 恒等式

如果 a, b 是任意整数,其中 $a \neq 0$,那么存在唯一的整数 q, r 使得

$$b = qa + r \quad (0 \leqslant r < |a|)$$

事实上 qa 是 a 的不超过 b 的最大的倍数. 整数 q 和 r 分别称为 a 除以 b 所得的商和余数.

如果 a 和 n 都是正整数,那么任意小于 a^n 的正整数 b 都有唯一的"以 a 为基"的表达式

$$b = b_0 + b_1 a + \cdots + b_{n-1} a^{n-1}$$

其中对所有的 $j, 0 \leqslant b_j < a$. 事实上,b_{n-1} 是 b 除以 a^{n-2} 的除式中的商,而 b_{n-2} 是 b 除以 a^{n-1} 的除式中的商,等等.

如果 a, b 是任意整数,其中 $a \neq 0$,那么也存在整数 q, r 使得

$$b = aq + r \quad \left(|r| \leqslant \frac{|a|}{2} \right)$$

事实上,qa 是 a 的最接近于 b 的倍数. 因此,如果 b 正好位于 a 的两个相继的倍数的中间,则 q 和 r 不再是唯一确定的.

上述的两种除法算法都有它们的用处. 我们将根据需要来决定究竟使用哪种算法并且仅使用下述事实

$$b = qa + r \quad (|r| < |a|)$$

在所有的整数组成的交换环 Z 中,如果由 $a, b \in J$ 和 $x, y \in Z$ 可以得出 $ax + by \in J$,那么称非空集合 J 是一个理想.

例如,如果 $a_1, \cdots, a_n$ 是 Z 中给定的元素,则所有的线性组合 $a_1 x_1 + \cdots + a_n x_n$,其中,$x_1, \cdots, x_n \in Z$,就是一个理想,称为由 $a_1, \cdots, a_n$ 生成的理想. 由单独一个元素生成的理想,即这个元素的所有的倍数的集合称为主理想.

引理 4 Z 中的任何理想 J 都是主理想.

证明 如果 0 是 J 中仅有的元素,那么 0 生成 J. 否则将存在非零元素 $a \in J$,在这些 a 中,必有一个 a 的绝对值最小,不妨仍记为 a. 对任意 $b \in J$,我们有 $b = qa + r$,其中,$q, r \in Z$,$|r| < |a|$,由理想的定义可知 $r \in J$,而由 a 的定义可知必有 $r = 0$. 因此 a 生成 J.

性质 1 任意 $a, b \in Z$ 有最大公因数 $d = (a, b)$. 此外,对任意 $c \in Z$,当且仅当 d 整除 c 时,存在 $x, y \in Z$ 使得

$$ax + by = c$$

证明 设 J 是由 a 和 b 生成的理想. 由引理 4 可知, J 由一个单个的元素 d 生成. 由于 $a, b \in J$,所以 d 是 a 和 b 的公因数. 另外,由于 $d \in J$,所以任意 a 和 b 的公因数也整除 d. 因而 $d = (a, b)$. 由性质的最后一句话可以立即得出,根据定义可知,当且仅当存在使得 $ax + by = c$ 的 $x, y \in Z$ 时 $c \in J$.

我们实际上已经证明,如果"线性 Diophantus(丢番图)"方程 $ax + by = c$ 有一组解 $x_0, y_0 \in Z$,那么它的所有解 $x, y \in Z$ 可由公式

$$x = x_0 + \frac{kb}{d}, y = y_0 - \frac{ka}{d}$$

表示,其中 $d = (a, b)$,而 k 是任意整数.

性质 1 对最大公因数的存在性给出了一个新的证明,此外,它说明两个整数的最大公因数可以表示成这两个整数的线性组合. 这个表达式通常称为 Bézout 恒等式,尽管 Bachet(巴谢, 1624)甚至比他更早的印度数学家 Aryabhata(阿里阿伯哈塔, 499)和 Brahmagupta(婆罗摩笈多, 628)已知道这个结果.

同样地,根据已证明的性质 1,用归纳法可以证明:

性质 2 任意 Z 的元素的有限集 $a_1, \cdots, a_n$ 有最大公因数 $d = (a_1, \cdots, a_n)$. 此外对任意 $c \in Z$,当且仅当 d 整除 c 时,存在 $x_1, \cdots, x_n \in Z$ 使得

$$a_1 x_1 + \cdots + a_n x_n = c$$

我们对性质 1 给出的证明是纯粹存在性的证明，它不能告诉我们如何求出最大公因数。下面的构造性证明是由 Euler(欧拉)在他的《元素》(第Ⅶ部分,性质2)中给出的。设 a,b 是任意整数,由于 $(0,b)=b$,故我们可设 $a\neq0$,那么就存在整数 q,r 使得

$$b=qa+r \quad (|r|<|a|)$$

取 $a_0=b,a_1=a$,并重复使用上述程序就得出

$$a_0=q_1a_1+a_2 \quad (|a_2|<|a_1|)$$
$$a_1=q_2a_2+a_3 \quad (|a_3|<|a_2|)$$
$$\vdots$$
$$a_{N-2}=q_{N-1}a_{N-1}+a_N \quad (|a_N|<|a_{N-1}|)$$
$$a_{N-1}=q_Na_N$$

正像上面的式子所表明的那样,这一程序最终必然会终止,否则我们将得出一个没有最小元的正整数的无限序列。我们断言 a_N 就是 a 和 b 的最大公约数。实际上,从上述程序中的某一个式子返回到第一个式子,我们可以看出 a 和 b 的任何公因数 c 将整除每一个 a_k,特别是整除 a_N。另外,从最后一个式子逐步往回看,我们可以看出 a_N 整除每一个 a_k,特别是整除 a 和 b。

Bézout 恒等式也可用这个方法得出。通过循环关系式

$$x_{k+1}=x_{k-1}-q_kx_k,y_{k+1}=y_{k-1}-q_ky_k \quad (1\leqslant k<N)$$

定义两个序列 $\{x_k\},\{y_k\}$,其中

$$x_0=0,x_1=1$$

而

$$y_0=1,y_1=0$$

易于用归纳法证明 $a_k=ax_k+by_k$,特别是 $a_N=ax_N+by_N$。

Euclid 算法是相当实用的. 例如, 读者可用它验证 13 是 2 171 和 5 317 的最大公因数, 并且

$$49 \times 5\ 317 - 120 \times 2\ 171 = 13$$

然而性质 1 中给出的第一个证明也有它自己的用处. 它的优点在于可以把概念和计算分离开来, 这一证明实际上依赖于某种更一般的原则. 由于在二次数域中确实存在着一种整环, 它是"主理想环", 但是不具有任何 Euclid 算法.

一个不明显的事实是, 对任何正整数 m, n, 二项式系数

$$C_{m+n}^{n} = \frac{(m+1)\cdots(m+n)}{1 \cdot 2 \cdots \cdot n}$$

都是一个整数. 尽管从它的组合意义来说这是明显的, 然而利用关系式

$$C_{m+n}^{n} = C_{m+n-1}^{n} + C_{m+n-1}^{n-1}$$

却可以用归纳法轻松地证明这一事实. 二项式系数还有其他的算术性质. Hermite (埃尔米特) 观察到 C_{m+n}^{n} 可被整数 $\dfrac{m+n}{(m,n)}$ 和 $\dfrac{m+1}{(m+1,n)}$ 整除. 特别地, Catalan (卡塔兰) 数 $\dfrac{C_{2n}^{n}}{n+1}$ 是一个整数. 下面的性质是这些结果的一个一般的推广并解释了性质 1 的应用.

性质 3　设 $\{a_n\}$ 是一个非零整数的序列, 使得对所有的 $m, n \geqslant 1, a_m$ 和 a_n 的每个公因数都整除 a_{m+n}, 并且 a_m 和 a_{m+n} 的每个公因数都整除 a_n, 那么对所有的 $m, n \geqslant 1$ 有:

(1) $(a_m, a_n) = a_{(m,n)}$;

(2) $A_{m,n} = \dfrac{a_{m+1}\cdots a_{m+n}}{a_1 \cdots a_n} \in \mathbb{Z}$;

（3）$\dfrac{a_{m+n}}{(a_m,a_n)}$，$\dfrac{a_{m+1}}{(a_{m+1},a_n)}$ 和 $\dfrac{a_{n+1}}{(a_m,a_{n+1})}$ 都整除 $A_{m,n}$；

（4）$(A_{m,n-1},A_{m+1,n},A_{m-1,n+1})=(A_{m-1,n},A_{m+1,n-1},A_{m,n+1})$.

证明 假设对所有的 $m,n\geqslant 1$ 有

$$(a_m,a_n)=(a_m,a_{m+n})$$

这是因为 $a_m=(a_m,a_n)$，故由归纳法可证对所有的 $k\geqslant 1$ 成立 $a_m\mid a_{km}$. 此外

$$(a_{km},a_{(k+1)m})=a_m$$

这是因为 a_{km} 和 $a_{(k+1)m}$ 的每个公因数都整除 a_m.

设 $d=(m,n)$，那么 $m=dm'$，$n=dn'$，其中 $(m',n')=1$. 这样就存在整数 u,v 使得 $m'u-n'v=1$. 对任何 $t>\max\{|u|,|v|\}$，用 $u+tn'$ 和 $v+tm'$ 分别代替 u，v，我们不妨设 u 和 v 都是正的，那么

$$(a_{mu},a_{nv})=(a_{(n'v+1)d},a_{n'vd})=a_d$$

由于 a_d 整除 (a_m,a_n)，(a_m,a_n) 整除 (a_{mu},a_{nv})，这就蕴涵 $(a_m,a_n)=a_d$. 这就证明了（1）.

由于 $a_1\mid a_{m+1}$，显然对所有的 $m\geqslant 1$，有 $A_{m,1}\in \mathbf{Z}$. 假设 $n>1$ 以及对于所有小于 n 的值和所有的 $m\geqslant 1$，有 $A_{m,n}\in \mathbf{Z}$ 成立. 由于 $A_{0,n}\in \mathbf{Z}$ 是平凡的，所以我们也假设 $m\geqslant 1$ 以及对所有小于 m 的值有 $A_{m,n}\in \mathbf{Z}$ 成立. 由于 (a_m,a_n) 整除 a_{m+n}，所以由性质 1，存在 $x,y\in \mathbf{Z}$，使得

$$a_m x+a_n y=a_{m+n}$$

由于

$$A_{m,n}=\frac{a_{m+1}\cdots a_{m+n}}{a_1\cdots a_n}=\frac{a_m a_{m+1}\cdots a_{m+n-1}}{a_1\cdots a_n}x+\frac{a_{m+1}\cdots a_{m+n-1}}{a_1\cdots a_{n-1}}y$$

按归纳法假设蕴涵 $A_{m,n}\in \mathbf{Z}$. 这就证明了（2）.

由于

$$a_{m+n}A_{m,n-1} = a_n A_{m,n}$$

a_{m+n}整除$(a_n, a_{m+n})A_{m,n}$以及$(a_n, a_{m+n}) = (a_m, a_n)$,这就蕴涵了$\dfrac{a_{m+n}}{(a_m, a_n)}$整除$A_{m,n}$.

类似地,由于

$$a_{m+1}A_{m+1,n} = a_{m+n+1}A_{m,n}, \quad a_{m+1}A_{m+1,n-1} = a_n A_{m,n}$$

因此a_{m+1}整除$(a_n, a_{m+n+1})A_{m,n}$,以及由于$(a_n, a_{m+n+1}) = (a_{m+1}, a_n)$,这就得出$\dfrac{a_{m+1}}{(a_{m+1}, a_n)}$整除$A_{m,n}$. 同理,由于

$$a_{n+1}A_{m,n+1} = a_{m+n+1}A_{m,n}, \quad a_{n+1}A_{m-1,n+1} = a_m A_{m,n}$$

因此a_{n+1}整除$(a_m, a_{m+n+1})A_{m,n}$,并且$\dfrac{a_{n+1}}{(a_m, a_{n+1})}$整除$A_{m,n}$. 这就证明了(3).

把(4)中等式两边乘以$\dfrac{a_1 \cdots a_{n+1}}{a_{m+2} \cdots a_{m+n-1}}$后,我们看出(4)等价于

$$(a_n a_{n+1}a_{m+1},\ a_{n+1}a_{m+n}a_{m+n+1},\ a_m a_{m+1}a_{m+n})$$
$$= (a_{n+1}a_m a_{m+1},\ a_n a_{n+1}a_{m+n},\ a_{m+1}a_{m+n}a_{m+n+1})$$

由于在交换 m 和 n 时,上式的两边交换,因此只要证明右边三项的任何公因数 e 也是左边三项的公因数即可. 我们有

$$(a_{n+1}a_m a_{m+1},\ a_n a_{n+1}a_{m+1})$$
$$= a_{n+1}a_{m+1}(a_m, a_n)$$
$$= a_{n+1}a_{m+1}(a_m, a_{m+n})$$
$$= (a_{m+1}a_{m+n}a_{m+n+1},\ a_{m+1}a_{n+1}a_{m+n})$$

以及类似的

$$(a_n a_{n+1}a_{m+n},\ a_{n+1}a_{m+n}a_{m+n+1})$$

$$= (a_n a_{n+1} a_{m+n}, a_{m+1} a_{n+1} a_{m+n})$$
$$(a_{m+1} a_{m+n} a_{m+n+1}, a_m a_{m+1} a_{m+n})$$
$$= (a_{m+1} a_{m+n} a_{m+n+1}, a_{m+1} a_{n+1} a_{m+n})$$

因此,如果设 $g = a_{m+1} a_{n+1} a_{m+n}$,那么

$$(e, g) = (e, a_n a_{n+1} a_{m+1})$$
$$= (e, a_{n+1} a_{m+n} a_{m+n+1})$$
$$= (e, a_m a_{m+1} a_{m+n})$$

再设 $f = (e, g)$,那么

$$1 = \left(\frac{e}{f}, \frac{a_n a_{n+1} a_{m+1}}{f} \right)$$
$$= \left(\frac{e}{f}, \frac{a_{n+1} a_{m+n} a_{m+n+1}}{f} \right)$$
$$= \left(\frac{e}{f}, \frac{a_m a_{m+1} a_{m+n}}{f} \right)$$

所以 $\left(\dfrac{e}{f}, \dfrac{P}{f^3} \right) = 1$,其中

$$P = a_n a_{n+1} a_{m+1} \cdot a_{n+1} a_{m+n} a_{m+n+1} \cdot a_m a_{m+1} a_{m+n}$$

但是 e^3 整除 P,由于我们也可以把 P 写成

$$P = a_{n+1} a_m a_{m+1} \cdot a_n a_{n+1} a_{m+n} \cdot a_{m+1} a_{m+n} a_{m+n+1}$$

因此上面的关系蕴涵 $\dfrac{e}{f} = 1$,因而 $e = f$ 是 $a_n a_{n+1} a_{m+1}$, $a_{n+1} a_{m+n} a_{m+n+1}$ 和 $a_m a_{m+1} a_{m+n}$ 的公因数,这正是我们所要证的.

在二项式系数的情况中,$a_n = n$,Gould(高尔德,1972)通过经验发现了性质 3 的(4),然后被 Hillman(希尔曼)和 Hoggatt(霍加特,1972)加以证明. 他们原来的说法是如果一个人在 Pascal(帕斯卡)三角形(我国通称杨辉三角形)中挑出一个围绕着某个元素的六边形,那么这个六边形上的交替选出的三个顶点处的

42

数的最大公因数就等于其余三个顶点处的数的最大公因数. Hillman 和 Hoggatt 也给出了性质 3 的推广.

当 $a_n = q^n - 1$ 时, 其中 $q > 1$ 是一个整数, 那么 a_n 也满足性质 3 的假设, 这是由于这时有 $a_{m+n} = a_m a_n + a_m + a_n$. Gauss(高斯)研究过这个数列对应的 q - 二项式系数, 在分划理论中会用到这些数.

我们也可把 $\{a_n\}$ 取成由循环关系式

$$a_1 = 1, a_2 = c, a_{n+2} = ca_{n+1} + ba_n \quad (n \geq 1)$$

定义的数列, 其中 b 和 c 是互素的整数. 实际上, 容易用归纳法验证对 $n \geq 1$ 成立

$$(a_n, a_{n+1}) = (b, a_{n+1}) = 1$$

对 m 作归纳法也可以证明对所有的 $m \geq 1, n > 1$ 有

$$a_{m+n} = a_{m+1} a_n + ba_m a_{n-1}$$

成立. 因此, 它满足性质 3 的假设, 特别地, 对 $b = c = 1$, 得出 Fibonacci(斐波那契)数列也满足这一假设.

最后, 我们考虑如何把以上的结果推广到更一般的代数结构上去的问题. 如果任意 $a, b \in R$ 有形如 $au + bv$ 的公因数, 其中, $u, v \in R$, 则称整环 R 是一个 Bézout 环. 由于那种公因数一定是最大公因数, 所以任意 Bézout 环一定也是 GCD 环. 对生成元的数目作归纳法容易证明一个整环是 Bézout 环的充分必要条件是任意有限生成的理想都是主理想. 那样, 如果把 Z 换成 Bézout 环, 性质 1 和 2 将继续成立.

如果环 R 的任意理想都是主理想, 则称整环 R 是一个主理想环.

第二编
代数几何的历史

引　言

尽管数学的系谱是悠久而又朦胧的,但是数学思想是起源于经验的.这些思想一旦产生,这门学科就以其特有的方式生存下去.和任何其他学科,尤其是经验学科相比,数学可以比作一种有创造性的,又几乎完全受审美动机控制的学科.

——J. von Neumann

我们先从下面的例子看在高观点下解题的简洁性. 2006 年上海交通大学推优、保送生试题中有一题为:

若函数形式为 $f(x,y) = a(x)b(y) + c(x)d(y)$,其中 $a(x),c(x)$ 为关于 x 的多项式,$b(y),d(y)$ 为关于 y 的多项式,则称 $f(x,y)$ 为 P 类函数. 判断下列函数是否是 P 类函数,并说明理由.

(1) $1 + xy$；

(2) $1 + xy + x^2 y^2$.

(1) 假设 $f(x,y) = 1 + xy = a(x)b(y) + c(x) \cdot d(y)$，又 $f(0,y) = 1, f(x,0) = 1$，可知 $b(y), d(y)$ 和 $a(x), c(x)$ 中除了常数项外的系数成比例.

令 $A = \sum_{k=1}^{n} a_k x^k, B = \sum_{k=1}^{n} b_k y^k$，所以

$$1 + xy = (A + a)(B + b) + (mA + c)(nB + d)$$

得

$$ab + cd = 1, a + cn = 0, b + dm = 0$$

可得 $cd(mn + 1) = 1$.

令 $m = n = 1, a = b, c = d$，得

$$a = b = -\frac{\sqrt{2}}{2}, c = d = \frac{\sqrt{2}}{2} \Rightarrow AB = \frac{1}{2}xy$$

令 $A = \frac{1}{2}x, B = y$，可得

$$1 + xy = \left(\frac{1}{2}x - \frac{\sqrt{2}}{2}\right)\left(y - \frac{\sqrt{2}}{2}\right) + \left(\frac{1}{2}x + \frac{\sqrt{2}}{2}\right)\left(y + \frac{\sqrt{2}}{2}\right)$$

所以 $1 + xy$ 是 P 类函数.

其实解决 (1) 用不着这么复杂. 因为

$$f(x,y) = 1 + xy = 1 \cdot 1 + x \cdot y$$

其中

$$a(x) = 1, b(y) = 1, c(x) = x, d(y) = y$$

所以 $f(x,y) = 1 + xy$ 是 P 类函数.

(2) $f(x,y) = 1 + xy + x^2 y^2$ 不是 P 类函数. 理由如下：若 $f(x,y) = 1 + xy + x^2 y^2$ 是 P 类函数，那么 $a(x)$，$c(x)$ 与 $b(y), d(y)$ 的最高次数都不应该超过 2 次，否则，$a(x)$ 与 $b(y)$，$c(x)$ 与 $d(y)$ 乘积中次数高于 2 次的对应项的系数之和为零. 从而可得：$a(x)$ 与 $c(x)$ 的对

应项系数成比例(或者是 $b(y)$ 与 $d(y)$ 的对应项系数成比例). 这样,$1 + xy + x^2 y^2 = p(x) q(y)$,而这是不可能的(证法如下),故可知 $a(x),c(x),b(y),d(y)$ 的次数不超过 2 次.

设

$$f(x,y) = 1 + xy + x^2 y^2$$
$$= (a_1 x^2 + a_2 x + a_3)(b_1 y^2 + b_2 y + b_3) +$$
$$(c_1 x^2 + c_2 x + c_3)(d_1 y^2 + d_2 y + d_3)$$

展开后,由对应项系数相等可得

$$\begin{cases} a_1 b_1 + c_1 d_1 = 1 \\ a_1 b_2 + c_1 d_2 = 0 \\ a_1 b_3 + c_1 d_3 = 0 \end{cases}$$

$$\begin{cases} a_2 b_2 + c_2 d_2 = 1 \\ a_2 b_1 + c_2 d_1 = 0 \\ a_2 b_3 + c_2 d_3 = 0 \end{cases}$$

$$\begin{cases} a_3 b_1 + c_3 d_1 = 0 \\ a_3 b_2 + c_3 d_2 = 0 \\ a_3 b_3 + c_3 d_3 = 1 \end{cases}$$

所以 b_1,b_2,b_3 与 d_1,d_2,d_3 对应成比例,这样就有

$$1 + xy + x^2 y^2 = (e_1 x^2 + e_2 x + e_3)(f_1 y^2 + f_2 y + f_3)$$

于是有

$$\begin{cases} e_1 f_1 = 1 \\ e_2 f_2 = 1 \\ e_3 f_3 = 1 \end{cases}$$

和

$$\begin{cases} e_1 f_2 = 0 \\ e_1 f_3 = 0 \\ e_2 f_1 = 0 \end{cases}$$

因为当 $e_1 f_2 = 0$ 时，$e_1 = 0$ 或 $f_2 = 0$，这和 $e_1 f_1 = 1$ 及 $e_2 f_2 = 1$ 相矛盾，从而可知 $f(x,y) = 1 + xy + x^2 y^2$ 不是 P 类函数.

此证法很初等，所以计算十分烦琐，如果使用高等代数的语言，那么将十分简洁.

假设存在这样的多项式 $a(x), b(y), c(x), d(y)$，记

$$a(x) = a_0 + a_1 x + a_2 x^2 + \cdots$$

和

$$c(x) = b_0 + b_1 x + b_2 x^2 + \cdots$$

在所要求的恒等式中令 $1, x, x^2$ 的系数分别相等，我们可得到方程组

$$\begin{cases} 1 = a_0 b(y) + b_0 d(y) \\ y = a_1 b(y) + b_1 d(y) \\ y^2 = a_2 b(y) + b_2 d(y) \end{cases}$$

因为 $b(y)$ 和 $d(y)$ 在 Q 上张成 $Q[y]$ 的一个至多 2 维的子空间，$\{1, y, y^2\}$ 被包含在这个子空间中，但是多项式 $1, y, y^2$ 是线性无关的，这是一个矛盾. 因此上述方程组无解.

世界著名数学家 I. N. Hernstein（赫恩斯坦）指出：

二十世纪数学的一个令人惊异的特征是它对抽象方法的力量的承认. 这已经引出了大量的新结果、新课题；事实上这已经

引领我们开辟了以前从未被提出的一些全新的数学领域. 随着这些发展而来的不仅是崭新的数学, 而且是其生机勃勃的前景, 以及对那些困难的古典结果所给出的简洁而又新颖的证明. 把一个问题分离为一些基本的部分, 这就为我们揭示了它在整个事物结构中的环境; 它向我们显示了以往被认为是无关的若干领域之间的联系.

从一道背景深刻的 PTN 试题谈起

第 2 章

我们看一道以 Bézout 定理为背景的问题：

（第 68 届美国大学生数学竞赛试题）求出所有使曲线 $y = \alpha x^2 + \alpha x + \dfrac{1}{24}$ 和曲线 $x = \alpha y^2 + \alpha y + \dfrac{1}{24}$ 相切的 α 的值.

解法 1　设 C_1 和 C_2 分别是曲线

$$y = \alpha x^2 + \alpha x + \frac{1}{24}$$

和

$$x = \alpha y^2 + \alpha y + \frac{1}{24}$$

并且设 L 为直线 $y = x$. 我们考虑三种情况：

（1）如果 C_1 和 L 相切，则切点 (x, x) 满足 $2\alpha x + \alpha = 1$，$x = \alpha x^2 + \alpha x + \dfrac{1}{24}$，由对称性，$C_2$ 也和 L 在此切点相切，因此 C_1 和 C_2 相切. 由上面的第一个方程可得 $\alpha = \dfrac{1}{2x+1}$ 并代入第二个方程，我们有

$$x = \frac{x^2 + x}{2x + 1} + \frac{1}{24}$$

可化简为

$$0 = 24x^2 - 2x - 1 = (6x + 1)(4x - 1)$$

或

$$x \in \left\{ \frac{1}{4}, -\frac{1}{6} \right\}$$

这就得出

$$\alpha = \frac{1}{2x + 1} \in \left\{ \frac{2}{3}, \frac{3}{2} \right\}$$

（2）如果 C_1 不和 L 相交，那么 C_1 和 C_2 被 L 分开，因此它们不可能相切.

（3）如果 C_1 和 L 交于两个不同的点 P_1，P_2，那么它不可能和 L 在其他点相切. 假设在这两点之一，比如说 P_1，C_1 的切线是垂直于 L 的，则由对称性，C_2 也是这样，因此 C_1 和 C_2 将在 P_1 处相切. 在这种情况下，点 $P_1 = (x, x)$ 满足

$$2\alpha x + \alpha = -1, \quad x = \alpha x^2 + \alpha x + \frac{1}{24}$$

由上面的第一个方程可得 $\alpha = -\dfrac{1}{2x + 1}$ 并代入第二个方程，我们有

$$x = -\frac{x^2 + x}{2x + 1} + \frac{1}{24}$$

或

$$x = \frac{-23 \pm \sqrt{601}}{72}$$

这导致

$$\alpha = -\frac{1}{2x + 1} = \frac{13 \pm \sqrt{601}}{12}$$

如果 C_1 在 P_1，P_2 处的切线不与 L 垂直，那么我们

断言 C_1 和 C_2 不可能有任何切点. 确实, 如果我们去数 C_1 和 C_2 的交点个数 (通过把 C_1 的表达式代入到 C_2 的 y 中, 然后对 y 求解), 那么算上重数至多得出 4 个解, 其中两个是 P_1 和 P_2, 而任意切点就是多出来的两个. 然而除了和 L 的交点之外, 任意切点都有一个镜像, 它也是切点. 但是我们不可能有 6 个解, 这样, 我们就求出了所有可能的 α.

解法 2 对 α 的任何非零的值, 二次曲线在复射影平面 $P^2(C)$ 上将交于 4 点, 为了确定这些交点的 y 坐标, 把两个方程相减得到

$$y - x = \alpha(x-y)(x+y) + \alpha(x-y)$$

因此在交点处有 $x = y$, 或者 $x = -\dfrac{1}{\alpha} - (y+1)$. 把这两个可能的线性条件代入第二个方程, 说明交点的 y 坐标是

$$Q_1(y) = \alpha y^2 + (\alpha - 1)y + \frac{1}{24}$$

的根或

$$Q_2(y) = \alpha y^2 + (\alpha + 1)y + \frac{25}{24} + \frac{1}{\alpha}$$

的根.

如果两条曲线相切, 则至少将有两个交点重合; 反过来也对, 这是因为一条曲线是 x 的图像. 当 Q_1 或 Q_2 的判别式至少有一个是 0 时, 曲线将重合. 计算 Q_1 或 Q_2 的判别式 (精确到常数因子) 产生

$$f_1(\alpha) = 6\alpha^2 - 13\alpha + 6$$

和

$$f_2(\alpha) = 6\alpha^2 - 13\alpha - 18$$

另外, 如果 Q_1 或 Q_2 有公共根, 则它必须也是

$$Q_2(y) - Q_1(y) = 2y + 1 + \frac{1}{\alpha}$$

的根,这可得出

$$y = -\frac{1+\alpha}{2\alpha}$$

和

$$0 = Q_1(y) = -\frac{f_2(\alpha)}{24\alpha}$$

这样,使得两条曲线相切的 α 的值必须被包含在 f_1 和 f_2 的零点的集合,即 $\left\{\dfrac{2}{3}, \dfrac{3}{2}, \dfrac{13 \pm \sqrt{601}}{12}\right\}$ 之中.

注 1 在 $P^2(C)$ 中,两条二次曲线算上重数将交于 4 个点是 Bézout 定理的特例,这个定理是:$P^2(C)$ 中的两条阶为 m, n,并且没有公因子的曲线算上重数恰相交于 mn 个点.

很多解答者疑惑提出者选择参数 $\dfrac{1}{24}$ 是否有特殊的原因,这一选择给出两个有理根和两个无理根. 事实上,这一参数如何选择与问题没有本质关系. 为使 4 个根都是有理数,用 β 代替 $\dfrac{1}{24}$ 使 $\beta^2 + \beta$ 和 $\beta^2 + \beta + 1$ 都是完全平方数即可,但除了平凡情况($\beta = 0, -1$)这一例外. 由于椭圆曲线的秩是 0,因此实际上不可能发生这种情况.

然而,存在处于中间状态的选择,例如 $\beta = \dfrac{1}{3}$ 给出 $\beta^2 + \beta = \dfrac{4}{9}$ 和 $\beta^2 + \beta + 1 = \dfrac{13}{9}$,而 $\beta = \dfrac{3}{5}$ 给出 $\beta^2 + \beta = \dfrac{24}{25}$ 和 $\beta^2 + \beta + 1 = \dfrac{49}{25}$.

我们知道:两条直线交于一点;直线与圆锥曲线交

于两点;两条圆锥曲线交于四点. 将其引申下去就得到代数几何的开卷定理.

定理 1 次数分别为 M 和 N 的两条代数曲线,如果没有公共分支,则恰好交于 MN 个点(要恰当地计数).

下个例子是关于 Pascal 定理的高等证明.

定理 2 (Pascal 定理)设 A, B, C, D, E, F 是同一个圆上的六个点,直线 AB, DE 相交于点 P,直线 BC, EF 相交于点 Q,直线 CD, FA 相交于点 R,则 P, Q, R 三点共线(图 1).

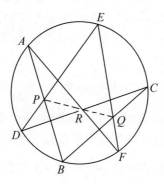

图 1

定理中的圆可以改为其他二次曲线,即抛物线、双曲线或者两条直线.

下面我们来介绍使用射影几何和代数几何来证明 Pascal 定理的方法.

1. 使用射影几何的证明方法

过圆心 O 作一条垂直于圆所在平面的直线,在其上任取一点 S,考虑以 S 为顶点,该圆为底面的圆锥,用一个与 S, P, Q 三点确定的平面平行的平面 α 截这

56

个圆锥,得到一个椭圆.设 A' 是直线 SA 与平面 α 的交点,同理定义 B',C',D',E',F',这样 A',B',C',D',E',F' 都在同一个椭圆上(这实际上是以 S 为透视中心的中心射影).由 A,B,P 共线知 A,B,P,S 共面,故 A,B,P,S,A',B' 共面,所以 $A'B'\ /\!/\ SP$(因 $SP\ /\!/\ \alpha$),同理 $D'E'\ /\!/\ SP$,故 $A'B'\ /\!/\ D'E'$.同理,$B'C'\ /\!/\ E'F'$.

下面证明 $C'D'\ /\!/\ F'A'$,即证明:一个椭圆的内接六边形,若两组对边分别平行,则第三组对边也平行.这可以通过将椭圆的长轴方向"压缩"使椭圆变成一个圆来证明,可用解析几何的方式证明压缩的过程中平行关系保持不变(这个"压缩"实际上是射影几何中以无穷远点为透视中心的中心射影),而圆内同样的 Pascal 定理是显然成立的(图 2).

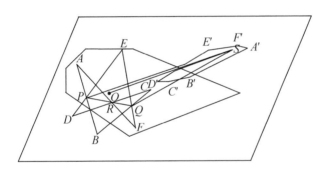

图 2

由 C,D,R 共线知 C,D,R,S 共面,故 C,D,R,S,C',D' 共面,设此面为 β,同理可假设过 F,A,R,S,F',A' 的面为 γ.由 $C'D'\ /\!/\ F'A'$ 知 $C'D'\ /\!/\ \gamma$,$F'A'\ /\!/\ \beta$,因此 β,γ 的交线 RS 也与它们平行,故 $RS\ /\!/\ \alpha$.结合 α 的定义可知 P,Q,R,S 四点共面,于是 P,Q,R 三点共线,证毕.

上述证明中,第一段和第三段在射影几何中也是显然的,无须这样细致的解释.也就是说,在射影几何中仅需作两次中心射影变换,即可证明 Pascal 定理.

2. 使用代数几何的证明方法

建立平面直角坐标系 xOy,考虑直线 AB,CD,EF 所对应的一次式,将它们相乘得到一个三次曲线的方程 $f(x,y)$;考虑直线 BC,DE,FA 所对应的一次式,将它们相乘得到一个三次曲线的方程 $g(x,y)$. 在圆上任取不同于 A,B,C,D,E,F 的一点 K,设它的坐标为 (x',y'). 显然 $f(x',y'),g(x',y')$ 都不等于 0,适当选取非零参数 u,v,使得

$$u \cdot f(x',y') + v \cdot g(x',y') = 0$$

设 $u \cdot f(x,y) + v \cdot g(x,y) = h(x,y)$,则 $h(x,y)$ 显然不是零多项式(任取 AB 上除 A,B,P 外的任一点 $M(x_m,y_m)$,则 $f(x_m,y_m)=0$,但 $g(x_m,y_m) \neq 0$). $h(x,y)$ 代表一个不超过三次的曲线,但它却与 $ABCDEF$ 的外接圆(这是一个二次曲线)有 A,B,C,D,E,F,K 共 7 个公共零点. 由 Bézout 定理知,代表这两个曲线的多项式一定有公共因式,但代表圆的多项式不可能拆成两个一次因式的乘积(否则将是两条直线而不是圆),所以 $h(x,y)$ 一定是代表圆的多项式再乘上一个一次多项式所得. 注意将 P,Q,R 三点的坐标代入 f,g,结果都是零,故将它们的坐标代入 h,结果也是零. 由于 P,Q,R 都不在圆上,所以它们必然都是那个一次多项式的零点,这也说明 P,Q,R 三点共线,证毕.

相比射影几何,用代数几何的证明还是需要一个小技巧的,即取圆上第 7 个点 K,并构造 f,g 的线性组合使其以 K 为零点,这样构造出一个三次曲线与一个

二次曲线有 $3 \times 2 + 1 = 7$ 个公共零点,从而恰到好处地使用了 Bézout 定理. Bézout 定理的证明不可能对学生完全讲清,但是三次和二次曲线的特例则可以通过消元降次解方程的方法来说明.

通过讲解 Pascal 定理的高等证明,学生意识到在中学数学中非常有技巧的定理,在高等数学的观点下实际是平凡的,不需要任何技巧的高等数学有"重剑无锋,大巧不工"的意境,从而对即将到来的高等数学的学习产生了憧憬和向往.

这个定理首先被 Maclaurin(麦克劳林)于 1720 年所断言. Euler 于 1748 年,Cramer(克莱姆)于 1750 年都分别讨论过它,但是,是 Bézout 于 1770 年把它叙述得更完整.

而这仅限于代数曲线而不能推广到超越情形. 陈省身的学生 Shiffman(希夫曼)1972 年在耶鲁大学当助理教授时与 Cornalba(科纳尔巴)合作写了一篇论文 *A Counterexample to the "Transcendental Bézout Problem"* (Ann. of Math. , 2,1972,402-406),其中给出了一个反例,说明古典代数几何中著名的 Bézout 定理在超越的情况下是失效的.

多项式的简单预备知识

在这一章里,我们首先研究多项式的代数性质,即先研究加法、乘法和形式求导的运算.

定义 1 （在一个整环 A 上具有一个未定元的多项式）设 A 是一个整酉环,也就是一个无零因子而有单位元素(乘法的中性元素)的环. 在以后,我们取为 A 的,或者是复数域 $\mathbf{C}$,或者是实数域 $\mathbf{R}$,或者是有理数域 $\mathbf{Q}$(在研究具有多个未定元的多项式时,可以得到 A 是多项式环).

考虑 A 的元素构成的这样一个序列,即使得从某个序标起,序列中所有之后的元素都等于 A 的 0 元素,这里 0 是 A 里加法的中性元素. 于是,得到一个序列

$$a = (\alpha_0, \alpha_1, \cdots, \alpha_n, 0, 0, \cdots)$$

这里 $\alpha_i \in A$,这样的序列叫作 A 上具有一个未定元的多项式.

使 $\alpha_n \neq 0$ 的最大的序标叫作多项式 a 的次数,元素 α_i 叫作多项式的系数,系数 α_0 叫作常数项.

第 3 章

如果所有的系数都等于 0, 则对应的多项式用 0 来表示, 且约定: 它是没有次数的, 我们偶尔也约定给它象征性的次数, 记为 $-\infty$, 这个符号按照约定满足不等式 $-\infty < n$, 这里 n 是任意整数.

§1　多项式矢量空间

设有两个多项式
$$a = (\alpha_0, \cdots, \alpha_n, 0, 0, \cdots)$$
和
$$b = (\beta_0, \cdots, \beta_m, 0, 0, \cdots)$$

如果有恒等关系, 也就是说, 如果 $n = m$（次数相同）, 又如果对一切 $i = 0, 1, 2, \cdots, n, \alpha_i = \beta_i$, 则令 $a = b$.

定义 2　（加法）我们在多项式的集上定义一个内运算, 记为加法, 即
$$a + b = (\alpha_0 + \beta_0, \alpha_1 + \beta_1, \cdots)$$

我们看到, 这个运算是可结合的和可交换的.

它有一个中性元素: 这是记为 $0 = (0, 0, \cdots)$ 的多项式, 它的所有系数都是零.

最后, 每一个多项式具有一个对称元素或相反元素, 记为
$$-a = (-\alpha_0, \cdots, -\alpha_n, 0, 0, \cdots)$$
它是系数都与 a 的系数反号的多项式.

于是对于这个规律, 多项式的集构成一个可交换的群.

要指出, 如果两个多项式的次数不等, 则 $a + b$ 的次数等于两个次数中较大的一个; 如果两个次数相等, 则 $a + b$ 的次数可能变小, 于是总有 $a + b$ 的次数 $\leqslant$

max｛a 的次数, b 的次数｝, 以后记为 $\deg(a+b) \leqslant$ max｛$\deg a$, $\deg b$｝. 零多项式的次数是不定的, $-a$ 的次数与 a 的次数相同.

定义 3 （乘以 A 的元素的乘法）设 $\lambda \in A$, 令

$$\lambda a = (\lambda \alpha_0, \lambda \alpha_1, \cdots, \lambda \alpha_n, 0, 0, \cdots)$$

λa 是一个多项式, 它的系数是 a 的系数乘以 λ 的积.

如果 $\lambda \in A$ 且 $\mu \in A$, 则有下列规则

$$\lambda(a+b) = \lambda a + \lambda b$$
$$(\lambda + \mu)a = \lambda a + \mu a$$
$$\lambda(\mu a) = (\lambda \mu)a$$
$$1 \cdot a = a$$

如果 $\lambda \neq 0$, 则可看到 $\deg(\lambda a) = \deg a$.

在 A 是域 K 的情况下, 这些运算将多项式集作成系数域 K 上的一个矢量空间.

现在来考虑多项式 $u_n = (0, \cdots, 0, 1, 0, \cdots)$, 它的系数除序标为 n 的一项以外都是零. 序标为 n 的一项的系数为 1, 即 A 的单位元素; 这样, u_n 仍是一个 n 次多项式. 每一个多项式 $a = (\alpha_0, \alpha_1, \cdots, \alpha_n, 0, 0, \cdots)$ 以唯一的方法写成下式

$$a = \alpha_0 u_0 + \alpha_1 u_1 + \cdots + \alpha_n u_n$$

在 A 为域 K 的情形, 将 a 用唯一的方法表示为有限个元素 u_n 的线性组合, u_n 的系数为 K 的元素. 我们说, 元素 u_n 形成多项式矢量空间的一个基, 基的元素的个数叫作矢量空间的维数. 这样, 多项式矢量空间是无限维的.

通常的记法 为了后面要出现的原因, 我们用记号 x^n 代替 u_n. 重要的是指出下面一点: 此时 x 不表示什么东西, 而 x^n 是一个符号, 其中 n 与 x 是不能分离

的,n 起到序标的作用. 最后,作为一个约定,我们写 $u_0 = x^0 = 1$.

我们通常还写为

$$a = \alpha_0 + \alpha_1 x + \cdots + \alpha_n x^n$$

或

$$a = \alpha_n x^n + \alpha_{n-1} x^{n-1} + \cdots + \alpha_1 x + \alpha_0$$

在第一种写法中,我们说 a 是按 x 的升幂排列的;在第二种写法中,我们说 a 是按 x 的降幂排列的.

在环 A 上多项式集记为 $A[x]$,x 叫作未定元或变量. 变量这一术语主要在我们把多项式看作函数时使用.

§2　多 项 式 环

多项式乘法　我们引入多项式集上的第二个组合规律,一种对于多项式加法可分配的规律.

根据可分配性,只要对 $\alpha_i x^i (\alpha_i \in A)$ 这种形式的多项式,定义第二个规律就行了.

对于 $\alpha_i \in A, \beta_j \in A$,我们令

$$(\alpha_i x^i)(\beta_j x^j) = \alpha_i \beta_j x^{i+j}$$

换句话说,未定元的相乘,其序标像幂指数那样处理.

如果

$$a = \alpha_0 + \alpha_1 x + \cdots + \alpha_n x^n, b = \beta_0 + \beta_1 x + \cdots + \beta_m x^m$$

则根据分配律,可以看出

$$a \cdot b = \alpha_0 \beta_0 + (\alpha_0 \beta_1 + \alpha_1 \beta_0) x + \cdots +$$
$$(\alpha_0 \beta_i + \alpha_1 \beta_{i-1} + \cdots +$$

$$\alpha_i\beta_0)x^i + \cdots + \alpha_n\beta_m x^{n+m}$$

这个运算是可交换的,对于加法是可分配的. 我们可用一个稍长但不甚困难的计算验证,它是可结合的.

我们要指出下面的重要性质

$$\deg(a \cdot b) = \deg a + \deg b$$

如果 $b = 0$,在约定对不论怎样的 n,总有 $-\infty = n + (-\infty)$ 时,上式仍保持为真.

集 $A[x]$ 是可交换环. 设多项式

$$u = \eta_0 + \eta_1 x + \cdots + \eta_l x^l$$

如果对任意多项式 a 有 $u \cdot a = a$, u 就是对于乘法的中性元素. 特别地,应该有 $ux^n = x^n$, 于是

$$\eta_0 x^n + \eta_1 x^{n+1} + \cdots + \eta_l x^{n+l} = x^n$$

这就要求

$$\eta_0 = 1, \eta_1 = 0, \eta_2 = 0, \cdots, \eta_l = 0$$

这样就有 $u = x^0 = 1$;这就是将多项式 x^0 与数 1 等同的理由. 于是环 $A[x]$ 是酉环. 另外,多项式 x 可以与未定元等同,这是从下面的意义上来说的,用符号 x^i 表示的多项式是多项式 x 的 i 次幂,而后者又是按照刚刚定义的乘法来作成的.

我们来探求 $A[x]$ 有无零因子. 设 a 和 b 是 $A[x]$ 的两个多项式,且 $a \neq 0$,于是在 a 中至少存在一个系数 $\alpha_h \neq 0$. 假设 h 是具有如下性质的最小序标,它使得如果存在整数 $i, 0 \leq i < h$,则有 $\alpha_i = 0$. 如果 b 的系数是 $\beta_0, \beta_1, \cdots$,则由等式 $ab = 0$ 得

$$\alpha_h\beta_0 = 0, \alpha_h\beta_1 + \alpha_{h+1}\beta_0 = 0, \cdots$$

因 $\alpha_k \neq 0$,我们陆续推出 $\beta_0 = 0, \beta_1 = 0, \cdots$,于是就有 $b = 0$. 于是环 $A[x]$ 是一个整环.

推论 1 由等式 $ab = ac$ 推出:如果 $a \neq 0$,则 $b = c$.

实际上,等式 $ab = ac$ 也写为 $a(b - c) = 0$. 又因 $a \neq 0$,于是 $b - c = 0$,从而 $b = c$.

每个多项式 $a \neq 0$ 对乘法是正则的.

§3　按降幂排列的除法

在这一部分,我们假设 A 是一个域 K,这里 K 或是 **C**,或是 **R**,或是 **Q**.

1. 除法的等式

设已给两个多项式 a 和 b,并不总是存在多项式 q,使 $a = bq$. 如果存在这样的多项式 q,就说 a 能被 b 整除,或 b 整除 a,或 a 是 b 的倍式.

这样,多项式 0 是任一多项式的倍式.

为了使 a 能被 b 整除,a 必须属于 b 的倍式的集 I,也就是 cb 这样形式的多项式的集,这里 c 是任意的多项式. 可以立刻验证:I 是 $K[x]$ 的子环,而且 I 还是这个环的一个理想,因为 b 的一个倍式与任意的一个多项式相乘,其积仍是 b 的倍式.

I 的每一个非零多项式的次数至少等于 b 的次数,因而 b 是 I 的一个非零多项式,它有可能取最小的次数.

如果 a 的次数严格小于 b 的次数,则 a 不能被 b 整除,除非 $a = 0$.

于是设 $\deg a \geq \deg b$. 我们设法从 a 减去 b 的倍式,倘若 $a \in I$,则我们得到 I 的多项式,其次数愈来愈小,我们希望最后得到多项式 0,在这种情况下,a 就能被 b 整除. 为了强调次数,我们这里按序标下降的次序

来写出多项式:设

$$a = \alpha_n x^n + \alpha_{n-1} x^{n-1} + \cdots + \alpha_0 \quad (\alpha_n \neq 0)$$

$$b = \beta_m x^m + \beta_{m-1} x^{m-1} + \cdots + \beta_0 \quad (\beta_m \neq 0 \text{ 且 } n \geq m)$$

多项式

$$x^{n-m} \cdot b = \beta_m x^n + \beta_{m-1} x^{n-1} + \cdots + \beta_0 x^{n-m}$$

属于 I 且它的次数等于 a 的次数 n. 于是考虑多项式

$$a_{n-1} = a - \gamma_{n-m} x^{n-m} b \quad (\text{这里 } \gamma_{n-m} = \alpha_n / \beta_m)$$

此处涉及一个事实,即系数的环应该是一个域,为的是保证 γ_{n-m} 的存在,这就要求 $\beta_m \neq 0$.

如果 $a \in I$,且因 $b \in I$,则多项式 $a_{n-1} \in I$,且 a_{n-1} 的 x^n 项的系数是 $\alpha_n - \gamma_{n-m} \beta_m = 0$. 从而,$\deg a_{n-1} \leq n-1$.

对多项式 a_{n-1} 再作类似的运算,并依此类推,我们就一步一步地得到下面一系列关系

$$a - \gamma_{n-m} x^{n-m} b = a_{n-1}, \deg a_{n-1} \leq n-1$$

$$a_{n-1} - \gamma_{n-m-1} x^{n-m-1} b = a_{n-2}, \deg a_{n-2} \leq n-2$$

$$\vdots$$

$$a_m - \gamma_0 x^0 b = r, \deg r \leq m-1$$

可是我们要指出:如果在上述等式中有 $\deg a_i < i$,我们就在关系 $a_i - \gamma_{i-m} x^{i-m} b = a_{i-1}$ 中取 $\gamma_{i-m} = 0$,从而就有 $a_i = a_{i-1}$.

最后,$\deg r \leq m-1$ 表示 r 可能是零多项式.

将上述等式都加起来,得到下式

$$a - (\gamma_{n-m} x^{n-m} + \gamma_{n-m-1} x^{n-m-1} + \cdots + \gamma_0) b = r$$

这就是说,不论怎样的多项式 a 和 b,都存在一个多项式 q 和一个多项式 r,使得 $a = bq + r$,其中 $\deg r < \deg b$ (约定:$\deg 0 = -\infty$ 严格小于任何次数).

我们来证明:如果 $\deg a \geq \deg b$,则

$$q = \gamma_{n-m} x^{n-m} + \cdots + \gamma_0$$

66

是 $n-m$ 次的多项式. 实际上, $\gamma_{n-m} = \alpha_n/\beta_m \neq 0$.

如果 $\deg a < \deg b$, 而等式
$$a = bq + r \quad (\text{其中 } \deg r < \deg b)$$
仍有效, 则需取 $q = 0$, 于是 $r = a$.

这个关系叫作按降幂排列的除法的等式.

唯一性　不论怎样的 $K[x]$ 的多项式 a 和 b, 都至少存在一对多项式 q 和 r, 使得 $a = bq + r$, 其中 $\deg r < \deg b$. 我们来证明, 这样的多项式对是唯一的.

假设还有
$$a = bq^* + r^* \quad (\text{其中 } \deg r^* < \deg b)$$
取两式之差, 得
$$b(q^* - q) = r - r^*$$
于是
$$\deg b + \deg(q^* - q) = \deg(r - r^*)$$

可是 $\deg(r - r^*) < \deg b$, 因而 $\deg(q^* - q) < 0$. 适合上述等式的唯一次数是 $-\infty$, 于是 $q^* - q = 0$, 从而又有 $r - r^* = 0$.

我们能把定理叙述如下:

定理 1　设给定环 $K[x]$ 的两个多项式 a 和 b, 则存在唯一的多项式 q 和唯一的多项式 r, 使得
$$a = bq + r, \deg r < \deg b$$
q 叫作按降幂 b 除 a 的商式, r 叫余式.

特别地, 如果 a 能被 b 整除, 这就是说, 存在一个多项式 c, 使 $a = bc$. 然而, 这个关系就是上述除法的等式: $a = bq + r$, 其中 $q = c$, 而 $r = 0$. 实际上, $r = 0$ 的次数是 $-\infty$, 它小于 b 的次数. 由于唯一性, 按照降幂除法的演算给出 $q = c$ 和 $r = 0$. 因此, 要使多项式 a 能被多项式 b 整除, 其充分且必要条件是: 按照降幂排列的 b

除 a 的余式是零.

  实际计算 把多项式按未定元的降幂排列,作多项式除法运算,就同作整数除法一样.

  例如

$a=5x^6$	$+1$	$x^2+2x+1=b$
$\gamma_4 x^4 b=5x^6+10x^5+5x^4$		$5x^4-10x^3+$
$a_5=\quad -10x^5-5x^4$	$(+1)$	$15x^2-20x+$
$\gamma_3 x^3 b=\quad -10x^5-20x^4-10x^3$		25
$a_4=\qquad\qquad 15x^4+10x^3$	$(+1)$	$\gamma_4 x^4+$
$\gamma_2 x^2 b=\qquad\qquad 15x^4+30x^3+15x^2$		$\gamma_3 x^3+\gamma_2 x^2+$
$a_3=\qquad\qquad\qquad -20x^3-15x^2$	$(+1)$	$\gamma_1 x+\gamma_0$
$\gamma_1 xb=\qquad\qquad\qquad -20x^3-40x^2-20x$		
$a_2=\qquad\qquad\qquad\qquad 25x^2+20x+1$		
$\gamma_0 b=\qquad\qquad\qquad\qquad 25x^2+50x+25$		
$a_1=r=\qquad\qquad\qquad\qquad\qquad -30x-24$		

  作为一条原则,(+1)必须写在圆括号里,然而当某个多项式 $\gamma_i x^i b$ 也包含与(+1)的次数相同的项时,(+1)的圆括号就可以去掉了.

  于是这里有

$$a=5x^6+1, b=x^2+2x+1, 且\ a=bq+r$$

其中

$$q=5x^4-10x^3+15x^2-20x+25$$

$$r=-30x-24$$

$$\deg q=4, \deg r=1\ 且\ \deg r<\deg b=2$$

  2. 两个多项式的最大公因式

  多项式的理想 我们来证明,具有一个未定元的多项式的每一个理想是由唯一的多项式的倍式形成的(一个这样的理想叫作主理想).

事实上,设 I 是理想,且设 $b \in I, b \neq 0$,使得 $\deg b$ 是 I 的一切多项式中次数可能最小的(并不假设 b 是唯一的).设 $a \in I$ 是任意的,用 b 来除 a,就有 $a = bq + r$,于是 $r = a - bq$;可是 $a \in I, b \in I$,于是 $bq \in I$ 和 $a - bq = r \in I$. 但是 $\deg r < \deg b$,然而 0 是 I 中次数适合此不等式的唯一多项式,这样 $r = 0$ 且 $a = bq$. 因而 I 的每一个多项式是 b 的倍式. 如果 $b_1 \in I$ 且 $\deg b_1 = \deg b$,则 $b_1 = bq$,给出 $\deg q = 0$;于是 I 的与 b 的次数相同的每一个多项式是 λb 的形式,$\lambda \in K$ 且 $\lambda \neq 0$.

两个多项式的最大公因式 设 a 和 b 是两个固定的多项式,我们来求 a 和 b 的公因子. 0 次多项式,即常数,总可作为公因子. a 和 b 的每一个公因子同样可整除 $va + wb$,而不论 v 和 w 是怎样的多项式. 可是多项式 $va + wb$ 的集(这里 a 和 b 是固定的,v 和 w 是任意的),显然形成一个理想,于是这是主理想,也就是说,存在一个多项式 d,准确到一个常数因子,使得每一个多项式 $va + wb$ 是 d 的倍式.

特别地,我们有:

(1)对于某些多项式 v 和 w,有 $d = va + wb$.

(2)$a = a_1 d$ 且 $b = b_1 d$,因为在 $v = 1, w = 0$ 时多项式 $1 \cdot a + 0 \cdot b$ 属于此理想;在 $v = 0, w = 1$ 时多项式 $0 \cdot a + 1 \cdot b$ 属于此理想.

由于(1),a 和 b 的每一个公因式整除 d;而由于(2),d 的每一个因式整除 a 和 b;a 和 b 的公因式的集因而等同于 d 的因式的集. 特别地,d 本身是次数最大的公因式,故叫作 a 和 b 的最大公因式(简写为 P. G. C. D.).

我们要指出,(1)和(2)在其系数域是 K 的子域的

69

每一域内也是有效的,于是两个多项式 a 和 b 的 P. G. C. D. 属于 a 和 b 的系数域. 这样,当 a 和 b 的系数是有理数时,a 和 b 的 P. G. C. D. 也有有理数系数,即使我们把 a 和 b 看作系数在实数域内或复数域内的多项式时,亦如此.

(1)和(2)中的等式同样也可证明:如果 d 是 a 和 b 的 P. G. C. D. ,则 ac 和 bc 的 P. G. C. D. 是 dc,不论 c 是怎样的多项式.

定义 4 (互素多项式)两个多项式 a 和 b,如果它们的 P. G. C. D. 是 0 次的(就是非零的常数),就叫作互素的.

定理 2 (Euclid 定理)如果 a 整除积 bc,且 a 和 b 是互素的,则 a 整除 c.

实际上,a 和 b 的 P. G. C. D. 是一个非零常数,于是 ac 和 bc 的 P. G. C. D. 是 λc. 但 a 整除 ac,且按假设它整除 bc,因而整除 ac 和 bc 的 P. G. C. D. 是 λc,于是 a 整除 c.

定义 5 (素多项式)如果一个多项式 p 除了本身和不等于零的常数外没有别的因式,那么它叫作素多项式,或既约多项式.

设 a 是任意多项式,d 是 a 和 p 的 P. G. C. D. ,因为 p 是素多项式,所以 d 就等于 p,或等于常数. 在第一种情况 a 是可被 p 整除的,在第二种情况 a 与 p 互素. 这样,任一多项式或者恰能被 p 整除,或者与 p 互素.

必须指出,与关于两个多项式的 P. G. C. D. 的论述相反,素多项式的概念主要依赖于系数域 K. 这样,多项式 $x^2 - 4$ 在有理数域 **Q** 里不是素多项式,因为它

能被 $x-2$ 和 $x+2$ 整除;多项式 x^2-2 在 **Q** 里是素多项式,但是在 **R** 里它不是素多项式,因为它能被 $x-\sqrt{2}$ 和 $x+\sqrt{2}$ 整除;多项式 x^2+1 在 **R** 里是素多项式,因而在 **Q** 里也是素多项式,然而在 **C** 里却不是素多项式,因为它能被 $x+\mathrm{i}$ 和 $x-\mathrm{i}$ 整除. 如果一个多项式在一个域里是素多项式,那么它在其一切子域里也是素多项式.

我们还要指出,次数为 1 的多项式是素多项式,而不论域 K 是怎样的,因为每一因式或者是常数,或者是它自身.

Euclid 定理使得将任一多项式唯一地分解为素多项式的理论成为可能,然而我们不准备涉及这个代数问题.

求 P. G. C. D. 的 Euclid 算法　设 $\deg a \geqslant \deg b$,按照降幂排列用 b 除 a 可得

$$a = bq_0 + r_0, \deg r_0 < \deg b$$

接着用 r_0 除 b 可得

$$b = r_0 q_1 + r_1, \deg r_1 < \deg r_0$$

第三步用 r_1 除 r_0,我们又得到一个余式 r_2,它的次数低于 r_1 的次数. 又用 r_2 除 r_1,依此类推. 余式 r_0,r_1,$\cdots$ 的次数逐次严格下降,达到某个余式 r_{n-1} 能被 r_n 整除为止,于是

$$r_{n-2} = r_{n-1}q_n + r_n, \deg r_n < \deg r_{n-1}$$

$$r_{n-1} = r_n q_{n+1}$$

a 和 b 的每个公因式都能整除 r_0,于是根据第二个关系它能整除 r_1,$\cdots\cdots$,直至最后能整除 r_n. 反过来,r_n 的每个因式能整除 r_{n-1},于是能整除 r_{n-2},从而能整除 b 和 a. r_n 就是 a 和 b 的 P. G. C. D..

这种求 P. G. C. D. 的方法名为 Euclid 算法,算法(algorithm 这个名词)即计算方法的意思.

定理 3（Bézout 定理与恒等式）设 a 和 b 是 $K[x]$ 的两个多项式,d 是它们的 P. G. C. D.,存在 $K[x]$ 的两个多项式 v 和 w,使得

$$va + wb = d$$

其中

$$\deg v < \deg b - \deg d$$

$$\deg w < \deg a - \deg d$$

这两个多项式是唯一的.

证明（1）特殊情况. 如果 a 和 b 是 $K[x]$ 的两个互素多项式,则存在 $K[x]$ 的两个唯一的多项式 v 和 w,使得

$$va + wb = 1$$

其中 $\quad \deg v < \deg b, \deg w < \deg a$

（2）一般情况. Euclid 算法的等式序列也可以写为

$$r_0 = v_0 a + w_0 b \quad (v_0 = 1, w_0 = -q_0)$$

于是 $\quad \deg v_0 \leqslant 0, \deg w_0 = \deg a - \deg b$

考虑到这个关系,等式 $b = r_0 q_1 + r_1$ 就可写为

$$r_1 = v_1 a + w_1 b$$

其中,$v_1 = -q_1, w_1 = q_0 q_1 + 1$,则有

$$\deg v_1 = \deg b - \deg r_0$$

$$\deg w_1 = \deg a - \deg b + \deg b - \deg r_0$$

$$= \deg a - \deg r_0$$

于是假设,对于某个 $h < k$,得到

$$r_h = v_h a + w_h b$$

其中

$$\deg v_h = \deg b - \deg r_{h-1}$$

$$\deg w_h = \deg a - \deg r_{h-1}$$

于是关系 $r_{k-2} = r_{k-1}q_k + r_k$ 给出

$$r_k = v_{k-2}a + w_{k-2}b - (v_{k-1}a + w_{k-1}b)q_k$$

从而

$$r_k = v_k a + w_k b$$

其中

$$v_k = -q_k v_{k-1} + v_{k-2}, w_k = -q_k w_{k-1} + w_{k-2}$$

我们有

$$\begin{aligned}\deg(q_k v_{k-1}) &= \deg r_{k-2} - \deg r_{k-1} + \\ &\quad \deg b - \deg r_{k-2} \\ &= \deg b - \deg r_{k-1}\end{aligned}$$

从而

$$\deg(q_k v_{k-1}) > \deg v_{k-2} = \deg b - \deg r_{k-3}$$

且有

$$\deg v_k = \deg b - \deg r_{k-1}$$

同样能证明

$$\deg w_k = \deg a - \deg r_{k-1}$$

于是,所得到的公式对一切 k 为真. 同样能指出,如果令 $v_{-1} = 0, w_{-1} = 1$ 且 $v_{-2} = 1, w_{-2} = 0$,则为了实际计算而使用的公式,仍然为真.

特别地,对 P. G. C. D. $d = r_n$,公式为真,于是存在两个多项式 $v = v_n$ 和 $w = w_n$,使得

$$d = va + wb$$

这里更有

$$\deg v = \deg b - \deg r_{n-1} < \deg b - \deg d$$

$$\deg w = \deg a - \deg r_{n-1} < \deg a - \deg d$$

(3)唯一性. 我们已看到,d 是用形式 $va + wb$ 来表示的,进而我们得到 v 和 w 的精确次数. 我们现在来证

明关于次数的条件导致这些多项式的唯一性.

实际上,设还有

$$d = v^* a + w^* b$$

其中

$$\deg v^* < \deg b - \deg d$$
$$\deg w^* < \deg a - \deg d$$

取两个 d 的表达式的差,得到

$$(v - v^*) a = (w^* - w) b$$

用 d 来除 a 和 b,设 $a = da_1, b = db_1$,而 a_1 和 b_1 是互素的,且 $\deg a_1 = \deg a - \deg d$, $\deg b_1 = \deg b - \deg d$.

用 d 来除等式两端,得

$$(v - v^*) a_1 = (w^* - w) b_1$$

因 a_1 能整除 $(w^* - w) b$,而它与 b_1 又互素,于是根据 Euclid 定理,a_1 可整除 $w^* - w$. 于是有

$$w^* - w = a_1 q_1$$

我们有

$$\deg(w^* - w) < \deg a - \deg d$$

另外

$$\deg(a_1 q_1) = \deg a_1 + \deg q_1$$
$$= \deg a - \deg d + \deg q_1$$

这样,$\deg q_1 < 0$,就是说 $q_1 = 0$,从而 $w^* - w = 0$,且 $v - v^* = 0$.

这种证明过程还说明:如果我们把 d 表示成 $d = v^* a + w^* b$ 的形式,而对 v^* 和 w^* 的次数无限制,则每一个 v^*, w^* 的等式组都可用下列公式从 v, w 推出来

$$v^* = v + cb_1, \quad w^* = w - ca_1$$

这里 c 是任意的多项式.

例如,设

$$a = x^5 + x^4 + x^3 + x^2 + x + 1$$
$$b = x^4 - 1$$

作逐次除法就得到

$$q_0 = x + 1, r_0 = x^3 + x^2 + 2x + 2$$
$$q_1 = x - 1, r_1 = -x^2 + 1$$
$$q_2 = -x - 1, r_2 = 3x + 3$$
$$q_3 = -\frac{1}{3}(x - 1), r_3 = 0$$

于是 P. G. C. D. d 是多项式 r_2,或者准确到(不计)常数因子,$d = x + 1$.

为了从 Bézout 恒等式求多项式 v 和 w,我们利用递推公式

$$v_k = -q_k v_{k-1} + v_{k-2}$$
$$w_k = -q_k w_{k-1} + w_{k-2}$$

从 $k = -2$ 出发,由此有

k	$-q_k$	v_k	w_k
-2		1	0
-1		0	1
0	$-(x+1)$	1	$-(x+1)$
1	$-(x-1)$	$-(x-1)$	x^2
2	$x+1$	$-x^2+2$	x^3+x^2-x-1

这样就有

$$d = 3(x+1) = (-x^2+2)a + (x^3+x^2-x-1)b$$

且

$$\deg(-x^2+2) < \deg b - \deg d = 4 - 1 = 3$$
$$\deg(x^3+x^2-x-1) < \deg a - \deg d = 5 - 1 = 4$$

举一个应用的例子:

例1 （2018 年国际大学生数学竞赛题）设 p,q 为素数且 $p < q$. 假定在凸多边形 $P_1 P_2 \cdots P_{pq}$ 中，所有的内角相等，而各边为不相等的正整数边. 证明

$$P_1 P_2 + P_2 P_3 + \cdots + P_k P_{k+1} \geqslant \frac{k^3 + k}{2}$$

对每个满足 $1 \leqslant k \leqslant p$ 的整数 p 成立.

证明 将多边形在复平面上逆时针放置，使得 $P_2 - P_1$ 为一个正实数，设 $a_i = |P_{i+2} - P_{i+1}|$ 是一个整数，定义多项式 $f(x) = a_{pq-1} x^{pq-1} + \cdots + a_1 x + a_0$. 又设 $\omega = \mathrm{e}^{\frac{2\pi i}{pq}}$，则 $P_{i+1} - P_i = a_{i-1} \omega^{i-1}$，因此 $f(\omega) = 0$.

ω 在 $\mathbf{Q}[x]$ 上的极小多项式为分圆多项式

$$\Phi_{pq}(x) = \frac{(x^{pq} - 1)(x - 1)}{(x^p - 1)(x^q - 1)}$$

因此 $\Phi_{pq}(x)$ 整除 $f(x)$. 同时，$\Phi_{pq}(x)$ 是 $s(x) = \dfrac{x^{pq} - 1}{x^p - 1} = \Phi_q(x^p)$ 和 $t(x) = \dfrac{x^{pq} - 1}{x^q - 1} = \Phi_p(x^q)$ 的最大公因式，因此由实多项式的 Bézout 定理知，存在多项式 $u(x), v(x)$ 使得

$$f(x) = s(x) u(x) + t(x) v(x)$$

这两个多项式可以用

$$u^*(x) = u(x) + w(x) \frac{x^p - 1}{x - 1}$$

和

$$v(x) = u(x) - w(x) \frac{x^q - 1}{x - 1}$$

替代，因此不失一般性，我们假设 $\deg u \leqslant p - 1$. 由于 $\deg f = pq - 1$，这迫使 $\deg v \leqslant q - 1$.

设
$$u(x) = u_{p-1}x^{p-1} + \cdots + u_1 x + u_0$$
$$v(x) = v_{q-1}x^{q-1} + \cdots + v_1 x + v_0$$

用 (i,j) 表示满足 $n \equiv i \pmod{p}$ 和 $n \equiv j \pmod{q}$ 的唯一整数 $n \in \{0,1,\cdots,pq-1\}$. 根据 s 和 t 的选择,我们有 $a_{(i,j)} = u_i + v_j$. 于是

$$
\begin{aligned}
P_1 P_2 + \cdots + P_k P_{k+1} &= \sum_{i=0}^{k-1} a_{(i,i)} = \sum_{i=0}^{k-1} (u_i + v_i) \\
&= \frac{1}{k} \sum_{i=0}^{k-1} \sum_{j=0}^{k-1} (u_i + v_j) \\
&= \frac{1}{k} \sum_{i=0}^{k-1} \sum_{j=0}^{k-1} a_{(i,j)} \\
&\overset{(*)}{\geqslant} \frac{1}{k}(1 + 2 + \cdots + k^2) \\
&= \frac{k^3 + k}{2}
\end{aligned}
$$

这里 $(*)$ 应用了数 (i,j) 是两两互异的事实.

§4　代数曲线论中的 Bézout 定理

我们在实数域和实平面上讨论代数曲线的性质.

若 $p(x,y)$ 是一个二元(非零的) n 次多项式,则把平面 xOy 上所有满足方程
$$p(x,y) = 0$$
的点所构成的集合称为与 $p(x,y)$ 相应的 n 次代数曲线,并简称为 n 次代数曲线 $p(x,y)$. 若 n 次多项式 $p(x,y)$ 可表示为两个次数不低于 1 的实系数多项式之积,则说多项式 $p(x,y)$ (或代数曲线 $p(x,y)$)是可

约的,否则说多项式 $p(x,y)$(或代数曲线 $p(x,y)$)是不可约的.

关于代数曲线交点个数也有下述著名的 Bézout 定理.

定理 4 若 m 次代数曲线 $p_1(x,y)$ 和 n 次代数曲线 $p_2(x,y)$ 交点个数多于 mn,则一定有次数既不超过 m 也不超过 n 的非零多项式 $q(x,y)$ 存在,使得

$$p_1(x,y) = q(x,y)r_1(x,y)$$
$$p_2(x,y) = q(x,y)r_2(x,y)$$

式中 $r_1(x,y)$,$r_2(x,y)$ 分别为次数小于 m 和 n 的二元实系数多项式.

证明 设 $(x_1,y_1),\cdots,(x_{mn+1},y_{mn+1})$ 为代数曲线

$$p_1(x,y) = a_0(x) + a_1(x)y + \cdots + a_m(x)y^m = 0$$

和

$$p_2(x,y) = b_0(x) + b_1(x)y + \cdots + b_n(x)y^n = 0$$

的 $mn+1$ 个互不相同的交点. 我们不妨假设 $a_m \neq 0$ 和 $b_n \neq 0$,并且假设 $x_1,\cdots,x_{mn+1}$ 互不相同.(否则可作坐标旋转变换,使得两条代数曲线在新的坐标系下满足这种要求,证明上述结论后再作逆变换即可.)显然,$a_i(x)$ 和 $b_j(x)$ 分别是次数不超过 $m-i$ 和 $n-j$ 的一元多项式$(i=0,1,\cdots,m;j=0,1,\cdots,n)$.

考虑二元多项式 $p_1(x,y)$ 和 $p_2(x,y)$ 关于 y 的结式

$$S(x) = \begin{vmatrix} a_0 & a_1 & a_2 & \cdots & a_m & & & & \\ & a_0 & a_1 & a_2 & \cdots & a_m & & & \\ & & \ddots & \ddots & \ddots & & \ddots & & \\ & & & a_0 & a_1 & a_2 & \cdots & a_m \\ b_0 & b_1 & b_2 & \cdots & b_n & & & & \\ & b_0 & b_1 & b_2 & \cdots & b_n & & & \\ & & \ddots & \ddots & \ddots & & \ddots & & \\ & & & b_0 & b_1 & b_2 & \cdots & b_n \end{vmatrix} \begin{matrix} \left. \vphantom{\begin{matrix}a\\a\\a\\a\end{matrix}} \right\} n\,\text{行} \\ \\ \left. \vphantom{\begin{matrix}a\\a\\a\\a\end{matrix}} \right\} m\,\text{行} \end{matrix} \qquad (1)$$

这是一个 $m+n$ 阶行列式,其中含 a 的行共有 n 行,含 b 的行共有 m 行. 由于它的每个元素都是 x 的多项式,故展开后所得函数 $S(x)$ 为一元多项式. 为估计 $S(x)$ 的次数,将 a 的第 i 行乘以 x^{n-i+1},将 b 的第 j 行乘以 x^{m-j+1},便可看出 S 的次数为

$$(m+n) + (m+n-1) + \cdots + 1 = \frac{1}{2}(m+n)(m+n+1)$$

与

$$\frac{1}{2}n(n+1) + \frac{1}{2}m(m+1)$$

之差,即 mn.

设 $A_1(x), A_2(x), \cdots, A_{m+n}(x)$ 分别是该行列式第一列诸元素的代数余子式,并令

$$A(x,y) = A_1(x) + A_2(x)y + \cdots + A_n(x)y^{n-1}$$
$$B(x,y) = A_{n+1}(x) + A_{n+2}(x)y + \cdots + A_{m+n}(x)y^{m-1}$$

则必有恒等式

$$S(x) = A(x,y)p_1(x,y) + B(x,y)p_2(x,y) \qquad (2)$$

这是由于

$$\begin{cases} p_1 \equiv a_0 + a_1\,y + a_2\,y^2 + \cdots + a_m\,y^m \\ yp_1 \equiv a_0\,y + a_1\,y^2 + \cdots + a_{m-1}\,y^m + a_m\,y^{m+1} \\ \qquad\qquad\qquad \vdots \\ y^{n-1}p_1 \equiv a_0\,y^{n-1} + a_1\,y^n + \cdots + a_m\,y^{m+n-1} \\ p_2 \equiv b_0 + b_1\,y + b_2\,y^2 + \cdots + b_n\,y^n \\ yp_2 \equiv b_0\,y + b_1\,y^2 + \cdots + b_{n-1}\,y^n + b_n\,y^{n+1} \\ \qquad\qquad\qquad \vdots \\ y^{m-1}p_2 \equiv b_0\,y^{m-1} + b_1\,y^m + \cdots + b_n\,y^{m+n-1} \end{cases}$$

$$(3)$$

分别将上述方程中第 i 个元素乘以 $A_i(x)$,然后相加便得式(2).

由式(2)和定理假设知 $S(x)$ 具有 $mn+1$ 个互不相同的零点 $x_1, x_2, \cdots, x_{mn+1}$,但次数不超过 mn,故必有 $S(x) \equiv 0$. 这说明行列式(1)的值为零,因而其各行关于 x 的所有有理分式作成的域是线性相关的,故存在不全为零的 $m+n$ 个有理分式 $\alpha_1(x), \alpha_2(x), \cdots,$ $\alpha_n(x), -\beta_1(x), -\beta_2(x), \cdots, -\beta_m(x)$,使得用它们分别乘以式(1)的第 1 行到第 $m+n$ 行之后相加得零向量. 对应地将此运算施加于式(3)诸方程然后相加,便得

$$(\alpha_1 + \alpha_2 y + \cdots + \alpha_n y^{n-1})p_1 - (\beta_1 + \beta_2 y + \cdots + \beta_m y^{m-1})p_2 \equiv 0$$

这说明存在关于 y 的非零多项式

$$\varphi(x,y) = \alpha_1(x) + \alpha_2(x)y + \cdots + \alpha_n(x)y^{n-1}$$

$$\psi(x,y) = \beta_1(x) + \beta_2(x)y + \cdots + \beta_m(x)y^{m-1}$$

使得

$$\varphi(x,y)p_1(x,y) \equiv \psi(x,y)p_2(x,y) \qquad (4)$$

用 $\alpha_1, \alpha_2, \cdots, \beta_1, \cdots, \beta_m$ 的公分母 $W(x)$ 乘以式(4)两

端得

$$W(x)\varphi(x,y)p_1(x,y) \equiv W(x)\psi(x,y)p_2(x,y)$$

$$(5)$$

恒等式(5)说明 $p_1(x,y)$ 能够整除 $W(x)\psi(x,y) \cdot p_2(x,y)$. 但 $p_1(x,y)$ 关于 y 的次数为 m, 比 $W(x) \cdot \psi(x,y)$ 关于 y 的次数($\le m-1$)要高, 因此必有 $p_1(x,y)$ 的一个质因子(即不可约因子) $q(x,y)$ 能够整除 $p_2(x,y)$, 即存在次数分别小于 m 和 n 的多项式 $r_1(x,y)$ 和 $r_2(x,y)$, 使得

$$p_1(x,y) = q(x,y)r_1(x,y)$$
$$p_2(x,y) = q(x,y)r_2(x,y)$$

证毕.

§5　二元多项式插值的适定结点组

本节利用 Bézout 定理研究二元代数多项式插值的适定性. 设 $p_1(x,y),p_2(x,y),\cdots,p_k(x,y)$ 是定义在实平面 $\mathbf{R}^2$ 上的一组线性无关的实系数二元代数多项式, $\mathscr{P}$ 是它所张成的线性空间. $\mathscr{P}$ 中的元素的一般形式为

$$p(x,y) = c_1p_1(x,y) + c_2p_2(x,y) + \cdots + c_kp_k(x,y)$$

$$(6)$$

又设 $Q_1,Q_2,\cdots,Q_k \in \mathbf{R}^2$ 是 k 个互不相同的点. 对给定的函数 $f(x,y) \in C(\mathbf{R}^2)$, 求 $p(x,y) \in \mathscr{P}$, 使其满足插值条件

$$p(Q_i) = f(Q_i) \quad (i = 1,2,\cdots,k) \quad (7)$$

这就是我们所要考虑的二元多项式插值问题

（Lagrange插值问题）.

若 $p(x,y) \in \mathscr{P}$ 是一个非零多项式,则称代数曲线 $p(x,y) = 0$ 是 $\mathscr{P}$ 中的曲线.

基本引理 $\{Q_i\}_{i=1}^k$ 是 $\mathscr{P}$ 的适定结点组的充要条件是 $\{Q_i\}_{i=1}^k$ 不落在 $\mathscr{P}$ 中的任何一条代数曲线上.

证明 $\{Q_i\}_{i=1}^k$ 不是 $\mathscr{P}$ 的适定结点组的充分必要条件是

$$\Delta = \begin{vmatrix} p_1(Q_1) & p_2(Q_1) & \cdots & p_k(Q_1) \\ p_1(Q_2) & p_2(Q_2) & \cdots & p_k(Q_2) \\ \vdots & \vdots & & \vdots \\ p_1(Q_k) & p_2(Q_k) & \cdots & p_k(Q_k) \end{vmatrix} = 0$$

这等价于:有不全为零的实数 $c_1, c_2, \cdots, c_k$,使得

$$c_1 p_1(Q_i) + c_2 p_2(Q_i) + \cdots + c_k p_k(Q_i) = 0 \quad (i = 1, 2, \cdots, k)$$

这又等价于:$\{Q_i\}_{i=1}^k$ 落在 $\mathscr{P}$ 中的某条代数曲线上. 证毕.

今后,我们用 $\mathscr{P}_n$ 表示所有次数不超过 n 的二元多项式构成的空间,$\mathscr{P}_{m,n}$ 表示所有关于 x 次数不超过 m,关于 y 次数不超过 n 的二元多项式构成的空间. 关于 $\mathscr{P}_n$ 的适定结点组有以下定理:

定理5 若 $\{Q_i\}_{i=1}^k$ 是 $\mathscr{P}_n$ 的适定结点组,且它的每个点都不在某条 l 次($l = 1, 2$)不可约代数曲线 $q(x,y) = 0$ 上,则在该曲线上任取的 $(n+3)l - 1$ 个不同的点与 $\{Q_i\}_{i=1}^k$ 一起必定构成 $\mathscr{P}_{n+l}$ 的一个适定结点组.

证明 按定义 $\{Q_i\}_{i=1}^k$ 中的点数为 $\frac{1}{2}(n+1)(n+2)$.

用 $\mathfrak{u}$ 表示沿 $q(x,y) = 0$ 所取的 $(n+3)l - 1$ 个点,$\mathfrak{B}$ 表示两个点组的并集,则它所含的点数为

82

$$\frac{1}{2}(n+1)(n+2)+(n+3)l-1=\frac{1}{2}(n+3)(n+2l)$$

当 $l=1,2$ 时,这恰为空间 $\mathscr{P}_{n+l}$ 的维数. 以下用反证法证明 $\mathfrak{B}$ 是 $\mathscr{P}_{n+l}$ 的适定结点组. 假若不然,则由基本引理知,有非零 $p(x,y)\in\mathscr{P}_{n+l}$ 使得

$$p(Q)=0 \quad (\forall Q\in\mathfrak{B})$$

但是

$$q(Q)=0 \quad (\forall Q\in\mathfrak{u})$$

$\mathfrak{u}\subseteq\mathfrak{B}$. 可见 l 次不可约代数曲线 $q(x,y)=0$ 与 $n+l$ 次代数曲线 $p(x,y)=0$ 至少有 $(n+3)l-1$ 个互不相同的零点. 但当 $l=1,2$ 时,$(n+3)l-1>(n+l)l$. 故由 Bézout 定理可知,必有次数小于 $n+l$ 的多项式 $r(x,y)$ 使得

$$p(x,y)=q(x,y)r(x,y)$$

由于 $p(x,y)\in\mathscr{P}_{n+l}$,$q(x,y)$ 是 l 次不可约多项式,故 $r(x,y)\in\mathscr{P}_n$,而且

$$r(Q_i)=p(Q_i)/q(Q_i)=0 \quad (i=1,2,\cdots,k)$$

由于 $\{Q_i\}_{i=1}^k$ 是 $\mathscr{P}_n$ 的适定结点组,故 $r(x,y)\equiv0$,从而 $p(x,y)\equiv0$,这与 $p(x,y)$ 非零的假设矛盾. 证毕.

由于在 $\mathbf{R}^2$ 上任取一点都可作成 $\mathbf{R}_0$ 的适定结点组,从它出发,反复应用定理 5 便可构造出 $\mathscr{P}_n$ 的适定结点组($n=1,2,\cdots$). 在这里我们仅给出 $\mathscr{P}_n$ 的两类适定结点组的构造方法:

1. 直线型结点组 $\mathfrak{C}_n$

第 0 步,在 $\mathbf{R}^2$ 上任取一点 Q_1 作为结点.

第 1 步,在 $\mathbf{R}^2$ 上任作一条直线 l_1 不通过点 Q_1,在其上任选两个互不相同的点作为新增加的结点.

……

第 n 步, 在 $\mathbf{R}^2$ 上任作一条直线 l_n 不通过前面已选好的点, 在其上任选 $n+1$ 个互不相同的点作为新增加的结点.

当第 n 步完成时所得到的结点组记为 $\mathbb{C}$, 并称它为直线型结点组. 根据定理 5, 显然 $\mathbb{C}_n$ 是 $\mathscr{P}_n$ 的适定结点组 (图 1).

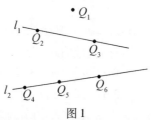

图 1

2. 弧线型结点组 $\mathfrak{D}_{2n}$

第 0 步, 在 $\mathbf{R}^2$ 上任取一点 Q_1 作为结点.

第 1 步, 在 $\mathbf{R}^2$ 上任作一条二次不可约曲线 l_1 (可以是椭圆、双曲线或抛物线) 不通过点 Q_1, 在其上任选 5 个互不相同的点作为新增加的结点 (图 2).

……

第 n 步, 在 $\mathbf{R}^2$ 上任作一条二次不可约曲线 l_n 不通过前面已选好的点, 在其上任选 $4n+1$ 个互不相同的点作为新增加的结点.

当第 n 步完成时所得到的结点组记为 $\mathfrak{D}_{2n}$, 并称它为 $2n$ 次弧线型结点组. 根据定理 5, 显然 $\mathfrak{D}_{2n}$ 是 $\mathscr{P}_{2n}$ 的适定结点组.

另外添加直线法和添加弧线法可交替使用 (图 3).

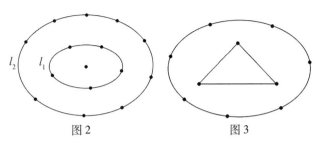

图2　　　　　　　　图3

下面我们转而讨论插值空间 $\varphi_{m,n}$ 的适定结点组.

定理6　设 $\{Q_i\}_{i=1}^k$ 是 $\mathbf{R}^2$ 上关于插值空间 $\mathscr{P}_{m,n}$ 的适定结点组. 若它的每个点都不在竖直线 $x=a$ 上,则在该竖直线上任取的 $n+1$ 个互不相同的点与 $\{Q_i\}_{i=1}^k$ 一起必定构成 $\mathscr{P}_{m+1,n}$ 的适定结点组. 同样地,若 $\{Q_i\}_{i=1}^k$ 的每个点都不在横直线 $y=b$ 上,则在该横直线上任取的 $m+1$ 个互不相同的点与 $\{Q_i\}_{i=1}^k$ 一起必定构成 $\mathscr{P}_{m,n+1}$ 的适定结点组.

证明　只证定理的前半部分,后半部分的证明是类似的. 用 $\mathfrak{u}$ 表示在 $x=a$ 上所取的 $n+1$ 个点作成的集合. $\mathfrak{B}=\mathfrak{u}\cup\{Q_i\}_{i=1}^k$,则 $\mathfrak{B}$ 所含点数为 $(m+1)(n+1)+(n+1)=(m+2)(n+1)$. 这恰好等于空间 $\mathscr{P}_{m+1,n}$ 的维数. 下面用反证法证明 $\mathfrak{B}$ 是 $\mathscr{P}_{m+1,n}$ 的适定结点组. 假设 $\mathfrak{B}$ 不是 $\mathscr{P}_{m+1,n}$ 的适定结点组,则由基本引理知,必有非零的 $p(x,y)\in\mathscr{P}_{m+1,n}$ 使得

$$p(Q)=0 \quad (\forall Q\in\mathfrak{B})$$

特别地,有

$$p(Q)=0 \quad (\forall Q\in\mathfrak{u})$$

由于 $\mathfrak{u}$ 是竖直线 $x=a$ 上所取的 $n+1$ 个不同的点,故 $p(a,y)=0$ 有 $n+1$ 个互不相同的根. 但 $p(a,y)$ 是关于 y 次数不超过 n 的一元多项式,故 $p(a,y)\equiv0$. 这说明 $m+n+1$ 次代数曲线 $p(x,y)\equiv0$ 与一次代数

曲线 $x-a=0$ 有无穷多个交点. 由 Bézout 定理知, 必有次数小于 $m+n+1$ 的多项式 $R(x,y)$, 使得

$$p(x,y)=(x-a)R(x,y)$$

由于 $p(x,y)\in\mathscr{P}_{m+1,n}$, 故 $R(x,y)\in\mathscr{P}_{m,n}$. 又由于在点组 $\{Q_i\}_{i=1}^{k}$ 上 $p(x,y)$ 取零值, 故有

$$R(Q_i)=0 \quad (i=1,2,\cdots,k)$$

从而 $R(x,y)=0$, 这与 $p(x,y)\neq 0$ 矛盾. 证毕.

由于任取一竖直线上的 $n+1$ 个点构成 $\mathscr{P}_{0,n}$ 的适定结点组, 任一横直线的 $m+1$ 个点构成 $\mathscr{P}_{m,0}$ 的适定结点组, 反复应用定理6, 可构造出 $\mathscr{P}_{m,n}$ 的各种适定结点组. 以下就给出用这种方法构造的几类适定结点组:

(1)竖线形结点组 $\mathfrak{u}_{m,n}$.

在 $\mathbf{R}^2$ 平面中任取 $m+1$ 条互不相同的竖直线, 在每条竖直线上任取 $n+1$ 个互不相同的点. 根据定理6, 所有这些点构成 $\mathscr{P}_{m,n}$ 的适定结点组, 我们称之为竖线形结点组.

类似地, 可构造横线形结点组.

以下我们把添加竖线和添加横线结合起来构造所谓十字形结点. 我们把分别与 Ox 轴和 Oy 轴平行的一对直线称为一个十字, 而把这两条直线称为十字的两个分量.

(2)十字形结点组 $\mathfrak{B}_{m,n}$.

第0步, 在 xOy 平面上任取一点 Q_1 作为结点.

第1步, 在 xOy 平面上作一个十字 X_1 不通过已选好的点 Q_1, 在其一个分量上任取两个互不相同的点, 而在该分量之外, 在另一个分量上再取一点.

……

第 n 步, 在 xOy 平面上再作一个十字 X_n 不通过前

面已选好的点,在其一个分量上任取 $n+1$ 个互不相同的点,而在该分量之外,在另一个分量上再任取 n 个互不相同的点.

当第 n 步完成时所得到的结点组记为 $\mathfrak{B}_{n,n}$,并称之为十字形结点组. $\mathfrak{B}_{n,n}$ 显然是空间 $\mathscr{P}_{n,n}$ 的适定结点组.

关于适定结点组的讨论为建立插值公式(插值格式)奠定了基础.

代数几何

第 4 章

§1 代数几何发展简史

近些年来,代数几何学在整个数学中所处的地位有点像数学在科学中所处的地位,更多的是受到敬畏而不是理解.大学的研究生通常提出的"咨询性"问题大多是初等类型的,它们要么已在本书中讲解,要么可在 *Atiyah and Macdonald* 中找到解答.下面是有关本学科分支近代发展史的概述,并试图解释上述奇怪现象.

1. 早期发展史

代数几何学是于 19 世纪从几个不同的源头发展起来的.首先是传统几何本身,包括射影几何(对曲线和曲面进行研究)、构形几何等;其次是复函数论,即把 Riemann(黎曼)面看作代数曲线以及根据函数域对其进行纯代数的重构;另外还有代数曲线与数域的整数环之间的类似关系,不变理论对于代数及几何语言的需要等. 不变理论在 20 世纪对于抽象代数的发展起着重要的作用.

20 世纪的前十年,代数几何学家分成截然不同的两大流派. 一方面是对曲线和曲面进行研究的传统几何,其代表是卓越的意大利学派. 这方面的研究除已取得显著成就之外,还是拓扑学和微分几何学发展的重要促进因素. 然而其研究很快变得十分依赖于"几何直观性"的论证,甚至连大师们也无法给出严格的证明. 另一方面,交换代数这一新生力量正逐渐成为基础,并且提供了证明的技巧. 表明两种流派之间分歧的一个例子是周炜良和 van der Waerden(范·德·瓦尔登)与 Severi(塞维利)之间的争执. 前两人给出给定阶数和亏格的参量化空间曲线的代数簇的存在性的严格证明,第三人曾在工作生涯中创造性地使用这样的参量化空间,而在他的晚年却极度愤恨代数学家们闯入他的领域,更特别愤恨那些指责他所属学派的工作缺乏严密性的含蓄批评.

2. 严密化——第一次浪潮

随着 Hilbert(希尔伯特)和 E. Nother(E. 诺特)引入抽象代数, van der Waerden, Zariski(扎里斯基)以及 Weil(韦伊)于 20 世纪 20 年代和 20 世纪 30 年代之间建立了代数几何学的严格基础.

他们的工作,主要特点是在抽象域上进行代数几何学的研究. 这样做,最基本的困难是不能把簇仅定义为点集:如果 $V \subset A^n(K)$ 是域 K 上的簇,则 V 不仅仅是 K^n 的子集,对于 K 的扩域 $\bar{K}$,还必须允许存在 V 的 $\bar{K}$-值点. 这就说明了为什么要用记号 $A^n(K)$,其意指 A^n 的 K-值点,而 A^n 本身被看作是独立于特殊域 K 而存在的.

要求基础域在整个论证中可以变化,这极大地增加了技术上和概念上的难度(没有说记号方面). 然而,到 20 世纪 50 年代左右,基础 Weil 系被接受为准则,甚至达到这样的程度:传统几何学家[例如 Hodge(霍奇)和 Pedoe(皮铎)]也不得不把他们的著作建立在此基础上,当然,这大大损害了书本的可读性.

3. Grothendieck(格罗腾迪克)时代

大约从 1955 年到 1970 年,代数几何学的研究基本上被巴黎数学家所垄断,先是 Searle(塞尔),然后是 Grothendieck 以及他的学派. Grothendieck 的影响在某种程度上已超出了时尚. 这段时期是取得大量概念性和技术性进展的时期,由于概形概念(比簇的概念更一般)的系统使用,使代数几何学能够吸收拓扑学、同调代数、数论等分支中的全部进展和成果,同时代数几何学本身也在这些分支学科的发展中起着关键性作用. Grothendieck 于 1970 年左右刚刚 40 岁出头时便退出了代数几何学研究的舞台,这的确是悲剧性的浪费.

从另一方面来说,Grothendieck 的个人崇拜也产生了严重的副作用:许多花费毕生大部分时间和精力致力于精通 Weil 基础的人痛苦地遭到冷遇和羞辱,其中只有极少数几个人使自己适应了新的学术环境. 整个一代学生(主要是法国)的头脑中形成这样一个愚蠢的信条:没有用高度抽象的外衣装扮起来的问题是不值得研究的. 这样就违反了数学家从能对付的小问题着手,然后由此向外拓展加深研究范围的自然进程(曾有一篇起初没人予以理睬的关于三次曲面算术的论文,原因就是其构造的自然基础是一般局部 Noether

环式拓扑,这并不是笑话). 那时的许多大学生显然认为再没有比学习代数几何学更大的野心了. 对于范畴论的研究(确实是智力所追求的最富有成果的领域之一)也是从这个时代开始的. Grothendieck 本人并不需因此受到责备,因为他自己在使用范畴论解决问题这方面是非常成功的.

后来,这种潮流又达到另一个极端. 在法国举行的一次学术会上曾有人谈到这种态度上的转变,得到的是嘲讽性的回答"但三次挠线是可表函子的一个很好的例子呀!"由于当时参与管理法国研究经费的部分数学家在那个时代受到过伤害,故为了能申请到国家科学研究中心的项目,通常要伪装一番,使之与代数几何的联系减少到最低程度.

除了 Grothendieck 那些能跟上代数几何学发展步伐并且留存下来的少量学生,受其影响的还有远离法国本土之外的人们,他们长久以来得益于 Grothendieck 的思想,并且迅速地发展壮大起来. 例如哈佛学派[通过 Zariski,Mumford(曼福德)以及 Artin(阿廷)]、Shafarevič(沙法列维奇)的莫斯科学派,也许还有交换代数的日本学派.

4. 大爆炸

数学的发展并没有在 20 世纪 70 年代结束,从那以后,代数几何也没有偏离数学的潮流. 20 世纪 70 年代期间,虽然一些大的学派都有着各自的特殊兴趣[Mumford 与参模空间的紧化;Hodge 理论和代数曲线的 Griffiths(格里菲斯)学派;Deligne(德利涅)与簇的上同调中的"权重";Shafarevič 与 $K3$ 曲面;饭高及其同伴关于高维簇的分类等],但我们基本上都相信大家

是在研究同一学科领域,代数几何学仍保持铁板一块
(事实上已渗透到许多邻近的数学分支). 也许是一两
个能把握这门学科全部领域的专家使此成为可能.

到了 20 世纪 80 年代中期,形势有了很大变化. 代
数几何学被分成交叉甚少的十几个分支:曲线和 Abel
(阿贝尔)簇、代数曲面和 Donaldson(唐纳森)理论、
3 - folds 及其高维分类、K - 理论和代数闭链、相交理论
及枚举几何、一般上同调理论、Hodge 理论、特征 p、算
术代数几何、奇点理论、数学物理中的微分方程、串理
论、计算机代数的应用,等等.

§2　J. H. de Boer 论 van der Waerden
所建立的代数几何基础①

相应于代数几何的三个时期,这节自然地分成了
三个部分. 中间的一部分是关于 van der Waerden 的奠
基性工作的,它包括一系列的文章(1983 年已重新出
版②)及 1939 年出版并于 1973 年再版的著作《代数几
何导引》③,时间大约在 1925 ~ 1975 年. 要评价他的工

①　原题:van der Waerden's Foundations of Algebraic Geometry,译
自:"Nieuw Archief voor Wiskunde",Vol. 12 No. 3(1994),pp. 159-168. 胥
鸣伟,译. 邹建成,校.

②　B. L. van der Waerden,1983,Zur Algebraischen Geometrie:Select-
ed Papers. Berlin:Springer-Verlag,etc.

③　B. L. van der Waerden,1939,Einführung in Algebraische Geomet-
rie. Berlin:Springer-Verlag,etc. ,2e Aufl. 1973.

作,我们必须回到当他开始这方面研究时的情形,即处于意大利代数几何学派的后期,那时 Severi 是其无可争辩的领袖. 因此,在报告的第一部分要谈的就是关于 Severi 的思想,时间大约在 1900 ~ 1950 年. 第三部分是关于 1950 ~ 2000 年这段时期,van der Waerden 的代数几何基础的长远意义是什么? 或将会是什么? 对于这个令人难以回答的问题,我们并不打算回避,但也不要期望什么明确的答案,这里将只做一些评注.

1. Severi 的代数几何

意大利学派的代数几何是复代数几何,即研究嵌入在复射影空间的代数簇. 他们的目标是将代数曲线的理论[Abel 积分、Riemann-Roch(罗赫)定理、Jacobi(雅可比)簇、分类问题……]进一步推广到曲面和高维簇上去. 他们取得了一系列丰硕的成果. 然而,当时有一些数学家抱怨他们的定义是不明确的,证明是不完整的. 刚刚进入这个领域的人常常感到沮丧,他们当时所经受到的困难就与我们今天的一些数学家在领会数学物理学家的论证时的情形相仿(参看 A. Jaffe,F. Quinn 的文章[1],它特别提及意大利的代数几何).

1949 年,Severi 在一些报告中对于意大利式的思考方式给出了一个解释[2],它是那种被 Severi 称为综合

---

[1] A. Jaffe,F. Quinn,1993,Theoretical mathematics:towards a cultural synthesis of mathematics and theoretical physics,Bull. American Math. Soc. (New Ser)29,pp. 1-13.

[2] F. Severi,1950,La géometrie algébrique italienne, sa rigueur, see méthodes. ses problèmes,Colloque de Géométrie Algébrique,tenu a Liége les 19,20 et 21 décembre 1949,Georges Thone,Liége,pp. 9-55;see the reviews Math. Rev. 12(1951),p. 353 by C. Chevalley and Zbl. 36(1951),p. 371 by W. Gröbner.

的思考方式而不是相反的分析的方式,它也是一种直观的思考方式.的确,他写出来的东西并没有被公式充斥.人们要避免计算,他应在想象中进行计算而并不是实际去做它. Severi 把形式上的严格和本质上的严格区别开来.例如,对一个归纳证法,只要对 $n=1,2,3$ 去证明论断,然后说"等等"就行了,而不必对一般的 n 去作一个形式上的步骤.证明以及定义都建立在对许多例子的谙熟上,这需要真正的理解.

Severi 争辩说,一个严密的基础系统,可能会阻碍代数几何的发展.人们应该从所研究的对象(代数簇)中走出来,一直向前,而不必沉湎于基础上.人们应该尽快地登上山峰,从上面看下去,那些在山脚下可能会摇摇欲坠的岩石就显得毫无意义了.他引用了 D'Alembert 的话:"前进,前进,前进,信心将会来临."

这些辩解的论据是建立在所谓原理的基础上的.我们可从周炜良那里知道,数学中的所谓原理到底意味着什么:它是一个没有给出证明的正确论述;之所以如此,或是因其过于简单,或是因其过于困难. Severi 所用的原理仅限于第一种,即"任何一个具有一般水平的代数几何学者都可以给出一个证明".

下面讲一个关于这种原理的例子:如果从一些代数关系式开始,在解出参数后,或者说消去参数后,这些函数或关系式仍然是代数的.特别地,如果所得到的函数是单值的,那么它必定是有理函数.我们可以称之为有理性原理.

1950 年初,F. Conforto 作了一个关于曲线及其模簇的报告,报告里他讲述了有关意大利式批评的意见:"他们说我们是粗率的,他们自己才是粗率的.他们到

底想干什么？那些对数可能存在吗？"这是他的大声疾呼，明显地也是一种威胁．

现在我们来给出计数代数几何的一个标准例子：在通常的空间中给定四条直线，那么在一般情形下，有多少条直线与这四条直线都相交？经典的解法是应用Poncelet（彭色列）的连续性原理（Zeuthen[①]），解法如下：由于连续性，解的个数不会跳跃，又由于解的个数是整数，故而其必为常数（"数目守恒原理"）．因此，我们可以取这四条直线于特殊的位置：一个交错的四边形的四条边．那么，显然有两个解（图1），从而答案是2．

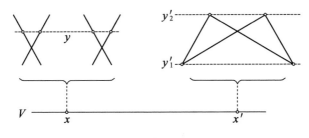

图1

V = 空间中四条直线的所有构形的簇

x = 一般的构形，y = 与四条直线都相交的直线

x' = 一个特殊的构形

在应用数目守恒原理时，显然有些情况必须事先注意．（在后文中我们总是用V代表一个问题中各种

---

① H. G. Zeuthen, Das Prinzip der Erhaltung der Anzahl（Kontinuitätsprinzip）, Enzyklopädie der Mathematischen Wissenschaften mit Einschluss ihrer Anwendungen, Bd Ⅲ, Tl 2C, Teubner, Leipzig, 1903 ~ 1915, pp. 265-278.

状态 $x, x', \cdots$ 构成的簇, 用 $y, y', \cdots$ 表示问题的解. 稍后, 我们还将用 x 表示一个对应于任意维数解的一般纤维.)

(1) 特殊位置 x' 刚好不是簇 V 的两叶的汇合点, 如图 2. 譬如, 考虑一条具有常重点 x' 的有理曲线及其有理参数化. 那么, 生成给定点 x 的参数 y 的数目在重点处为 2.

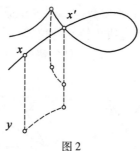

图 2

(2) 在 V 的一个特殊点 x' 的解集合的维数可能会大于在一般点 x 的维数, 这是因为在 x 时独立的一些条件会在点 x' 时变为相关的. 特别地, 一般情形无解时 (维数为 -1) 可能会在特殊点有解 (维数不小于 0), 比如有限个解 r. 例如, 在空间中取三条直线而不是四条, 或是去求与它们相交的直线, 于是, 解的数目便从 0 跳跃至 r. 因此, 如果这个问题 (或这个 "对应关系") 为可约的, 并且包含了一个分支, 而它又不在整个 V 上, 则解的个数在特殊点就可能跳跃. 为了保险起见, 应该假定这个对应关系是不可约的.

(3) 在上述的标准例子中, 必须验证在 x' 的解直线具有重数 1. 因为在别的特殊情形, 这两条直线可能会重合, 换句话说, 会出现一个具有重数 2 的解, 甚至

96

于在另一种特殊情形会出现无穷多个解. 即便解的个数是有限的,我们仍需要一个重数为 1 的判别准则:线性化了的方程组(函数矩阵)应有适当的秩.

下面谈一个与技术有联系的例子. 这是 1960 年在 Eindhoven 理工大学遇到的:构造沿直线的运动(在精确的力学意义或规则下),科技工作者让一把平直的刀沿着图 1 所示的装置滑动.(如果 y 所在的那个装置是由四个金属球组成的,那么 y 是一条公切线.)如果这个装置不怎么完善,而且公切线 y 不具有重数 1,则刀会突然从一个邻近位置滑向另一个位置. 倘若你了解抽屉的构造的话,则对这种现象是不会陌生的. Eindhoven理工大学的科技工作者想要验证这把刀的位置的确具有重数 1.

2. van der Waerden 的基础

van der Waerden 的主要目标是在给出准确的定义后去证明那些被意大利人所用过的原理,并使他们得到的结果的证明变得牢靠. 我们不准备去讲他运用代数拓扑的相交理论的情况[一种归功于 S. Lefschetz(莱夫谢茨)的方法, 由 Zariski 所应用, 而 H. Freudenthal 及 J. C. Herretsen 也做过贡献],单纯讨论一下抽象代数几何学,即在任意域上的代数几何学. 这里我们仅在 **C**(及其子域)上讨论;抽象的意思是指舍去 **C** 上的通常的拓扑结构而只使用代数方法.

代数簇仍然是嵌入在射影空间或仿射空间中的,这些空间甚至具有一个固定的坐标系. 那么,代数几何是研究多项式方程组 $F_i(X) = 0$ 的解 $x' = (x'_1, \cdots, x'_n)$ 所构造的簇,其中 $X = (X_1, \cdots, X_n)$,或者在射影情形下,$X = (X_0 : X_1 : \cdots : X_n)$. 如果我们只对解感兴趣,则

在方程组中添加形如

$$A_1(X)F_1(X) + A_2(X)F_2(X) + A_3(X)F_3(X) = 0$$

的线性组合后仍与原方程组等价,这里 $A_i(X)$ 为任意的多项式系数(特别地,多项式 F_i 可以差一个任意的常数因子). 这可以表述为:我们实际上给出了多项式环中的一个齐次理想. 代数几何多多少少有点对偶于多项式环中理想的意思.

接下去,van der Waerden 所做的却是摒弃理想论而把注意力集中到点上.

(1)主导的想法是要区分基域与使解存在的扩域,这里基域是指 F_i 的系数所在的域(多项式环的系数域).

事实上,只要一个足够大的"泛域"就行了. 然而这时 van der Waerden 方法的另一个特点出现了:他对数学基础的关切是由直觉主义思想推动的. 我们还是在 $\mathbf{C}$ 中来解释这个观点. $\mathbf{C}$ 的(事实上是 $\mathbf{R}$ 的)构造有着某种直观上的难点. 然而,由于仅由有限多个 F_i 就足以生成一个理想,故基域 k 可以取为 D 上的有限生成扩张,解的集合依赖于扩张 K. van der Waerden 并没将它固定,而是看作一个"增长的域". 由于现在我们是在 $\mathbf{C}$ 内讨论问题,因而有 $D \subset k \subset K \subset \mathbf{C}$,其中 K 及 k 为有限生成扩域. 用现代词汇表达,可以说,一个代数簇 V 产生了一个函子

$$K \longmapsto V(K)$$

将扩域对应到解集合,而增长的域是个范畴.

(2)至于对代数几何基础的研究,人们应将注意力集中在由素理想给出的不可约簇上. 域 k 上的一个不可约簇是由其含有 k 上的一个广点来刻画的,它由

不定元 $X = (X_1, \cdots, X_n)$ 模去簇的素理想得到,这就是"典型"的广点. 然而,我们也可以把它取作 k 上的同构映射下典型的广点的像点 $x = (x_1, \cdots, x_n)$,其坐标取自 $\mathbf{C}$. 故而,一般说来,存在许多个广点,它们都在域 k 上同构.

对一个给定簇的广点是什么这个问题似乎可以在不用代数的条件下就能给出一个令人满意的直观概念,然而反过来,怎样由一个给定的点产生一个 k 上的簇这个简单的问题,却不是显而易见的. 用现代术语表示,即 $V = \{x\}$ 的 k-Zariski 闭包,以 $\mathrm{loc}\, x/k$ 表示. 按下面方式可得到:想象所有的那些方程式,其系数取自 k 并被 x 所满足(这便给出了由这些方程构成的素理想),然后去解出这些方程式. V 中的点 x' 称为 x 在 k 上的附(着)点,因此,x' 是 x 在 k 上的一个附点表明:只要对系数在 k 中的满足 $F(x) = 0$ 的多项式 F,都有 $F(x') = 0$.

这个广点的定义也曾由 E. Noether 给出过. 同样地,k 上的一个不可约的对应(关系)C 是由两个(仿射的或射影的)空间的乘积空间中的一个点偶$(x; y)$ 所给出的,其中

$$x = (x_1, \cdots, x_n), y = (y_1, \cdots, y_m)$$
$$C = \mathrm{loc}(x, y)/k$$

对应于 $V = \mathrm{loc}\, x/k$ 的广点 x 有一个 Y-空间中的 $k(x)$ 上的不可约簇,即

$$C(x) := \mathrm{loc}\, y/k(x)$$

(3)依前文提到的意大利人的方式,簇的维数及次数可以这样得到:用超平面依次地去交所给的簇直到最后得到有限个点. V 的维数就是这些超平面的个

数,次数是所得到的点的个数.

对此,van der Waerden 求助于扩域理论:维数是 $k(x)$ 在 k 上的超越次数,我们用 $\dim(k(x)/k)$ 表示. 超越次数的概念类似于线性代数中的向量空间的维数. 通常的公理化的处理办法(Steinitz 公理:见 van der Waerden 的《近世代数》)定义了后来称为拟阵(Matroid)的东西.

对于一个对应 C,人们可以依此得到"计算维数原理"

$$\begin{aligned}
\dim C &= \dim(k(x;y)/k) \\
&= \dim(k(x;y)/k(x)) + \dim(k(x)/k) \\
&= \dim(k(x;y)/k(y)) + \dim(k(y)/k)
\end{aligned}$$

(4)在前面的标准例子中,3 维空间中四条直线的集合必须要看作一个点,而这些点的集合应该被证明构成一个代数簇. 如何做到这点? 如何给一个由四条直线组成的集合配上坐标,更一般地,对于代数环元,即一族具有相同维数的不可约簇,每个点的重数为 1,怎样做到这些?

对于超曲面而言,正好是由 $F(x)=0$ 定义的一个情形,这是容易做到的,只要取其系数为行坐标即可. 显然我们得到一个齐次的行,即射影空间中的一个点,这样,所有具有相同次数的超曲面全体构成了整个射影空间. 特别地,对一个射影空间的所有超平面,我们得到了它的对偶空间.

现在,取 P^3 中的一条曲线. 以 P^3 中的一个不定点 T 为投射中心作到此曲线的锥面,则得到 P^3 中的一个曲面. 我们又得到了单个的多项式方程,代价是增多了不定元 $(X;T)$. 这也无妨:我们取这个方程 $G(X;T)=$

0 的系数为相配的点,就像 Cayley(凯莱)做过的那样.以四条直线的情形为例,我们得到四个线性形式的积,而其系数便是 Plücker 坐标.对于 P^3 中的零维环元,如同一般情形一样,我们还是得重复这种构造锥的办法,但用了高维的投射中心.

这便是著名的"周炜良及 van der Waerden(坐标)",周炜良曾经证明,如果在一给定的不可约簇中取出所有的具有给定维数和次数的代数环元,则按上述方法,它们的相配点确实构成一个代数簇.

注意,环元在这里起着理想的作用.

(5)什么是消元法?试想在乘积空间中方程组的所有解$(x';y')$,把 y' 抹掉:消去这些 Y 就是投射到 X - 空间.现在再去证明这些 x' 正好是一组多项式方程的解.这里关键的一点是,这些 Y 是齐次的,因为 y' 可能趋于无穷.这给出了消元法的主定理:给出的一个附点 $x \to x'$ 可延拓为 (x, y) 的一个附点.

回到标准例子.可构造其对应关系的广点偶如下:先取 P^3 中的一个一般直线 y,而后取与其相交的四条直线,其他的那四条直线处于一般位置,并且是独立的.取 x 表示这些四条线构成的环元的相配点,那么 $(x;y)$ 是所要的广点偶.以上论断由计算维数证明,它也表明对应于广点 x 只有一个 y 的有限集合,即 y 及其在 $k(x)$ 上的共轭点.

一般地,对应于 x,在 Y - 空间中存在一个 $k(x)$ 上的不可约簇 $C(x) := \operatorname{loc} y/k(x)$.将 $C(x)$ 换成元的相配点 z,对应关系 C 换成 $\operatorname{loc}(x;z)/k$.由有理性原理知,其为有理的对应关系.如果$(x';z')$ 是一个附点,则 z' 仍然是一个环元并具有与 z 一样的维数和次数,那么由附点可延拓的性质可以推出 x' 上的集合 $C\{x'\}$ 是对应于 x' 上点 z' 的所有环元的支集并. 如果 x' 正好是 $\operatorname{loc} x/k$ 的一叶上的点,而且 $C\{x'\}$ 的维数与 $C(x)$ 的维数相同,则有理映射 $x \longmapsto z$ 在 x' 有定义,也就是说,在 x' 上存在一个唯一的点 z',它对应于一个唯一的环元 $C\{x'\}$.

这样便建立了数目守恒原理. 在这个例子中,我们给由四条直线组成的一般集 x 配了一个零维环元,即 r 个点(代表直线)的集合,这些点相互共轭. 对以上 x',有一个次数为 r 的特殊的 0 – 环元. 由重数 1 的判别准则,我们得到 $r = 2$.

3. van der Waerden 的观念的长远价值

van der Waerden 对代数几何的基础工作所能保留下来的价值是什么呢? 显而易见的一个评论是,van der Waerden 是建立了抽象代数几何的全面、完整的基础的第一个人. 他的后继者 Zariski 及 Weil 运用了他的观念,并由此推广和完善了附点理论、维数理论、与函数相对的定义域,等等. 但是,在这里我们所要求的答案是关于那些最初起源的概念和方法的. 在仔细审视这个问题之前,让我们快速地回顾一下后来发展的几个方面.

Severi 所担心的代数几何基础的明晰规范将会妨碍其发展,已被证明是不必要的,代数几何的"建筑师们"并没有让自己被羁绊住.

比 van der Waerden 稍许年长的 Zariski,开始是研究经典代数几何的,但是后来(1937 ~ 1947)他转而研究并发展了抽象代数几何. Zariski 的主要研究对象之一是要获得代数簇的奇点解消. 对此,要将代数簇看作

在双有理交换下的一个类,也就是说,从几何的观点来研究函数域.这里,Zariski 引进了交换代数,特别是局部代数及赋值论,他将问题予以局部化,例如,Zariski 开集,就是在一点的局部化.对于一个有理对应关系的 Zariski"主定理"来说,如果在一个单叶上点 x' 的纤维中有一个孤立点,则按逻辑纤维的余部分可以允许具有较高维数,但这个孤立点实际构成了整个纤维.稍后,van der Waerden 运用在一点分歧的曲线的 Puiseux 参数化的方法来替代在这点的赋值,表明了这些结果在他的理论中是如何得到证明的.

至于 Weil,作为一位数论学家,他的主要研究对象是有限域上曲线的 Zeta 函数理论并将其推广到高维簇上去.他并不在乎构造性的方法,按照他的信条"抓住它最后的踪迹",他用 Zorn 引理的论证代替了消元法.更进一步,Weil 引进了"抽象簇",它类似于拓扑簇,其局部具有仿射结构,这是为了在这个理论中更具有可塑性.

基于 J. Leray 和 H. Cartan 的传统,J. P. Serre 把层论和同调代数引进了代数几何,而 Chevalley(谢瓦莱)则想出了把代数簇推广到环层空间的主意.

1955 年,Zariski 和 Emil Artin 对于 Bourbaki 开始要冲击代数几何的谣传开玩笑说:"他们大概得花费大量的时间了,得从零开始."Zariski 这样说,而 Artin 则表示允许他们从 **Z** 开始.但是他们一点也没有预见到 Grothendieck 和 Dieudonne 在代数几何方面的工作将带来的巨大冲击以及 **Z** 在其中的作用.

为了补充 Zeta 函数的某些事实上缺少的证明("Weil 猜想"),也或许抱着要证明 Riemann 假设的愿望, Grothendieck 产生了一种想法, 要把一个范畴中的证明对应类比到另一个领域中的论断上去. 这便开启了范畴论的研究. Deligne 最终成功完整地证明了 Weil 猜想, 在其中使用了 Lefschetz 的超平面截影定理. 素理想本身被看作了点, 这表明同构的点是同一个点, 一个不可约概形只有一个广点. 性质和问题被表述为"相对格式", 也就是说用态射去替代簇, 因此这就推广了对应关系的概念. 同时, 同调的方法也起着重大的作用 ("高次导出函子"). 简而言之, Grothendieck 的理论是交换代数和同调代数的几何语言.

在仔细思考了这些进展后, 有些人倾向于认为 van der Waerden 建立的基础已经过时了. 有些人甚至同意 Severi 关于基础的重要性完全是相对的说法: 这取决于你的选择, 比如你是要强调与复变函数论的关联呢, 还是你的目标是数论方面.

我们必须选择一个正式的基础, 这到底是为了什么? 可以想到几点: (1) 得到一个在逻辑系统中的安全感, 用这个系统可以检验论证的正确性. (2) 为了实现一种美学, 人们要求用追溯到其逻辑源头的方式来完成理论. (3) 达到教授的目的, 譬如向其他领域的数学家介绍代数几何.

我们认为 van der Waerden 主要是要达到教授的目的: 他总是致力于极端的清晰和简明. 按照 van der Waerden 的思路, 代数几何的入门课程仍然具有吸引力. 譬如, 如果一个计算机科学家想要看 Bézout 定理的证明, 因为这个定理在他们研究的复杂性理论中用到了, 那么一个 van der Waerden 式的证明是完全适合的.

在研究范围中,对某些问题考虑坐标化的广点也会有用.一个不可约簇是个相当复杂的知识,它可以仅仅被一个点所代替.例如,定义射影空间中两个子簇的线性并联,可以简单地写下它的广点.可以用猜测出广点的方法来验证一个簇的不可约性,这仍然是一个好的技巧. van der Waerden 的概念仍是有用的,这就像不管量子力学如何发展,Newton(牛顿)法则仍在物理中被应用一样.

尽管 Weil 猜想已经解决,算术代数几何依旧欣欣向荣.同样地,作为特殊复簇的复代数几何也非常活跃,随着近期的进展,今天的代数几何在"当今数学出版录"(Current Publications in Mathematics)中占有一大块位置.撇开推广性的工作不谈,我们已经亲眼看见了它向经典射影几何中非常具体的问题的回归,这是被计算机代数技术刺激的,它又使构造性方法的意识得到了复苏.然而,对于前面所提到的那些刚刚进入这个领域的人来说,情况依然令他们感到沮丧.他们不得不知道许多交换代数和同调代数的知识,以便使自己感到是安全的.

在听了 van der Waerden 在 1971 年 Nice 会议上的关于科学史的演讲后[①],Abhyankar(阿布海恩卡),这位研究 Zariski 的专家,写了一首史诗式的诗,向那些"消元理论的发明者们"宣战("我们将消去你们"),同样也向那些随之而来的东西宣战("层虽众多,我们并不畏惧""自己站出来吧,胆敢代表函子的你").

---

① B. L. van der Waerden,1971,The foundation of algebraic geometry from Severi to André Weil, Arch. History of Exact Sc. 7, pp. 171-180.

§3 van der Waerden 论代数几何学 基础:从 Severi 到 Weil[①]

1. 从 M. Noether 到 Severi

代数几何学是由 M. Noether 创立的. 以 Corrado Segre, Castelnuovo(卡斯特尔努沃),Eriques 以及 Severi 等人为领军人物的意大利学派创造了一座令人赞叹的"代数几何大厦",但是它的逻辑基础并不牢固,概念定义得不够好,证明也不充分. 然而,正如 Bernard Shaw[②] 所讲:"在它里面有个奥林匹克的光环,它一定是真的,因为它是精美的艺术."

2. Severi 论个数守恒的论文

1912 年 Severi 在他的《论个数守恒原理》一文中提出建立代数几何的稳固基础. Severi 研究的是两个簇 U 与 V 之间的对应,即由齐次方程 $H(x,y) = 0$ 所定义的点对 (x,y) 的集合,其中 x 位于 U 内,y 位于 V 内. 他假定 U 是不可约的,并设对 U 的一个一般点 ξ,V 中与之对应的点 $\eta^{(1)}, \cdots, \eta^{(h)}$ 为有限个. 当 ξ 趋向 x 时,各点 $\eta^{(v)}$ $(v = 1, 2, \cdots, h)$ 分别趋向极限点 $y^{(1)}, \cdots, y^{(h)}$. 如 $\eta^{(v)}$ $(v = 1, 2, \cdots, h)$ 中有 μ 个点趋于同一极限点 y,就说这个极限点的重数为 μ,在假设方程 $H(x,y) = 0$

---

① 原题:The Foundations of Algebraic Geometry from Severi to André Weil. 译自:Archive for History of Exact Sciences, Vol. 7(1971), No. 3, pp. 171-180. 本文为作者在 1970 年于 Nice 召开的"国际数学家大会科学史分会"上所作的报告. 李培廉,译. 孙笑涛,陆柱家,校.

② Bernard Shaw(1856—1950),英国著名文学家、剧作家,1925 年诺贝尔文学奖获得者,在中文文献中常译为"萧伯纳". ——译注

对一给定点 x 的解的数目为有限的条件下, Severi 表
述了以下的结论: 第一, 重数是唯一确定的; 当他叙述
这个结论时, 他并未证明它. 第二, 若所给对应是不可
约的, 则方程 $H(x,y)=0$ 的每个解 y 至少在 $y^{(v)}$ 中出
现一次. 最后, 对于一给定点 x, 所有解 y 的重数之和
等于对应一般点 ξ 的方程组 $H(\xi,\eta)=0$ 的解的个数.
这就是个数守恒原理, H. Schubert 最早给出了这个原
理的浅显形式. G. Kohn 及 K. Rohn 给出了对 Schubert
的原始表述的反例. Kohn 的反例促使 Severi 引进了
"对应为不可约"的条件.

　　Severi 在他后来的一篇文章中承认, 他最初确认
重数为唯一的那个论断还需要补充一个假设: x 为 U
的一个单点. 如果做了这个假设, 那么 Severi 的三个论
断的确都是对的, 但在 1912 年 Severi 撰写他较早的一
篇论文时, 证明这些结论所需的代数工具还不具备. 不
管怎么说, Severi 是给出"重数"的严密定义并确切地
表述了相关结论的第一人.

3. 代数工具: 从 Dedekind(戴德金) 到 E. Noether

　　能奠定代数几何基础的代数工具有: 理想论、消元
法理论和域论. 发展这些理论的有 Dedekind 学派、
Kronecker(克罗内克)学派和 Hilbert 学派. 早在 1882
年, Dedekind 与 Weber(韦伯)发表了一篇极为重要的
文章, 他们在该文中将 Dedekind 的理想理论应用到代
数函数域上. Kronecker 及其学派发展了消元法理论,
Mertens(默腾斯)及 Hurwitz 则研究了结式系. 在多项
式理想论中最重要的工作则是由 Lasker 与 Macaulay
(麦考莱)完成的, Lasker 是一位著名的象棋冠军, 他
是从 Hilbert 那里得知这个问题的, 而 Macaulay 则是住

在英国剑桥大学附近的一位中学教师,在我于 1933 年访问剑桥大学时,他还几乎不为剑桥大学的数学家们所知.我估计 Macaulay 工作的重要性只是在哥廷根才得到了人们的认识.最后,我还必须提到 Steinitz 于 1910 年发表的重要的论文《体的代数理论》.

我于 1924 年来到哥廷根,当我把我在推广 Max Noether 的"基本定理"方面所做的工作给 E. Noether 看时,她说:"你所得的结果都是对的,但 Lasker 与 Macaulay 得到了更普遍的结果."她让我去研读 Steinitz 的论文和 Macaulay 论多项式理想的小册子,并且送给我她在理想论方面所写的几篇文章以及论及 Hentzelt 关于消元法理论的文章.

4. 一般点

在用现代代数的有力工具武装起来之后,我重新回到我想探究的主要问题:为代数几何学构建一个稳固的基础.我想:意大利的几何学家们提出的所谓的簇上的一个一般点,3 维空间中一个一般平面等是什么意思?显然,一个一般点不应有某些不该有的性质.例如,一个一般平面不会与一给定的曲线相切,也不会通过一给定的点,等等.设问:在一给定的簇 U 上是否可以找到一个这样的点 ξ,除了拥有对 U 的所有的点都具有的性质,再无别的特殊性质?自然,这只限于可以用代数方程来表述的代数性质.

若 U 是全空间,则很容易构造出这样的点 ξ.我们只要取未定元作 ξ 的坐标就可以了.如果一个系数是基域中的元素的方程 $f(X)=0$ 对未定元 $X_1,\cdots,X_m$ 成立,则它对所有的特殊值 x' 也成立.下面我们令 U 为任一不可约簇,这时在 U 上我们能否找到这样一个下

述意义上的"一般的"点 ξ：如果存在常系数的方程 $F=0$ 对 ξ 成立，则它就对 U 的所有点均成立？《E. Noether 论 Hentzelt 的消元法理论》给我指明了方向. 为了理解这篇文章的基本思想，我们必须回到 Kronecker 的消元法理论.

Kronecker 发明了用逐次消元来求代数方程组的全部解的一个方法. 他用这个方法证明了：第一，每一簇都是一些不可约簇的并集. 第二，在经过一个适当的线性变换后，一个 d 维不可约簇 U 的全部点的坐标可如下得到：前 d 个坐标 $x_1, \cdots, x_d$ 是任意的，而其他的坐标是前 d 个坐标的代数函数.

E. Noether 的一个学生 Hentzelt 发明了一套更为漂亮的消元法. E. Noether 用这个方法重新得到了 Kronecker 的这些结果. 她不仅得到了 Hentzelt 的结果，还补充了自己的一些新想法. 这些想法中有一个是将坐标 $x_1, \cdots, x_d$ 换成未定元 $\xi_1, \cdots, \xi_d$，而将其他的 ξ_i 作为这些未定元在一代数扩张域 $k(\xi)$ 中的代数函数，她把这个域称为属于该簇的素理想 $\mathfrak{p}$ 的零点体.

在研读 E. Noether 的论文的过程中，我发现坐标为 $\xi_1, \cdots, \xi_m$ 的点 ξ 恰好就是我要寻求的一般点，我还发现 E. Noether 的零点体与剩余类环 $\mathfrak{o}/\mathfrak{p}$ 的商域同构，其中 $\mathfrak{o}$ 为多项式环 $k[X]$. 因此不必采用 Hentzelt 的消元法；我们可以从任一素理想 $\mathfrak{p} \neq \mathfrak{o}$ 出发，构造剩余类环 $\mathfrak{o}/\mathfrak{p}$ 及其商域 $k(\xi)$，从而求得簇 $\mathfrak{p}$ 的一个一般点 ξ.

在这个简单想法的基础上我写了一篇论文，并给 E. Noether 看，她立即让《数学年鉴》(*Mathematische Annalen*) 采纳了它，但并未告诉我，在我来哥廷根之前，她已在一门课程的教学中提出过相同的思想. 这是我后来从 Grell 那里听说的,他曾经参加过这门课程.

5. 特殊化

我研究的第二个问题是重数的定义,我们来回顾一下 Severi 的做法. 他考虑 U 与 V 之间由下述齐次方程组

$$H(x,y) = 0 \qquad (1)$$

所定义的对应并做了以下假定:

(1) U 是不可约的.

(2) 若 ξ 为 U 的一个一般点,则方程组

$$H(\xi,\eta) = 0 \qquad (2)$$

有有限个解 $\eta^{(1)}, \cdots, \eta^{(h)}$.

(3) 对一个给定点 x,方程组(1)有有限个解.

接着,Severi 由下述极限过程

$$(\xi, \eta^{(1)}, \cdots, \eta^{(h)}) \rightarrow (x, y^{(1)}, \cdots, y^{(h)}) \qquad (3)$$

来构造特殊化的解 $y^{(1)}, \cdots, y^{(h)}$.

若基域 k 是一个无拓扑结构的域,则上述极限过程就无意义. 于是,引进如下的特殊化的概念,或像我当初那样称之为保持关系不变的特殊化. 若所有齐次方程 $F(\xi, \eta^{(1)}, \cdots) = 0$ 对 $(x, y^{(1)}, \cdots)$ 均保持成立,则把 $(x, y^{(1)}, \cdots)$ 叫作 $(\xi, \eta^{(1)}, \cdots)$ 的一个特殊化.

接下来必须证明在适当的条件下特殊化式(3)的存在性与唯一性. 我用消元法理论做到了这一点.

6. 特殊化扩张的存在性

Mertens 已经对任一齐次方程组 $F_j(y) = 0$ 构造了一组结式 $R_1, \cdots, R_s$,它们只依赖于形式为 F_i 的系数. 使得方程组有非零解的充要条件是:所有的结式均为零. 我在 1926 年送交给阿姆斯特丹科学院的一篇论文中,以 Hilbert 零点定理为基础,给出了一个较简单的

证明.

不论是用 Mertens 的结式,还是我的证明,都很容易看出,每个特殊化 $\xi \to x$ 都可以扩张成一个特殊化

$$(\xi, \eta^{(1)}, \cdots, \eta^{(h)}) \to (x, y^{(1)}, \cdots, y^{(h)})$$

稍后,Chevalley 在不用消元法理论的情况下证明了扩张特殊化的可能性. Weil 把 Chevalley 的证明写进他的书,表达了这个办法"终究会把消元法理论的最后的痕迹清除出代数几何"这样的愿望. 显然,Weil 和 Chevalley 都不喜欢消元法理论.

7. 特殊化重数的唯一性

更困难的是证明特殊化式(3)的唯一性. 我在一篇发表于 1927 年的文章《代数几何的重数概念》中做了以下假设:

第一,坐标 $\xi_1, \cdots, \xi_m$ 为独立变量.

第二,假设方程组(1)对一给定的点 x 只有有限个解.

从这些假设出发,我证明了特殊化解 $y^{(1)}, \cdots, y^{(h)}$ 除了它们的顺序是唯一确定的. 因此,任一解 y 的重数 μ 可定义为它在序列 $\{y^{(v)}\}$ 中出现的次数. 显然,所有解 y 的重数之和等于 h,这就是个数守恒原理. 此外,若对应式(2)是不可约的,则特殊化方程组(1)的每个解至少在 $\{y^{(v)}\}$ 中出现一次. 这样,Severi 在 1912 年的论文中讲的所有论断就在适当的假设下于 1927 年被严格证明了.

在我后来的一篇文章中,我把诸 ξ_i 为独立变量的假设(这意味簇 U 为整个仿射空间或整个射影空间)换成了一个较弱的假设,即假设 x 为 U 的一个单点. 后面我们会知道,Weil 把我的第 2 个假设,就是特殊化方程组(1)解的个数为有限的假设,换成一个较弱的假设,即认为有一个解 y 是孤立的. Northcott 和 Leung 更进一步削弱了这些假设.

8. 相交重数

接下来我们要研究的问题是定义相交重数,并推广有关两条平面曲线交点个数的 Bézout 定理.

9. 超曲面的相交

P^n 中的 n 个形式或超曲面的相交问题非常简单. 这时的重数可定义为这些形式的 u – 结式的因子分解中的指数,这里 u – 结式就是指这 n 个形式加上一个一般的线性形式 $\sum u_k y_k$ 的结式. 这些内容在我的论文《重数概念》的 §7 中用 $1 \sim 2$ 页的篇幅做了解释.

10. 一条曲线与一个超曲面的相交

接下来我们来研究一条不可约曲线 C 与一个形式 F 的相交.(一个超曲面,即 $n-1$ 维的闭链,将被称为形式 F.)我们如何来定义交点的重数呢?

这个问题可以用几种方法解决. 第一个办法,可以用代数函数的经典理论. C 上的变点 ξ 的齐次坐标之比 ξ_i / ξ_0 是一个复变量 z 的代数函数,它们在 Riemann 曲面上是单值的. 对闭 Riemann 曲面上的每一点都有曲线 C 上的一点与之对应. 反之,对曲线上的每一点,Riemann 曲面上也至少有一点与之对应. 考虑有理函数

$$F(\xi_0, \cdots, \xi_n) / L(\xi)^g$$

这里 L 为一个一般的线性形式,g 为 F 的次数. 这个亚纯函数的极点对应于 L 和 C 的交点,每一个极点的阶为 g. 零点对应于 F 和 C 的交点. 现在定义任一交点的重数为 Riemann 曲面上相应零点的阶数之和. 所有零

点的阶数的和等于所有极点阶数的和,因而 C 与 F 的交点的重数之和等于 C 与 F 的次数之积. 这推广了 Bézout 定理. 这个定义及证明的思想可以在法国几何学家 Halphen(阿尔方)的文章中找到.

这个证明方法对任意基域照样有效,因为我们可以用 Dedekind-Weber 的算术理论来代替经典的函数论.

下述第 2 种定义甚至更简单些,这个定义曾被系统地用于我从 1933 年开始发表的一系列论文《论代数几何》中. 取一个具有未定元系数的一般形式 F^* 的一个特殊化形式 F, F^* 与曲线 C 相交于点 $\eta^{(1)}, \cdots, \eta^{(h)}$. 特殊化 $F^* \to F$ 可扩张为特殊化

$$(F^*, \eta^{(1)}, \cdots, \eta^{(h)}) \to (F, y^{(1)}, \cdots, y^{(h)})$$

$y^{(v)}$ 为 F 与 C 的交点,它们的重数可以定义为它们的特殊化的重数.

多项式理想的理论提供了第 3 种可能. 引进非齐次坐标. 令 $\mathfrak{p}$ 为属于曲线的素理想,理想 $(F, \mathfrak{p})$ 是那些零维准素理想 $\mathfrak{q}$ 的交集,这里 $\mathfrak{q}$ 对应于 F 与 C 的交集中的单点. 对每一个 $\mathfrak{q}$,剩余类环 $\mathfrak{o}/\mathfrak{q}$ 的秩为有限的. 这个秩可以用交点的重数来定义.

这 3 个定义是等价的. 其证明,可参阅 Leung 的论文.

11. P^n 中两个簇的交

讨论射影空间 P^n 中两个维数分别为任意值 r 与 s 的簇 A 与 B 的相交就比较困难了. r 与 s 为任意的一般情形可以归结到 $r + s = n$ 的情形,因此我们将假设 A 与 B 是 P^n 中维数分别为 d 及 $n - d$ 的簇,譬如,4 维空间中的两个曲面,它们相交于有限个点.

12. **Lefschetz 的拓扑定义**

Lefschetz 在 1924 年对复基域给出了相交重数的一个拓扑定义. 他把曲面 A 和 B 看成复射影空间 P^4 中的 4 维闭链. P^4 是一个 8 维的可定向流形. 它本身以及闭链 A 和 B 可以一种不变的典型方式来定向. 如 y 为一交点, 而且如果簇有单点, 且在 y 处无公共切线, 则它们的由单纯逼近所定义的拓扑相交重数总是等于 1. 一般情况下可能有公共切线, 我们证明了这时的拓扑相交重数, 或孤立的交点的指数, 总是正的. 如果将相交重数定义为这个指数, 那么就可以建立一个令人完全满意的理论, 而 Schubert 的"计数几何演算"就可被证明是完全正确的.

13. **射影变换的应用**

当基域为任意时, 这个方法无效. 因此我在 1928 年提出, 将一系数为未定元的射影变换 T 作用于 A 与 B 中的一个, 从而将它们的相对位置变成是一般的, 变换后的簇 TA 与 B 相交于有限个点. 若将 T 特殊化为恒等变换, 则 TA 与 B 的交点就特殊化为 A 与 B 的交点. 若 A 与 B 相交于有限个点, 且其中每一交点有某个一定的特殊化重数, 则把这个特殊化重数定义为相交重数. 在复域的情形, 这个定义与 Lefschetz 的定义等价. 利用一位荷兰几何学家 Schaake 提出的方法, 我证明了推广了的 Bézout 定理.

我在 1928 年的论文中的证明非常复杂, 但在稍后的一篇论文中基于相同的想法, 我给出了一个简单的证明.

14. **簇 U 上的 A 与 B：Severi 的定义**

我在 1932 年的苏黎世国际数学家会议上见到了

Severi,我问他能否对两个簇 A 与 B 的交点的重数给出一个好的代数定义,这两个簇是一个维数为 n 的簇 U 上维数分别为 d 及 $n-d$ 的簇,在 U 上要考虑的点是单点.第二天他给我做了答复,并且把它发表在 1933 年的 *Hamburger Abhendlungen* 上.他给出了几个等价的定义,下面对 3 维空间中一个曲面 U 上的两条交于 U 上一单点 y 的曲线 A 和 B 之一来进行解说.

令 S 为 3 维空间中的一个一般点.联结 S 与 A 就得到一个锥面 K.点 y 作为曲线 B 与锥面 K 的交点,有一个一定的重数 μ.我们就把这个重数定义为 y 作为 U 上的 A 与 B 的交点时的重数.

这个定义可以很容易地被推广到一个 n 维簇 U 上两个任意维数分别为 r 与 s 的簇 A 与 B 的交集上去.若 $r+s$ 大于 n,则交集的正常维数为 $r+s-n$.若交集的一个分支 C 的维数恰好为这个数,那么它就叫作真分支.若所有的分支都是真的,且每一个分支都有 Severi 所定义的重数,则我们就可将这些分支 C 的以其重数 μ 为权的形式和定义为一个相交闭链 $A \cdot B$,即

$$A \cdot B = \sum \mu C$$

15. 闭链及其坐标

在解说 Severi 的成果时,我使用了闭链和相交闭链这样的术语,相交闭链定义为不可约分支 C 乘以整数 μ 的形式和.

显然,Severi 的论文中并没有这些术语.在 Severi 的论文中(在我的论文中也一样),同一个词"簇"被用于两个不同的概念:

(1)在仿射空间或射影空间中由代数方程所确定的一个点集;

115

（2）维数同为 d 的一些不可约簇 C 乘以整系数 μ 的形式和.

在本书中,词"簇"仅在第一种意义下被使用,而（2）中的形式和,被 Weil 称为闭链.

若系数 μ 为任意整数,则该闭链就叫作虚闭链.任意一维数为 d 的全体虚闭链形成一加法群,它的自由生成元是不可约簇.若整数 μ 为非负数,则可得到正闭链.以下我们只讨论正闭链.

例如,线汇和线丛、圆锥曲线的簇等都是属于闭链的簇.在 19 世纪它就已成了数学家们研究的对象. 3 维空间的直线簇就是用一组由 Plücker 坐标表示的齐次方程来定义的,而圆锥曲线的一个线性系统就是用圆锥曲线的系数所满足的线性方程组来定义的.

Castelnuovo 在他的一篇经典论文中研究了平面曲线的线性系及其双有理变换.该理论是由 Castelnuovo, Enriques,以及 Severi 推广到一曲面 V^2 上的 C^1 曲线组成的线性系,以及一个簇 V 上 C^{r-1} 闭链的线性系. Zariski 给出了这些经典理论的一个极佳的阐释.

1903 年 Severi 开创了对于一个曲面上非线性曲线系上的推广;Zariski 在他的报告的第 V 章中讲述了这个理论.

通过考虑一个 C^r 簇上的 C^d 闭链的有理系和代数系,1932 年 Severi 开辟了一个新的研究领域. Severi 的 3 卷书中给出了这个理论的一个完整的阐释.

在所有这些理论中都缺少对"闭链的簇"这个概念的正确定义.周炜良和 van der Waerden 在 1936 年第一次给出了正确的定义.我们的想法是,对每一 C^d 闭链,令以 $u^{(0)}, u^{(1)}, \cdots, u^{(d)}$ 为其元的形式 $F(u)$ 与之

对应,这个形式叫作这个闭链的相伴形式(或叫作 Cayley 形式),并用这个形式的系数作为该闭链的坐标(Chow 坐标),于是闭链的簇就用这些坐标的齐次方程来定义. 在我们合作的论文中证明的主要定理是:在 P^n 中全部维数为 d,次数为 g 的 C^d 闭链是一个闭链簇,即它可以用闭链坐标的齐次方程来确定. 这个定理的证明归功于周炜良.

我在论文《论代数几何 14》中进一步发展了闭链簇的一般理论. 我在该文中证明了,Severi 的相交闭链 $A \cdot B$ 的定义具有全部预想的性质,包括相交闭链的交换律和结合律,以及如果 A 在闭链簇中变动,而 B 固定不变,则相交闭链 $A \cdot B$ 也在闭链簇中变动,且与假设 A 和 B 都在闭链簇中变动的结果一样.

在《论代数几何 14》中所提出的相交理论是一个全局性的理论. 第一个发展相交的局部代数理论的人是 Weil,他是在自己的《代数几何基础》一书中完成的. 要理解他的思想,我们必须首先回到特殊化重数的概念上来.

16. Weil 的特殊化重数

Weil 研究了仿射空间中一对点的特殊化

$$(\xi, \eta) \rightarrow (x, y') \qquad (4)$$

并做了以下假定:

(1) $\xi_1, \cdots, \xi_m$ 为独立变量.

(2) η 为 ξ 的代数函数.

(3) y' 是 ξ 特殊化到 x 上的一个孤立特殊化. 也就是说,如果我们考虑对 ξ 及 η 成立的所有方程组 $H(\xi, \eta) = 0$,则可认为特殊化方程组

$$H(x, y) = 0 \qquad (5)$$

对给定的 x 定义一个簇,y' 是这个簇中的一个孤立点.
Weil 没有假设方程组(5)只有有限个解.

接下来 Weil 研究了 η 的共轭点 $\eta^{(v)}$,并证明了,
存在一个唯一的整数 μ,叫作 y' 的特殊化重数,使得 y'
在任何特殊化

$$(\xi, \eta^{(1)}, \cdots, \eta^{(h)}) \rightarrow (x, y^{(1)}, \cdots, y^{(h)})$$

中出现 μ 次.

证明要用到特殊化的解析理论,这在 Weil 的书的
第Ⅲ章中做了阐述,看来 Weil 发展这个解析理论主要
或者说完全是为了证明重数 μ 的唯一性,因为在(第
一版的)第 61 页上他这样写道:

> 现在读者不妨忘掉本章 §1 ~ §3 的全
> 部内容,只需记住 §3 的命题 7,这个命
> 题……将成为我们在代数几何中的重数理
> 论的基石.

17. Weil 的相交重数

Weil 的相交重数理论分成两步介绍. 第一步,Weil
研究仿射空间中的两个簇 A 与 B,其中一个,譬如说 B
为一线性子空间.令 C 为 A 与 B 的交的一个真分支,
即维数为 $d = r + s - n$ 的一个分支,通过与 d 个线性形
式的一般组的所有簇相交,可以得到线性簇 B. 由此即
得,相交重数可以定义为特殊化重数.

第二步,是在 Weil 的书的第Ⅵ章中所采取的关键
一步. Weil 的想法是,将 A 与 B 的交 $A \cdot B$ 的一般情形
约化到 B 为线性的特殊情形. A 与 B 为仿射空间 S^N 中
一个 n 维簇 U 的两个子簇,令 C 为它们的交的一个真

分支. 设 C 的一个一般点是在 U 上的单点. 此时 Weil 取积簇 $A \times B$ 与积空间 $S^N \times S^N$ 的对角集 Δ 的交集. 这个对角集是由 N 个线性方程 $x_i - y_i = 0$ 所确定的线性子空间. 方程的个数可能太大了, 因此 Weil 构造了 n 个一般的线性组合 $F_j(x - y) = 0$. 它们定义了 $S^N \times S^N$ 中的一个线性子空间 L. $C \times C$ 的对角集 Δ_C 同时包含在 $A \times B$ 以及 L 之中, 因而也包含在它们的交集中. 此时 Weil 证明了, Δ_C 是 $A \times B$ 与 L 的交的一个真分支. 这样, 因为 L 是线性的, 所以它有一确定的重数 μ. 这个数 μ 就被定义为作为交 $A \cdot B$ 的真分支的 C 的重数.

§4　浪川幸彦论代数几何[①]

1. ICM 的荣誉

代数几何在历届国际数学家大会(ICM)上都是最引人注目的一个领域, 这大概就是编辑部选择代数几何作为专栏的第一篇的理由了!

的确, 最近 3 维分类理论中的极小模型理论就是由以日本的川又、森、宫冈等为中心的学派完成的; 还有物理学中被称为弦论的基本粒子理论在 Riemann 面的模理论中引起的影响正在进一步扩大, 可以设想, 这些都将成为 ICM 的热门话题.

本节的目的是通过概观最近的研究潮流, 说明包

---

① 原题: 代数几何, 译自: 《数学セミナー》, 1989 年 11 期, 54～58 页. 此文是为迎接 ICM 1990 年在日本京都召开而辟专栏《现代数学的未来》的第一篇. 陈治中, 译. 陈培德, 校.

括上面列举的题目在内,哪些可能会成为 ICM 的话题.

2. 大大变样的代数几何

实际上,记述这个潮流不是那么简单的事情.

其理由如下,第一是由于代数几何在 20 世纪中叶,特别是 20 世纪 60 年代已最终完成了抽象化、一般化,从而大大变了样,因此以古典代数几何为题进行说明已经不能够满足(图 3);第二是由于一般化的结果使其与数论、解析学等众多领域都有了关联,因此在跨学科领域代数几何的重点转移,要把握统一的潮流就异常困难.

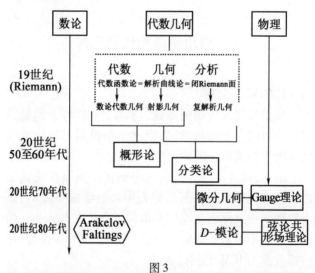

图 3

但是叙述的顺序还是得按照年代,从古典代数几何的定义开始,说明由这里出发的源流是如何延续到现代的.下面我将不限于介绍一两个显著的例子,而不是罗列与其他领域间的关联.

120

3.代数簇的几何学——古典代数几何

古典代数几何的定义如下:代数几何是利用定义方程式的代数对象,研究有限个代数方程式

$$f_1(X_1,\cdots,X_N)=0,\cdots,f_M(X_1,\cdots,X_N)=0$$

所定义的"图形",即代数簇的性质的学问.

最简单的例子是高中时学习的二次曲线.例如,知道了平面内二次曲线 Q 的方程式

$$E:\frac{x^2}{a}+\frac{y^2}{b}=1$$

Q 上的点 $P=(\alpha,\beta)$ 处的切线方程就可利用定义方程式 E 的参数而写作

$$\frac{\alpha x}{a}+\frac{\beta y}{b}=1$$

但是一般的情形,出于种种原因,方程式的系数、坐标不仅要考虑实数,还要考虑复数(或者作为其扩张的代数闭域的元).有时还要把无限远的点作为巧妙定义的射影空间中的图形来考虑.这样所定义的代数簇称为 C 上的射影代数簇.

4.代数几何的三个流派

代数几何按其研究方法分别以代数、几何、分析为主而分为抽象代数几何、古典代数几何和复解析几何三个流派.虽然这样区分,但由于研究的对象相同,因此相互保持着密切的联系,并使理论得以发展.

上面所述代数闭域上射影簇的研究对象是古典代数几何,虽然使用代数方法,但是有强烈的纯几何特性.

5.双有理几何与代数函数论

古典代数几何中研究代数簇特性的最基本方法就

121

是研究存在什么样的有理函数. 所谓有理函数, 形如 $f(X_1, \cdots, X_N)/g(X_1, \cdots, X_N)$, f, g 是多项式. 其全体 $R(V)$ 可以进行加减乘除, 或者说构成域(当 V 既约时).

具有相同函数域的簇称为互相双有理等价, 双有理几何学研究双有理等价下不变的性质. 而把代数函数域作为代数的研究对象进行研究的就称为代数函数论, 相当于抽象代数几何的第一步.

以最初的例子来说[为简单起见, Q 设为圆($a = b = 1$)], 若令 $t = X/(1 + X)$, 则 $R(Q) = R(t)$(有理函数域), Q 与直线 L 双有理等价.

6. 复解析几何的代数几何

在复数域上的代数簇中, 可以按照复解析函数论利用更一般的有理型函数以代替有理函数进行研究. 以这种方法论研究为主的代数几何称为复解析几何, 按这种方法论处理的研究对象(更一般地)为复解析簇(或是容许奇点的解析空间). 1 维复解析簇因其创始人为 Riemann 而被称为 Riemann 面.

7. 古典三位一体与高维化

当按上述三个流派来看一个局部参数的 1 维簇时, 我们说它们给出了本质上相同的理论, 这就是 19 世纪确认的古典的三位一体

抽象(代数)　　古典(几何)　　复解析(分析)
单变量代数函数域 = 非奇异射影直线 = 闭 Riemann 面

如果按一般维数分别考虑这些对象, 它们被一般化为多变量代数函数域、(非奇异)射影簇和紧复流形(解析空间), 但这里三位一体已经不成立, 要得到等

122

价就有必要加以限制. 于是找出合适的条件就成了重中之重.

8. 抽象代数几何的建立

Weil 从单变量代数函数论与代数域的数论的类似性出发构想了包含这两者的理论, 后又经过 Searle 的研究, 到 20 世纪 60 年代前期, 由 Grothendieck 采用了概形论这一最终形式[关于这一过程的详情, 请参看拙著《现代代数几何的建立》(《数学セミナー》1987年 8~10 月)]. 特别是由 Weil 确立的数域上或有限域上的代数几何被称为数论代数几何, 形成了独自的领域.

为什么 Grothendieck 的概形论是最终的呢? 这是因为作为代数几何的基本原理, 代数概念与几何概念的对应在这里以完整的形式建立了.

9. 小平邦彦的理论

解析方法在 20 世纪 50 年代以当时在美国的小平邦彦为中心, 通过应用 Cayley 流形上的调和分析方法与层理论而发展. 其成果之一是 Cayley 流形为 Hodge 流形与它为射影簇是等价的, 这就给出了要得到几何—解析间的等价性而必须在解析流形上添加的条件.

10. 代数几何是成年人的学问

小平邦彦于 1954 年获 Fields (菲尔兹) 奖是由于在调和分析方面的成就. 同年另一位获奖者 Searle 的获奖理由则是同伦论方面的成果. 两位对代数几何的本质贡献主要是在获得 Fields 奖后. Grothendieck 闻名于世的原因也是在函数分析方面的业绩. 一般在代数

几何方面取得优秀成果的,似乎不少都是那些掌握了别的某个领域的方法论的人,以此为基础开创了新途径.从这个意义上来说,代数几何也许是需要广阔视野的"成年人的学问".

11. 曲面分类论

1 维的理论已在 19 世纪得出,假设把亏格这种非负整数作为离散不变量,那么代数曲线就可以根据"连续"参数即模进行分类.

意大利学派在 20 世纪初以其一般化的形式差不多已完成了代数曲面的分类表.但是该理论以现代水准来看很难说是严密的,Zariski,Shafarevich,小平邦彦等人在 20 世纪 50 年代至 20 世纪 70 年代给出了完整的结果.特别是 20 世纪 60 年代的小平邦彦理论是一个深刻而漂亮的理论,它包括未必是代数的复曲面在内.

12. 极小模型理论

Zariski 在古典代数几何的曲面理论方面列举的重要成果之一,是曲面的极小模型的存在定理(1958).它给出了曲面的情况下上述三位一体的代数—几何间的等价性.这就是说,代数函数域一经给定,就存在非奇异曲面(极小模型)作为与其对应的"好的"模型,而且射影直线如果不带有参数就是唯一确定的.因此要进行曲面分类,可以只考虑极小模型,这成了曲面分类理论的基础.

13. 饭高程序

根据曲面分类论的这种进展,20 世纪 70 年代末饭高提出了对高维情形进行一般化的程序,就是把新

定义的小平维数作为次于维数的不变量,进一步定义各种各样的双有理不变量,依据这些去作分类表.作为该程序的基本公式,人们意识到相对于纤维空间的小平维数的不等式的重要性,特别是以日本为中心在 20世纪 70 年代对证明这个不等式做出的努力.在获得若干部分结果(包括 3 维)的同时,人们也了解到在此过程中小平消灭定理的扩张是理论发展的关键(上野健尔,藤田隆夫,Viehweg,川又雄二郎等的贡献).

14. 黄金的 20 世纪 70 年代

转而看看这一时期的世界,可以看到同是在 20 世纪 70 年代已出现了各种理论,建造着各自美丽的"花园". Weil 猜想的解决(Deligne)、Hodge 理论(Griffiths, Deligne)、$K\,3$ 曲面的周期理论、向量丛理论、超曲面奇点理论(特别是有理二重点理论)、宫冈-Yau 不等式的证明等,令人眼花缭乱.

15. 扩散的 20 世纪 80 年代

黄金的 20 世纪 70 年代的成果,都是在至 20 世纪 60 年代为止确立的代数几何基本框架的土壤上开出的花朵.与此相对,20 世纪 80 年代的代数几何虽然也源出于此,但其显著的特征则是在超出这一框架之外产生的深刻结果.而且令人感兴趣的是有一种预感,就是这个无限止的扩散实际上也许是向看不到的无限远点的集中.

16. Faltings 与数论代数几何

1986 年的 Fields 奖的两位得主 Faltings 和 Donaldson 对代数几何的发展做出了实质性的贡献.

前者依据并推广了 20 世纪 70 年代的 Arakelov 理

论,解决了 Mordell 猜想(1983). 进而他研究了算术曲面理论. 同时,他还考虑了 Archimedean 赋值. Parshin 还指出,如果 Mordell 猜想有"好的"证明,那么 Fermat(费马)猜想就差不多应该可以解决了. 这一下子就激起了人们对这一问题的普遍关注. 同时,Borcea 的另一个新的研究也引人注目.

最新消息,Abhyankar 把(特征为 0 时必定是分歧的)sporadic 有限群作为覆盖群构成正特征直线的不分歧覆盖群,由此也许能发现数论、代数几何与有限群论间意想不到的关系.

17. Donaldson 与向量丛理论

解析几何也显示出了其全新的发展.

其开端是 Atiyah 等提出的 Yang-Mills 方程理论(1977 年以后),就是所谓非线性微分方程的解与射影平面上的向量丛参数化的模空间内的射影直线簇相对应. Donaldson 等延续了这一想法,创造了一种全新的方法,就是构造一般流形上向量丛模空间作为无限维流形(联络空间)的商空间(1983 年以后).

18. KdV 方程与 Novikov 猜想的解决

从 20 世纪 70 年代起以苏联为中心,同样在非线性微分方程与代数几何的联系方面,人们对 KdV 方程及其一般化的 KP 方程进行了研究. 佐藤幹夫在研究此方程的解时发现古典不变式 Schur 多项式是实质性的,表明了这一方程的解可以由无限维 Grassmann 流形进行参数化(1982). 进而根据这一成果,就可以得到 Schottky 问题的一个解(Novikov 猜想的证明),或者使用配极 Abel 簇刻画曲线的 Jacobi 簇(盐田隆比吕,

1986 年).

19. 弦模型论与曲线的模理论

物理学进一步给代数几何带来巨大的冲击,这是由苏联引起的.已经清楚的是,由 Polyakov 开创的弦模型理论与闭 Riemann 面的模理论有着本质的联系(1986).若重新构筑 2 维共形场的理论,则之前介绍的佐藤理论恰好可以用到,因此说明存在严密的数学模型(1987).根据这一成果,还可以得到非交换 Gauge 场情形的共形场理论(土屋昭博,1988 年),这似乎能最终实现 Weil 没有完成的 Abel 函数扩张的梦想(Hitchin 等,1938 年).

20. 森理论的诞生——古典代数几何也不示弱

正统的古典代数几何的发展此时也比较显著.

其明显标记是 1979 年森重文解决了 Hartshorne 猜想.该猜想是由射影空间(特征为 0)的切丛的丰富性所刻画的.尽管只是解决了一个猜想,但由于用到了崭新的方法论,于是开创了新的时代,即产生了分析双有理变换的非常强有力的工具——半线束(extremal ray)理论(1982).

21. 3 维极小模型理论的完成

同一时期以苏联的 Iskovskih 等为中心发展了 3 维仿射簇的理论,并提出了这样的研究计划,即如果容许存在某种奇异点,那么 3 维情形也存在极小模型理论.川又、森、宫冈在该方向上进行了深刻研究,终于在 1987 年完成了这一理论.这不只是在代数几何方面,就是从整个数学界来看,恐怕也可以说是自 1986 年以来所得到的最重要的成果之一.

§5　Zariski 对代数几何学的影响[①]

1. 引言

1899 年，Zariski 出生在白俄罗斯的科布林. 他从小就喜爱数学，并喜欢进行创造性的思考. 他经常回忆做数学时的快乐时光.

当 Zariski 还很年轻时他的父亲就去世了. 他常说，他的母亲是位女商人，会卖各种各样的东西.

1921 年，Zariski 去了罗马学习. 他之前在基辅学习过，并回忆说他对代数学以及数论有着强烈的兴趣.

他执波兰护照去了罗马，在罗马的那段时间他过得很开心，这种状态从 1921 年一直持续到 1927 年.

他成为罗马大学的学生，又娶到他生命中 65 年的灵魂伴侣 Yole. 他们从未分开过，无论是好的还是坏的时光，她都是他力量的源泉.

事实上，在后来的岁月里当他的听力开始衰弱时，她承担了很多帮他与别人交流的工作. 他的创造力几乎持续到生命的最后一年.

---

① 作者 Piotr Blass. 译自："Contributions to algebraic geometry：Impanga Lecture Notes"，The influence of Oscar Zariski on algebraic geometry（updated version），Piotr Blass，figure number 10. Australian Mathematical Society Gazette vol. 16，No. 6（December 1989），The influence of Oscar Zariski on algebraic geometry，Piotr Blass. 许劲松，译. 陈亦飞，校.

原文最初发表于 Australian Mathematical Society Gazette，vol. 16，No. 6（1989 年 12 月）. ——原注

2. Zariski 在罗马

让我们回到 1921 年的罗马. 罗马大学有 3 位数学家, 他们是意大利代数几何学派中优美、振奋以及带着些许骑士风格的证明方法的同义词: Castelnuovo, Enriques(恩里克斯)和 Severi. 前两位有亲眷关系. Zariski 总是和 Castelnuovo 与 Enriques 谈得很热火.

追溯 Zariski 的数学族谱, 意大利代数几何学始于 Cremona(克雷莫纳), 他是 Garidaldi 军队的一名战士, 后来成了参议员. (是的, 数学家确实融入了大众文化.)师从 Chasles(沙勒)的 Cremona 影响了 Segre(塞格雷), 而后者又教出了 Castelnuovo. Castelnuovo 影响了 Enriques——这实际上是一种合作关系——最后 Castelnuovo 成为 Zariski 的博士论文导师.

Zariski 回忆起他在罗马早年生活时与 Castelnuovo 的一次重要又戏剧性的谈话. Castelnuovo 对年轻的 Zariski 是如此印象深刻, 他总是帮助 Zariski 去掉很多数学上由于过于严格而造成的烦琐, 来加速 Zariski 的学习, 并成了 Zariski 的论文导师.

这群意大利人认为 Zariski 是一颗"未被打磨的钻石". 他们感到他的几何观点终究将与他们自己的观点不同. Castelnuovo 有一次告诉他"在这里你和我们在一起, 但你不是我们的成员". 这不是在责备他, 而是好心的 Castelnuovo 一再地告诉 Zariski, 意大利几何学派的方法已经做了所有他们能做的, 已经走到了死胡同, 并且不适合在代数几何学领域进一步发展. (这在《Zariski 文集》的引言中已经介绍过了)Castelnuovo 也许怀疑, 摆脱困境的出路在于在代数几何学中增加使用代数学和拓扑学的方法. 深知 Zariski 喜欢代数学,Castelnuovo 建议他研究一个与 Galois(伽罗瓦)理论和拓扑学密切相关的论文课题.

3. Zariski(在 C 上)的论文课题

基于其论文的结果,Zariski 证明了以下结果:给定一个亏格大于 6 的一般的代数方程 $f(x,y)=0$,不可能找到一个参数 t,它是 x,y 的一个有理函数,使得 x 和 y 可用 t 的根式表示.

另一种叙述包含在下面的定理中. 设 X 是一条曲线,我们称曲线间的映射 $X \to P^1$ 是可解的当且仅当它对应的域扩张 $k(X) \supset k(t)$ 是一个根式可解域扩张.

定理 1 一个亏格不小于 7 的一般曲线不存在到 P^1 的可解映射.

在罗马度过的日子里,Zariski 不断参与和接触(**C** 上的)代数曲面的研究,这是他的老师们热衷研究的课题. 他在 *Algebraic Surfaces*[①] 的引言中说:

> "我在罗马的学生时期,代数几何学几乎是代数曲面理论的同义词. 这是我的意大利老师们讲授最频繁的课题,其中的论证和争辩也是最频繁的. 旧的证明被提出质疑,提出了修正,而这些修正——理当如此——本身又受到质疑. 无论如何,代数曲面理论在我的脑海中蔓延……"

然而,他在这个时期的大多数出版物仍然与代数

---

① O. Zariski, Algebraic Surfaces. Chelsea Publishing, New York, 1948.

曲线以及一些基础的哲学性问题有关[例如：Dedekind 的实数理论及 Cantor(康托)和 Zermelo(策梅洛)最近创立的集合论]. 他受到了 Enriques 的影响,对以上的课题产生了兴趣,而 Enriques 是位哲学家和数学史学家. Zariski 肯定认为学习代数曲线理论是代数几何学家必须接受的训练.

4. 伊利诺伊州和约翰·霍普金斯大学

1927 年,Zariski 和 Yole 离开意大利去了美国. 到达美国之后,Zariski 在伊利诺伊州一个很普通的大学待了一段时间,但很快他的才华便得到了公认,并得到了巴尔的摩的约翰·霍普金斯大学的一份职位. Sylvester(西尔维斯特)曾在这所学校工作过.

Zariski 花费了相当多的时间准备他的专著《代数曲面》. 在这本书里他陈述了1933 年代数曲面理论的现状. 他仔细地检查了每一个论证并发现了意大利学派的古典证明中存在大量严重的漏洞. 正如他所说："几何乐园永远地消失了"——新的工具、新的框架和语言正被呼唤着. 这是一种危机. 但对于 1937 年的 Zariski 来说,这种危机却是一个令人兴奋的机会. 令他印象深刻的是,在他发现交换代数和赋值论的新工具之前,这项工作已经被 Krull(克鲁尔)和 van der Waerden 着手开展,并应用于现代代数学和代数几何学的研究中. 事实上,在 1927 ~ 1937 年之间,Zariski 经常前往普林斯顿和 Lefschetz 探讨解决问题. Castelnuovo 十分敬重 Lefschetz,并经常向 Zariski 转述 Lefschetz 的工作进展.

Lefschetz 是一位伟大的天才,拥有一个不平凡的人生. 他原本被培养为一名工程师,但在一次可怕的事故中失去了双手. 他不得不放弃自己的职业,进入马萨诸塞州伍斯特市的克拉克大学,获得了数学博士学位. 我曾在克拉克大学工作过一年,有幸看到 Lefschetz 在 Storey 的指导下写的博士论文. 文章是非常具体的,很"意大利"式的几何学论文. Lefschetz 以一种完全孤立的状态在内布拉斯加待了几年,又在堪萨斯的劳伦斯待了 13 年,后来他认为这是种幸运. 他读了 Picard 和 Poincaré(庞加莱)关于代数簇上的积分及其周期的论文. Picard 使用适当的曲线束纤维化一个代数曲面的方法(现在称为 Lefschetz 束)给他留下了深刻的印象. 利用这种束和单值化,Lefschetz 得到了 **C** 上代数簇的拓扑和代数几何非常深邃又微妙的结果,后来又推广到特征为 0 的域上. Lefschetz 的才能被公认后,他被聘为普林斯顿大学的教授. 在 Lefschetz 的影响下,美国青年 Walker 严格证明了一个很困难又十分重要的定理:特征为 0 的代数闭域上代数曲面奇点的分解.

Zariski 检查了 Walker 的证明,并在上面提到的他的专著《代数曲面》中声明它是正确的. 让我引用 Zariski 的《代数曲面》的序言中的一段话:

> "尤其是代数几何学,在这一领域方法的使用至少与结果是同样重要的. 因此作者尽可能避免了理论的纯形式解释……然后,由于对简洁、严密性的迫切需要,书中的证明与原始论文的证明或多或少有一定程度的差异."

因此,Zariski 本质上重新证明并澄清了大量的材

料,这本专著就是一位几何学大师的作品.

1935~1950 年间,Zariski 继续在代数簇的拓扑、基本群、分歧轨迹的纯粹性,以及循环多重平面等方面工作.限于篇幅,请对细节感兴趣的读者参见非常生动和精辟的《Zariski 文集》.

5. Zariski 应用现代代数学分解奇点

1935~1937 年间,Zariski 研究了近世代数学,他说:"我必须从某个地方开始."他从 Krull 的书[①]里选取了赋值理论和整性相关的概念,并将其用于代数簇——更具体来说是三个问题:

Ⅰ.局部单值化.

Ⅱ.奇点约化或奇点分解.

再后来,1958 年他写了:

Ⅲ.分歧轨迹的纯粹性.

我将仅限于描述问题 Ⅱ,即奇点的分解和 Zariski 对它的贡献.

定义 1 设 $V \subseteq P_k^n$ 是一个不可约射影代数簇(即一组关于齐次变量 $\{x_0, x_1, \cdots, x_n\}$ 的齐次形式的公共零点集).我们称一个射影簇 $W \subseteq P_k^m$ 是 V 的一个非奇异化,如果存在一个正则代数态射 $\pi: W \to V$,使得:

(1) W 是一个光滑簇;

(2) π 是逆紧的,即对于任意基变换都是泛闭的;

(3) π 诱导了 $\pi^{-1}(V\text{-}\mathrm{Sing}V)$ 与 $V\text{-}\mathrm{Sing}V$ 的同构.

最简单的例子是带有一个结点的平面曲线.例如,$V: x^3 + y^3 - xy = 0$. 这条曲线的基本特点可以描绘成

---

① W. Krull, Idealtheorie. Ergeb. Math. Grenzgeb. 46, Berlin: Springer-Verlag, 1968.

图 4.

图 4

原点 N 是一个结点,是一种众所周知的奇点. 非奇异化 W 是一个光滑(空间)曲线,使得在 N 的两个分支被拉开,如图 5.

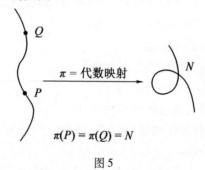

$\pi = $ 代数映射

$\pi(P) = \pi(Q) = N$

图 5

一个同样著名且简单的例子是尖点 $V : y^2 - x^3$,其图像如图 6.

图 6

原点 C 是尖点,非奇异化 W 是一条直线 S,一个映射 $\pi : W \to V$,其图像如图 7.

134

图 7

这里有一个曲面奇点的例子, 如图 8.

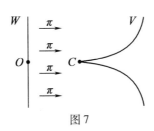

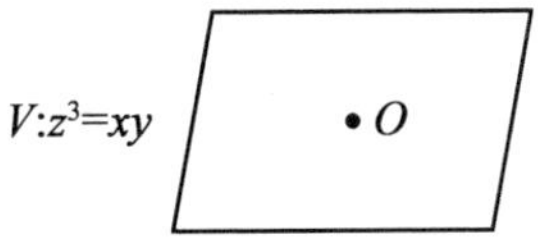

$V : z^3 = xy$ $\bullet O$

图 8

O 是 V 的一个双平面二重点. 非奇异化 $\pi : W \to V$ 可以描绘成图 9.

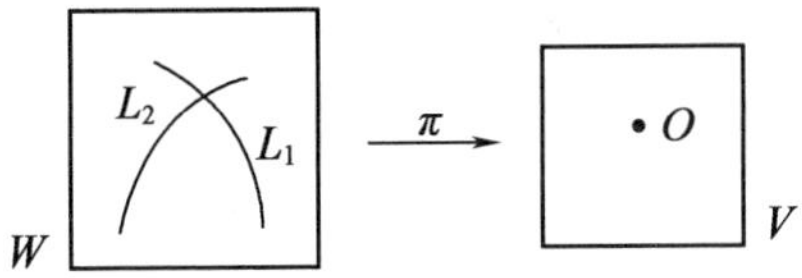

图 9

这里的 L_1 和 L_2 是 (射影) 直线, 它们被 π 收缩到点 O. 映射 π 限制到 $W - (L_1 \cup L_2)$ 建立了与 $V - \{O\}$ 的同构.

换言之, 在膨胀变换或二次变换之后, 奇点被替换为一对交于一点的射影直线. (相交矩阵是 $\begin{pmatrix} -2 & 1 \\ 1 & -2 \end{pmatrix}$)

奇点不必是孤立的. 例如, $x^3 = y^2 z$ 上有一条由尖

点组成的曲线 $x = z = 0$. 这可以（粗略）作图，如图 10（这个奇点当 $y = 0$ 时变得"更坏"）.

图 10

分解可以是个非常复杂的过程，并且一般存在性定理在更高维时往往很艰难. 首先，Zariski 证明了整闭包这个代数概念，给出了曲线的奇点分解，他称之为正规化. 因此：

当维数 $X = 1$ 时，任何特征分解是可能的.

当维数 $X = 2$ 时，即代数曲面的情形；他证明了分解可以通过交替使用正规化和以点作中心的二次变换得到

正规化→膨胀变换→正规化→……

他的证明在特征为 0 的时候成立，即他证明了与前面提到的 Walker 同样的结果. 他熟练地撰写了论文，使得在特征 $p > 0$ 时还必须解决的问题变得非常明晰. 这后来由 Abhyankar 在 20 世纪 50 年代早期完成. Abhyankar 是 Zariski 在哈佛大学的第一个学生. 一个优美的、概念性的证明是由 Zariski 的另一个学生 Joseph Lipman 大约在 1980 年给出.

后来，Zariski 的研究方向转向了非常困难的特征为 0 的 3 维簇. 他又一次成功了，但证明过程相当长（见《数学年刊》，有 70 页；在 *Collected Papers* 第 Ⅰ 卷中重印，Zariski 所有关于分解的论文都可以在这里找到）. 他在引言中说（关于 n 维问题）：

　　"目前当然还不能肯定地说一般情形
的问题有更多困难. 我们倾向于猜测, 一般
情形下的困难与 3 维情形的困难程度是可
以比较的……3 维的情形提供了一个很好
的试验场……"

　　论文再一次写得如此明晰, 使得 Abhyankar 能够
将这个证明精彩地推广到特征 $p > 5$ 的域上. (直到最
近才由 V. Cossart 和 O. Piltant[1] 推广到所有正特征.)

　　广中平佑受到了 Zariski 的指导和提示, 解决了一
般情形并证明了特征为 0 时奇点分解在所有维数都存
在. 这个写在 1964 年 *Annals of Mathematics* 中的一篇
论文[2]中 (有史以来写得最好的文章之一, 它有 217
页). 正如 Abhyankar 指出的, 广中平佑首先在 4 维情
形证明了这一结果. 在 Abhyankar 看来, 作正特征奇点
分解的人应该遵循这样的策略. 广中平佑因这项成就
获得了 Fields 奖. 我记得我曾和 Zariski 谈起过广中平
佑的成果. 到 1971 年, 我仍然对这个结果感到兴奋; 我
很确信 Zariski 对广中平佑的工作有很大帮助但没有
居功, 而这项辉煌的荣誉完全归于他的这个学生.

　　Zariski 不仅证明了关于分解的一般定理, 而且也
知道如何分解由具体方程给定的奇点. 他把这些教给
了他的学生和我. 他知道如何使用分解来研究簇的微
分和数值不变量. 因而他可以精确做出大量的"意大

──────────

　　① 　V. Cossart and O. Piltant, Resolution of singularities of threefolds in
positive characteristic Ⅱ. J. Algebra, 321(2009), 1836-1976.

　　② 　Heisuke Hironaka, Resolution of singularities of an algebraic variety
over a field of characteristic zero. Ann. of Math, 79(1964), 109-326.

利几何".事实上,能够分解奇点是 Zariski 学派的一个标志. Abhyankar 曾这么评价 Zariski:"没有他的指点,谁能分解奇点?"在不久的将来——我感到——奇点分解的知识及其计算机的实现应该对与代数方程组打交道的工程师和科学家有用.

介绍与奇点分解相关的问题时,我提到了几次印度数学家 Abhyankar. 他是普渡大学和印度浦那大学的教授,他有很多的学生都尊 Zariski 为师父的师父. 因此,日本(受广中平佑的影响)和印度(受 Abhyankar 的影响)的新一代几何学家也感受到了 Zariski 的影响. 在美国,Mumford,Artin(阿廷),Joseph Lipman 和 Steven Kleiman 给了代数几何学巨大的推动并且拥有众多的学生. Gorenstein(戈伦斯坦)也是 Zariski 早期的学生之一. 他的毕业论文是关于曲线——从而是 Gorenstein 环——的课题. 他的研究离开了代数几何领域,但我们理解他,因为他为分类有限单群做了巨大的努力.

6. 线性系、单点、Zariski 的主定理

在 1937～1945 年间,Zariski 除做了关于分解和局部单值化的工作,还用严格的方式处理了一些概念,诸如线性系、单点、Bertini(贝尔蒂尼)定理等. 1945 年至 1946 年前后,他开始发展抽象代数几何学中的全纯函数和连续性理论. 1945 年 1 月,他被邀请去圣保罗待了至少一年时间,那里的环境相对平和与安静,有益于他开展全纯函数理论的研究. 他有一个最高级的听众——Weil,他们经常在一起散步和讨论. 1946 年在巴西出现了一篇重要的论文并在 1951 年的《美国数学会会志》(*Memoirs of the American Mathematical Socie-*

ty）上发表. 有几个值得一提的结果都来源于 Zariski 的全纯函数理论：

（Ⅰ）Zariski 的主定理.

（Ⅱ）连通性原理.

（Ⅲ）它促使了 Grothendieck 的形式概形理论和一些概形上同调的深刻定理的诞生，从而它成为现代代数几何学的主流.

最容易解释的是连通性原理. Enriques 进行了如下陈述：

如果一个不可约簇 V 在一个连续的系统中变动并且退化到一个可约簇 V_0，那么 V_0 是连通的（图 11）. （在 $\mathbf{C}$ 上这是显然的，因为 V_0 是 V 的连续像，但在抽象域上这是很难的. ）

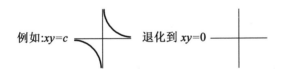

例如: $xy=c$　退化到 $xy=0$

图 11

至于（Ⅲ），Grothendieck 重新改写和推广了连通性定理如下：

如果 $f:V^1 \to V$ 是一个逆紧态射，且有 $f_* \mathcal{O}_{V^1} = \mathcal{O}_V$，那么 f 的几何纤维是连通的.

见《Zariski 文集》第Ⅱ卷，Artin 的序言.

7. 回到曲面（深层次）

在做了很多基础性工作后，Zariski 回归到了代数曲面的研究. 现在他有了强有力的代数工具：奇点分解、Bertini 定理，以及合适的光滑性概念. 他可以更自信地推进研究. 在许多情况下,他还能够处理任意维数的簇. Mumford 评论说:"这看起来必是奠基性工作后的'甜点'." Zariski 则好心地纠正他说:"这才是'主菜'."(Mumford 也许是 Zariski 最喜欢和最值得信赖的学生之一.)

1949 年 Zariski 搬到了哈佛大学,此时他的职业生涯已处于顶峰并且他已世界闻名.(值得注意的是,他在开始这项取得巨大成就的研究时,已经接近 40 岁,从而永远消除了数学是年轻人的游戏这个惯性思维. 我们都还是有希望的.)在 1946 ~ 1955 年间他在代数几何学领域中是最为杰出的,后来比较杰出的是 Searle 和 Grothendieck.

Zariski 在这期间发表了数篇关于线性系、代数曲面和高维代数簇的重要论文,研究了一些整体问题. 约在 1948 ~ 1962 年间,他处理了一些诸如双有理变换下算术亏格的不变性等问题,即所谓的 Enriques-Severi-Zariski 引理、曲面的 Riemann-Roch 定理,以及曲面的极小模型. 在 1958 年所写的一篇论文里,他推广了他的老师 Castelnuovo 的著名定理,并将其推广到特征 $p > 0$ 的曲面上.

让我们试着解释一下 Castelnuovo 的定理(和判别法):如果一个曲面 S 可以由两个独立的参数"几乎处处"地参数化,那么 S 称为有理的. 用纯代数语言来说

$$k(S) = S \text{ 的函数域} \cong k(T_1, T_2)$$

此处 T_1, T_2 在 k 上代数无关. 若存在一个扩张

$$k(S) \rightarrow k(T_1, T_2)$$

则称一个曲面 S 为单有理的.

当 $k = \mathbf{C}$ 时,Castelnuovo 证明了

$$S \text{ 单有理} \Rightarrow S \text{ 有理} \qquad (6)$$

（约 1895 年）. 这项证明过程是意大利几何学的一块瑰宝,Castelnuovo 的论证冗长又巧妙. Castelnuovo 使用了他的判别法

$$\left. \begin{array}{l} S \text{ 的算术亏格} = 0 \\ S \text{ 的二重亏格} = 0 \end{array} \right\} \Rightarrow S \text{ 是有理的} \qquad (7)$$

用现代术语(一个单连通,没有权 2 正则 2 – 形式的曲面是有理的)

$$\left. \begin{array}{l} h^2(S) - h^1(S) = 0 \\ h^0(2K) = 0 \end{array} \right\} \Rightarrow S \text{ 是有理的}$$

Zariski 推广式(7)到所有特征 $p > 0$ 的域上,用他的方法知 $p = 2$ 是最困难的情况. 而式(6)在特征 $p > 0$ 时是错的;存在单有理曲面不是有理的情况.(除非你假定 $k(S) \to k(T_1, T_2)$ 是个可分扩张,在这种情况下式(6)是对的,由 Zariski 在 1958 年证明.)

Zariski 写下了一个具体的例子

$$p \geqslant 3 \text{ 是素数}$$

$$F : z^p = x^{p+1} + y^{p+1} - \frac{x^2}{2} - \frac{y^2}{2}$$

$\tilde{F} := F$ 是射影空间中的闭包,$\pi : \tilde{F} \to \tilde{F}$ 是奇点分解,其非奇异化为图 12.

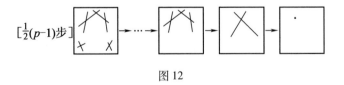

$[\frac{1}{2}(p-1) \text{步}]$

图 12

显然

$$k(\tilde{F}) = k(x,y,z) \subseteq (\text{不可分扩张}) k(x^{\frac{1}{p}}, y^{\frac{1}{p}})$$

因此, $\tilde{F}$ 是单有理的, 但 Zariski 发现, 例如, 虽然 $dxdz/(y^p - y)$ 定义了 $\tilde{F}$ 的一个正则微分 2 - 形式, 但 $\tilde{F}$ 不是有理的.

本例引出了由广中平佑 1970 年提交给我的我自己的论文题目. Zariski 的例子(半页)已经发展成为一个庞大的 Zariski 曲面理论. (一本 450 页的专著[①], 使用了所有的现代代数几何学工具, 并与计算机科学以及编码理论联系起来. Zariski 的这个想法已经演变成了一个大理论.)

8. Zariski 在哈佛大学(1949 ~ 1986)

1970 年前后, Zariski 从哈佛大学正式退休. 由于 Hassler Whitney 的建议(还有很多其他人的建议, 他们现在这么说), Zariski 大约在 1944 年被邀请至哈佛大学. 在最近一个代数几何学的会议上, 有人(也许是 Abhyankar)提议请 Zariski 的学生以及学生的学生举起他们的手, 房间里几乎每个人都举了手.

Zariski 可被认为是美国代数几何学派之父. 他没有阻挡代数几何学前进的脚步, 相反地, 他欢迎它的发展. 在哈佛大学, Zariski 从 1949 年开始迅速确立了自己作为代数学和代数几何学无可争议的领袖地位. 事实上, 几年后 Birkhoff(伯克霍夫)不再教授代数而转向了计算机科学. 哈佛大学有相当好的研究生, 他们是 Zariski 的学生, 包括 Abhyankar, Gorenstein, Mike Artin

---

① P. Blass and J. Lang, Zariski surfaces and differential equations in characteristic $p > 0$. Monogr. Textbooks Pure Appl. Math. 106, Marcel Dekker, New York, 1987.

（Emil Artin 的儿子），Mumford，Steven Kleiman，Joseph Lipman，Heisuke Hironaka 和 Alberto Azevedo（来自巴西）．Mumford 和 Hironaka 陆续获得了 Fields 奖．

在 1955 年 Searle 和 1958 年 Grothendieck 通过引入层、概形和上同调的概念革新了代数几何学．他们受到了 Zariski 的启发，但在某些方面他们的理论还可以走得更远．

Zariski 组织了一个代数层理论的暑期学校，那时候他已经接近 60 岁了．他写了篇文章解释 Searle 的工作．

Grothendieck 受到哈佛大学学生的欢迎，并且教出了一批卓越的学生：Mumford，Artin，Hironaka，Tate（他是教师），Shatz 以及其他听众．Zariski 的学生成为 Grothendieck 的追随者，但他们永远不会忘记他们从 Zariski 那里学到的东西．因此 Zariski 学派采用了 Grothendieck 的概形理论与上同调技术．Grothendieck 把他的专著 Élements de Geométrize Algébrique ［EGA（此处简称）］：《代数几何原理》献给了 Zariski 和 Weil．

Zariski 把生命中最后 15 年左右的时间花在了等奇异性问题上．他又一次创造了一个重要和令人印象深刻的理论，大致说来，它试图比较不同点的奇异性并决定它们什么时候在某种意义下相同（或相似）．看到他 80 岁左右还在工作是令人感动和受鼓舞的．有一次我无意间听到他对 Mumford 谈到，他对自己的数学能力可能会消失感到极度痛苦．

"也许我该退出了．"85 岁的 Zariski 说．"那你就休假吧．"Mumford 说．然后他就这么做了．

一如既往地,他的妻子 Yole 在这段时间里对他非常重要.他的听力不断受到耳鸣的困扰,人们不得不通过书写来跟他交流.他很沮丧,因为研究成果出来得很慢.

9. 结论——个人回忆

Zariski 对待数学既严肃又专业,这点被他所有的学生都学会了.他称自己"慢",但这能迫使人们真正地静下心慢慢细致地思考事情.他的方法是每天都做一点,一天一个引理……(他经常这么说).

让我补充一点个人注记:我大约在 21 岁的时候在哈佛大学见到了 Zariski.虽然他退休了,但我尽量跟他一起工作.他对我的论文有很多帮助,我每周与他见一次面讨论几何以及我的进展,尽管广中平佑才是我的正式导师.有时候我们还会去哈佛大学教师俱乐部一起吃午餐.

Zariski 告诉了我很多他年轻时的事情.1937 年他还重游了他的出生国白俄罗斯.我曾去普渡大学拜访过他,他会在那里度夏.

我想我们爱他,就像爱自己的父亲.

1986 年 9 月,很多人来参加他的追悼会.他的一生是精彩的.他永远离开了他的妻子、孩子、孙子,他也离开了许许多多来自世界各地的几何学家.作为一名教师,他是非常严格的,他会让你尽全力地学习以跟上他,他的一句赞美词会让你十分珍惜,他总能以某种方式使你觉得亲切,感觉像家人一样.

对 Zariski 来说研究和教学之间是没有冲突的.教学扩展他的研究并且百倍地提高它的影响.他是一个真正有智慧且乐观的人,很少有人像他这样.Zariski 在

1986 年去世,所以 2011 年我们举行了纪念他逝世 25 周年的活动.

10. 总结

Zariski 把代数几何学从半艺术、半科学的状态转化为既是艺术也是科学. 他把它在数学上进行了严密化处理而不牺牲其任何优美性. 一个代数簇或概形最基本的拓扑被称为 Zariski 拓扑. 因此,每当谈起现代代数几何学就会想到他. 还有"Zariski 切空间",曲面的"Zariski 分解",在代数几何学中也很常见.

他相当开明,只要是有助于解决困难的方法,他都是欢迎并且鼓励的. Zariski 学派的总体影响在历史上也许可堪比 Riemann 或 Hilbert,特别是结合其思想的盟友和继承者,包括 Grothendieck 学派和俄罗斯的 Shafalevich 学派.

Faltings 解决的 L. J. Mordell 猜想与由 Wiles 证明的 Fermat 大定理是数学中的巨大成功,这些是建立在 Grothendieck 的工具上的. Zariski 为现代数学的发展提供了横跨在 19 世纪和 20 世纪早期数学的一座强大桥梁.

11. 引自 Zariski

意大利几何学家已经在有些摇摇欲坠的基础上,建立了一个惊人的华厦:代数曲面理论.巩固、保持和进一步美化这座大厦是现代代数几何学家的主要工作. Poincaré 在他的时代对现代实变量函数理论的痛苦抱怨不能想当然地针对现代代数几何学.我们不打算证明我们的前辈是错误的.相

反,我们所做的一切正是为了证明我们的
前辈是正确的.

　　代数几何学向算术发展的趋势彻底背离了之前的
发展.这可以追溯到 Dedekind 和 Weber 时期,他们在
其经典的论文中集中发展了单变量函数域的算术理
论.抽象代数几何学是 Dedekind 和 Weber 工作的直接
延续,只是我们的主要研究对象是多个变量代数函数
域.Dedekind 和 Weber 的工作已经被以前发展的古典
理想理论极大地推进了.类似地,现代代数几何学能够
实现的部分原因是以前发展的伟大的理想理论.古典
理想理论核心处理单变量函数理论,事实上,这一理论
和代数理论之间有着惊人的相似.另外,理想的一般理
论几乎都在处理代数几何学的基础,并且在我们进入
基础阶段之后缺乏可研究的更深刻的问题.此外,现代
交换代数里面没有什么东西可以视为同多变量代数函
数域理论的发展平行的.这一理论毕竟只是代数学的
一章,但它却是现代代数学家知之甚少的一章.这里我
们用到的所有知识都来自几何学.出于所有这些原因,
不可否认的是代数几何学的算术化代表了代数学本身
的一项重大进展.在帮助几何学的同时,现代代数学也
在帮助自己.我们坚持认为,在很长一段时间内抽象代
数几何学的出现是发生在交换代数上最好的一件事.
　　备注:关于 Zariski 的生活和工作更加详尽的描
述,见 Carol Parikh 的书,*The Unreal Life of Oscar Zaris-ki*,Academic Press(1991).

146

第三编

什么是代数几何

简　介

第 1 章

　　我们已经接触到一些代数簇,并且介绍了关于它们的某些主要概念,那么现在是问下列问题的时候了:什么是代数几何? 什么是这个领域的重要问题? 它的发展方向是什么?

　　为了定义代数几何,我们可以说,它是研究 n 维仿射空间或 n 维射影空间中多项式方程组解的一门学问. 换句话说,它是研究代数簇的一门学问.

　　在数学的每个分支中通常都有一些指导性的问题. 这些问题是那样的困难,以至于人们不能期望彻底地解决它们. 这些问题是大量研究工作的推动力,也是衡量这一领域进步的尺度. 在代数几何中,分类问题便是这样一个问题. 它的最强形式是:将所有代数簇作同构分类. 我们可把这个问题分成一些小问题. 第一个小问题是将代数簇作双有理等价分类. 我们已经知道,这相当于 k 上函数域(即有限生成扩域)的同构分类问题.

149

第二个小问题是从一个双有理等价类中选出一个好的子集(如非异射影簇全体),并且将这个子集作同构分类.第三个小问题是研究任意代数簇与如上选取出来的好的代数簇相距多远.特别地,我们想知道:(1)一个非射影簇加进多少东西能得到一个射影簇;(2)奇点具有什么样的结构,如何分解奇点从而得到一个非异簇.

代数几何中每个分类问题的答案一般都分成离散部分和连续部分,从而我们可把问题重新叙述成如下形式:定义代数簇的数值不变量和连续不变量,使我们利用它们可将不同构的代数簇区别开来.分类问题的另一个显著特点是:当存在着不同构对象的一个连续族的时候,参量空间自己往往也可赋以代数簇结构.这是一个很有威力的办法,因为这时,代数几何的全部技巧不但可以用来研究那些原来的代数簇,而且也可用来研究参量空间.

让我们通过描述已经学过的(在一固定代数闭域 k 上的)代数曲线分类知识来说明这些思想.有一个不变量叫作曲线的亏格,这是双有理不变量,并且它的值 g 均是非负整数.对于 $g=0$,恰有一个双有理等价类,即有理曲线类(双有理等价于 P^1 的那些曲线).对每个 $g\geqslant1$,均存在双有理等价类的一个连续族,它们可以参量化为一个不可约代数簇 $\mathfrak{M}\,g$,称作是亏格 g 的曲线的模簇.当 $g=1$ 时,$\dim(\mathfrak{M}\,g)=1$,而 $g\geqslant2$ 时,$\dim(\mathfrak{M}\,g)=3g-3$.$g=1$ 的曲线叫作椭圆曲线.于是,曲线的双有理分类问题由亏数(这是离散不变量)和模簇(这是连续不变量)中的一点给出解答.

关于曲线的第二个问题,即描述一给定双有理等价类中的所有非异射影曲线,这个问题有简单的答案,

150

因为我们已经看到每个双有理等价类中恰好有一条非异射影曲线.

至于第三个问题,我们知道,每个曲线加进有限个点便可作成射影曲线,从而这方面没有太多事情可说.

对于分类问题,下面介绍另一个特殊情形,这就是在一给定双有理等价类中非异射影曲面的分类问题.这个问题已有满意的答案,即我们已经知道:(1)曲面的每个双有理等价类中均有一个非异射影曲面.(2)具有给定函数域 K/k 的全部非异射影曲面构成的集合是一个偏序集合,其偏序由双有理态射的存在性给出.(3)每个双有理态射 $f: X \to Y$ 均是有限个"在一点胀开"的复合.(4)如果 K 不是有理的(即 $K \neq K(P^2)$),也不是直纹的(即 $K \neq K(P^1 \times C)$,其中 C 为曲线),则上述偏序集有唯一的极小元,这个极小元称作是函数域 K 的极小模型.(对于有理的和直纹的情形,存在无限多个极小元素,这些极小元素的结构也已知道.)极小模型理论是曲面论的一个十分美丽的分支.意大利学派早就已经知道这些结果,但是对于任意特征的域 k,Zariski 第一个证明了这些结果.

由以上所述不难看出,分类问题是一个非常富有成果的问题,在研究代数几何的时候应当记住这件事.这使得我们将提出下一个问题:怎样定义一个代数簇的不变量? 至今我们已经定义了维数、射影簇的 Hilbert 多项式以及由此得到的次数和算术亏格 p_a.维数当然是双有理不变量,但是由于次数和 Hilbert 多项式与在射影空间中的嵌入方式有关,从而它们甚至不是同构不变量.可是算术亏格却是同构不变量,并且在多数情形下(例如对于曲线、曲面、特征为 0 的非异簇等)它甚至是双有理不变量,虽然从我们的定义来看这件事并不显然.

再进一步,我们必须研究代数簇的内蕴几何,而在这方面我们至今还未做任何工作. 我们将要研究簇 X 上的除子,每个除子是由余维是 1 的子簇生成的自由 Abel 群中的一个元素. 我们还要定义除子的线性等价,然后形成除子群对线性等价的商群,叫作 X 的 Picard 群,这是 X 的固有不变量. 另一个重要概念是簇 X 上的微分形式. 利用微分形式我们可以给出代数簇上切丛和余切丛的内蕴定义,然后可以把微分几何中许多结构移置过来,由此定义一些数值不变量. 例如,我们可以将曲线的亏格定义为其非奇异射影模型上整体微分形式向量空间的维数. 从这个定义可以清楚地知道曲线亏格是双有理不变量.

定义数值不变量的最重要的现代技巧是采用上同调工具. 有许多上同调理论,但是在本章中我们主要谈由 Searle 引进的凝聚层的上同调. 上同调是极有威力的,有多种用途的一种工具. 它不仅可用来定义数值不变量(例如,曲线 X 的亏格可定义为 $\dim H^1(X, \mathcal{O}_X)$),而且还可用它证明许多重要结果,这些结果初看起来似乎与上同调没有任何联系,比如关于双有理变换结构的"Zariski 主定理"就是这样的例子. 为了建立上同调理论,需要做许多事情,但是这是值得的. 上同调也是理解和表达像 Riemann 级数定理这样重要结果的一种有益的手段. 很早就有人知道曲线和曲面的 Riemann 级数定理,但是在采用上同调之后,Hirzebruch(希策布鲁赫)和 Grothendieck 才有可能看清它的含义并将它推广到任意维代数簇上.

现在我们已经稍微知道一点什么是代数几何了,我们还应当讨论一下发展代数几何基础的广度问题.

在本章中我们在代数闭域上处理问题,这是最简单的情形. 有许多理由需要我们研究非代数闭域的情形. 其中一个理由是:一个代数簇的子簇的局部环,其剩余类域可以不是代数闭域,而这时我们希望对子簇和点所具有的性质做统一处理. 研究非代数闭域的另一个重要理由是:代数几何中一些重要问题是由数论推动的,而在数论中则主要是研究有限域或代数数域上方程组的解. 例如,Fermat 问题等价于:当 $n \geqslant 3$ 时,P^2 中曲线 $x^n + y^n = z^n$ 是否具有有理点 Q(即坐标属于 Q 的点),使得 $x, y, z \neq 0$.

　　需要在任意基域上研究代数几何,这一点是由 Zariski 和 Weil 认识到的. 事实上,Weil 所著的《代数几何基础》一书的一个主要贡献或许就是它为研究任意域上的代数簇以及基域改变时所产生的各种现象提供了系统的轮廓. 永田雅宜进而发展了 Dedekind 整环上的代数几何基础.

　　推广我们的基础理论时,所需要的另一个方面是要定义某种类型的抽象簇,它一开始就不涉及在仿射空间或射影空间中的嵌入. 这在研究像构造模簇这类问题时是特别必要的,因为它可以局部地构造,而不需要知道整体嵌入的任何知识. 我们曾经给出抽象曲线的定义,但是这种方法不能用于高维的情形,因为一个给定的函数域不具有唯一的非奇异模型. 但是每个簇均有仿射簇开覆盖,由此,我们可以定义抽象簇. 于是可以把抽象簇定义成一个拓扑空间 X 以及它的一个开覆盖 $\{U_i\}$,每个 U_i 具有仿射簇结构,并且在每个交 $U_i \cap U_j$ 上由 U_i 和 U_j 诱导的簇结构是同构的. 代数簇概念的这种推广并不是多余的,因为当维数不小于 2 时,存在抽象簇不同构于任何拟射影簇.

相交理论就建议要这样做,因为两个簇的交可能是可约的,而两个簇的理想之和可能不是这两个簇的交的理想. 于是我们可以试图把 P^n 中的"广义射影簇"定义成 $\langle V,I\rangle$,其中 V 为 P^n 中的代数集合,$I\subseteq S=k[x_0,\cdots,x_n]$ 是一个理想,使得 $V=Z(I)$. 虽然我们事实上要做的还不是这个样子,但是这给出了一般思路.

上面建议的代数簇概念的所有这三种推广均包含在 Grothendieck 的概形定义之中. 他的出发点是:他看到了每个仿射簇都对应一个域上有限生成的整环. 然而,为什么我们非要把注意力限制在这样一类特殊的环上呢? 于是,对于任一的交换环 A,他定义了一个拓扑空间 Spec A 和在 Spec A 上的一个环层,这是仿射簇上正则函数环的推广,他将这个环层叫作仿射概形. 然后将许多仿射概形结合在一起便定义出任意概形,这是我们上面所建议的抽象簇概念的推广.

对于在特别一般的情形下做这件事还有一点需要提醒,在尽可能广泛的范围内发展理论是有许多益处的. 对于代数几何来说,毋庸置疑,概形的引进是代数几何的一种革命,并且已经给代数几何带来了巨大的进步. 另外,跟概形打交道的人们必须背负相当沉重的技术上的包袱:例如,层、Abel 范畴、上同调、谱序列等. 另一个更为严峻的问题是:有些事情对于代数簇永远成立,但是对于概形可能不再正确. 例如,即使环为 Noether 环,仿射概形的维数也不一定有限. 因此必须要精通交换代数知识,使我们解决问题时的直觉更准确.

代数几何学是现代数学的一个分支. 其名称最早等同于解析几何和射影几何,指所有将代数方法用于几何研究的工作. 19 世纪后半叶把代数不变量和双有理变换的研究称为代数几何. 而现在的定义是:关于高

维空间中由若干个代数方程所确定的点集和从这些点集通过一定的构造方式导出的对象即代数簇的数学. 从观点上说,它是多变量代数函数域的几何理论,也与从一般复流形来刻画代数簇有关,进而它通过自守函数、不定方程等与数论深刻地结合起来. 从方法上说,则和变换环论及同调代数有密切的联系. 它起源于平面上代数曲线的研究,从 17 世纪 Newton 时代就对三次代数曲线进行分类,得出 72 类. 18 世纪代数几何学的基本问题是曲线和曲面的交截问题,即代数学上的消去法问题. 19 世纪上半叶关于三次或更高次的平面曲线的研究成为代数几何发展的主要动力. 挪威数学家 Abel 于 1827 ~ 1829 年发现椭圆函数的双周期性,从而奠定了椭圆曲线的理论基础. 德国数学家 Jacobi 于 1827 ~ 1835 年研究椭圆函数,发展了复变量椭圆函数论,将椭圆函数论应用于数论研究,得到同余式和型的理论中的一些结果,成为今天代数几何中许多重要概念的基础. 法国几何学家 Chasles 于 1837 年开始用低次曲线族来构造代数曲线. 英国数学家 Boole(布尔)于 1841 年开始代数不变量的研究. 其后 Cayley 改进了 n 次齐次函数不变量的计算方法,首创代数不变式符号,将代数形式给予几何解释,然后再用代数观点去研究几何. Sylvester 系统地把线性微分算子用于生成不变量和共变量,给出"不变式"术语和零化子名称及其相关理论. 此外,德国的 Aronhold(阿龙霍尔德)、Gordan(哥尔丹)、Mertens 和 Hilbert 等人对代数不变量理论都有创见. 这一切构成代数几何学的初期内容.

　　1857 年 Riemann 引入并发展了代数函数论,从而使代数曲线的研究获得一个关键性的突破. 他将能够互相双有理变换的曲线汇集为一个族,用双有理变换代替射影变换作为研究的基础,把函数定义在复数平面的某种多层复叠平面上,从而引入 Riemann 曲面概念. 他引入亏格概念,以此刻画代数曲线的数值不变量,成为代数几何历史上第一个绝对不变量,即不依赖于代数簇在空间中嵌入的不变量. 他还首次考虑了亏格相同的所有 Riemann 曲面的双有理等价类的参量簇问题,并运用解析方法证明了"Riemann 不等式". 另一位德国数学家 M. Noether 用几何方法获得了代数曲线的许多深刻性质,他研究了属于双有理变换的代数簇的不变性质,建立了关于二次变换的若干定理,证明了任意平面代数曲线都能双有理地变换为除了二次结点外没有其他奇点的曲线,从而巩固了 Riemann 代数函数论的基础. 另外,Clebsch(克莱布什)与 Gordan 合作于 1866 年出版的《Abel 函数论》,被认为是 Riemann 代数函数理论到纯粹代数几何理论之间的阶梯,也使他们成为现代代数(不变量理论)和现代几何(代数几何)的创始人. 19 世纪末,意大利数学家们继承了 M. Noether 的传统,在代数曲面论方面发展了代数几何的方法,如 Castelnuovo 建立了有关曲面和曲线交换的 Kronecker-Castelnuovo 定理(1937),Enriques(恩里奎斯)的代数曲面论研究(1949),Severi 完善了代数曲面上的双有理不变量理论,并推广到任意维的代数簇上去. 同时法国数学家亦有许多成果. Poincaré 于 1901 年开创有理数域上的代数几何学,Picard 于 1897 ~ 1906 年出版了二元代数函数论专著,开创两个变量的代数函数论. 此后,Lefschetz 于 1924 年出版了《位置几何与代数几何》,深入研究了复代数曲面理论. 这些工作有的不太严密,但非常富有启发性,特别是代数曲面的分类理论被认为是代数几何中最漂亮的理论之一.

　　非常严密且形式上一般化的代数曲线理论由德国数学家用纯代数方法或算术方法进行研究. 1882 年 Dedekind 和 Weber 在论文《单变量代数函数论》中把单变量代数函数和数论平行地进行研究. Hensel(亨泽尔)于 1902 年完善了这一方法. A. E. Noether(A. E. 诺特)将 Lasker(拉斯科)和 Macaulay 的形式多项式理想的研究抽象化,在她的影响下, F. K. Schmidt(F. K. 施密特)等人建立抽象域上的算术代数几何. van der Waerden 应用抽象理想论引进交换代数方法,奠定了代数几何学的新基础(1939). 在此基础上,法国数学家于 1946 年将几何思想引进抽象代数理论中,利用抽象代数方法建立了抽象域上的代数几何理论,把单变量代数函数理论的算术化推广到多变量情形,从而开辟一个新方向. 此外,数学家 Zariski 将广义赋值论应用于代数几何,特别是双有理变换上,阐明了双有理对应的性质,从这方面奠定了代数几何的基础.

　　借助分析方法研究代数几何也取得很大进展. 20 世纪 50 年代比利时数学家 de Rham(德拉姆)证明了用拓扑方式引进的同调和微分形式的上同调之间的对偶原理,建立解析上同调理论. 英国数学家 Hodge 发展了调和积分论. 日本数学家小平邦彦推广了 Riemann-Roch 定理,利用调和积分论将这一定理由曲线推广到曲面. 20 世纪 60 年代美国数学家 Mumford 创立几何不变式理论,由此掀起研究不变式的热潮. 他还证明了代数曲面与代数曲线和高维代数簇的不同之处,对代数曲面的分类和性质进行了详尽阐述. 代数几何与数论、解析几何、微分几何、交换代数、代数群、K – 理论、拓扑学等许多学科有着广泛的联系,它的发展对这些学科的发展起着相互促进的作用. 例如,1995 年发表的有关 Fermat 大定理的证明,用的就是代数几何方法,使这一提出 350 多年的"猜想"最终获得证明. 近年来,代数几何还应用于控制论和现代粒子物理学中的超弦理论等学科,对现代科学的发展起着重要作用.

再说一下 Bézout 定理. 在历史上有许多著名数学家都对两个高次曲线的交点个数有所涉及. 如 Halphen,法国人,1844 年 10 月 30 日出生于里昂,曾在巴黎的工业技术学校学习过. 他一生中的大部分时间是在军队里度过的,于 1889 年 5 月 23 日逝世. 他主要的研究成果在代数曲线理论方面. 1872 年他证明了 Schall 的关于满足给定条件的圆锥曲线的个数的一般规律,并同 Nigel(涅捷尔)一起创立了高次曲线的一般理论. 1873 年他在研究 m 次方程和 n 次方程交于 mn 个点的著名结论时,解决了计算无穷远点和多重点的重数的问题. 1882 年发表的论文中他证明了任一空间曲线 C 能经双有理射影变换为一个平面曲线 C_1. 由 C 所得的所有这种 C_1 都有相同的亏格,并且 C 的亏格在空间的双有理变换下是不变的. 在微分不变式理论方面他也取得了一些成果. 他写有大量的著作,最后一部是《椭圆函数论》.

按照专门数学史工作者的考证,代数几何中的 Bézout 定理最早可以追溯到 Newton 和 Leibniz(莱布尼兹)关于方程组的研究.

Newton 和 Leibniz 用"消去法"得到了确定两条代数曲线相交点的方程组(即高等代数课本中的"结式"方程组),在此基础上,Bézout 证明了 Bézout 定理:设 C 和 C' 是次数分别为 m 和 n 的平面射影曲线,则 C 和 C' 相交于 mn 个点(计入重数). 例如在图 1 中,一条 3 次代数曲线与一条 2 次抛物线相交于 $3 \times 2 = 6$ 个点.

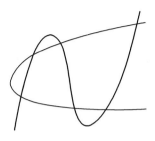

图1

这个著名的定理是代数几何中一个重要分支——相交理论的起点.

另一个可以和其相提并论的代数几何中的基本定理就应该是 Riemann-Roch 定理了.

Riemann 和他的学生 Roch 一起发现了著名的(代数曲线上的) Riemann-Roch 定理

$$l(D) - l(K - D) = d - g + 1$$

其中 $D = \sum a_i P_i$ 是代数曲线上的任意除子(a_i 是整数,P_i 是代数曲线上的点),$d = \sum a_i$ 是 D 的次数,$l(D)$ 是由代数曲线上全体有理函数组成的线性空间 $L(D) = \{f \mid (f) + D \geqslant 0\} \cup \{0\}$ 的维数,K 是由代数曲线上的微分形式所确定的典则除子,上述等式右边的 g 就是代数曲线的亏格. 这个定理反映了等式左边的函数空间的性质是如何受到几何不变量 g 控制的. 这个定理后来在 20 世纪被推广到了高维代数簇情形.

如果我们想用专业一点的方式来叙述,那么可以写成:

Bézout 定理　对于无公共分支的代数曲线 C_1,$C_2 \subset P_2(\mathbf{C})$ 有

$$\sum_{p \in C_1 \cap C_2} \mathrm{mult}_p(C_1 \cap C_2) = \deg C_1 \cdot \deg C_2$$

这个 Bézout 定理对于有效除子也成立, 也就是说完全没有必要要求多项式 F_i 是 C_i 的极小多项式. 如果存在重分支, 则相交重数便增加了一个相应的因子.

首先是一个十分简单的例子:

如果 $C_1 = V(X_2^3 - X_0 X_1^2)$ 以及 $C_2 = V(X_2^3 + X_0 X_1^2)$, 则

$$G(X_0, X_1) = 8X_0^3 X_1^6$$

这两条曲线以重数 3 交于 $q = (0{:}1{:}0)$, 并以重数 6 交于 $p = (1{:}0{:}0)$. 点 q 是个通常的拐点, $X_0 = 0$ 是它的拐点切线 (图 2).

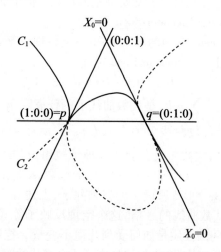

图 2 曲线 $C_1 = V(x_2^3 - X_0 X_1^2)$ 和 $C_2 = V(X_2^3 + X_0 X_1^2)$ 的相交

借助于结式定义相交重数的优点是使得 Bézout 定理变得如此显然, 并可以可靠地以此来进行计算. 但是相反地, 对于许多理论式的思考它则显得不那么简洁漂亮, 而且也不能容易了解到几何背景.

练习 确定下列曲线 (带重数) 的交点 (图 3):

(1)Neil(尼尔)抛物线 $V(X_0X_2^2 - X_1^3)$ 和 Newton 结点曲线 $V(X_0X_2^2 - X_1^2(X_1 + X_0))$ 的交点.

(2)如(1)中的 Newton 结点曲线分别与曲率圆 $V(X_1^2 + X_2^2 + X_0X_1)$ 和椭圆 $V(X_0^2 + 2X_1^2 + X_2^2 + 3X_0X_1)$ 的交点.

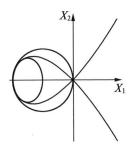

图 3　Newton 结点曲线分别与曲率圆和椭圆的交点

Bézout 定理简史

第 2 章

2012 年西北大学的周畅博士在其博士论文中指出:

18 世纪代数方程发展的方向之一就是方程组理论,求解方程组的消元法也在此期间发展壮大,关于消元法的历史考察对了解整个代数学史的发展有重要意义. Bézout 是方程组消元理论的先驱之一,本章分析了 Bézout 在解方程组理论中使用的多项式乘数法的数学思想;系统梳理了 18 世纪西方消元理论的发展脉络,并对这些消元方法进行比较研究;给出了 Bézout 定理的数学陈述及其证明;总结了 Bézout 关于结式次数的工作并探讨了其方法比之前人的优越性所在;回顾了 Bézout 的结式理论在几何学中两个多世纪的发展历程及其深远影响,以及 Bézout 定理在代数几何中的具体应用以及范例.

一、Bézout 的消元方法,其主要思想就是多项式乘数法.

162

下面探讨 Bézout 给出的两种多项式乘数法的数学思想成因及其特点. 第一种乘数法就是方程组中的任一个方程乘以一个未定次数的完全多项式,然后使用所有其余方程来消掉多项式乘数中的一些项,也就可以消掉乘积方程中的一些项. 通过进行这样的运算,可以在最后的方程里表示所有其余方程的内容. 如果只关注最终方程的次数,则仅需要一个多项式乘数就已足够. 但是,当考虑计算的要素时,或者是为了得到最终方程,或者为了得到基于由初始方程给出的条件的任意函数,就必须使用第二种多项式乘数法,即把每一个给定方程乘以一个多项式,然后把乘积相加得到和方程. 如果要求最终方程,首先令多项式乘数的所有无用系数等于零,然后把含有一个或多个要被消元的未知数的和方程的每一项的总系数化成零,这样就得到了一个关于多项式乘数的未定系数的一次方程的方程组,把这些系数的值代入到最终方程的剩余项中就得到了所求的最简最终方程.

现代经由平方和参数的约束多项式最优化算法就依赖于:(1)使用多项式乘数;(2)将多项式中各种单项式看作是独立变量来考量,这样可以导致极大的算法化简. 而早在二百多年前,当处理多项式方程组时,Bézout 用的也是这样的方法,所以研究 Bézout 的多项式方程组理论有着重要的现实意义.

二、对 18 世纪西方的方程组理论即消元理论进行系统梳理. 求由两个方程得到的消去式或者结式的问题是 Newton 第一个进行研究的. 他在《普遍算术》中给出了从两个方程(次数可以是二次到四次)中消去 x 的法则. Euler 在自己的《引论》第二卷第 19 章中给出了两个消元的方法,其中第二个方法是 Bézout 乘数法的前身,Euler 在 1764 年的论文中对这个方法做了更好的描述,而 Bézout 的方法证明是得到最广泛认可的一种方法. 当两个方程的次数不同时,Bézout 也给出了一个求结式的方法. 从两个方程中消去一个未知量的卓越方法,也是由 Bézout 第一个在 1764 年的文章中勾勒出大致轮廓,而在他的《代数方程的一般理论》中公布于众的,这对于当时为数不多但也在逐渐增长的研究消元理论的文献而言意义重大,并且有助于将其建立为一门值得研究的学科. Bézout 在 1764 年的文章末尾处指出,希望他人能根据他所给出的一些提示继续发展这方面的理论. 实际上,他本人在后来的时间里对这个课题倾注了大量的精力,最后在 1779 年出版了那本广为人知的著作《代数方程的一般理论》. Bézout 关于结式的工作开启了现代消元理论研究的大门,在其影响和推动下,Lagrange(拉格朗日)和 Cauchy(柯西)精炼了消元过程,而 Sylvester 则完成了关于结式和惯性形式的工作.

　　三、研究了 Bézout 关于结式次数的工作,探讨了他和 Euler 对于结式次数得出不同结论的原因. Bézout 首先发现解方程组得到一个更高次数的方程即结式并不是如前人所言是所使用方法不当所致,而是解方程组的一个必然结果,即结式次数要高于原方程次数. Euler 给出的方法中得到的最终方程没有多余的因式,并且同时可以确定最终方程的真正次数,但只适用于方程都是完全方程或是所缺项是某一未知数最高次项的情况. Cramer 在他的曲线分析中用一种非常优美而简单的方法来讨论相同的问题. 自此,很多非常杰出的

164

分析学家们开始探讨这类问题,但是他们把注意力全部放在了简化计算上.尽管这些方法对于两个未知数的两个方程非常有用,但是它们不适用于大量的方程和未知数的情况.

将这种方法应用于大量的方程和未知数的情况时,需要两两联立这些方程.然而,尽管这些联立的结果没有多余因式,但仍然不必要地提高了问题的复杂度.后面的消元法不仅需要更高的不必要的要求,还导致了更为复杂的表达式,且复杂程度随着消元数量的增加而快速增长.除此以外,还不能辨别只出现在最终方程中的多余因式.Bézout 认为这种复杂性的主要原因之一来自 Euler 和 Cramer 的方法中两两联立方程的需要.在他看来,使用成对的方程进行消元就是在消元过程中引入不相关的信息.他由此推断,也许可以通过一次联立多一些的方程来得到更为简单的结果,并且当时所有已知方法并不能带来任何突破,因此他创立了多项式乘数法进行消元,巧妙地规避了上述困难,以此求得次数最低、形式最简的最终方程.

四、探讨了 Bézout 定理在代数几何中的具体应用以及范例,讨论了 Bézout 定理的弱形式和强形式,并且对代数闭域上的 Bézout 定理的一些经典案例与非经典案例进行了分析,其中穿插讨论了这些案例的历史背景.

两个次数分别为 m 和 n 的曲线交点的横坐标可以由一个次数不大于 m,n 的方程得到,这个结果在 18 世纪时被逐渐改进,直到 Bézout 利用一种改良的消元法证明:给出交点的方程的次数恰好就是 $m \cdot n$.然而,当时并没有将衡量交重数的一个整数从属于每一交点上的一般考量,这样的话,重数的和总量为 $m \cdot n$. 因此 Bézout 的古典定理认为,次数为 m 和 n 的两平面曲线至多交于 $m \cdot n$ 个不同的点,除非它们有无穷多个公共点. 其实,这个形式的这个定理也曾被 Maclaurin 在 1720 年出版的《构造几何》中提出过. 不过,第一个正确的证明是由 Bézout 给出的. 有一个有趣的事实几乎从没有在任何作品中被提到,即 1764 年,Bézout 不仅证明了上述定理,而且还证明了下列 n 维的情况:

"设 X 是一个 n 维射影空间的一个代数射影子簇. 如果 X 是一个零维的完全交叉,则 X 的次数等于定义 X 的多项式次数的乘积. "

如今,关于定义代数相交的著名定理是由 W. Fulton 和 R. Mac-Pherson 给出的. Poncelet 在 1822 年发现一个平面内的一条曲线 C 属于相同次数 m 的所有曲线的连续族,并且在这个族里存在退化成直线系的曲线,每一条这样的曲线都与关于 n 个不同点的次数为 n 的一条定曲线 Γ 相交,由此证明了 Bézout 定理. 19 世纪的许多数学家都广泛地应用这样的论证,在 1912 年,Severi 令人信服地证明了它们的正确性. 后来,Chevalley 在 1945 年得到了与参数系相关的一个局部环的相重性定义,并且给出了交重数的一般概念. 对这些观点最理想的概括就是 Bézout 定理. 而这个概括的最困难部分就是交重数的正确定义,很多人曾为此努力,直到 Weil 在 1946 年才给出令人满意的处理. 至此,Bézout 定理历经两个多世纪的时间和人们大量的工作,才真正使人了解了其内涵.

五、讨论了 Bézout 结式理论在几何学中的影响,阐述了产生于结式理论的一些几何问题,简短地回顾

了结式次数定理发展的可能性,对在几何学中可以体现 Bézout 定理价值的一些理论进行了探讨.

　　Brill 和 Nother 证明了 Newton 用于形成低阶方程组结式的等价过程,尽管没有明显地扩展到关于两个未知数的方程组上,但是其中有两个专利有助于一般化方法:第一,它对于联立两个方程消去任一未知数给出了直接方法;第二,求得的结式是两个原函数的一个线性组合,即乘数是变量和给定函数系数的有理函数.那么,如果涉及更多方程和更多变量时,这两个特征中的哪一个会更有用呢? 在 1765 年甚至还不知道消元式次数时,从一个方程组中消去两个或更多未知数的计划所追求的主要效用就是它应指明结果的次数.

　　逐步适用于某些系统化序列的直接方法的使用自然是更有魅力,并且这种模式近来被广泛应用——最大公因式方法——因为其可以在每一步中提供更有说服力的演绎论证. 但是,因为 Bézout 在找到更为可行的方法之前试验了很多年,因此他指出这种方法也有不足之处. 如果像 Kronecker 那样决定使用这种方法的话,必须仔细加以辨别每一结式中的必要因式和不定因式,并且学会预先计算每一结式的次数. Bézout 最终选择利用自己可以使用假设的权利,大胆假设从 $k+1$ 个方程中可以一举消去 k 个变量,并且所得结果将会是给定函数的一个线性组合,这后一个结论等价于著名的 Nother 基本定理.

　　Bézout 的著作被后来的学者们做了诸多改进,这其中最为成功的就是 Netto(内托)教授,他在自己的杰作《代数学》中做出了大量补充性引理. 首当其冲的就是被称之为 Cramer 悖论的内容. 接下来,按照历史发展的顺序就到了关于曲线的重点概念了,Bézout 对待它们的方式非常含蓄,将它们置于无穷远处,并说明大多数情况下它们是如何影响有限交点个数的. Plücker(普吕克)在五十年之后处理了这些问题,并得到了著名的 Plücker 关系,将一个平面曲线的二重点、拐点、二重切线以及会切线的个数联系了起来. 这些都为几何学提供了曲线的亏格的概念,后来 Riemann 和 Clebsch(克利布施)研究分析了这个概念的深度,并形成了代数曲线理论和一个复变量的多重周期函数理论的有机结合.

Cramer 悖论导致 Nother 基本定理产生了所有可出现的那些问题. 在 Nother 以前,关于将两条曲线的交点分成两个集合方面,有大量的定理及假设,这其中最为著名的莫过于由 Plücker,Jacobi,Kelly(凯利)做出的. 但是 Nother 是第一个准确地阐述并且证明:一条曲线含有另外两条曲线 $f_1 = 0$ 和 $f_2 = 0$ 的所有交点,也可以表示成形式 $F_1 f_1 + F_2 f_2 = 0$(其中 F_1 和 F_2 都是有理的). 其实这个形式是 Bézout 构造的,曾经出现在他假设为结式的公式中. Nother 的证明就是始于这个依据,并且还设定了很多对于结论显然必要而不充分的条件.

给定任意一般的或是特殊的方程组(或者模),对于所有简化形式的研究都是 Grothendieck 研究计划的一部分,Grothendieck 所制定的模系统所探寻的内容远远超出了曾经 Bézout 认知中的唯一消元式的问题.

对于几何学家而言必不可少的知识并非是 Bézout 著名计划中由计算而得的消元式,而是这样一个消元式存在的条件是什么以及什么样的条件会改变它. 因

此,关于 Kronecker 的更为深远的计划,最终的可能是,我们希望得到的结果不是对于特殊情况的详尽阐述,而是在有限时间内相关操作是如何执行的,以及会改变或是影响那些操作结果的条件是什么.哪一个更具价值?是逻辑还是其应用到的具体对象?这个问题也许永远没有答案,因为任何一套完整的理论系统都是极其复杂的,不是单纯靠逻辑而建立起来的.这些系统一般有两个维度:逻辑与历史.维理主义的反思和历史传统的渐进式演进共同形成了我们今天的各种理论体系.所以,这不是一蹴而就、非黑即白的问题,它只能在一个漫长的博弈和演化中得到答案.

代数几何中的 Bézout 定理的简单情形

Bézout 定理是说,如果 C 和 D 是两条平面曲线,其阶数分别为 $\deg C = m$, $\deg D = n$,则 C 与 D 的交点恰有 mn 个. 只要:(1)域是代数闭的;(2)以适当的重数计算交点个数;(3)在 P^2 中讨论以便考虑在"无穷远"处相交的情形. 在本章中我们讨论 C 和 D 中有一条是直线或二次曲线的简单情形.

下面用 $\#\{C \cap D\}$ 表示 C 与 D 的交点个数.

定理 1 令 $L \subset P^2(K)$ 为一条直线 $(C \subset P^2(K)$ 为非退化二次曲线$)$,$D \subset P^2(K)$ 是由 $D:(G_d(X, Y, Z) = 0)$ 给出的曲线,其中 G_d 为 X, Y, Z 的 d 次齐次多项式. 设 $L \not\subset D(C \not\subset D)$,则

$$\#\{L \cap D\} \leqslant d \quad (\#\{C \cap D\} \leqslant 2d)$$

事实上存在交点重数的自然定义使得当用重数来计点的个数时,上述不等式仍保持成立,而且当 K 为代数闭时,等式成立.

170

证明　直线 $L \subset P^2(K)$ 可由线性方程 $\lambda = 0$ 来确定,它可参数化为

$$X = a(U,V), Y = b(U,V), Z = c(U,V)$$

其中, a, b, c 都是 U, V 的线性型. 例如,若

$$\lambda = \alpha X + \beta Y + \gamma Z \text{ 且 } \gamma \neq 0$$

则 L 可表示为

$$X = U, Y = V, Z = -\left(\frac{\alpha}{\gamma}\right)U - \left(\frac{\beta}{\gamma}\right)V$$

类似地,非退化二次曲线 C 可参数化为

$$X = a(U,V), Y = b(U,V), Z = c(U,V)$$

其中, a, b, c 是 U, V 的二次齐次多项式. 这是由于 C 是 $XZ = Y^2$ 的射影变换,而 $XZ = Y^2$ 可参数化为

$$(X, Y, Z) = (U^2, UV, V^2)$$

所以 C 可表示为

$$\begin{pmatrix} X \\ Y \\ Z \end{pmatrix} = M \begin{pmatrix} U^2 \\ UV \\ V^2 \end{pmatrix}$$

其中 M 为 3×3 非奇异矩阵.

于是,求 $L(C)$ 与 D 的交点也就是要求出满足

$$F(U,V) = G_d(a(U,V), b(U,V), c(U,V)) = 0$$

的比 $(U:V)$. 因为 F 显然是 U, V 的 $d(2d)$ 次齐次多项式,所以定理得证.

推论 1　设 $P_1, \cdots, P_5 \in P^2(\mathbf{R})$ 是 5 个相异的点,且任何 4 点都不共线,则最多存在一条二次曲线使之通过 $P_1, \cdots, P_5$ 这 5 个点.

证明　用反证法,假设存在不同的二次曲线 C_1 和 C_2,使得

$$C_1 \cap C_2 \supset \{P_1, \cdots, P_5\}$$

C_1 是非空的, 故如果它还是非退化的话, 则它的射影等价于参数化的曲线

$$C = \{(U^2, UV, V^2) \mid (U, V) \in P^1\}$$

于是, 必有 $C_1 \subset C_2$ (图 1). 设 $Q_2(X, Y, Z)$ 是 C_2 的方程, 则对所有 $(U, V) \in P^1$ 都有 $Q_2(U^2, UV, V^2) = 0$, 因此 Q_2 与 $XZ - Y^2$ 只相差一个常数因子, 此时与 $C_1 \neq C_2$ 矛盾.

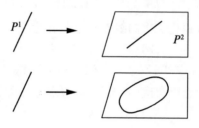

图 1

现在设 C_1 是退化的, 则 C_1 要么是一对直线, 要么是一条直线, 且不难看出

$$C_1 = L_0 \cup L_1, \quad C_2 = L_0 \cup L_2$$

其中, L_1, L_2 为不同的直线 (图 2). 但

$$C_1 \cap C_2 = L_0 \cup (L_1 \cap L_2)$$

于是 $P_1, \cdots, P_5$ 中至少有 4 个点落在 L_0 上, 矛盾.

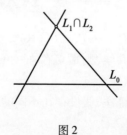

图 2

172

1. 二次曲线的空间

令

$$S_2 = \{\mathbf{R}^3 \text{ 上的二次型}\} = \{3 \times 3 \text{ 对称矩阵}\} \cong \mathbf{R}^6$$

如果 $Q \in S_2$，记

$$Q = aX^2 + 2bXY + \cdots + fZ^2$$

则对于

$$P_0 = (X_0, Y_0, Z_0) \in P^2(\mathbf{R})$$

可考虑关系 $P_0 \in C : (Q = 0)$. 这个关系可表示为

$$Q(X_0, Y_0, Z_0) = aY_0^2 + 2bX_0Y_0 + \cdots + fZ_0^2 = 0$$

而对于固定的 P_0，这是关于系数 $(a, b, \cdots, f)$ 的线性方程. 因此

$$S_2(P_0) = \{Q \in S_2 \mid Q(P_0) = 0\} \cong \mathbf{R}^5 \subset S_2 = \mathbf{R}^6$$

是一个 5 维的超平面. 对于 $P_1, \cdots, P_n \in P^2(\mathbf{R})$，类似地可定义

$$S_2(P_1, \cdots, P_n) = \{Q \in S_2 \mid Q(P_i) = 0, i = 1, \cdots, n\}$$

是有关 6 个系数 $(a, b, \cdots, f)$ 的 n 个线性方程. 由此可得下面结果：

命题 1　$\dim S_2(P_1, \cdots, P_n) \geqslant 6 - n$.

我们也可期望"当 $P_1, \cdots, P_n$ 足够一般时，等式成立"，更确切地说，有：

推论 1　如果 $n \leqslant 5$ 且 $P_1, \cdots, P_n$ 中任何 4 点都不共线，则

$$\dim S_2(P_1, \cdots, P_n) = 6 - n$$

证明　如果 $n = 5$，则由定理 1 的推论 1 知

$$\dim S_2(P_1, \cdots, P_5) \leqslant 1$$

故对于此情形本推论成立. 如果 $n \leqslant 4$，那么添加点 $P_{n+1}, \cdots, P_5$ 而保持没有 4 点共线的条件仍成立. 由于每个点最多影响一个线性条件，故不难推出

$$1 = \dim S_2(P_1, \cdots, P_5) \geqslant$$
$$\dim S_2(P_1, \cdots, P_n) + (n - 5)$$

证毕.

注 1 如果给定 6 个点 $P_1, \cdots, P_6 \in P^2(\mathbf{R})$，则它们可能落在也可能不落在同一条二次曲线上.

2. 两条二次曲线的交点

正如前面所见，两条二次曲线通常交于 4 点，见图 3.

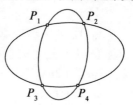

图 3

反之，给定 4 个点 $P_1, \cdots, P_4 \in P^2$，在适当条件下，$S_2(P_1, \cdots, P_4)$ 是 2 维向量空间，因此，选取 $S_2(P_1, \cdots, P_4)$ 的一组基 Q_1, Q_2，就得两条二次曲线 C_1, C_2 使得 $C_1 \cap C_2 = \{P_1, \cdots, P_4\}$. 退化的相交情形则有多种可能(图4).

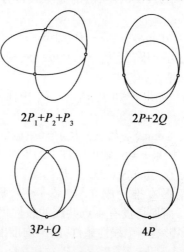

$2P_1+P_2+P_3$ $2P+2Q$

$3P+Q$ $4P$

图 4

174

3. 束中的退化二次曲线

定义1　一个二次曲线束是一族形如

$$C_{(\lambda,\mu)}:(\lambda Q_1 + \mu Q_2 = 0)$$

的二次曲线,它线性地依赖于参数 (λ,μ). 把比例 $(\lambda:\mu)$ 看作 P^1 中的点.

通过观测一些例子可以猜想对于某些特殊的 $(\lambda:\mu)$,二次曲线 $C_{(\lambda,\mu)}$ 是退化的. 事实上,记相应于二次型 Q 的 3×3 对称矩阵的行列式为 $\det(Q)$,显然

$$C_{(\lambda,\mu)} \text{退化} \Leftrightarrow \det(\lambda Q_1 + \mu Q_2) = 0$$

利用 Q_1,Q_2 的对称矩阵,这个条件可表述为

$$F(\lambda,\mu) = \det\left[\lambda\begin{pmatrix} a & b & d \\ b & c & e \\ d & e & f \end{pmatrix} + \mu\begin{pmatrix} a' & b' & d' \\ b' & c' & e' \\ d' & e' & f' \end{pmatrix}\right] = 0$$

注意到,$F(\lambda,\mu)$ 是 (λ,μ) 的三次齐次多项式,于是便得:

命题2　设 $C_{(\lambda,\mu)}$ 是 $P^2(K)$ 中的二次曲线束,且至少含1条非退化曲线(即 $F(\lambda,\mu)$ 不恒等于零),则此二次曲线束最多含有3条非退化曲线. 如果 $K = \mathbf{R}$,则此二次曲线束至少含有1条退化曲线.

证明　一个三次型最多有3个零点,而在 $\mathbf{R}$ 上,至少有一个零点.

例1　设 $P_1,\cdots,P_4$ 是 $P^2(\mathbf{R})$ 中不共线的4点,则通过 $P_1,\cdots,P_4$ 的二次曲线束 $C_{(\lambda,\mu)}$ 有3个退化元,即直线对 $L_{12} + L_{34}$,$L_{13} + L_{24}$,$L_{14} + L_{23}$. 其中 L_{ij} 是通过 P_i,P_j 的直线(图5).

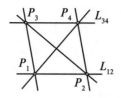

图 5

由 $Q_1 = Y^2 + rY + sX + t$ 和 $Q_2 = Y - X^2$ 生成的二次曲线束出发,可按下面步骤找出交点 $P_1, \cdots, P_4$:

(1)求出三个比例 $(\lambda : \mu)$,使 $C_{(\lambda, \mu)}$ 为退化二次曲线,这意味着需求出三次齐次型

$$F(\lambda, \mu) = \det \left[\lambda \begin{pmatrix} 0 & 0 & \frac{s}{2} \\ 0 & 1 & \frac{r}{s} \\ \frac{s}{2} & \frac{r}{2} & t \end{pmatrix} + \mu \begin{pmatrix} -1 & 0 & 0 \\ 0 & 0 & \frac{1}{2} \\ 0 & \frac{1}{2} & 0 \end{pmatrix} \right]$$

$$= -\frac{1}{4}(s^2\lambda^3 + (4t - r^2)\lambda^2\mu - 2r\lambda\mu^2 - \mu^3)$$

的三个零点.

(2)把这两条退化二次曲线分离为两对直线(此涉及解两个二次方程).

(3)欲求的 4 个点 $P_1, \cdots, P_4$ 就是这些直线的交点.

上述程序给出 Galois 理论中化简一般四次方程的一种几何方法(参见 van der Waerden, *Algebra*, Ch. 8, §64):设 K 为域,$f(X) = X^4 + rX^2 + sX + t \in K[X]$ 为四次多项式,$a_i, i = 1, \cdots, 4$ 是 f 的 4 个根,则有两条抛物线相交于 4 个点 $P_i = (a_i, a_i^2)$. 于是直线 $L_{ij} = P_iP_j$ 由

$$L_{ij} : (Y = (a_i + a_j)X - a_ia_j)$$

给出,而可约二次曲线 $L_{12} + L_{24}$ 由方程

$$Y^2 + (a_1 a_2 + a_3 a_4) Y + (a_1 + a_2) \cdot$$
$$(a_3 + a_4) X^2 + sX + t = 0$$

即

$$Q_1 - (a_1 + a_2)(a_3 + a_4) Q_2 = 0$$

给出. 因此使二次曲线 $\lambda Q_1 + \mu Q_2$ 分裂成直线对的 3

个 $\dfrac{\mu}{\lambda}$ 值为

$$-(a_1 + a_2)(a_3 + a_4), -(a_1 + a_3)(a_2 + a_4)$$
$$-(a_1 + a_4)(a_2 + a_3)$$

其根为此 3 个值的三次方程称为四次方程

$$X^4 + rX^2 + sX + t = 0$$

的辅助三次方程,它可利用初等对称函数的理论求出,
但是计算相当繁复. 而上面描述的几何方法仅涉及一
个 3×3 行列式的求值就导出了辅助三次方程.

Bézout 定理在代数几何中的应用

第 4 章

§1　Bézout 定理

西北大学的周畅博士在其博士论文中指出:

设 C 和 D 是两条平面曲线,方程为 $f(X,Y)=0$ 和 $g(X,Y)=0$,其中 f 和 g 分别是次数为 m 和 n 的非零多项式. Bézout 定理认为,如果在条件很好的情况下,C 和 D 恰可以交于 mn 个点.

如果 $C=D$,则两条曲线所有的点都是公共的,可能就是无限多的(取决于域). 如果方程可分解因式,则曲线就是一些分支的并集. 例如,如果 C 的方程是 $XY=0$,则它就是两条线 $X=0$ 和 $Y=0$ 的并集. 如果 D 的方程是 $Y^3-X^3Y=0$,则它是线 $Y=0$ 和三次曲线 $Y^2=X^3$ 的并集. 现在 C 和 D 有公共线 $Y=0$. 但是这

仅是有太多公共点的唯一方式. 因此, 如果 C 和 D 没有一个公共分支, 则它们至多有 mn 个公共点. 有一些方式会出现"缺失"的交点. "缺失"的交点在一个扩域上有坐标, 它们中的一个可以与其他公共点在无穷远处重合. 例如, 一条直线和一个圆可以交于两点, 或者交于零个点, 也就是求交点时要解的二次方程在域上有一个不是二次的判别式, 且两个交点在一个二次扩域上有坐标. 最后, 直线可以是圆的切线, 我们必须计算两次交点的个数. 例如, 两条平行线在无穷远处有一个公共点.

因此, Bézout 定理现在变为: 如果 C 和 D 没有一个公共部分, 则它们至多有 mn 个公共点. 如果域是代数闭域, 且也计算无穷远处的点, 以及重交点按重数计, 则恰有 mn 个公共点.

1. 不等式

令 $R = k[X,Y]$ 是域 k 上带有系数的关于两个变量 X, Y 的多项式环.

命题 1 令 $f, g \in R$ 是次数分别为 m, n 的非零多项式. 令 C 和 D 是两条平面曲线, 方程为 $f(X,Y) = 0$ 和 $g(X,Y) = 0$. 如果 f 和 g 没有公共因式, 则

$$|C \cap D| \leqslant \dim_k \frac{R}{(f,g)} \leqslant mn$$

证明 （1）存在不同点 $P_i (1 \leqslant i \leqslant t)$, 多项式 $h_i \in R(1 \leqslant i \leqslant t)$, 使得对于所有的 $i, j, i \neq j$, 有 $h_i(P_i) \neq 0$ 和 $h_j(P_j) \neq 0$. （其实, 如果 $P_i = (x_i, y_i)$, 则令 $h_i(X, Y) = \prod_{x_j \neq x_i}(X - x_j) \prod_{y_j \neq y_i}(Y - y_j)$. ）

（2）$|C \cap D| \leqslant \dim_k \dfrac{R}{(f,g)}$. （其实, 如果 C 和 D 有

公共点 P_i，则令多项式如（1）中所述. 如果 $\sum c_i h_i = uf + vg, u, v \in R$，则代入 P_i 求 $c_i = 0$. 这表示 $\dfrac{R}{(f,g)}$ 中的 h_i 的像 $h_i + \dfrac{R}{(f,g)}$ 是线性无关的.）

（3）令 R_d 是总次数至多为 d 的多项式 $p(X, Y)$ 的 k 维向量空间. 如果 $d \geq 0$，则

$$s(d) := \dim_k R_d = 1 + \cdots + (d+1) = \frac{1}{2}(d+1)(d+2)$$

（4）对于所有的 d，有 $\dim_k \dfrac{R_d}{(f,g)} \leq mn$，（其实，可考虑映射序列 $R_{d=m} \times R_{d-n} \xrightarrow{\alpha} R_d \xrightarrow{\pi} \dfrac{R_d}{(f,g)} \to 0$，其中 α 是映射 $\alpha(u, v) = uf + vg$，π 是商映射，因为 f 和 g 没有公因式.）α 的核由 $(wg, -wf)$ 构成 $(w \in R_{d-m-n})$，因此，对于 $d \geq m + n$ 有维数 $s(d-m-n)$. 也就是 α 的映射有维数

$$s(d-m) + s(d-n) - s(d-m-n)$$

由于 π 是满射，且 $\pi\alpha = 0$，求得

$$\dim_k \frac{R_d}{(f,g)} \leq s(d) - s(d-m) + s(d-n) - s(d-m-n)$$
$$= mn$$

（5）我们有 $\dim_k \dfrac{R_d}{(f,g)} \leq mn$.（其实，如果可以在 $\dfrac{R}{(f,g)}$ 中找到多于 mn 个线性无关的元素，则对于足够大的 d，它们会在 $\dfrac{R_d}{(f,g)}$ 中，与（4）矛盾.）

2. 仿射与射影空间

通过加上无穷远处的点，将仿射空间扩展到射影

空间. n 维仿射空间中的一个点在基础域上有 n 个坐标 $(x_1, \cdots, x_n)$. n 维射影空间中的一个点有 $n+1$ 个坐标 $(x_1, \cdots, x_{n+1})$, 不是所有的都为零, 如果 $a \neq 0$, 则

$$(x_1, \cdots, x_{n+1}) = (ax_1, \cdots, ax_{n+1})$$

诸如 $Y = X^2$ 的方程在一个仿射空间中是有意义的, 但是由于当一个点的所有坐标乘以相同的非零常数时, 等式不一定不变, 因此在一个射影空间中就没有意义. 于是, 对于一个射影空间, 需要一个齐次方程, 使得所有项有相同次数, 就像在 $YZ = X^2$ 中那样.

通过 $(x_1, \cdots, x_n) \rightarrow (x_1, \cdots, x_n, 1)$, 可以将 n 维仿射空间嵌入到 n 维射影空间. 相反地, 如果 $x_{n+1} \neq 0$, 则可以调整坐标使得 $x_{n+1} = 1$. 删去这个坐标并且找到仿射空间的一个复制品, 在这个复制品之外的射影点, 也就是无穷远处的点有 $x_{n+1} = 1$.

以上将 n 维射影空间描述成 n 维仿射空间以及无穷远处的点, 这可能会给人错误的印象, 即射影空间有两种类型的点. 同样将射影点 $(x_1, \cdots, x_{n+1})$ 描述成等同于经过原点和点 $(x_1, \cdots, x_{n+1})$ 的 $n+1$ 维仿射空间中的线.

通过插入因式 x_{n+1}, 使得所有方程的项的次数相等(等于最大次数), 可以由仿射方程得到射影(齐次)方程. 例如, 三次方程 $Y^2 = X^3 - 1$ 的齐次形式就是 $Y^2 Z = X^3 - Z^3$. 通过代换 $x_{n+1} = 1$, 可以还原到仿射方程.

例如, 基于仿射坐标 (X, Y), 考虑线 $X = 0$ 以及抛物线 $Y = X^2$. 在射影坐标 (X, Y, Z) 中, 这些方程变成 $X = 0$ 和 $YZ = X^2$. 两个公共点是 $(0, 1, 0)$ 和 $(0, 0, 1)$. 前一个点是 Y 轴上的无穷远点, 后一个点是原点.

命题 2　令 k 是一个域, $F, G \in k[X, Y, Z]$ 是次数

分别为 m, n 的齐次多项式. 令 $f = F[X, Y, 1]$ 以及 $f^* = F[X, Y, 0]$, 且相似地定义 g, g^*. 如果 f 和 g 没有公因式, 且 f^* 和 g^* 没有公因式, 则 $\dim_k \dfrac{R}{(f, g)} = mn$.

证明 对于一个多项式 p, 令 p^* 是其最高次数项的和. 继续使用命题 1 的证明. 我们想要证明对于很大的 d, 也有 $\dim_k \dfrac{R}{(f, g)} = mn$, 并且, 如果 π 的核就是 α 的像, 则 (4) 的论证就会得到这一点. 假定对于 $h \in R_d$, 有 $\pi(h) = 0$, 则对于某些 $u, v \in R$, 且取最小次数的 u, v, 有 $h = uf + vg$. 如果 u 的次数高于 $d - m$, 则消去最高次数项, 因此 $u^* f^* + v^* g^* = 0$. 由于 f^* 和 g^* 没有公因式, 所以存在一个 $w \in R$, 使得 $u^* = wg^*$ 和 $v^* = -wf^*$. 现在有

$$h = (u - wg)f + (v + wf)g$$

其中 $u - wg$ 和 $v + wf$ 的次数比 u 和 v 小, 矛盾. 因此, u 的次数至多是 $d - m$. 类似地, v 的次数至多是 $d - n$, 且 h 在 α 的像中.

注 1 f 和 g 没有公因式的条件等价于 F 和 G 没有公因式. 曲线 $f = 0$ 在无穷远处的点就是满足 $f^*(a, b) = 0$ 的点 $(a, b, 0)$, 也就是使得 f^* 有因式 $aY - bX$. f^* 和 g^* 没有公因式的条件等价于曲线 $f = 0$ 和 $g = 0$ 在无穷远处没有具 k 的代数闭包 $\bar{k}$ 中坐标的公共点.

3. 交重数

令 C 和 D 是由 $f(X, Y) = 0$ 和 $g(X, Y) = 0$ 定义的两条平面曲线, 且 P 是一点. 想要定义 C 和 D 在点 P 的交重数 $I_p(f, g)$, 它应该是一个非负整数, 或者, 当 C

和 D 过 P 有一个公共量时,它就是 ∞.

首先,一个运算性的定义以及一系列法则足以计算 $I_p(f,g)$. 我们有

$$I_p(f,g) = I_p(g,f)$$
$$I_p(f,g+fh) = I_p(f,g)$$

以及

$$I_p(f,gh) = I_p(f,g) + I_p(f,h)$$

如果 P 不是 C 和 D 的一个公共点,则有 $I_p(f,g) = 0$;且如果 C 和 D 在 P 非奇异具有不同的切线,则有 $I_p(f,g) = 1$;如果 f 和 g 有一个公因式,则 $I_p(f,g) = \infty$.

例如,考虑两个圆 $X^2 + Y^2 = 1$ 和 $X^2 + Y^2 = 2$. 显然,任意公共交点一定在无穷远处. 齐次方程是 $X^2 + Y^2 - Z^2 = 0$ 和 $X^2 + Y^2 - 2Z^2 = 0$,则公共点是两点($\pm i$, $1,0$). 现在令 $P = (i,1,0)$,并且考虑在 P 处的交重数,有

$$I_p(X^2 + Y^2 - Z^2, X^2 + Y^2 - 2z^2)$$
$$= I_p(X^2 + Y^2 - Z^2, Z^2)$$
$$= I_p(X^2 + Y^2, Z^2)$$
$$= 2I_p(X^2 + Y^2, Z)$$
$$= 2I_p(X + iY, Z) + 2I_p(X - iY, Z)$$
$$= 0 + 2 = 2$$

因此,四个公共点是两个点($\pm i,1,0$)每一个都计数两次.

例如,考虑两条曲线 $Y = X^3$ 和 $Y = X^5$. 齐次方程是 $YZ^2 = X^3$ 和 $YZ^4 = X^5$,公共点是 $(0,0,1)$,$(1,1,1)$,$(-1,-1,1)$,$(0,1,0)$. 由于 $(1,1,1)$ 和 $(-1,-1,1)$ 是曲线上的寻常点,并且曲线在这些点中的每一点上

都有不同的切线,所以在$(1,1,1)$和$(-1,-1,1)$的交重数是1. 令 $P=(0,0)$,则

$$I_p(Y-X^3,Y-X^5)$$
$$=I_p(Y-X^3,X^5-X^5)$$
$$=I_p(Y-X^3,X^3)+I_p(Y-X^3,1-X^2)$$
$$=3I_p(Y,X)+0=3$$

使得原点是一个交重数为3的点. 令 $Q=(0,1,0)$,通过选取仿射坐标$(X/Y,Z/Y)$,也就是令 $Y=1$,使之成为原点. 则

$$I_Q(X^3-Z^2,X^5-Z^4)$$
$$=I_Q(X^3-Z^2,X^5-X^3Z^2)$$
$$=I_Q(X^3-Z^2,X^3)+I_Q(X^3-Z^2,X^2-Z^2)$$
$$=I_Q(Z^2,X^3)+I_Q(X^3-X^2,X^2-Z^2)$$
$$=6I_Q(Z,X)+4I_Q(X,Z)+0=10$$

因此,十五个公共点是:两个点$(1,1)$和$(-1,-1)$每一个计数一次,点$(0,0)$计数三次,Y轴$(0,1,0)$上的无穷远点计数十次.

算法 运算性的定义总是能直接计算一些答案. 可以假设f和g没有公因式,且$f(P)=g(P)=0$. 如果$P=(x,y)$,则考虑多项式$f^*(X)=f(X,y)$和$g^*(X)=g(X,y)$. 可以假设f^*的次数不大于g^*.

如果f^*是零多项式,则f有一个因式$Y-y$,且

$$I_P(f,g)=I_P(Y-y,g^*)+I_P(f_0,g)$$

其中$f=(Y-y)\cdot f_0$. 由于f和g没有公因式,则g^*不是零多项式,以及

$$g^*(X)=(X-x)^i g_2(X) \quad (i\geqslant 1 \ 且 \ g_2(x)\neq 0)$$

由于$I_P(Y-y,g^*)=i$,因此,求 $I_P(f,g)$可简化为求 $I_P(f_0,g)$.

由于 $f \neq 0$，可以达到在 $f^* \neq 0$ 情形中的很多步之后的程度. 令 f^* 的首项为 ax^d，g^* 首项是 bX^e，则

$$g_0 = g - \frac{b}{a}(X - x)^{e-d}f$$

现在由归纳知，$I_P(f,g) = I_P(f,g_0)$ 和 g_0^* 比 g^* 的次数小.

这是根据什么归纳的呢？f^* 和 g^* 的次数下降直至其中一个为零，则将 f 或 g 除以 $Y - y$，之后，f^* 或 g^* 的次数也许会再次变得非常大. 但是可以保证 $I_P(f,g)$ 是有限的，并且每一次 $f^* = 0$ 或 $g^* = 0$ 时，至少会有一个好处，因此这可以发生有限多次，直至算法结束.

局部环就是具有一个唯一极大理想的环. 考虑一个域 k 以及一个点 $P \in k^2$，令 O_P 是有理函数 $\dfrac{u}{v}$ 的环，$u, v \in R$，$v(P) \neq 0$. 这个环有一个极大理想 $M_P = \left\{\dfrac{u}{v} \in O_P \mid u(P) = 0\right\}$，称之为 P 处的局部环.

4. 交重数的定义

令 C 和 D 是由方程 $f(X,Y) = 0$ 和 $g(X,Y) = 0$ 给出的平面曲线，P 是一个点. $(f,g)_P$ 是由 f 和 g 产生的 O_P 中的理想 $O_P f + O_P g$.

定义 1　$I_P(C,D) = I_P(f,g) = \dim_k \dfrac{O_P}{(f,g)_P}$.

命题 3　如果 f,g 没有公因式，则 $O_P = R + (f,g)_P$（也即，O_P 的元素有多项式表示），有

$$I_P(f,g) = \dim_k \frac{O_P}{(f,g)_P} \leqslant \dim_k \frac{R}{(f,g)}.$$

证明　给定 O_P 的有限多个元素，可以将它们记

作具有相同分母的形式. 如果 $\dfrac{u_1}{v},\cdots,\dfrac{u_l}{v}$ 的像在 $\dfrac{O_P}{(f,g)_P}$ 中是线性无关的, 由于 $\dfrac{1}{v}\in O_P$, 则 $u_1,\cdots,u_l$ 在 $\dfrac{R}{(f,g)}$ 中就是线性无关的. 这证明了关于位数的那个陈述.

由于 f,g 没有公因式, 有

$$\dim_k\frac{R}{(f,g)}\leqslant mn$$

因此 $\dim_k\dfrac{O_P}{(f,g)_P}$ 就是有限的. 如果 $\dfrac{u_1}{v},\cdots,\dfrac{u_l}{v}$ 是 $\dfrac{O_P}{(f,g)_P}$ 的一个基, 则 $u_1,\cdots,u_l$ 也是一个基. (因为 $v,\dfrac{1}{v}\in O_P$, 所以乘以 v 就是可逆的.)

例如, 令 $f(X,Y)=Y$ 和 $g(X,Y)=Y-x^3$. 三次曲线 $Y=X^3$ 和线 $Y=0$ 在 $P=(0,0)$ 处的交重数应该是 3. 商环 $\dfrac{R}{(f,g)}$ 是 k 上的一个向量空间, $1,X,X^2$ 的像构成一个基, 因此

$$\dim_k\frac{R}{(f,g)}=3,\dim_k\frac{O_P}{(f,g)_P}=3$$

例如, 令 $f(X,Y)=Y^2-X^3$ 和 $g(X,Y)=Y^3-X^4$. 则对于 $P=(0,0)$, $I_P(f,g)=8$, (f,g) 的格罗布纳基由 $\{X^3-Y^2,XY^2-Y^3,Y^5-Y^4\}$ 给出, 使得 $\dfrac{R}{(f,g)}$ 有以 X^2Y, $X^2,XY,X,Y^4,Y^3,Y^2,Y,1$ 为代表的基, 且 $\dim_k\dfrac{R}{(f,g)}=$ 9. 但是在 P 中, $Y-1$ 非零, 因此 $(f,g)_P$ 也包含

$$(Y^5-Y^4)/(Y-1)=Y^4$$

且 $\dim_k\dfrac{O_P}{(f,g)_P}=8$.

在这些例子中,显然的是,$\dim_k \dfrac{O_P}{(f,g)_P}$ 至多有给定的值. 如果表明以这种方式定义的 $I_P(f,g)$ 满足早些时候给出的法则的话,则这个给定的值恰可以求得所求的值.

命题4 如上述定义的那样,用先前给出的算法计算 $I_P(f,g)$,之前的法则是成立的.

证明 法则

$$I_P(f,g) = I_P(g,f)$$

和

$$I_P(f,g+fh) = I_P(f,g)$$

显然成立,因为 $(f,g)_P$ 的理想没有改变.

如果 f 和 g 有公因式 h,则

$$\dim_k \frac{O_P}{(f,g)_P} \geqslant \dim_k \frac{O_P}{(h)_P} = \infty$$

反之,如果 f 和 g 没有公因式,次数分别为 m,n,则

$$\dim_k \frac{O_P}{(f,g)_P} \leqslant \dim_k \frac{R}{(f,g)} \leqslant mn < 0$$

对于法则 $I_P(f,gh) = I_P(f,g) + I_P(f,h)$,考虑序列

$$0 \to \frac{O_P}{(f,h)_P} \xrightarrow{*g} \frac{O_P}{(f,gh)_P} \to \frac{O_P}{(f,g)_P} \to 0$$

其中第二个箭头是与 g 的乘法,第三个是商映射,如果说明这个序列是正合的,则取维数会遵循我们的法则. 为了正确性,仅有的非平凡部分说明 $*g$ 是单射. 如果对于某些 $z \in O_P$,有 $zg \in (f,gh)_P$,即

$$zg = uf + vgh \quad (u,v \in O_P)$$

则与分母的相乘得到关系

$$\bar{z}g = \bar{u}f + \bar{v}gh \quad (\bar{z}, \bar{u}, \bar{v} \in R)$$

可以假定 f 和 g 没有公因式,在消去分母之前,有 $g\,|\,\bar{u}$ 和 $\bar{z}=(\bar{u}/g)f+\bar{v}h\in(f,h)$,以及 $z\in(f,h)_P$.

如果 $f(P)\neq 0$,则 $\dfrac{1}{f}\in O_P$,所以 $1\in(f,g)_P$ 和

$$\frac{O_P}{(f,g)_P}=(0)\;\text{及}\;I_P(f,g)=\dim_k(0)=0$$ 即为所求.

算法所需的最后一条就是对于 $P=(X,Y)$,有 $I_P(X-x,Y-y)=1$. 现在有 $\dfrac{R}{(X,Y)}\cong k$ 以及 $\dfrac{O_P}{(X,Y)_P}\cong k$,所以 $\dim_k\dfrac{O_P}{(X,Y)_P}=1$ 即为所求.

这就证明了有关算法的声明. 剩下最后一个法则: 如果 C 和 D 在 P 处是非奇异的且具有不同切线,则 $I_P(f,g)=1$. 如果沿用已给的算法,且 f 和 g 有非比例线性部分,则这是成立的,因为在得到 $I_P(X,Y)=1$ 的有限多步骤以后,将 g 替换为 $g-cX^d f$ 便可知.

5. 重数不等式

与之前一样,令 f 和 g 是次数分别为 m 和 n 的多项式,假定 f 和 g 没有公因式. 这意味着分别由 $f=0$ 和 $g=0$ 定义的曲线 C 和 D 仅有有限多个公共点(即至多 mn 个).

命题 5 我们有

$$\sum_P I_P(f,g)=\sum_P \dim_k\frac{O_P}{(f,g)_P}\leqslant \dim_k\frac{R}{(f,g)}\leqslant mn$$

其中和取遍 $P\in C\cap D$.

证明 自然映射 $R\to\prod_P\dfrac{O_P}{(f,g)_P}$(从 $h\in R$ 到带有 P 坐标 $h+(f,g)_P$ 的元素)是满射,则通过取维数可以得到命题(因为 (f,g) 在这个映射的核里).

为了说明满射足以对于任意的 P 和任意的 $z \in O_P$ 找到一个元素 $h \in R$, 映射到具有所有坐标 0(除了 P 坐标 $z + (f,g)_P$)的元素 $(0, \cdots, 0, z + (f,g)_P, 0, \cdots, 0)$.

首先求当 P, Q 是 $C \cap D$ 中的不同点时, 使得 $h_P(P) = 1$ 和 $h_P(Q) = 0$ 的多项式 h_P 如命题 1 的证明中的(1)那样. 如果存在一个自然数 N 使得对于 $Q \neq P$, 有 $h_P^N \in (f,g)_Q$, 则选取 $zh_P^{-N} \in \dfrac{O_P}{(f,g)_Q}$ 的一个多项式代表 p, 并且令 $h = ph_P^N$. 这个 h 满足所需条件.

继续证明 N 的存在性. 足以证明: 令 p 是一个使得 $p(Q) = 0$ 的多项式. 令 $N \geqslant d := \dim_k \dfrac{O_Q Q}{(f,g)_Q}$, 则 $p^N \in (f,g)_Q$. 事实上, 令 $J_i := p^i O_Q + (f,g)_Q$. 理想的序列 $(J_i)_{i \geqslant 0}$ 是递减的, 但是至多有 $d+1$ 个不同元素, 因此存在一个 $i(0 \leqslant i \leqslant d)$, 使得 $J_i = j_{i+1}$. 这表示

$$p^i = p^{i+1}u + v \quad (u \in O_Q, v \in (f,g)_Q)$$

因为 $\dfrac{1}{1 - pu} \in O_q$, 所以

$$p^i = \frac{v}{1 - pu} \in (f,g)_Q$$

即为所求.

命题 6 假设域 k 是代数闭的, 则

$$\sum_P \dim_k \frac{O_P}{(f,g)_P} = \dim_k \frac{R}{(f,g)}$$

证明 必须证明 (f,g) 是映射 $\pi: R \to \prod_P \dfrac{O_P}{(f,g)_P}$ 的满核. 选取这个核中的 h, 考虑 $L := \{p \in R \mid ph \in (f,g)\}$, 这是 R 中的一个理想. 如果 $(x,y) \in V(L)$, 因为 $f, g \in L$, 则 $P := (x,y) \in C \cap D$. 由于 $\pi(h)_P = 0$,

189

所以对于 $u,v \in O_P$，有 $h = uf + vg$. 因此，$V(L) = \varnothing$. 由于 k 是代数闭的，所以可以应用 "Nullstellensatz"（零点定理），推导出 $1 \in L$，也就是 $h \in (f,g)$.

我们已做了所有要做的工作，假定 k 是代数闭的. 曲线 C 和 D 仅有有限多个公共点（仿射的或是在无穷远处），并且存在一条线缺失所有这些点（因为 k 是无限的）. 选取那样一条线作为在无穷远处的线来求得：C 和 D 恰好有 mn 个公共点，重点按重数计.（需要检验的细节，交重数的定义不随坐标的改变而改变吗？答案：是的）

§2　射影平面中的相交

假定给定两条曲线 C_F 和 C_G，其中 F 和 G 是 $K[X,Y,Z]$ 中次数分别为 m 和 n 的齐次多项式. 假定点 $[0{:}0{:}1]$ 不在这两条曲线上，则可以记作

$$F(X,Y,Z) = Z^m + a_1 Z^{m-1} + \cdots + a_{m-1} Z + a_m$$

$$G(X,Y,Z) = Z^n + b_1 Z^{n-1} + \cdots + b_{n-1} Z + b_n$$

其中 a_i 和 b_j 是 $K[X,Y]$ 中次数为 i 和 j 的齐次多项式. 假定点 $[x{:}y{:}z]$ 是一个交点，则 $F(x,y,Z)$ 和 $G(x,y,Z)$ 有公共根 $Z = z$，因此 F 和 G 关于 Z 的结式 $R_{F,G}$（关于两个变量 X,Y 的多项式）对于 $(X,Y) = (x,y)$ 一定等于零. 换言之，C_F 和 C_G 的交点来自于结式 $R(X, Y) = R_{F,G}$ 的零点.

为了得到交点个数的上界，必须计算 $R(X,Y)$ 的次数. 事实上，我们会证明命题 1 的多项式 $R(X,Y)$ 是

齐次的,并且它是零或者有次数 mn.

证明　必须证明 $R(tX,tY) = t^{mn}R(X,Y)$. 有

$$R(tX,tY) = \begin{vmatrix} 1 & ta_1 & t^2a_2 & \cdots & t^m a_m & & & & \\ & 1 & ta_1 & t^2a_2 & \cdots & t^m a_m & & & \\ & & 1 & ta_1 & t^2a_2 & \cdots & t^m a_m & & \\ & & & \vdots & & & & \ddots & \\ & & & & 1 & ta_1 & t^2a_2 & \cdots & t^m a_m \\ 1 & tb_1 & t^2b_2 & \cdots & t^n b_n & & & & \\ & 1 & tb_1 & t^2b_2 & \cdots & t^n b_n & & & \\ & & 1 & tb_1 & t^2b_2 & \cdots & t^n b_n & & \\ & & & \vdots & & & & \ddots & \\ & & & & 1 & tb_1 & t^2b_2 & \cdots & t^n b_n \end{vmatrix}$$

(空白处为零)

现在将第二行乘以 t,第三行乘以 t^2,关于 a 的第 i 行乘以 t^{i-1};类似地,关于 b 的第 i 行乘以 t^{i-1},则第 k 列有一个公因式 t^{k-1},提取出来,结果恰是 $R(X,Y)$. 现在将行列式乘以

$$t^{1+2+\cdots+n-1} \cdot t^{1+2+\cdots+m-1} = t^{\frac{m(m-1)+n(n-1)}{2}}$$

并提取因式

$$t^{1+2+\cdots+m+n-1} = t^{\frac{(m+n)(m+n-1)}{2}}$$

但是,由于

$$\frac{(m+n)(m+n-1)}{2} - \frac{m(m-1)+n(n-1)}{2} = mn$$

这就说明

$$R(tX,tY) = t^{mn}R(X,Y)$$

即为所求.

例如,考虑单位圆和三次曲线

$$X^3 - X^2Z - XZ^2 + Z^3 - Y^2Z = 0$$

由于 $[0:0:1]$ 不在这些曲线上,形成关于 Z 的结式,得到

$$R(X,Y) = \begin{vmatrix} X^2 + Y^2 & 0 & -1 & 0 & 0 \\ 0 & X^2 + Y^2 & 0 & -1 & 0 \\ 0 & 0 & X^2 + Y^2 & 0 & -1 \\ X^3 & -X^2 - Y^2 & -X & 1 & 0 \\ 0 & X^3 & -X^2 - Y^2 & -X & 1 \end{vmatrix} = -X^2Y^4$$

于是, $X = 0$ 或 $Y = 0$. 第一个可能性得到 $0 = Y^2 - Z^2$ 和 $0 = Z(Y^2 - Z^2)$,给出点 $[0:1:1]$ 和 $[0:-1:1]$. 类似地,也有 $Y = 0$,得到 $0 = X^2 - Z^2$ 和 $0 = X^3 - X^2Z - XZ^2 + Z^3 = (X - Z)(X^2 - Z^2)$,给出点 $[1:0:1]$ 和 $[-1:0:1]$. 因此在仿射平面中有四个交点: $(0,1)$, $(0,-1)$, $(1,0)$, $(-1,0)$(图 1).

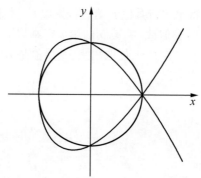

图 1　$x^2 + y^2 = 1$ 和 $y^2 = x^3 - x^2 - x + 1$ 的交

注 2　因式 $X^2 = 0$ 对应于两个单交点 $(0,1)$ 和 $(0,-1)$,而因式 $Y^4 = 0$ 对应于两点 $(-1,0)$ 和 $(1,0)$,这两者都会有重数 2. 使用上述坐标系,很难指定相重性,因为诸如 $X = 0$ 的因式对应于两个不同点,通过选

取一个恰当的坐标系可以避免这个问题,在这个坐标系中,$[0:0:1]$ 不在任何一条连接两个交点的线上.

1. 弱 Bézout 定理

显然地,如果两条直线有两个公共点,则它们相等. 类似地,已经看到,如果一条直线和一个二次曲线有三个公共点,则它们有一个公共部分. 这是 Bézout 定理(实际上是 Bézout 定理的弱形式)的简单情形.

定理 1　如果两条次数为 m 和 n 的曲线有多于 mn 个不同的公共点,则它们有一个公共部分.

证明　假设曲线有多于 mn 个公共点. 选取其中的 $mn+1$ 个点,并且选取坐标使得坐标为 $[0:0:1]$ 的点不与它们中的任意一对共线(由于是在代数闭域 K 上,因此恰好选取一个点不在通过 $mn+1$ 个点的有限集中成对的点的有限多线上),且不在任一条曲线上. 在这些坐标中,曲线有方程

$$F(X,Y,Z) = Z^m + a_1 Z^{m-1} + \cdots + a_{m-1} Z + a_m = 0$$

$$G(X,Y,Z) = Z^n + b_1 Z^{n-1} + \cdots + b_{n-1} Z + b_n = 0$$

其中 a_i 和 b_j 是 $K[X,Y]$ 中次数为 i 的齐次多项式.

现在,令 $[x:y:z]$ 是 $mn+1$ 个交点中某一个的坐标. 已看到这表示 $R(x,y) = 0$,其中 $R(X,Y) = R_{F,G}$ 是 F 和 G 关于 Z 的结式. 如果 $[x':y':z']$ 是另一交点,且有 $[x':y'] = [x:y]$,则三个点 $[x:y:z]$,$[x':y':z']$ 和 $[0:0:1]$ 共线(问题中的线是 $xX - yY = 0$),与坐标的选取矛盾.

因此,对于 $mn+1$ 个两两成双的不同比例,有 $R(X,Y) = 0$. 由于 R 次数 $\leqslant mn$,这表示 R 一定完全等于零且 F 和 G 有一个公因式.

即使是 Bézout 定理的弱形式,也有很多重要的结

果:

定理2 如果两条次数为 n 的曲线交于 n^2 个不同点,并且其中的 mn 个点位于一次数为 m 的不可约曲线上,则剩下的 $n^2 - mn$ 个点位于次数为 $n - m$ 的曲线上.

证明 令次数为 n 的曲线的方程为 $F = 0$ 和 $G = 0, H = 0$ 表示次数为 m 的不可约曲线.

首先讨论 C_H 是 C_F 一个分支的情形. 在这种情形中,对于多项式 L 有 $F = HL$,且曲线 C_L 的次数为 $n - m$,并且含有 $n^2 - mn$ 个交点,这些交点没有位于 C_H 上. 因此,可以假定 C_H 不是 C_F 的一个分支,则存在一点 P 在 C_H 上,而不是在 C_F 或 C_G 上. 现在,选取非零元素 $a, b \in K$,使得 P 位于 $aF + bG = 0$ 上. 考虑曲线 C: $aF + bG = 0$,则 C 和 C_H 至少有 $mn + 1$ 个交点,也就是 C_H 上的 mn 个点加上点 P. 由 Bézout 定理知,曲线一定有一个公共分支. 由于 C_H 是不可约的,发现这个公共分支是 C_H,因此 H 一定除尽 $aF + bG$,且对于某些次数为 $n - m$ 的多项式 L,有 $aF + bG = HL$. 由于 $C_F \cap C_G$ 的 n^2 个交点都位于 C 上,它们一定位于某一分支上,所以,可知其中的 mn 个位于 H 上,其余的一定位于 L 上.

推论1 (Pascal 定理)令 $ABCA'B'C'$ 是一个不可约的二次曲线上的六边形,则 $AB' \cap A'B, AC' \cap A'C$ 以及 $BC' \cap B'C$ 的交点共线.

证明 用线 AC', BA', CB' 和 AB', BC', CA' 的三次来定义两个三次曲线. 它们交于 9 个点,其中 6 个位于不可约二次曲线上. 因此剩下的 3 个位于次数为 $3 - 2 = 1$ 的曲线上.

2.强 Bézout 定理

现在简单地说明如何安排交点重数,使得如 Bézout 定理所言恰好有 mn 个那样的点.

在弱 Bézout 定理的证明中,假设 $[0:0:1]$ 是一个在 C_F 或 C_G,或者位于任意一条联结两交点的线上的点.则在交点 P 和 $R(X,Y)$ 的线性因式之间存在一个双射.重数 $I_P(F,G)$ 可定义为这个因式的重数.对于弱定理的证明则隐含着下面的定理:

定理3　令 $F=0$ 和 $G=0$ 是定义在一个代数闭域 K 上的次数为 m 和 n 的平面射影代数曲线,且没有公共分支,则它们交于 mn 个点,重点按重数计为

$$\sum_P I_P(F,G) = mn$$

关于这个定义的问题,必须证明它不依赖于坐标的选取.这也是最主要的问题.不去纠结于这些技术细节,而是重新考虑我们的根本目的,并且寻找与坐标系无关的重数的定义.另一个问题是:这个定义与之前给出的曲线和直线之间的交重数的定义一致吗? 为了证实这一点,我们会使用下面的引理:

引理1　$f(X)$ 和 $g(X)=X-a$ 的结式是 $R_{f,g}=f(a)$.

证明　这是一个简单的计算.这表示 $F(X,Y,Z)$ 和线 $Z-aX+bY=0$ 的结式等于

$$G(X,Y) = F(X,Y,aX+bY)$$

已使用 G 定义曲线和直线的交点重数,且新定义与之前的定义一致.

例如,看一下单位圆 $X^2+Y^2-Z^2=0$ 和椭圆曲线 $X^3-X^2Z-XZ^2+Z^3-Y^2Z=0$ 的相交情况.点 $[0:0:1]$ 不在这些曲线上,但是位于联结点 $[0:1:1]$ 和 $[0:-1:1]$

的直线上. 于是,为了计算重数,必须选取一个不同的坐标系. 将 X 替换为 $X-Z$, Y 替换为 $Y-Z$,得到方程

$$F(X,Y,Z) = X^2 + Y^2 - 2(X+Y)Z + Z^2$$

$$G(X,Y,Z) = X^3 - (4X^2 + Y^2)Z + 2(2X+Y)Z^2 - Z^3$$

以及

$$R(X,Y) = X^2 Y(Y-2X)(X-2Y)^2$$

现在,存在以下几种可能性:

(1) $Y=0$,则

$$X^2 - 2XZ + Z^2 = (X-Z)^2 = 0$$

和

$$X^3 - 4X^2 Z + 4XZ^2 - Z^3 = 0$$

因此,对应的交点是 $[1:0:1]$,重数为 1.

(2) $Y - 2X = 0$,则

$$0 = 5X^2 - 6XZ + Z^2 = (5X-Z)(X-Z)$$

和

$$X^3 - 8X^2 Z + 8XZ^2 - Z^3 = 0$$

因此,$X=Z$,对应的交点是 $[1:2:1]$.

(3) $X=0$,则

$$(Y-Z)^2 = 0$$

和

$$-Y^2 Z + 2YZ^2 - Z^3 = 0$$

因此,交点为 $[0:1:1]$,重数为 2.

(4) $X - 2Y = 0$,则

$$(5Y-Z)(Y-Z) = 0$$

和

$$8Y^3 - 17Y^2 Z + 10YZ^2 - Z^3 = 0$$

因此,交点为 $[2:1:1]$,重数为 2.

在之前的(仿射)坐标系中,有两个重数为 1 的交

点(即$(0,1)$和$(0,-1)$),以及两个重数为 2 的交点(即$(-1,0)$和$(1,0)$).

§3 历 史 回 顾

1. 经典案例

所谓的代数学基本定理最初是由 Girard(格拉特)在 1629 年提出的. 1799 年,Gauss 给出了第一个证明. M. Kneser 在 1981 年为这个基本定理给出了非常简洁的证明. 这个证明同样也得出了代数学基本定理的构造性方面的结论. 重数的定义是众所周知并且比较清楚的. 现在,已经开始考虑利用机器计算确定多项式根的重数问题了.

再有一个例子就是平面曲线情形. 两条代数平面曲线的相交问题已经被 Newton 解决了,他和 Leibniz 对于消元方法都有着很清晰的思路,即将两个只含有一个变量的代数方程表示为只有一个公共根,并且使用这样的方法,Newton 在 *Geometria analytica*(《几何分析》)中发现,两个次数分别为 m 和 n 的曲线的交点的横坐标可以由一个次数不大于 m,n 的方程得到. 这个结果在 18 世纪时被逐渐改进,直到 Bézout 利用一种改良的消元法证明:给出交点的方程的次数恰好就是 $m \cdot n$,然而,当时并没有将衡量交点重数的整数从属于每一交点上的一般考量,这样的话,重数的和总是 $m \cdot n$. 因此 Bézout 的古典定理认为,次数为 m 和 n 的两条平面曲线至多交于 $m \cdot n$ 个不同的点,除非它们有无穷多个公共点. 其实,这个形式的定理也曾被

Maclaurin在 1720 年出版的 *Geometrica organica*(《构造几何》) 中提出过. 不过, 第一个正确的证明是由 Bézout 给出的. 有一个有趣的事实是, 几乎从没有在任何作品中提到过: 1764 年, Bézout 不仅证明了上述定理, 而且还证明了下列 n 维的情况:

设 X 是一个 n 维射影空间的一个代数射影子簇. 如果 X 是一个零维的完全交叉, 则 X 的次数等于定义 X 的多项式次数的乘积.

在 Bézout 于 1779 年出版的著作《代数方程的一般理论》中, 关于这个定理的陈述可以在前言中找到. 这里引用的是Ⅶ页:

> "Le degre de equation linale resultante d únnombre queloque déquations completes refermant un pareil nombre dínconnues, and de degres quelconques, est egal au produit des exposants des degres de ces equations Theoreme dont a verite nétait connue et demontree quepout deux equations seulement."

设由方程 $F(X_0, X_1, X_2) = 0$ 定义的射影平面曲线 C, 以及由方程 $G(X_0, X_1, X_2) = 0$ 定义的曲线 D, 次数分别为 n 和 m, 没有公共部分. $m \cdot n = \sum I_P(C, D)$, 其中的和取遍 C 和 D 的所有公共点 P, 正整数 $I_P(C, D)$ 是 C 和 D 在 P 处的交重数. 我们希望证明这个重数是根据结式而定义的.

关于 P, 可以选取坐标使得在 P 处有 $X_2 = 1$ 和 $X_0 = X_1 = 0$, 利用 Weierstrass(魏尔斯特拉斯)准备定理

（经过坐标变换以后）可以记作

$$F(X_0,X_1,1) = f'(X_0,X_1) \cdot \bar{f}(X_0,X_1)$$

和

$$G(X_0,X_1,1) = g'(X_0,X_1) \cdot \bar{g}(X_0,X_1)$$

其中 $f'(X_0,X_1)$ 和 $g'(X_0,X_1)$ 是 X_0 和 X_1 的幂级数,使得 $f'(0,0) \neq 0 \neq g'(0,0)$,且

$$\bar{f}(X_0,X_1) = X_1^e + V_1(X_0)X_1^{e-1} + \cdots + V_e(X_0)$$

$$\bar{g}(X_0,X_1) = X_1^l + W_1(X_0)X_1^{l-1} + \cdots + W_l(X_0)$$

其中 $V_i(X_0)$ 和 $W_j(X_0)$ 是 $V_i(0) = W_j(0) = 0$ 的幂级数. 根据 Sylvester 的理论,定义 $\bar{f}$ 和 $\bar{g}$ 的 X_1 结式为 $(e+l) \times (e+l)$ 阶行列式,记作

$$\mathrm{Res}_{X_1}(\bar{f},\bar{g}) = \begin{vmatrix} 1 & V_1 & \cdots & V_e & & & \\ & 1 & V_1 & \cdots & V_e & & \\ & & & \vdots & & & \\ & & & & 1 & V_1 & \cdots & V_e \\ 1 & W_1 & \cdots & W_l & & & \\ & 1 & W_1 & \cdots & W_l & & \\ & & & \vdots & & & \\ & & & & 1 & W_1 & \cdots & W_1 \end{vmatrix}$$

（空白处为零）

Weierstrass 的准备定理的应用使得我们可以由结式定理得到,$(\mathrm{Res}_X(\bar{f},\bar{g}) = 0, \mathrm{Res}_{X_1}(\bar{f},\bar{g})$ 是关于 X_0 的幂级数）定义

$$I_P(C,D) = X_0 - [\mathrm{Res}_{X_1}(\bar{f},\bar{g}) \text{ 的阶数}]$$

通过使用无穷近奇点理论,也可能定义上述相重性.

然而,通过 Poncelet 在 1822 年给出的连续原理的结果可知,他已经提出利用 V 的连续变化使得 V 的某些位置 V' 与 U 的所有交点都应该是单的,以此来定义互补维数(见后面给出的定义)的两个子簇 U,V 的一点处的交重数. 当 V' 趋近 V 时,计算那些折叠到给定点的个数,这样交点总个数(重点按重数计)仍然是常数(个数守恒原理). 因此,Poncelet 发现一个平面内的一条曲线 C 属于相同次数 m 的所有曲线的连续族,并且在这个族里存在退化成直线系的曲线,每一条这样的曲线都与关于 n 个不同点的次数为 n 的一条定曲线 Γ 相交,由此证明了 Bézout 定理. 19 世纪的许多数学家广泛地应用这样的论证,在 1912 年,Severi 证明了它们的正确性.

鉴于以下将要做出的阐述,我们希望提到 Chevalley 的想法,他发现两条仿射曲线 $f(X,Y)=0$,$g(X,Y)=0$ 的原点 0 处的交重数,可以定义成域扩张 $K((X,Y))\mid K((f,g))$ 的次数,其中 $K((x,y))$ 是系数属于基域 K 上的关于 X,Y 的幂级数环的商域,并且 $K((f,g))$ 是那些可以表示成 f 和 g 的幂级数的 X,Y 的幂级数环的商域. 由此,Chevalley 得到了与参数系相关的一个局部环的相重性的定义,并且给出了交重数的一般概念.

这些观点的最理想的概括就是著名的 Bézout 定理. 首先,将一个 n 维射影空间 P_k^n(K 为代数闭域)的一个代数射影子簇 V 的次数记作 $\deg(V)$,等于几乎所有维数为 $n-d$ 的线性子空间 $L\subset P_k^n$ 与 X 相交的点的个数,其中 d 是 V 的维数. 令 V_1,V_2 是 P_k^n 中次数分别为 d,e,维数为 r,s 的非混合簇. 假设所有不可约分量 $V_1\cap V_2$ 具有维数 $r+s-n$,并假设 $r+s-n\geqslant 0$. 对于

$V_1 \cap V_2$ 的每一不可约分量 C,定义 V_1,V_2 沿 C 的交重数是 $I_C(V_1,V_2)$,则有

$$\sum I_P(V_1,V_2) \cdot \deg(C) = d \cdot e$$

这个和取遍 $V_1 \cap V_2$ 的所有不可约分量. 这个概括的最困难部分就是交重数的正确定义,很多人都曾为此努力过,直到 1946 年 Weil 才给出令人满意的处理. 至此,Bézout 定理历经了两个多世纪的时间和人们大量的工作,才真正地了解其内涵.

　　为了得到上述方程的等式,可以沿着不同的思路得到一些不同的重数理论. 在 20 世纪初,人们研究一个准素理想的长度的概念是为了定义交重数. 这个重数可以定义如下:

　　设 $V_1 = V(I_1),V_2 = V(I_2) \subset P_K^n$ 是由齐次理想 I_1,$I_2 \subset K[X_0,\cdots,X_n]$ 定义的射影簇. 设 C 是 $V_1 \cap V_2$ 的一个不可约分量. V_i 在 C 处的局部环记作 $A(V_i;C)$,则令 $l(V_1,V_2;C) = A(V_1;C)/I_2$,为 $A(V_1;C)$ 的长度.

　　例如,这个重数产生了开头提到的射影平面曲线的交重数. 而且,这个长度就是非混和子簇 $V_1,V_2 \subset P_k^n$ 在 $n \leqslant 3$ 以及 $\dim V_1 \cap V_2 = \dim V_1 + \dim V_2 - n$ 时的"右"交点个数. 因此,在 1928 年之前,大多数数学家希望这个重数可以提供两个任意维数的射影簇的不可约分量的正确交重数. 顺便提一下,Gröbner(格罗布)的文章呼吁采用基于准素理想的长度的交重数的概念. 他也提出了以下问题:

　　所谓的广义 Bézout 定理

$$\deg(V_1 \cap V_2) = \deg(V_1) \cdot \deg(V_2)$$

在某些情况下并不成立的深层次原因是什么呢?

　　1928 年,van der Waerden 研究了由参数 $\{s^4,s^3t,$

s^3, t^4 给出的空间曲线,表明这个长度不能产生正确的重数,为了让 Bézout 定理在 $n \geqslant 4$ 的射影空间 P_k^n 中成立,他在文献中写下:

"在这些情形中,我们必须摒弃长度的概念,并试图去寻找重数的另外的定义."

下面我们研究这个例子. 一个齐次理想 $I \subset K[X_0, \cdots, X_n]$ 的 Hilbert 多项式的首项系数将会记作 $h_0(I)$. 设 $V = V(I)$ 是由一个齐次理想 $I \subset K[X_0, \cdots, X_n]$ 定义的一个射影簇,则有 $\deg(V) = h_0(I)$.

例如,设 V_1, V_2 是具有定义素理想
$$\zeta_1 = (X_0 X_3 - X_1 X_2, X_1^3 - X_0^2 X_2, X_0 X_2^2 - X_1^2 X X_3, X_1 X_3^2 - X_2^3)$$
$$\zeta_2 = (X_0, X_3)$$
的射影空间 P_k^4 的子簇,则 $V_1 \cap V_2 = C$ 具有定义素理想
$$\zeta : I(C) = (X_1, X_1, X_2, X_3)$$
容易看到
$$h_0(\zeta_1) = 4, h_0(\zeta_2) = 1, h_0(\zeta) = 1$$
且因此有 $I_C(V_1, V_2) = 4$. 由于
$$\zeta_1 + \zeta_2 = \zeta : I(C) = (X_0, X_3, X_1 X_2, X_1^3, X_2^3) \subset$$
$$(X_0, X_3, X_1 X_2, X_1^2, X_2^3) \subset$$
$$(X_0, X_3, X_1, X X_2^3) \subset$$
$$(X_0, X_3, X_1, X_2^2) \subset$$
$$(X_0, X_1, X_2, X_3)$$
所以 $l(V_1, V_2; C) = 5$. 因此,得到
$$\deg(V_1) \cdot \deg(V_2) = I_C(V_1, V_2) \cdot \deg(C)$$
$$\neq l(V_1, V_2; C) \deg(C)$$

众所周知,当且仅当对于 $V_1 \cap V_2$ 的所有不可约分量 C, V_1 在 C 的局部环 $A(V_1, C)$ 和 V_2 在 C 的局部环 $A(V_2, C)$ 上都是 Cohen(科恩)-Macaulay 环时,有

$$l(V_1, V_2; C) = I_C(V_1, V_2)$$

$$\dim(V_1 \cap V_2) = \dim V_1 + \dim V_2 - n$$

再次假设

$$\dim(V_1 \cap V_2) = \dim V_1 + \dim V_2 - n$$

不失一般性,可以假定两个相交簇 V_1, V_2 中的一个是完全交叉簇,比如说 V_1. 由这个假设可以得到,对于每一个不可约分量 C,有

$$l(V_1, V_2; C) \geqslant I_C(V_1, V_2)$$

若令 V_2 是一个完全交叉簇,则又会产生出 Buchsbaum(布赫斯保)在 1965 年提出的另一个问题:$l(V_1, V_2; C) - I_C(V_1, V_2)$ 与 V_2 无关吗?或者说,存在 V_1 在 C 的局部环 $A := A(V_1; C)$ 的一个不变量 $I(A)$,得到 $l(V_1, V_2; C) - I_C(V_1, V_2) = I(A)$ 吗?

　　然而,事实并非如此. 对于 Buchsbaum 问题的否定回答导致了局部 Buchsbaum 环的理论的产生. 目前,Buchsbaum 理论发展迅速,Buchsbaum 环的基本思想延续了著名的 Cohen-Macaulay 环概念,交换代数和代数几何中的未决问题体现了这个理论的必要性. 例如,将 P_k^3 中的代数曲线分类或是研究代数簇的奇异性时就产生了研究广义 Cohen-Macaulay 结构的必要性. 而且,Shiro Goto(Nihon 大学,Tokyo) 和他的同事们证明 Buchsbaum 环的扩张类确实存在.

　　然而,我们发现,由明确定义的准素理想可以产生交重数. 于是这样的想法再次使得 Laske(拉斯克)-Macaulay-Gröbner-Severi-van der Waerden 在经典情形

$$\dim(V_1 \cap V_2) = \dim V_1 + \dim V_2 - n$$

中的相重性理论的不同观点之间产生了联系. 我们希望最后以 Buchsbaum 问题来结束这一小节的讨论. 首

先给出下列定义：

设 A 是具有极大理想 Ξ 的一个局部环. 对于每一 $i=1,\cdots,r$, 元素的序列 $\{a_1,\cdots,a_r\}$ 是一个弱 A – 序列, $\Xi[(a_1,\cdots,a_{i-1}):a_i] \subseteq (a_1,\cdots,a_{i-1})$, 对于 $i=1$, 令 $(a_1,\cdots,a_{i-1})=0$.

如果 A 的每一个参数系是一个弱 A – 序列, 那么我们就说 A 是一个 Buchsbaum 环.

将 Buchsbaum 问题与重数理论联系起来, 可以得到一个重要定理: "局部环 A 是一个 Buchsbaum 环当且仅当一个参数系产生的任意理想 q 的重数和长度之差与 q 无关."

为了构造简单 Buchsbaum 环和例子来说明上述问题一般不为真, 必须引入下列引理:

引理 2 设 A 是一个局部环, 首先假设 $\dim(A)=1$, 以下命题是等价的:

(i) A 是一个 Buchsbaum 环.

(ii) $\Xi U((0))=(0)$, 其中 $U((0))$ 是属于 A 中的理想 (0) 的所有极小准素理想的交.

(iii) A 是一个 Buchsbaum 环.

(iv) 存在一个非零因子 $x \in \Xi^2$, 使得 $A/(x)$ 是一个 Buchsbaum 环.

(v) 对于每一非零因子 $x \in \Xi^2$, $A/(x)$ 是一个 Buchsbaum 环.

应用引理 2 的命题 (i) (ii), 得到下列简单例子:

设 K 是任意域, 则:

(1) 设 $A:=K[[X,Y]]/(X) \cap (X^2,Y)$, 易证 A 是一个 Buchsbaum-Cohen-Macaulay 环.

(2) 设 $A:=K[[X,Y]]/(X) \cap (X^3,Y)$, 易证 A 不

是一个 Buchsbaum 环.

根据交重数理论, 使用引理 2 的命题(ⅲ)(ⅳ)可以构造下列例子:

(3) $\{S^5, S^4t, St^4, t^5\}$ 给出曲线 $V \subset P^3k$. 设 A 是 V 上的在顶点的仿射锥的局部环, 也就是

$$A = K[X_0, X_1, X_2, X_3]_{(X_0, X_1, X_2, X_3)/\zeta V}$$

其中

$$\zeta_V = (X_0X_3 - X_1X_2, X_0^3X_2 - X_1^4, X_0^2X_2^2 -$$
$$X_1^3X_3, X_0X_2^3 - X_1^2X_3^2, X_2^4 - X_1X_3^3)$$

则 A 不是一个 Buchsbaum 环. 通过下列计算也可以得到这个命题:考虑具有定义理想 ζ_V 的锥 $C(V) \subset P_k^4$ 以及分别由方程 $X_0 = X_3 = 0$ 和 $X_1 = X_0^2 + X_3^2 = 0$ 定义的曲面 W 和 W'. 容易看到

$$C(V) \cap W = C(V) \cap W' = C$$

其中 C 由 $X_0 = X_2 = X_3 = X_4 = 0$ 给出.

一些简单的计算也可以得到

$$l(C(V), W; C) = 7, I_C(C(V), W) = 5$$

和

$$l(C(V), W'; C) = 13, I_C(C(V), W') = 10$$

于是

$$l(C(V), W; C) - I_C(C(V), W') \neq$$
$$l(C(V), W'; C) - I_C(C(V), W')$$

因此, 这个例子证明了上述 Buchsbaum 的问题的答案就是否定的.

(4) $\{s^4, s^3t, st^3, t^4\}$ 给出曲线 $V \subset P_k^3$. 设 A 是 V 上的在顶点的仿射锥的局部环, 也就是

$$A = K[X_0, X_1, X_2, X_3]_{(x_0, x_1, x_2, x_3)/\zeta V}$$

其中

$$\zeta_V = (X_0X_3 - X_1X_2, X_0^2X_2 - X_1^3, X_0X_2^2 - X_1^2X_3, X_1X_3^2 - X_2^3)$$

则 A 不是一个 Buchsbaum 环.

关于最后这个例子有一个有趣的历史. 这条曲线已经被 Salmon(西蒙)在 1849 年发现, 而且, 稍后 Steiner(斯坦纳)在 1857 年利用残余相交理论也发现了这条曲线. Macaulay 在 1916 年使用了这条曲线. 他的目的是证明多项式环中的素理想不都是完备的. 1928 年, van der Waerden 研究了这个例子来证明一个准素理想的长度并不会产生正确的局部交重数, 为了使得 Bézout 定理在 $n \geqslant 4$ 的射影空间 P_k^n 中成立. 而且他写道: "在这些情形中, 我们必须舍弃长度的概念, 并试图求另外的重数定义." 因此, 两个代数簇的交重数的概念的坚实基础首先是由 van der Waerden 给出的. 我们现在知道这个 Macaulay 的素理想并不是一个 Cohen-Macaulay 理想, 而是一个 Buchsbaum 理想. 这个事实激励人们为 Buchsbaum 环理论创造一个基础. (更多关于 Buchsbaum 环的信息, 可详见 W. Vogel 和 J. Stuckrad 的著作.)

2. 非经典案例

设 $V_1, V_2 \subset P_k^n$ 是代数射影簇, 射影维数定理指明 $V_1 \cap V_2$ 的每一个不可约分量有不小于 $\dim V_1 + \dim V_2 - n$ 的维数. 知道了 $V_1 \cap V_2$ 的不可约分量的维数, 就可以求得关于 $V_1 \cap V_2$ 的几何学的更为准确的信息. 上面介绍的经典案例研究的是 $\dim(V_1 \cap V_2) = \dim V_1 + \dim V_2 - n$. 下面的目的在于研究非经典案例, 也就是 $\dim(V_1 \cap V_2) > \dim V_1 + \dim V_2 - n$. 如果 V_1, V_2 是不可约簇, 那么关于 $V_1 \cap V_2$ 的几何是什么呢? S. Kleinman 提出了这个方向的典型问题: 由 Bézout 数 $\deg(V_1) \cdot \deg(V_2)$

界定的 $V_1 \cap V_2$ 的不可约分量的个数是多少呢? Jacobi 在 1836 年已经研究了这个问题的特殊情况. 但是, 我们希望在此提到 Jacobi 依赖于 Euler 在 1748 年的思想修正所做出的思考. 以下就是 Jacobi 的思想:

设 F_1, F_2, F_3 是 P_k^3 中的三个超曲面. 假设一个不可约曲线给出 $F_1 \cap F_2 \cap F_3$, 也即 C, 以及孤立点的一个有限集 $P_1, \cdots, P_r$, 则 $\prod_{i=1}^{3} \deg(F_i) - \deg(C) \geqslant$ $F_1 \cap F_2 \cap F_3$ 的孤立点个数. Salmon 和 Fielder(菲德勒)在他们 1874 年出版的几何学著作中通过研究 P_k^n 中 r 超曲面的交而给出了这个例子的第一部分. 再次出现了这样的设想, 即一个不可约曲线和孤立点的一个有限集给出这个交. 1891 年, Pieri(皮耶里)研究了 P_k^n 中两个子簇 V_1, V_2 的交, 通过假设维数为 $\dim(V_1 \cap V_2)$ 的不可约分量以及孤立点的一个有限集给出 $V_1 \cap V_2$. 而且, 似乎非经典案例中的相交理论的一个起点是由 Pieri 发现的. 1947 年, 在 Pieri 之后的 56 年, Severi 对于 P_k^n 中的任意不可约子簇 V_1, V_2, 在 Bézout 数 $\deg(V_1) \cdot \deg(V_2)$ 的分解上给出了一个漂亮的解. 不幸的是, Severi 的解并不为真. R. Lazarfeld 在 1981 年给出了第一个反例. 但是 Lazarfeld 也说明了 Severi 的方法可以在修正以后求得问题的解.

如今, 关于定义代数相交的著名定理是由 W. Fulton 和 R. Mac-Pherson 给出的. 假设 V_1, V_2 是维数分别为 r 和 s 的 n 维非奇异代数簇的子簇, 则表示 V_1, V_2 的代数相交的代数 $r + s - n$ 循环的等价类 V_1, V_2 是由 X 中的有理等价定义的, 这个相交理论产生了 $V_1 \cap V_2$ 的子簇 W_i.

第四编

为什么要学代数几何

对话李克正教授:
为什么学习代数几何[①]

李克正教授生于 1949 年,中学时代因"文化大革命"中断了学习,当过工人,1977 年被中国科学技术大学破格直接录取为研究生,1979 年公派到美国加州大学伯克利分校留学并于 1985 年获得博士学位,1987 年回国,先后在南开大学和中国科学院研究生院任教,目前执教于北京的首都师范大学数学系.

李克正教授是我国知名的代数几何学家,主要在代数几何与算术代数几何领域中从事分类与参模空间理论及几何表示理论的研究工作,其代表作品是专著 *Moduli of Supersingular Abelian Varieties*,此书作为著名的"黄皮书" *Lecture Notes in Mathematics* 丛书中的第 1680 卷出版,李克正教授还写了《抽象代数基础》《交换代数与同调代数》和《代数几

---

① 作者陈跃.

何初步》三种研究生教材,在繁忙的教学和研究之余,他还担任了许多像《中学生数学》主编这样的社会工作.

2009 年 5 月 26 日上午,李克正教授在首都师范大学数学系自己的办公室里回答了我们的问题,一起参加提问的还有首都师范大学数学系的吴帆等人.

问:今天我对您能在百忙中回答问题表示感谢. 请先介绍一下我国早期研究代数几何的情况.

答:我国最早研究代数几何应该是从曾炯之开始的,只可惜他在 1940 年 40 岁刚出头就去世了. 到了 20 世纪 60 年代,我国主要研究代数几何的人是吴文俊. W. Fulton 在 20 世纪 80 年代写了 *Intersection Theory* 一书时,并不知道吴文俊在中国的工作,吴文俊早在 20 世纪 60 年代就做出了他的最重要的工作,也就是 Wu Class(吴文俊示性类),它在代数几何中是很重要的. 由于当时国内特殊的社会状况和中外信息交流不畅,国际上是到了 20 世纪 90 年代才开始了解和介绍吴文俊的工作.

问:众所周知,代数几何是一门非常难学的学科,它所用到的基础知识非常多,所以我很好奇地想知道以您为代表的一批中国数学家是怎样在 20 世纪 80 年代初期学会代数几何的,当时主要有哪些人?

答:我国在 20 世纪 80 年代初出国学习代数几何的人有肖刚(巴黎第十一大学)、我(伯克利大学)、罗昭华(布兰迪斯大学)、杨劲根(麻省理工学院)、陈志杰(巴黎第十一大学)等,杨劲根的导师是 M. Artin. 在国内学习的人有胥鸣伟和曾广兴等,曾广兴是戴执中的学生.

问：听说您在中学阶段十六七岁就开始学习抽象代数了,怎么那么早就对抽象代数感兴趣?

答：这当然有原因,就是我杂书念得很多,现在看也没有什么奇怪的.第一,读《数学通报》,那时所有的爱学习的学生全念这本杂志,它经常刊登带有普及性的东西,例如群有什么用处.第二,读普及性的小册子,例如段学复的《对称》.第三,读高等代数课本,知道了线性变换群.这样我的背景知识就多了.我觉得这是好东西,这正好是我想念的东西,我喜欢这个东西,正好有这个书,我太高兴了.而且学校不管我们念什么东西,与现在的中学不同,我们有充足的时间.我们那时上课很少,下午 3 点以后绝对在教室里找不到人,全都在操场上,或去图书馆看书.而且当时教改,学生会了可以不上课,到时来考试就行.有时我不去上课,而去图书馆,里面有代数书,但都是教师用书,学生不能借出,可以在图书馆里看,我是这样学的抽象代数.

问：您是怎样开始学代数几何的?

答：1977 年 10 月全国开始恢复研究生招生考试,当时只有两所大学可以招研究生,一个是复旦大学,另一个是中国科学技术大学(之后可简称"中科大"),中国科学技术大学是一个一个招的,复旦大学是招了一批.肖刚是 1977 年 10 月先进的中科大,我是稍晚一些在 1977 年 11 月下旬进的中科大读研究生,那时候我们只知道有抽象代数,根本就不知道还有代数几何这门学科.我们俩人的导师是代数学家曾肯成.我们读 R. Carter 的 *Simple Groups of Lie Type*,想在该方向上继续做一些工作,因此就读了 J. E. Humphreys 写的 *Linear Algebraic Groups*,开始涉足代数群.在这本书的第一章有一些代数几何的基础知识,我这才知道还有代数几何这样一门非常深刻的学科. 当时我们想,要么不做研究,要做的话就要做深刻的东西,于是我们俩人开始转向学习代数几何.

问:后来你们怎么去了国外?

答:当时正值国家开始向外派遣留学生,我们就有了在国外学习代数几何的机会. 导师说,你们两个人不要去同一个地方,一个去欧洲,一个去美国. 由于肖刚学语言的能力强,所以他去了法国,我去了美国加州伯克利. 肖刚是一个极其聪明的人,他的语言能力极强,他从最初步的法语单词开始学习,两周后就可以听懂法语广播中 70% 的内容.

问:这真让人吃惊,肖刚后来的情况怎么样?

答:肖刚的导师是 Raynaud,做的是算术代数几何,但肖刚最后做的是纯粹的代数几何,也就是复代数几何. 我们虽然分开了,但是关系很密切,经常通信. 肖刚回国后和陈志杰一起组成了一对黄金组合,在华东师范大学(之后可简称"华东师大")培养了一大批学生,有谈胜利、孙笑涛、陈猛、翁林、蔡金星等人. 肖刚出国交流访问的时候就由陈志杰负责基础性的教育,学生的论文则由肖刚指导把关,所以说肖刚对国内代数几何学的发展影响最大. 此外,罗昭华培养的学生有唐忠明等人,唐忠明后来做交换代数,交换代数与代数几何有密切关系,他是我国做交换代数做得最好的.

问:您是哪一年到伯克利大学学习的? 请说说在伯克利大学的学习情况.

答:我在 1979 年底来到伯克利大学,刚进伯克利大学主要是修课、考试、得学分,这些东西快得很,不需

要怎么费力. 伯克利大学的体系跟咱们中国是很不一样的, 它招进来的学生统统都是博士生, 不存在硕士生和博士生的区别. 你都可以念博士, 但是招进来的博士生和毕业出去的博士生大概是 3 比 1, 中间淘汰得非常厉害, 它绝对不保你, 跟我们这里没法比, 完全看你最后念得好不好. 如果不写博士论文但完全通过了前面几道考试关卡, 可以申请获得硕士学位, 那么, 怎么样才能拿到博士学位呢? 中间有很多关卡, 每一道关卡都会卡下一些人, 到最后 3 个人中淘汰 2 个人, 它不是一下子就淘汰掉的. 其中第一道关卡叫 Preliminary Examination, 第二道叫 Qualifying Examination 等, 最后一道当然是博士论文. 中间还有很多关卡, 其中一道是选导师, 如果没有导师带你, 那你就完了. 我们这里的体系是博导必须要带博士生, 不带的话你的博导资格就会被取消. 而他们那里可以多带, 也可以不带, 这不是导师必要的工作, 有的教授可能 10 年不带研究生, 你也拿他没辙, 唯一的约束就是教课, 每个学期每个教授都必须教一门研究生课和一门本科生课. 教授凭什么带研究生呢? 那当然凭他喜欢你, 他觉得培养这个人有价值, 这完全没有任何功利的因素在里面.

问: 您的导师是谁?

答: 我到伯克利大学是冲着 Hartshorne 去的, 但是到了那个地方却没有跟着 Hartshorne, 这个原因主要是个人兴趣不同. 那时候 Hartshorne 带着一大批学生和访问学者在搞向量丛, 我不太感兴趣, 所以没有选他作为导师. A. Ogus 给我上代数几何课, 我很感兴趣, 就走到 Ogus 的方向上去了, 实际上就是算术代数几何. Ogus 做的是代数几何与数论交叉的领域, 我跟 Ogus

差不多跟了 5 年.

问:这个 Examination 是不是书面考试?

答:我解释一下,Preliminary Examination 要求你在入学两年内必须完全通过,它的考试内容基本上跟我们的研究生入学考试出的题水平差不多,质量可能比较高一些,这些题后来都收入了《伯克利数学问题集》.这个考试你可以随便什么时候参考,所以我入学第一个学期就考了,通过了,考了第一,别人根本就不在乎,只有陈省身先生在乎,因为是陈省身先生担保我去的,去了以后得拿出点样子来,让人看着这人考第一.我本身的学历是中学,什么文凭也没有,在国内读的研究生也没有毕业,这个成绩拿出来别人也就没有任何质疑的地方了,都承认这个人当时绝对是招对了.但这个成绩 Ogus 是看都不看的,他只看我做的工作.当时在代数几何课上,Ogus 怀疑 Hartshorne 的《代数几何》上有一个习题有问题,让学生解决,大家都做不出来,我说我做出来了,交了上去.交上去之后,一个同学告诉我说:Ogus 怀疑这个题是错的,我仔细查看,发现我做的有一个漏洞,那个漏洞正好就是这个题错的地方.对那个错误我举了个反例,然后送上去,Ogus 高兴坏了.从那以后,我在数学系所有的事情都畅行无阻,它给的任何优惠全部都有我,比方说奖学金呀,推荐美国数学会的会员呀,这些都是系主任一个人说了算.

问:您还能想得起来当时做的是一个什么样的题目吗?

答:在《代数几何》现在的英文版本中,Hartshorne 把这道题改了,是第二章第 4 节的 4.12 题.你要知道,

Hartshorne 这本书上的习题是非常难做的,它为什么难做呢? 因为它的一个习题基本上就是一篇论文,它等于是把人家已经发表过的论文拿来,然后把论文转换成习题,所以如果你有本事做出这一个习题来的话,实际上你已经也有本事写出那篇论文来了,只不过是人家已经发表过了,但从你的能力上来说,已足够写一篇论文了.

问:那么上课时 Ogus 就用 Hartshorne 的这本书作为教材吗?

答:对.

问:也就是从第一章《代数簇》开始,一章一章往下讲?

答:不对. 我们要搞清楚,美国教授没有一个是照着一本教科书去讲课的,他会说,这是我讲的书,你就自己去念吧,完了. 然后他爱讲什么就讲什么,反正这书的内容他都会讲,但绝对不会照着书去讲. Ogus 讲了一年的代数几何课,我们做的多数的习题是这本书的习题,少数习题是他自己出的. 他是从哈佛大学出来的,所以从某种程度上说,他也是 Grothendieck 的弟子,属于徒孙的一代. 他原来都是从读 EGA 开始的(EGA 是 Grothendieck 的《代数几何原理》法文书名的缩写),所以很多东西如果他觉得 EGA 讲得好,他就照 EGA 讲,大概就这样. 现在很多人还是主张读 EGA,比如扶磊主张年轻人还是应该读 EGA,不应该念 Hartshorne 的书,各有各的主张,EGA 有 EGA 的好处,但是 EGA 没有习题. 要说习题,没有一本书比 Hartshorne 的书好,那真的很厉害. 你看它的习题,基本上一个习题就是一篇论文. 你说 Hartshorne 光是论文那要读多少篇？不可想象的,多极了！这点上是很厉害的.

问:您说您当时在国内读 Hartshorne 这本书读不懂,是吗？

答:所谓读不懂,就是字面上懂了,但实际上也没真正懂.光读点字面不行,必须理解它的精神实质.读代数几何必须找名师,现在有的学生写信说要我指导他自学代数几何,我说,算了,你要么到这来,要么放弃,我说我不会指导你自学.代数几何真的不能自学.积多年经验,我认为自学代数几何是不可能的事情.你一个人在那儿念,念不好,念偏了,肯定"走火入魔".

问:您在伯克利大学的第一年就写论文了吗？

答:没有.到一年左右,在做论文之前要完成 Qualifying Examination.之前先出卷子考两次,每次给你 10 个习题,最多选做 7 个,最高是 70 分.这样考两次,最高是 140 分,我两次加在一起是 137 分.Qualifying Examination 这个口试是很难的,是"三堂会审",由一个 5 人委员会专门考你一个人.而这个 5 人委员会由谁来主持呢？是由你自己去请,自己去跟教授谈,一个一个去谈,所有这 5 人都要买你的账,并且这 5 人必须抽出同一个时间,对他们来说是一个很大的负担,人家凭什么愿意？凭的是人家觉得你这个人还不错,否则他说一句"我没时间"就打发你了.当时我先找的 Hartshorne,说请他作考试委员会主席,再让他推荐其他人,他说 Ogus 是你导师,算一个,其他两个是分别教过我李群、代数拓扑的老师,还有一个人必须是外系的,我找了一个我非常尊敬、非常著名的统计学教授,这样就组成了考试委员会.考试时他们每个都一直问到我答不出来为止,知道你行不行,最后就通过了.要到最

后才不行了,如果一开始就不行了,就完蛋了.就这样我用了一年的时间,将这些东西全部都通过了,剩下的时间全部都是在做论文.

问:您研究的领域是算术代数几何,您是怎么看待这个领域的?

答:这是一个跨学科的东西.算术代数几何的目标是数论,以数论为背景做代数几何的人很多,他们懂代数几何,但眼光看着数论.研究数论的人或多或少都要研究代数几何,他们做的东西和真正做代数几何的人眼光不一样,关心的问题也不一样,语言全是代数几何的语言,但是做出来的东西却可以翻译成数论的语言.现在稍微复杂一些的代数数论问题都必须要用代数几何的语言才能说清楚是怎么回事,这并不是故意要一个时髦,这需要花工夫去理解,否则你永远也搞不清楚.这是常识,我要稍微跟你解释一下.

例如,Fermat 大定理中的方程

$$x^n + y^n = z^n$$

没有整数解.但是从代数几何语言来说呢,是把它看作一条代数曲线,然后问这条代数曲线有没有有理点.这两个说法看上去好像一样,其实有很大的差别.因为一条代数曲线有没有有理点,不是由它的方程来决定的,方程可以换,可以把变量换一换,相当于作坐标变换,但有理点变来变去还是有理点,所以是否有有理点以及有多少个有理点跟坐标是没有关系的,不是由方程来决定的,它有非常实质性的东西,所以如果不是用几何语言的话,你说不清楚.它是一个与方程无关的东西,尤其是在高维的情况下,有很多的方程,那些方程乱得多,但是几何的东西就一个.我们的实质性问题,比如有没有有理点以及自同构的问题,所有这些问题都必须用几何的方式来处理,否则命题的表述都是不清楚的.

问:听上去像是流形的思想,概形是不是流形的某种类比或者推广?

答:对,当然是这样. 现代的几何是什么? 现代的几何与经典的几何区别在什么地方? 区别就是在整体性. 整体性就是用流形的语言来表达的. 但是流形是用什么来刻画的呢? 流形实际上是用纤维丛来刻画的. 从某种意义上说,流形上的"函数"就是纤维丛. 所以说概形实际上就是把纤维丛的思想弄到代数几何中来,这从根本上导致了现在的代数几何与以前的代数几何的不同. 以前的代数几何都是用的局部方法,仿射的方法,坐标都是局部的. 全部做完一个研究后,还要说明它跟坐标没有关系,与方程没有关系,那就要花很大的工夫,可能比那原来研究的功夫大得多. 但是从流形的角度来讲,在我一开始做的东西中,坐标是一个可以自由选择的东西,以后每一步出来的东西都与坐标的选择没有关系,最后的结果自然与坐标没有关系. 比方说,切丛就是这样一个例子,这是一个背景,但这不是唯一的背景. 当年 Grothendieck 提出概形这个概念时,考虑了好几个因素:

第一,必须是整体的. 他发现许多问题是整体的问题,不是局部的问题,比如上面提到的 Fermat 方程,看上去是一个局部的东西,实际上绝对是一个整体的东西. 为什么? 我想你可能知道有一个 Mordell 猜想,后来被 Faltings 证明了,它是说,曲线的亏格如果大于 1,有理点就只有有限多个. 亏格大于 1 是什么性质? 完

全是一个整体性质、拓扑性质.（此时在黑板上画了一个环面）这是一个"救生圈",洞不止一个.洞如果是一个的话,可以有无限多个有理点;洞如果有两个的话,只能有有限个有理点了.这绝对是一个整体的性质,非常实质的具有拓扑性质的东西,这是必须要考虑到的一个极为重要的事情.Grothendieck 在做这个东西的时候都必须要拆开,然后把它粘起来,他感觉到整个这个过程就是一个研究整体性质的过程.

第二,是奇异性.这是比较超前的.一直到不久前,所有几何学家研究的东西几乎全部都是完全光滑的东西.奇异性不是来自微分几何,它是来自复几何.真正研究奇异性是从复几何开始的,方程中也有奇异性.它受这方面的影响,概形的包容性允许有奇异对象,而不仅仅研究光滑性.

第三,是变形.变形的思想是这样的,这地方必须要有纤维丛,纤维丛的思想深刻地贯彻到这里.实际上,在我看来,没有纤维丛,就没有现代几何,所以我认为不懂纤维丛就不懂现代几何.概形有一个特点,概形里的函数可以处处都等于零,但它本身不是零.这种函数在其他的几何中都是不可理解的事情,比方说 spec $k[x,y]/y^2$,其中 y 的平方是零,它本身不是零.这里真正的思想是变形的思想,你可以把 y 理解为微分 dx,我这里同时也把微分放进去了.微分的深刻理解实际上就是无穷小变形,这是非常深刻的思想,这个思想当然还是有几何直观的,但是真正把无穷小变形的结构和概形这个东西放在一起,这个思想完全是在代数几何中形成的,在其他的几何中是没有的.Grothendieck 在做概形的时候实际上已经把变形考虑在里面了. 如果是走流形这条路的话,那我们可以得到代数流形,这些东西都是光滑的. 但是如果考虑到奇点,则得到代数簇,代数簇是允许有奇点的. 早期用的都是这种代数簇的语言,Grothendieck 考虑到无穷小变形时才会想到概形和幂零函数. 这些东西看上去非常复杂,刚开始很难接受,但是到现在为止大家都接受了. 这不仅因为它非常强大,而且确实有很多的好处,因为一开始设计概形这个概念的时候,就已经把无穷小变形装在里面了,到真要处理变形的时候,自然就很容易了,不需要更加复杂的东西,因为变形肯定比原来那个东西还要复杂,没有这个框架的话,代数几何根本就不可能走到今天这一步.

问:我看过一篇文章,其中把 Grothendieck 比作数学中的爱因斯坦,您怎么看?

答:这无所谓,看个人怎么理解. 但我相信 Grothendieck 对拓扑的理解非常深刻,他是真正的拓扑学家,所以他这样做出来的东西才经得起时间的考验. 从他提出他的理论到现在已经 40 多年了,要是不好的话,早就被淘汰了. 以他当时研究的深刻性,你现在考虑到的东西,他当时都考虑到了,他的东西相当难懂.

问:您的博士论文题目是什么?

答:题目是 *Classification of Supersingular Abelian Varieties*(《超奇 Abel 簇的分类》).

问:我知道 Abel 簇是椭圆曲线在高维的推广,这个 Supersingular 是什么意思?

答:它在数论上很重要,它是特征 p 的一种情况. 椭圆曲线在特征为 0 的时候是一种情况. 在特征为 p 的时候是另外一种情况. 特征为 0 的时候它的自同态

222

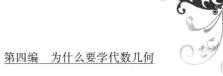

环有整数环和虚二次域的代数整数环等,特征为 p 的时候还可能是四元数环,这种椭圆曲线称为"超奇的",这时数论性质非常丰富.四元数是非交换环,类似这种复杂的东西推广到高维的时候就是超奇 Abel 簇.超奇椭圆曲线最早是 Deuring 在 1947 年研究的.研究高维的情况应该是从 20 世经 60 年代晚期开始,一直到 20 世纪 70 年代的早期,到 Oda 的时候已经差不多是 1977 年了吧,这期间,很多顶尖的数学家都做过这个方面的工作,我可以举出来:Serre,Deligne,Ogus,Oort,Oda 这些人都是,很多人的工作都与此有关,那段时间是很热门的.我是在那个基础上做的,我做的是分类,就是把所有东西全部搞清楚.当然这个事情绝不可能全在这篇论文里,但基本上全在我和 Oort 后来写的那本"黄皮书"上了,这是很不简单的一件事.分类学的意义就是说,这方面的东西全在这里了,用不着满世界一个一个去找,一个一个地去研究,那是大海捞针,分类学的方法也是数学中一个非常强大的方法.

问:您在书中说过分类,但今天听您这样一说,才感觉它重要.最后,请谈谈您回国后的情况.

答:我在伯克利大学获得博士学位后,还在芝加哥大学工作过两年,1987 年我回国以后先在南开大学工作了两年,然后再到中国科学院研究生院.我的博士论文发表得很晚,一直到回国以后的 1989 年才正式发表,这是我发表的第一篇论文,发在一份很好的杂志美国《数学年刊》上.过了好多年,因为要查有关的评论,才在《数学评论》上赫然发现这篇论文的评论是 Faltings 写的!就是 1986 年拿 Fields 奖的那位 Faltings,这是不多见的.在回国后的前 10 年中,我除了教学和研

究外, 主要是和 Oort 一起写那本"黄皮书". 在经过了
反复修改以及 Springer 出版社严格的审稿后, 作为
Lecture Notes 中的一本出版. 这期间还写了另外一本
书《交换代数与同调代数》. 可以说这本书也写了将近
10 年, 书中的内容至少讲过 5 次. 开始讲第一遍时先
写一个讲义, 以后每次讲都要修改. 这样出来的书质量
有保证, 从头到尾都是自己的东西, 吃得非常透, 绝对
不能东抄一点, 西抄一点. 后来写的其他两本书《代数
几何初步》和《抽象代数基础》, 也都是这样写的, 也都
是至少讲了 5 次, 《抽象代数基础》积累资料的时间更
长, 从芝加哥大学讲课那时就开始了. 那都是自己的东
西, 都有自己的想法和体会.

代数几何的学习书目[①]

第 2 章

> 不经过艰苦的脑力劳动,谁也不能在数学中前进多远.但无论是谁,他只要享受到了理论知识的快乐,见到了数学的美,他就会乐于付出郑重的努力.讲授数学的主要目的必须是使学生获得这种快乐,并通过这种快乐对他进行数学中必不可少的逻辑思维训练,这是值得的.因为谁若能通过数学得到逻辑思维的艺术,那就能在生活中处处运用它.
>
> ——A. Renyi

代数几何是现代数学中一门十分重要的基础学科.但是它的语言极其抽象难学,不少青年学子和数学工作者苦于不得其门而入.这是因为代数几何的语言在历史上经历了好几次相当大的重新改写,已经从一百多年前纯粹的综合几何语言变

① 作者陈跃(上海师范大学数学系).

225

成了如今极端抽象的代数语言,其所包含的丰富而深刻的几何内涵不容易被解读出来. 本章给出了一个比较符合代数几何历史发展过程、由浅入深的学习方案,以期对代数几何的初学者们有所帮助.

1. 初级代数几何

迄今为止,国内还没有出版过一部由国人写的本科程度的代数几何初级教材. 国外已经有好几本了,比较早的一本是由 Miles Reid 写的 *Undergraduate Algebraic Geometry* (Cambridge University Press, 1988),世界图书出版公司北京公司 2009 年重印,中文书名为《大学代数几何》. 该书写得浅显易懂,内容有平面曲线、仿射簇、射影簇等,仅讲到 3 次代数曲面上有 27 条直线为止. 它的最后一章是讲代数几何的历史,写得简短而有趣. 好像陕西师范大学出版社在 1992 年曾经出过它的中译本. 近期出版的本科教材是由 Klaus Hulek 写的 *Elementary Algebraic Geometry*,该书的内容和上面的这本教材差不多,但数学讲得多一些,而且增加了很重要的一章《曲线理论入门》. 该书写得很好,记号现代而标准. 在代数几何里,所使用的记号非常多,所以记号的使用不是一件小事. 例如在 Springer 出版社著名的研究生丛书 GTM 里也有一本相同书名 *Elementary Algebraic Geometry* 的书,虽然是在比较近的 1977 年出版的,但是记号太复杂,读起来很费力.

还有一本极受好评的教材是由 Karen Smith 等人写的 *An Invitation to Algebraic Geometry* (Springer, 2000),世界图书出版公司北京公司 2010 年重印,中文书名为《代数几何入门》. 这是给一些学分析的人介绍代数几何是什么的讲稿,该书用大量的文字直观而通

俗地解释了代数几何中一些基本概念的含义和重要的研究课题.

　　国外已有一些在大学讲过代数几何初级课程的老师将他们的讲稿挂在网上供大家学习,其中写得比较好的有 Jan Stevens 写的 *Introduction to Algebraic Geometry*；Eyal Z. Goren 写的 *A Course in Algebraic Geometry*；Sara Lapan 写的 *Algebraic Geometry*. 其中的第一个讲义读起来赏心悦目,叙述十分流畅,包括了仿射簇的零点定理、准素分解、正则函数和局部化、射影簇、平面代数曲线、维数理论、切空间和非奇异性、超曲面上的直线等内容. 第二个讲义讲解仔细,还有难得的图片有助于直观理解. 第三个讲义其实是上面介绍的第三本书的作者之一 Karen Smith 的讲课整理稿,它可以看成是上述第三本书的有机补充,也是读后面 Sara Lapan 接下来写的概形理论讲课整理稿的必要准备.

2. 代数曲线和 Riemann 曲面

　　代数几何大师 Zariski 曾经这样说过:要想理解代数曲面,首先要透彻理解代数曲线. 虽然代数曲线属于最简单的代数簇,但其所包含的丰富的代数、几何与拓扑性质在上述代数几何的初级课程里是无法得到充分阐述的,所以需要对代数曲线(或者 Riemann 曲面)进行专门的论述. 复代数几何大师 Griffiths(格里菲思)在 1982 年曾经来中国讲了六周的代数曲线理论,其课堂笔记不久用中文正式出版,即《代数曲线》(北京大学出版社,1983 年,232 页). 这本书所需要的准备知识不多,它从最低限度的复变函数论、线性代数和初等拓扑的准备出发,深入浅出地讲解了代数曲线理论中最基本的内容,包括了 Riemann-Roch 定理和 Abel 定理的证明和应用. 它叙述精练,证明严格,堪称经典. 由于代数曲线是内蕴的 Riemann 曲面在射影空间里的外在实现形式,所以此书也可以看成是 Riemann 曲面理论的入门书. 值得一提的是,这本篇幅不大的杰出教材后来又从中文译成了英语,由美国数学会出版社出版,即 *Introduction to Algebraic Curves*(American Mathematical Society,1989 年,220 页). 它已经被列为代数曲线理论的基本参考书.

另一本讲代数曲线的公认好书是由 Frances Kirwan 写的 *Complex Algebraic Curves*(Cambridge University Press,1992),世界图书出版公司北京公司 2008 年重印,中文书名为《复代数曲线》. 这本书的优点是清楚地交代了所有初学者们都关心的一些典型的细节问题,如 Bézout 定理、微分形式、Weierstrass p - 函数的收敛性、Riemann-Roch 定理的严格证明,以及平面代数曲线的奇点解消等,这些内容在 19 世纪就已经被数学家们所熟知.

经典的 Riemann 曲面理论在最近梅加强写的一本教材《Riemann 曲面导引》里得到了比较清楚的阐述. (北京大学出版社,2013 年,237 页),它用复分析的方法来证明 Riemann-Roch 定理(它把除子称为"因子"),并且运用了基本的层论和上同调方法来揭示 Riemann 曲面深刻的性质. 通过这本书所使用的可以用到一般复流形上的现代复几何方法,可以对复代数几何的内容有一个初步的了解.

当然最好的 Riemann 曲面理论教材是由 Jürgen Jost 写的 *Compact Riemann Surfaces*(Springer, 2006 年),世界图书出版公司北京公司 2009 年重印,中文

书名为《紧 Riemann 曲面》.这本书有一个副标题是 *An Introduction to Contemporary Mathematics*,足见 Riemann 曲面理论对于整个当代数学基础的重要性.该书作者认为:Riemann 曲面是分析、几何与代数相互作用和融合的一个理想场所,因此最适宜用来显示现代数学的统一性.该书与其他持单一观点讲 Riemann 曲面的书籍不同,它分别从微分几何、代数拓扑、代数几何、偏微分方程等不同学科的视角来讲 Riemann 曲面,从而使初学者通过 Riemann 曲面这一媒介来更好地理解这些现代数学的主要分支学科.该书清晰和准确的写法已经成为讲解 Riemann 曲面理论的范例,尤其是从代数几何角度讲 Riemann 曲面的最后一章,值得仔细地品味.

关于 Riemann 曲面理论的一个很好的综述可见由 I. R. Shafarevich(沙法列维奇)主编的 *Algebraic Geometry* Ⅰ:*Algebraic Curves, Algebraic Manifolds and Schemes* (Springer,1994 年),科学出版社 2009 年重印,中文书名为《代数几何Ⅰ:代数曲线,代数流形与概形》.它前半部分的作者是 Shokurov,其内容包括了内蕴的 Riemann 曲面理论、外在的代数曲线理论、Jacobi簇理论和 Abel 簇理论等章节.

这本好书的后半部分是由 Danilov 写的关于代数簇和概形的一篇较长的综述,它可以看作是从代数几何的初级课程到代数几何的高级课程——概形理论之间的一座重要桥梁.该综述将代数簇和微分流形进行对比的讲法对初学者的帮助很大,它先讲代数簇中和微分流形类似的理论(如 Zariski 拓扑中的开集、粘贴、向量丛和切空间等),再讲和微分流形不同的理论(如有理映射、爆发、正规簇和维数理论等），然后着重讲解代数几何中特有的相交理论，最后一章是介绍概形理论的基本思想.

3. 交换环论、同调代数、代数拓扑和微分几何

要学好代数几何，离不开交换环论、同调代数、代数拓扑和微分几何等预备知识. 交换环论也称为"交换代数"，相关的中文教材已经有好几本了，它们的共同特点是只讲代数，不讲几何与数论. 唯一的一个例外是由冯克勤写的《交换代数》（高等教育出版社，1985年，274页），该书的叙述十分清晰和流畅，特别是专门用了一章（第六章 代数簇和代数整数环）来讲交换环论对于代数几何与代数数论的应用，让读者能够很好地了解交换环理论的来龙去脉.

英语文献中最好的交换代数教材可能是 Andreas Gathmann 写的 *Commutative Algebra*，该作者是代数几何的专家，他充分运用了几何学的直观，来仔细地阐述交换环的基本理论. 该讲义的排版特别精美，错落有致，不吝笔墨地解释和推导每一个数学细节.

交换代数以及其他重要的代数理论的基本思想在 I. R. Shafarevich 写的《代数基本概念》（高等教育出版社，2014年，267页）这本综述性的书中有不少阐述. 这本杰出著作的作者也是上面所介绍的书 *Algebraic Geometry* I 的主编，他是一位代数几何与代数数论的大师，亲自撰写过著名的两卷本 *Basic Algebraic Geometry* 1&2（Springer，1994年），世界图书出版公司北京公司 2009年重印，中文书名为《基础代数几何》，这部教科书被誉为是学习代数几何的"必读"之作，因为它包含了许多在通常的数学著作中很难见到的历史观点和

解释性的文字,特别是它对古典的代数几何理论讲得十分清楚,从而可以帮助初学者理解非常抽象的概形理论.

由于交换代数在目前的抽象代数体系中已经占据了相当重要的地位,所以在正规的抽象代数教程中都要用许多的篇幅来讲交换环论.例如获得好评的由莫宗坚等三人写的《代数学》(上、下)(北京大学出版社,1986 年).这部教材的下册主要讲交换代数,它秉承了与冯克勤的书同样的精神,注重解释来龙去脉.其行文的流畅与清晰,在国内的同类教材中是做得比较好的,很适合初学者.不仅如此,它的下册还与时俱进,用最后的一章来专门介绍现在用得比较普遍的同调代数基本方法.

说到同调代数,它在代数几何中是不可缺少的,例如在层论中要大量地使用同调代数的语言.在这里推荐一本由陈志杰写的《代数基础》(模、范畴、同调代数与层)(华东师范大学出版社,2001 年).从这本难得的书的副标题就可以知道,它的所有内容都是代数几何所需要的.特别是它的最后一章(第四章 层及其上同调理论)虽然较短,但却讲得十分清楚,部分原因归结为作者自己所做的清晰排版,因此该书很容易阅读.要知道,层的上同调理论实际上就是代数拓扑中最简单的单纯同调论和奇异同调论的进一步抽象和推广.

虽然目前国内已经有了好几种不错的代数拓扑教材,但最近高等教育出版社又重新翻印了陈吉象在1985 年写的《代数拓扑基础讲义》(高等教育出版社,2014 年),这本杰出的教材从点集拓扑开始,然后依次讲基本群、单纯同调群、奇异同调论等代数拓扑中最基本的知识,其清晰和完备的叙述,堪称是代数拓扑教科书中的精品.

现代微分几何的许多重要概念和方法已经被充分地吸收到了代数几何这门学科中,这是因为许多局部的几何性质只能先通过微积分的方法来发现和确定,然后再用拓扑学的上同调方法将局部的性质加以汇总,从而得到整体的几何与拓扑信息.所以必须熟悉微分几何的相关内容,一本比较初等的书是由古志鸣写的《几何与拓扑的概念导引》(高等教育出版社,2011年).正如作者自己所说,这本教材属于"那种对概念解释得很细的书",它仔细地一步步讲清楚什么是微分流形、流形上的微分形式、Riemann 流形上的纤维丛、de Rham 定理,以及 Poincaré 对偶,用大量具体的例子来说明抽象的几何概念的含义.

写过上面 Riemann 曲面教材的梅加强还写了一本关于微分流形和现代整体微分几何的入门教材:《流形与几何初步》(科学出版社,2013 年).这本不同凡响的新书除了仔细地讲解传统的微分流形和 Riemann 几何基础知识外,还着重讲解了微分流形的上同调的基本理论,包括了陈类(陈省身示性类)和 Hodge 理论等重要内容,这些都是学习代数几何所必需的.

4. 中级代数几何(复代数几何)

虽然在上面已经介绍了两本代数曲线的书,但是在有了层的上同调理论和微分几何的工具后,复代数曲线的理论就可以讲得更加简单和深入.这里再介绍一个是由 U. Bruzzo 写的讲义 *Introduction to Algebraic Topology and Algebraic Geometry*,它的前半部分是讲代数拓扑及微分几何,特别是层的上同调理论,后半部分

是把前面讲的工具应用到复代数曲线.

有代数几何学家曾经说过,在代数几何里其实只有三个维数:1 维(代数曲线)、2 维(代数曲面)和 3 维(也称为"曲体").这是因为高维代数簇的理论与 3 维代数簇的理论相差不大,目前它们还在研究的过程当中.因此在代数几何中,就不难理解代数曲面的理论占据着相当重的分量.而意大利学派的复代数曲面理论是理解整个代数曲面理论的基础.在这里只列出一个由 Paul Hacking 写的复代数曲面理论的讲义:583*C Lecture notes*,这个讲义的前半部分主要是建立研究代数曲面的各种工具,后半部分着重讲解一些主要代数曲面的关键例子.

5. 高级代数几何(概形理论)

在有了复代数几何的一些基础后,就可以开始学习抽象而优美的概形理论了.概形理论是经典的代数簇理论的极大推广,它是一个在很大程度上将几何、代数、数论与分析完美统一起来的逻辑推理体系.这里只列出两个讲义和一本书.第一个讲义是由前面曾写过交换代数讲义的 Andreas Gathmann 写的:*Algebraic Geometry*,这个讲义写得极其清晰,排版精美,内容大气磅礴.它从仿射簇和射影簇开始讲起,先仔细地按照后面要讲的概形理论的要求,来预先交代清楚仿射簇和射影簇的各种性质,然后才正式引入作为射影簇推广的概形概念.由于有了前面的精心铺垫,就可以顺理成章地来推导概形的各种性质,并及时说明它的用处.这个讲义的后半部分讲概形上的各种重要的层和它们的上同调理论,结尾的两章是讲相交理论和陈类,其中证明了关于高维代数簇的著名的 Hirzebruch-Riemann-

Roch 定理.

第二个讲义是由上面曾经提到过的 Sara Lapan 所写的概形理论讲课的整理稿 *Algebraic Geometry* II，它也是一本非常值得一读的讲义(该课程的主讲人同样是 Karen Smith). 这个讲义的突出优点是：关于概形性质的推理详尽而仔细，而且对于各种重要例子的讲解也是这样，所以很适合初学者.

最后，在研读完以上大部分的书籍和讲义后，就应当读已经成为代数几何经典教材的 Robin Hartshorne 写的 *Algebraic Geometry*(Springer, 1977 年), 世界图书出版公司北京公司 1999 年重印，中文书名为《代数几何》. 虽然它实际上只是 Grothendieck 所写的卷帙浩繁的《代数几何原理》(即著名的 EGA)的一个简写本，却也包含了极重的分量. 它的第一章讲作为预备知识的传统代数簇的基本理论，第二章讲概形的基本理论，第三章讲概形的上同调理论，第四、五章的内容是：在概形的基础上讲一般的代数曲线和代数曲面的理论，作为前面所讲的复代数曲线和复代数曲面初步理论的进一步抽象和提高. 在这本书的一个附录中还简要介绍了数论中著名的 Weil 猜想是如何运用概形理论的方法加以解决的.

第五编

Bézout 定理与几何学

Bézout 的结式理论在几何学中的发展历程

第 1 章

2012 年西北大学科学技术史博士生周畅在李文林研究员的指导下完成了题为《Bézout 的代数方程理论之研究》的博士论文. 对 Bézout 定理的历史及背景做了详尽的研究.

§1 Bézout 结式理论形成的相关背景

今天已经认可的理论,甚至是任何科学中的平凡真理,都是以前曾被怀疑或者是新奇的理论. 一些最重要的东西长期以来不受重视甚至几乎被忽视. 阅读科学史的第一个作用就是本能地惊讶于过去的无知,但是最根本的作用还是赞叹于前辈们取得的成就以及因为坚持和天才而得之不易的胜利. 很容易轻信别人的年轻学生们理所当然地认为每一个代数方程一定有一个根的想法. 这种想法最终让位于虚数领域被征服的喜悦.

Gauss 做出的关于有理数代数方程有实根或虚根的第一个完整证明可追溯到 1799 年. 涉及方程的那部分代数从更深意义上讲是近代代数, 例如与线和圆的平面几何进行比较的话. 在 Gauss 之前, 主要的研究放在解低阶方程以及根的对称函数的理论上. 在他之后, 根的算术性质问题不仅需要一个 Galois 来揭开其神秘的面纱, 而且需要一个 Liouville(刘维尔)和一个Jordan(约当)来阐释 Galois 所创立的这个神妙理论.

Gauss 和 Galois 所揭示的理论在今天的一般数学意识中占主导地位, 即使当它并不活跃的时候也是如此. 对于单个方程解性质的普遍理解构成了三个世纪以来 Tartaglia(塔塔利亚)、Cardano(卡丹)、Ferrari(费拉里)以及众多杰出学者辛苦工作的目标, 最后以 Lagrange 和 Abel 的工作而达到顶峰. 关于一个未知数的单个方程的理论到了今天即使没有完成其所有的细枝末节, 也至少完成了它的基本理论以及上层建筑.

关于两个变量的方程同样备受关注, 但是, 这种情况的性质决定了它们的理论达到完善的任一相应阶段都需要很长时间. 一条线上的一个离散点集显然不如一个平面内的一条曲线有更多的性质来研究. 其中一个的射影共变量是离散点的所有集合, 而其他的那些则有四个或是更多不同的类别: 点、线、曲线和线轨迹或是包络线. 具有一个二元型或是关于一个未知数的一个常微分方程, 似乎在一条线上的有限个点的集合中有一个令人满意的描述. 但是, 在努力理解一个平面曲线的描述中, 人们开始本能地寻找拐切线、双切线,

然后是极线、Hessian(黑塞)式、Cayley 以及其他辅助轨迹,以至于在提出一类 Riemann 曲面的概念之前,一个代数曲线可以衍生出我们对于许多相关曲线的理解.而且,事实上,通过反射作用,由于过去四十到五十年的发展,一条线上的点集的几何学现在较少涉及个体集,而是更多地涉及相关的无限线形系统或是对合.

因此,如果如 Descarees(笛卡儿)和 Newton 预示的那样,几何朝代数的方向发展,则有必要探讨联立方程组问题.Descarees 提出将平面曲线分为代数的和非代数的两类,并且对于前一类,根据它们的次数再进行划分.在研究二阶轨迹性质上,分析很快就超越了纯粹几何学,Euler 很容易地就证明了两个二阶轨迹相交的方程次数为四.一般化的下一个步骤就是确定消元式的次数,或是满足两个任意阶(m 和 n)联立方程的交点的方程.这个问题在 1764 年分别由 Euler 和 Bézout 独立地解决了,与 Euler 对于数学的兴趣之广不同的是,Bézout 当时将自己限定于这个很窄的研究领域.他们都给出了结果是 mn,也就是相交轨迹的阶数的乘积,并且都证明了通过将问题简化为从一个辅助线性方程组中的消元而证明了这个定理.也就是说,他们都依赖于后面被命名的"行列式"的形式结构.这最初发表的结果虽然仅限定于两个方程的情形,但是让 Bézout 因此而声名鹊起,并且,由他的方法而得到的行列式后来被 Sylvester 以及后人称之为"Bézout 式".但是,对于 Bézout 而言,这只是刚刚拉开他长达一生对于消元式形成研究的序幕.

大多数学生都熟悉关于一个未知数的两个方程的结式的构成模式,或者是两个变量的两个方程的消元式, Brill(布里尔)和 Nother 证明了 Newton 用于形成低阶方程组结式的等价过程, 尽管没有明显地扩展到关于两个未知数的方程组上. 它有两个专利有助于一般化进程: 第一, 它对于联立两个方程消去任一未知数给出了直接方法; 第二, 求得的结式是两个原函数的一个线性组合, 即乘数是变量和给定函数系数的有理函数 $R \equiv F_1 f_1 + F_2 f_2$. 那么, 如果涉及更多的方程以及更多变量时, 这两个特征中的哪一个会更有用呢? 我们必须记住, 在 1765 年甚至还不知道消元式的次数时, 从一个方程组中消去两个或更多未知数的计划所追求的主要效用就是它应指明结果的次数(比如, 三个给定阶数的平面的交集的具体数值).

逐步适用于某些系统化序列的直接方法的使用自然是更有魅力, 并且这种模式近来被广泛应用——最大公因式方法——因为其可以在每一步中提供更有说服力的演绎论证. 但是, 因为 Bézout 在找到更为可行的方法之前试验了很多年, 因此他指出这种方法也有其不足之处. 如果像 Kronecker 那样决定使用这种方法的话, 必须仔细加以辨别每一结式中的必要因式和不定因式, 并且学会预先计算每一结式的次数. Bézout 最终选择利用自己可以使用假设的权利, 他大胆猜测另一种作法将会是成功的.

他的假设就是从 $k+1$ 个方程中可以一举消去 k 个变量, 并且所得结果将会是给定函数的一个线性组合. 后一个结论等价于著名的 Nother 基本定理, 而且它的证明通常基于结式的存在性以及特定次数. 因此我们承认这次操作带有冒险的成分. 假设通过使用次数足够高的乘数 F_i 可以得到一个与 k 个变量或是未

知数 $x_1, x_2, \cdots, x_k$ 无关的组合式

$$R_n \equiv F_{m1} f_{n1} + F_{m2} f_{n2} + \cdots + F_{mk} f_{nk} + F_{mk+1} f_{nk+1}$$

仅含有 x_{k+1}，Bézout 打算求 n 的必要值，即仅关于唯一剩余的未知数 x_{k+1} 的 R 的次数. 也就是说，他希望找出足以符合要求的 n 的最小值.

§2　对于 Bézout 结式理论的一些改进

自然而然地，Bézout 的著作被后面的学者们做了诸多改进，这其中最为成功的就是 Netto 教授，他在自己的杰作 *Vorlesunger Uber Algebra*（《代数学》）中做出了大量补充性的引理. 弥补一个理论自身的不足之处与发现一个新理论应得到同样的荣誉. 只有通过如此众多细致耐心并且对科学忘我的奉献精神，实证真理的本质才能变得牢不可破、坚不可摧. 因此，如果我们说他将乘数 $F_{m1}, F_{m2}, \cdots, F_{mk+1}$ 中的所有系数看作是任意未定参数，并且首先探究在结式 R_n 已经被完全确定以后，还有多少这样的参数仍是任意的，这样理解并没有恶意曲解 Bézout 的原意. 显然，由于恒有

$$F_\alpha f_a + F_\beta f_b \equiv (F_\alpha + \phi_{a,b} \cdot f_b) f_b + (F_\beta - \phi_{a,b} \cdot f_a) f_b$$

所以组合式中任意两项可一起进行改造，以至于所有那些函数 $\phi_{a,b}$ 中的系数本质上仍是未定的. 同样地，如此一来某些所改造项就不止一次地被计算（正如那些含有乘积 $f_a f_b f_c \cdots$ 的项）. 因此，差分演算的发明与应用必然地用于解决计数问题：这构成了 Bézout 杰作的第一部分，并且被 Serret（塞列特）和 Netto 很好地再现在他们的文章中.

除了必要的未定元,我们称有效的未定参数个数为 P,或是 $P(n,k+1)$,并且令 $N(n,k+1)$ 表示出现在一个含 $k+1$ 个变量的 n 阶多项式中的项数. 因为含 x_{k+1} 的 $n+1$ 项预计会出现在 R 里,所以要消去的个数是 $N(n,k+1)-n$. 没有比有效任意乘数更多的要消去的项,所以满足不等式

$$P(n,n_1,n_2,\cdots,k+1)-1 \geqslant N(n,k+1)-n-1$$

或者 $N-P \leqslant n$.

如果 R 是一个确定函数,则表明它的次数一定恰好是 $N-P$. 但是,随着 n 取数 $n_1,n_2,\cdots,n_{k+1}$ 中的最大值而递增,$N-P$ 很快就达到它的最大值,并且作为一个常数仍然保持相当的重要性,直至 n 等于乘积 $n_1 \cdot n_2 \cdot n_3 \cdot \cdots \cdot n_{k+1}$. 从这一点出发,不等式当然要颠倒次序了,也就是说,参数比需要满足的条件要多得多. 因此"任意完全确定的结式次数一定恰等于原方程次数的乘积".

这个结论有两个问题悬而未决,首先就是这样一个结式的存在性的问题,即一个给定函数与有理乘数确定的线性组合的存在性问题,换言之,对于 $n=N-P$,要满足的线性方程组是否都是独立且相容的问题. 其次,通过进一步考虑需要确定那些系数将会等于零的项的选取,以便从形成的线性方程组中消去辅助系数,从而得到可表示成一个行列式的消元式. 关于这第二点,尚没有人能成功地阐述这样一个计划,因为 Bézout 显然地假设代换是可行的. 我们可以发现他关于这一点的叙述并非严格地精确,但是证明他的论证有多么的结构不严谨也是一件很有趣的事情. 但是,如果我们设想第一个方程乘以一个含相同个数未知数的

m 阶完全多项式,并且在次数为 $m_1 + n_1$ 的所得方程(乘积方程)中,在所有可能作代换的项里代换 $x_1^{n_2}$ 的值、$x_2^{n_3}$ 的值以及 $x_3^{n_4}$ 的值……,则由于乘数多项式会使得乘积方程中产生与项数一样多的不同系数,因此在代换之后剩下仅含有 $x_1,x_2,x_3,\cdots$ 的项的个数等于通过多项式乘数中的系数而可能会等于零的项的个数.而且,关于这些代换的相同作用还有更多内容,但是没有一处提到当多于一个量并且指数减少时,这样一种代换的验证.

如果仅考虑一种非常特殊的方程组,则不会出现刚才所述的困难,也就是说,每一个方程依次地仅含有其相对应编号的未知量的第一个幂次以及其他含有后面的未知数的项

$$f_{n1} = x_1 - g_{n1}(x_2,x_3,x_4,\cdots,x_{k+1}) = 0$$
$$f_{n2} = x_2 - g_{n2}(x_3,x_4,\cdots,x_{k+1}) = 0$$
$$\vdots$$
$$f_{nk} = x_k - g_k(x_{k+1}) = 0$$

最后一个也许具有形式 $f_{nk+1}(x_1,x_2,\cdots,x_k,x_{k+1}) = 0$.
Bézout 所擅用的项代换被现在的墨守成规者充分阐述为函数 f_i 乘以一个恰当的多项式的加法,例如,由于一个诸如 ax_1^r 的项可以通过为其加上乘积

$$a(x_1 - g_{n1}) \cdot \left\{\frac{x_1^r - g_{n1}^r}{x_1 - g_{n1}}\right\} \equiv a(x_1^r - g_{n1}^r)$$

而取代. 在本例中,一旦从 $f_{nk+1}(x_1,x_2,\cdots,x_k,x_{k+1})$ 中除去的一个未知数一直都不出现,并且已从第 $k+1$ 阶中除去前 k 个未知数,则剩下仅含一个未知数 x_{k+1} 的具有合适次数的消元式.

但是对于一般的“完全”方程,迄今为止,尝试在

这个模式下渐进地构造消元过程从未成功过,原因在于,经过前面的代换而使之降低次数的一个未知数也许又由于后来的代换而升高次数. 即使是 Netoo 在此处也只不过是借助线性方程组进行了论证. 一般情形自然不会是上述那么简单的例子,每一变量会出现在每一方程中并且具有不同幂次,直接代换仅能降低一个变量的次数,其目的是对于 x_r 将次数降低到一个最大值 $n_r - 1(r < k + 1)$. 如果这是可能的,则其给出了一种标准型.

现在,这个课题与消元本身同等重要——借助于方程组,将一个多项式化简为另一种形式,其中的变量指数不高于已规定的有限值. 这对于 Bézout 而言是一种过渡形式,最终令所有含有要消去变量的项的系数等于零,给出他的消元法最后步骤所需要的线性系统. 但是,由于这个形式是唯一的,所以能够证明以及已经证明另一种我们称之为"消元式"的简化标准型就像一个模块化系统中的简化标准型一样具有吸引力.

§3 Bézout 结式理论在几何中的发展进程

当 Bézout 在 1779 年出版他的专著时,仍存留一些问题以待研究,当然,他并没有停止在这方面的研究. 后来 Kelly 重新开始进行研究,并且将结式表示成为一个分式而非单独的一个行列式,这个分式的分子和分母仅含有由给定方程的系数构成的行列式因子. Bézout 的方程组是一旦取消区分有效参数以及非有效参数时(对所参数都一视同仁)用来产生一个确定结

果的. 至于消元式的次数——Bézout 一生都致力于解
决的问题——他表示已经解决了所谓的一般情形以及
大量的特殊情况. 也可以说,他求得了代数轨迹的有限
交点的个数,不仅是当所有交点是有限的情况,还是奇
异点或是奇异直线、平面等无穷大的情况. 所有的代数
几何都是一种化简——实际上或潜在的——将方程组
化为一种不同形式,再加上其中涉及的符号表示什么
的阐述. 结式一旦已知,那么之后关于其解释可常见于
几何讨论中. 为了研究消元式的应用,几乎需要列举代
数几何中现有的不同章节.

　　首当其冲的就是被称之为"Cramer 悖论"的内容.
这个理论先于 Bézout,因为 Cramer 的著作是在 1750
年出版的,也许他的理论有助于形成 Bézout 在解决自
己的问题时迫切需要的一些观点. 简言之,这个悖论就
是:一个 n 阶平面曲线方程含有 $\frac{1}{2}(n+1)(n+2)$ 项,

因此取决于 $\frac{1}{2}(n+1)(n+2)-1$ 个的系数. 需要这个

曲线经过 n 个结定点,然后利用线性方程组来唯一地
确定系数. 但是,两个 n 阶的曲线通常多于 n 个点,也
就是 n^2 个点(根据 Bézout 定理得). 但是,如果 $n>3$,

则有 $n^2>\frac{1}{2}(n^2+3n)$,以至于两条曲线,实际上是一

个 n 阶的无穷曲线束可以经过甚至比足以确定一个单
独曲线还要多的点. 这倒不是什么复杂的难题,已经被
Euler 解决了,他得到一个平面中的点的相依集合的有
趣而重要的概念. 由这个概念后来又衍生出一个平面
(或是高于两次的平面)中点的对合的概念,因此开辟
了一个曾有人涉足但从未被研究出结果的领域. 当两

个(或三个)曲线相交的点集中足够多的点被固定,只有一个点是任意变量,而其他 $r-1$ 个随着这一个变化而变化时,就产生了对合. 则这一个点可以用来描述整个平面——r 个点的全集的位置的整体,点集的双无限系统构成了平面中的对合.

　　接下来,按照历史发展的顺序就到了曲线重点的概念了. Bézout 对待它们的方式非常含蓄,将它们置于无穷远处,并说明大多数情况下它们是如何影响有限交点的个数的. Plücker 在五十年之后处理了这些问题,并得到了著名的 Plücker 关系式,将一个平面曲线的二重点、拐点、二重切线以及会切线的个数联系起来. 这些为几何学提供了曲线的亏格的概念,后来 Riemann 和 Clebsch 研究分析了这个概念的深度,并形成了代数曲线和一个复变量的多重周期函数理论的有机结合.

　　但是,Cramer 悖论自然地导致通过一不同阶的变动曲线而在一阶曲线上删除的可变交点的集合的考察,也就是曲线与固定曲线交于一点或是多点的问题,曲线上一个变动点的自由度问题,简言之,就是"Noether 基本定理"(Noether's Fundamental theorem)所能产生的所有那些问题. 在 Noether 以前,关于将两条曲线的交点分成两个集合方面有大量的定理,以及一个部分集都位于较低阶曲线上的假设,和另一部分集一定位于另一互补阶数的曲线上的结论,这其中最为著名的莫过于 Plücker,Jacobi,Kelly 做出的. 但是 Noether 是第一个准确地阐述并且证明一条曲线含有另外两条曲线 $f_1=0$ 和 $f_2=0$ 的所有交点,也可以表示成形式 $F_1f_1+F_2f_2=0$(其中 F_1 和 F_2 都是有理的). 其

实这个形式是 Bézout 构造的,曾经出现在他假设为结式的公式中. 因此 Noether 的证明就是始于这个依据,并且还设定了很多对于结论显然并不必需但绝对必要的条件. 在这个基础上将定理的主体部分与伴随曲线和非伴随曲线联系起来,特别是关于一条曲线上的剩余点与同余点的优美定理. 如果一点集 A 与另一点集 B(与任意第三个点集 C 相关)同余,则与 A 同余的任意第四个点集也与 B 同余. 两个剩余集连同基本曲线的奇异点一起构成了它与一伴随曲线的完全交叉.

　　Bézout 只是探讨了数值方程的消元方法,这是因为在当时,射影群下的不变量的形式理论尚未形成. 当这个理论出现以后,人们对于结式中的代数学的兴趣变得如对于消元式中的几何学的兴趣一样浓厚. 因此,对在平面中从三个方程中消去两个坐标的结果加以研究,一个不变量等于零就给出了三条曲线有一个公共点的条件. 但是,三条曲线也可能有两个、三个或者更多的公共点. Kelly 因此提出:如果一条曲线的第一极有 d 个公共点,那么当再次相交时,次数是多少呢? 他的答案是 $3(n-1)^2 - 7d, n$ 是给定曲线的阶数. Brill 的问题则更为一般化:当三条阶数为 n_1, n_2, n_3 的曲线有 d 个交点时,再出现一个公共点的条件是什么? 同样,他自己回答了这个问题,也因此创立了关于简化判别式以及简化结式理论的雏形.

§4　对 Bézout 结式理论的发展展望

　　简短地回顾结式次数定理的发展的可能性,虽然只是对于两种形式的结式探讨得比较多,但我们发现 Bézout 对于自己的研究有许多重要性的个人看法. 他在书中说:"本书的宗旨在于数学某一分支理论的完成,所有其他分支正在等待通过它的发展以获得自己的进步."然后,在书中他嘲笑那些曾放弃研究的人仅仅是刚开始对于他们遇到的代数关系的复杂性进行研究,他说:"同样吸引人而且很重要的无穷小分析,……已吸引了所有的注意力并且所有的研究者投身其中,有限量的代数分析似乎成为不会再有任何发展的领域,或者说是任何关于这方面的进一步的研究都是徒劳无功而已……如果我们仔细观察就会发现这样一个事实,即关于任意问题的解可能依据的无穷多未知数的无穷方程,至今为止我们只知道关于两个未知数的两个方程的情形,再强调一次,我们只了解在不引入任何与问题无关的信息时如何处理这种单一的情形,则我们应坚定地认为在这个问题上,所有事情都尚未完成."

在用了 463 页篇幅阐述了他的方法以后,Bézout 这样总结道:"我们认为有可能的是,没有哪种代数方程是我们没有给出方法来求最终方程的最低可能次数的,系数之间存在或者不存在某种关系时可能会引起那个次数的降低. "这种观点也许有些过分乐观了,至少是希望能找到方法,通过付出比 Bézout 的方法较少的劳动而得到列举的结果. 但是,毫无疑问这个目标实在太高了,值得穷尽毕生的精力来奉献于此,并且他序言中的结论也激起了我们的崇拜与赞叹之情:

"我们希望通过这本书吸引分析领域中当代分析学家利用天分和智慧,来证实这个理论在分析学中的

伟大进步. 如果就我们从哪里开始处理这些问题以及在哪里停止研究而言, 我们应该认为自己是幸运的, 应该发现, 我们已经履行了自己对于社会应尽的一些责任和义务. "

如果一部著作通俗易懂、妙趣横生并且相称于同时代的科学知识, 那么长达一生不懈地工作就不是在虚度光阴, Bézout 的《代数方程的一般理论》就是这样的一部著作. 值得一提的是, Jacobi 和 Minding (明金格) 分别在 1836 年和 1841 年对于两个方程的组合也给出了 Bézout 的消元法. 但是他们谁也没有提到 Bézout, 也许是他们并不知道 Bézout 的工作. 然而, 有一篇关于此事毫无意义的评论, 就是对于他们两人在六十年后将与 Bézout 等同的方法和结果作为创新而出版的探讨. 至少这表示 Bézout 的工作并不是不必要的, 而是证明了他的工作是领先于他的时代的. 或许是几何学等待 Gauss 来证明一个方程的次数指明了根的个数? 或者说等待 Monge (蒙日)、Poncelet 和 Plücker 将其从坐标系中解放出来? 也或者是等待 Liouville 和 Poisson (泊松) 将所有坐标以及未定量的线形函数 $z = k_1 x_1 + k_2 x_2 + \cdots + k_{k+1} x_{k+1}$ 联立起来, 并且探讨的不是关于单变量 x_i 的结式或是消元式, 而是含有所有未定量 $k_1, k_2, \cdots, k_{k+1}$ 的 z 的消元式? 现在的代数几何成长并繁荣于所有前面的这些准备工作之中, 并且这不是某一工作者的功劳, 而是众多人合作的智慧结晶, 而且它也需要数学任一分支的快速发展.

回到产生于消元式理论的几何问题上来. 在 3 维空间中, 三个曲面交于实的或是虚的点, 其个数就是三个阶数的乘积, 三个二次曲面交于八个点. 于是, 产生了这些点相互依存的问题：Cramer' paradox 可应用于任意维空间，并且对于相交系而言这并非所有的点. 如果给出二次曲线的八个交点中的七个，则第八个点就可以线形地构造出来，而且，让人惊讶的是看到有很多杰出的几何学家已经发现了这个问题中值得他们研究的难点所在. 但是高于 2 维的一个消元式，也就是三个或更多轨迹的一个相交系有其特有的可能性.

　　三个曲面不仅有一个由公共点组成的有限集合，而且也可以是整个一条曲线或者曲线系. 也就是说，它们的有无穷多个根的消元式可能恒等于零. 三个二次曲线可以交于一条线、两条线、一条圆锥曲线、三条线或是三次挠线，则附加的相交离散点的个数又是多少呢？例如，有一公共圆锥曲线 C，如果其中两个曲面相交于 C 以及第二个圆锥曲线 K，且有两个公共交点，并且第三个曲面交 K 于四个点，两个在 C 上，两个在 C 外. 或者，简言之，位于三个二次曲面上的一公共圆锥曲线中含有八个交点中的六个. 同样地，一条公共线含有四个点，一条三次挠线含有这三个二次曲面的所有这八个交点. 这一系列问题并不是很容易解决的，而且似乎没有引起 Bézout 的注意，公共曲线就是直线的情况除外，而且即使对于这种情况，他也并没有将其叙述成几何语言.

　　显然，需要一个关于 3 维空间中挠曲线的理论，以及 4 维空间中曲面以及曲线的理论等. 已知的情况是需要四个曲面而非三个来定义一个相交曲线. 对于这种情况，在 Bézout 的消元式中有一种关于有效处理方式的建议. 从两个方程中消去一个变量，作为消元式的是顶点位于无穷远处的一个锥面的方程. 在齐次坐标

中,有一锥面,其顶点位于任意点,并且含有一条曲线,在每一母线上都有这条曲线的一个点. 实施消元的不同方法启发了 Kelly,他将曲面称之为独异点曲面,Nother 和 Halphen 都发现独异点锥面足以代表 3 维空间中的挠线. 但是,对于 4 维或是更高维的射影空间中的曲线和曲面,至今没人能制订出一张系统的名目.

可以预见的是,经过他们的推导,基本命题会逐渐变得晦涩难懂. 如果类似在几何学上体现了 Bézout 定理最有价值的本质的 Nother 理论的定理被发现,以及当对于几何命题中点集、剩余点以及一曲线上点集群发现表达式时,则几何学家们将会偶尔依赖于结式或者消元式的形成. 然而,这样一个基础定理连同它所包含的处理过程会再次被人遗忘并不是一件好事. 甚至在《美国大百科全书》中,在对复杂方程的叙述时认为消元是困难的且总是不可能完成的任务. 在《不列颠百科全书》的 Kelly 的条目中可以看到这样温和的定论:至今为止从未存在过关于方程组的不同理论. 如此这样的叙述常出现在意图成为标准而又畅销的参考书中,其可信度甚至超过了专业著作或者新版数学百科全书中给出的精确总结.

两篇应用结式和判别式来展开曲线理论的文章发表在 *Mathematische Annalen*(《数学分析》)38 卷和 43 卷上,作者是 Meyer(米耶). 他从这样的假设出发,即对于称之为有理曲线的那一类曲线可以建立理论,并且对于相同阶数的非有理曲线也同样成立. 第一个就是处理平面曲线的寻常奇点,第二个就是处理空间中挠线的寻常奇点,确定当任意一种类型中的两个奇异点同时发生时,其他奇异点接下来会出现怎样的变化.

例如有多少拐点聚集一起作为二重切线的两个触点结合成为一个超密切点？这个直接的目标在于找出区别于虚奇异点的实奇异点之间的关系，但是，这个假设似乎是有效的且可改作他用.

如果没有提到 Kronecker 在方程组的系统理论的形成上的工作就结束本节实在不妥. 他所制定的模系统所探寻的内容远超出了曾经充斥 Bézout 眼界的唯一消元式问题. 不久前，提到了关于消元式的一种简化形式，其中所有的变量仍在，但是其指数降低，因此这个简化形式可被唯一地确定. 给定任意一般的或是特殊的方程组（或者模），对于所有简化形式的研究都是 Kronecker 研究计划的一部分，尤其是将所有形式进行分组，诸如结式那样，根据一个代数模的分类名，通过给定方程组可化简为零. 在他的 *Festschrift*（《纪念专辑》）以及后来他学生的解说性文章中提出方法来检验任意的系统，不管是一般的还是特殊如第一种类型（轨迹交于一条曲线），或者是特殊如第二种类型（轨迹交于一个曲面等）. 这个课题作为抽象理论扩展为一门带有丰富实例的具体的几何学的工作任重而道远，需要的不一定都是演绎论证，但大部分都是创造性的工作.

§5　小　　结

对于几何学家而言必不可少的并非是 Bézout 著名计划中计算而得的消元式，而是这样一个消元式存在的条件以及什么样的条件会改变它. 因此，Kronecker 更

为深远的计划可能的是,不是对于特殊情况的详尽阐述,而是在有限时间内如何具体操作的确切知识,以及对于会改变或是影响那些操作结果的条件的准确阐述. 哪一个更具价值? 是逻辑还是其应用到的具体对象? 这个问题也许永远没有答案,因为任何一套完整的理论系统都是极其复杂的,本身就不是一个单靠逻辑而建立起来的系统. 这些系统一般有两个维度:逻辑与历史. 维理主义的反思和历史传统的渐进式演进共同形成了我们今天的各种理论体系. 所以,这不是一蹴而就、非黑即白的问题,它只能在一个漫长的博弈和演化中找到答案.

代数曲线的几何不变量①

① 摘自《计算几何——曲面表示论及应用》,罗钟铉,孟兆良,刘成明编,科学出版社,2010.

第 2 章

本章将给出样条空间奇异性与代数曲线内蕴性质之间的内在等价关系,并介绍由此发现的代数曲线的新的几何不变量以及它在经典代数曲线的性质和样条空间奇异性研究中的应用. 在不至于引起混淆的情况下,以下以 u 代表射影平面上的点 (u) 或一条直线 $[u]$. 记 $u = \langle a,b \rangle$ 为直线 a 和 b 的交点,$a = (u,v)$ 表示由两点 u 和 v 所决定的直线.

首先来观察一些简单的事实. 在射影平面上的一条直线 l 被另外任意三条直线 a,b 和 c 所截(图1). 记三条直线的两两交点为 $u = \langle c,a \rangle, v = \langle a,b \rangle$ 和 $w = \langle b,c \rangle$,并记 $P = \langle l,a \rangle, Q = \langle l,b \rangle$ 和 $R = \langle l,c \rangle$. 显然有如下的线性组合表示

$$P = a_1 u + b_1 v, Q = a_2 v + b_2 w, R = a_3 w + b_3 u$$

其中 a_i, b_i 为实数. 容易证明:

命题 1

$$\frac{b_1}{a_1} \cdot \frac{b_2}{a_2} \cdot \frac{b_3}{a_3} = -1 \qquad (1)$$

事实上,不妨设 $u = (1,0,0)$,$v = (0,1,0)$ 和 $w = (0,0,1)$. 因为 P,Q,R 三点共线,所围成的面积为零,也就有

$$\begin{vmatrix} a_1 & b_1 & 0 \\ 0 & a_2 & b_2 \\ b_3 & 0 & a_3 \end{vmatrix} = 0$$

此即式(1).

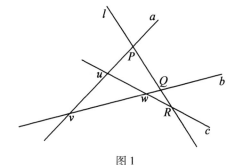

图 1

如果用二次曲线 Γ 来取代前面的直线 l(图 2),又会有什么样的结果出现呢? 由 Bézout 定理不难知道二次曲线与每一条直线 a,b,c 相交于两点,记为 $\{p_1, p_2\} = \langle \Gamma, a \rangle$,$\{p_3, p_4\} = \langle \Gamma, b \rangle$ 和 $\{p_5, p_6\} = \langle \Gamma, c \rangle$,则存在六对实数 $\{a_i, b_i\}_{i=1}^6$,使得

$$\begin{cases} p_1 = a_1 u + b_1 v \\ p_2 = a_2 u + b_2 v \end{cases}, \quad \begin{cases} p_3 = a_3 v + b_3 w \\ p_4 = a_4 v + b_4 w \end{cases}, \quad \begin{cases} p_5 = a_5 w + b_5 u \\ p_6 = a_6 w + b_6 u \end{cases}$$

$$(2)$$

有:

定理 1 若任意一条二次曲线 Γ 被任意三条直线所截. 在上面的记号下一定有

$$\frac{b_1 b_2}{a_1 a_2} \cdot \frac{b_3 b_4}{a_3 a_4} \cdot \frac{b_5 b_6}{a_5 a_6} = 1 \tag{3}$$

证明 记 $u = \langle a, c \rangle$, $w = \langle b, c \rangle$ 和 $v = \langle b, a \rangle$. 注意到由 $\{p_i\}_{i=1}^6$, u, v, w 和直线 a, b, c 构成的平面图的对偶图是具有 Morgan-Scott 三角剖分 Δ_{MS} 拓扑结构的平面图(图 2). 因为六点 $\{p_i\}_{i=1}^6$ 同时落在一条二次代数曲线上, 不难知道二元样条空间 $S_2^1(\Delta_{MS})$ 具有奇异结构, 即 $\dim S_2^1(\Delta_{MS}) = 7$, 从而便可得到本定理的完全证明.

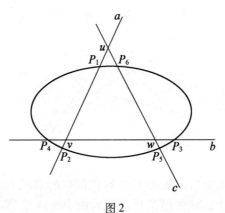

图 2

注 1 从命题 1 和定理 1 的证明中不难看出, 它们是三点 P, Q, R 共线或者任意六点 $\{p_i\}_{i=1}^6$ 同时落在一条二次代数曲线上的充分必要条件. 也就是在命题 1 和定理 1 的记号下, 有下面推论成立.

推论 1 射影平面上的任意三点 P, Q, R 共线的充分必要条件是式(1)成立.

推论 2 射影平面上的任意六点 $\{p_i\}_{i=1}^6$ 同时落在

二次代数曲线上的充分必要条件是式(3)成立.

根据推论 1 和推论 2,这里给出 Pascal 定理的一个简便的证明.

Pascal 定理的证明　设 $p_i \in \mathbb{P}^2 (i = 1, 2, \cdots, 6)$ 为任意互不相同的六点. 记 $a = (p_1, p_2), b = (p_3, p_4), c = (p_5, p_6)$ 和 $u = \langle c, a \rangle, v = \langle a, b \rangle, w = \langle b, c \rangle$. 不失一般性,假定 $u = (1, 0, 0), v = (0, 1, 0)$ 和 $w = (0, 0, 1)$. 因为此六点 $p_i \in \mathbb{P}^2 (i = 1, 2, \cdots, 6)$ 落在一条二次代数曲线上,所以通过简单的计算,有

$$q_1 = \langle (p_1, p_2), (p_4, p_5) \rangle = (b_4 b_5, -a_4 a_5, 0) = b_4 b_5 u - a_4 a_5 w$$

$$q_2 = \langle (p_2, p_3), (p_5, p_6) \rangle = (a_2 a_3, 0, -b_2 b_3) = -b_2 b_3 v + a_2 a_3 u$$

$$q_3 = \langle (p_3, p_4), (p_1, p_6) \rangle = (0, -b_1 b_6, a_1 a_6) = -b_1 b_6 w + a_1 a_6 v$$

等价于

$$\left(-\frac{b_1 b_6}{a_1 a_6} \right) \cdot \left(-\frac{b_2 b_3}{a_2 a_3} \right) \cdot \left(-\frac{b_4 b_5}{a_4 a_5} \right) = -1 \quad (4)$$

从而由推论 1 知 $\{q_1, q_2, q_3\}$ 三点共线. 这就是 Pascal 定理的结论.

如果用任意的高次代数曲线取代定理 1 中的二次曲线,又会有怎样进一步的结论呢? 事实上,命题 1 和定理 1 预示着代数曲线的某种内在的性质. 为探讨高次代数曲线的相应性质,我们需要给出射影几何中的一些新的概念.

1. 射影几何中新的基本概念

引入如下的定义:

定义 1　(特征比)设 $u, v \in \mathbb{P}^2$ 是射影平面中的两点(或两直线),$p_1, p_2, \cdots, p_k$ 是直线 $\langle u, v \rangle$ 上的 k 个点(或通过点 $\langle u, v \rangle$ 的直线簇),则存在实数 $\{a_i, b_i\}_{i=1}^k$ 使得 $p_i = a_i u + b_i v, i = 1, 2, \cdots, k$. 称比值

$$[u,v;p_1,\cdots,p_k]:=\frac{b_1b_2\cdots b_k}{a_1a_2\cdots a_k}$$

为 $p_1,p_2,\cdots,p_k$ 关于基本点（或直线）u,v 的特征比.

注 2 如果特征比的定义中的直线上的点是直线与代数曲线的交点，且其中的一些交点是重点，则相应的特征比是根据该交点的相重数所对应的极限形式而定义的. 值得注意的是，在射影几何中交比是最基本的不变量. 对于共线的四点 u,v,p_1,p_2，交比的定义为 $\frac{a_1b_2}{a_2b_1}$，而特征比是由 $\frac{b_1b_2}{a_2b_2}$ 来定义的. 也就是说特征比是与交比完全不同的概念.

定义 2 （特征映射）设 u 和 v 是射影平面上的两个不同的点，p 和 q 是直线 (u,v) 上的两点. 称点 q（或 p）为点 p（或 q）关于两个基本点 u 和 v 的特征映射，如果它们满足

$$[u,v;p,q]=1$$

并记 $q=\chi_{(u,v)}(p)$（或 $p=\chi_{(u,v)}(q)$）.

从特征映射的定义容易看出，若点 q 是点 p 的特征映射点，则 p 也是 q 的特征映射点，即特征映射是自反映射（$\chi_{(u,v)}\,\chi_{(u,v)}=I$）. 另外，特征映射的几何意义是 p 和 $\chi_{(u,v)}(p)$ 关于 u 和 v 的中点互为对称.

读者可以根据特征比和特征映射的定义，直接证明如下的结论.

推论 3 射影平面上的任意三点 P,Q 和 R 共线等价于它们的特征映射点 $\chi_{(u,w)}(P),\chi_{(v,u)}(Q)$ 和 $\chi_{(w,v)}(R)$ 共线.

推论 4 射影平面上的任意六点 $p_i\in\mathbb{P}^2$（$i=1,2,\cdots,6$）同时落在一条二次代数曲线上等价于它们的

特征映射点 $\chi_{(u,w)}(p_1), \chi_{(u,w)}(p_2), \chi_{(w,v)}(p_3),$ $\chi_{(w,v)}(p_4), \chi_{(v,u)}(p_5)$ 和 $\chi_{(v,u)}(p_6)$（图2）同时落在一条二次代数曲线上.

有了特征映射的概念,下面给出便于高次推广的 Pascal 定理的另一种表述. 为此先给出 Pascal 映射的定义.

定义 3　（Pascal 映射）设 $p_1, p_2, \cdots, p_6$ 是射影平面上任意给定的六点（其中任意三点均不共线）. 首先定义映射 Φ,即

$$\Phi(\{p_1, p_2, \cdots, p_6\}) = \{q_1, q_2, q_3\}$$

其中 $q_1 = \langle (p_1, p_2), (p_4, p_5) \rangle$, $q_2 = \langle (p_2, p_3), (p_5, p_6) \rangle$ 和 $q_3 = \langle (p_3, p_4), (p_6, p_1) \rangle$（即 $\{q_i\}_{i=1}^{3}$ 是由 $\{p_i\}_{i=1}^{6}$ 构成的六边形的三对边延长线的交点）. 进一步,$\{p_1, p_2, \cdots, p_6\}$ 的 Pascal 映射 Ψ 的定义由以下方式,给出

$$\Psi\{p_1, p_2, \cdots, p_6\} := \chi \circ \Phi\{p_1, p_2, \cdots, p_6\}$$
$$:= \{\chi_{(u,v)}(q_1), \chi_{(w,u)}(q_2), \chi_{(v,w)}(q_3)\}$$

其中 $u = \langle (p_1, p_2), (p_5, p_6) \rangle$, $w = \langle (p_1, p_2), (p_3, p_4) \rangle$ 和 $v = \langle (p_3, p_4), (p_5, p_6) \rangle$.

结合推论1和推论2,可以给出便于高次推广的 Pascal 定理的另一种形式.

定理 2　（Pascal 定理）对于给定的二次代数曲线上的六点 $p_1, p_2, \cdots, p_6$,它的 Pascal 映射所得三点必共线.

由代数曲线的 Bézout 定理知,一条 n 次代数曲线与直线恰好交于 n 个交点（包含重数在内）,从而引出下面的揭示代数曲线内蕴性质的重要定义.

定义 4　（特征数）设 Γ_n 是一条 n 次代数曲线,$a,$

b, c 为射影平面上的任意三条不同的直线(其中每一直线均不是 Γ_n 的分支). 记 $u = \langle c, a \rangle, v = \langle a, b \rangle, w = \langle b, c \rangle, \{p_i^{(a)}, p_i^{(b)}, p_i^{(c)}\}_{i=1}^{n}$ 分别为 Γ_n 和 a, b, c 的交点. 称如下定义的实数

$$K_n(\Gamma_n) := [u, v; p_1^{(a)}, \cdots, p_n^{(a)}] \cdot [v, w; p_1^{(b)}, \cdots, p_n^{(b)}] \cdot$$
$$[w, u; p_1^{(c)}, \cdots, p_n^{(c)}]$$

为 n 次代数曲线 Γ_n 的特征数.

由特征数的定义容易看出,直线和二次代数曲线的特征数分别为 -1 和 $+1$. 同时不难验证,若 Γ_n 是一条 n 次可约的代数曲线,则它有分支 Γ_{n_1} 和 Γ_{n_2}, $n = n_1 + n_2$, 显然 $K_n(\Gamma_n) = K_{n_1}(\Gamma_{n_1}) \cdot K_{n_1}(\Gamma_{n_1})$. 读者从后面的结论将可以看出,一条代数曲线的特征数与三条直线 a, b, c 的选择无关.

2. 代数曲线的特征数

根据特征数的定义 4,我们已经知道一次代数曲线(即直线)和二次代数曲线的特征数分别为 -1 和 $+1$,而且这一数值是一次代数曲线和二次代数曲线在射影变换和特征变换下的不变量.

下面给出本章最主要的结论.

定理 3 任意的 n 次代数曲线 Γ_n 的特征数 $K_n(\Gamma_n) = (-1)^n$.

证明 在此仅以 $n = 3$ 情形给出该定理的证明. 设 a, b, c 为射影平面 $\mathbb{P}^2$ 中的三条不同的直线,记 $u = \langle c, a \rangle, v = \langle a, b \rangle, w = \langle b, a \rangle$. 设 Γ_3 为 $\mathbb{P}^2$ 中的三次代数曲线. 假定 p_1, p_2, p_3 为直线 a 和 Γ_3 的交点,p_4, p_5, p_6 为直线 b 和 Γ_3 的交点,p_7, p_8, p_9 为直线 c 和 Γ_3 的交点. 显然存在实数组 $\{a_i, b_i\}$,使得

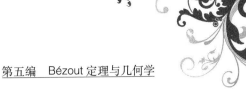

$$\begin{cases}p_1 = a_1u + b_1v\\ p_2 = a_2u + b_2v,\\ p_3 = a_3u + b_3v\end{cases} \begin{cases}p_4 = a_4v + b_4w\\ p_5 = a_5v + b_5w,\\ p_6 = a_6v + b_6w\end{cases} \begin{cases}p_7 = a_7w + b_7u\\ p_8 = a_8w + b_8u\\ p_9 = a_9w + b_9u\end{cases}$$

根据对偶原理,由直线 a,b,c,点 $u = \langle a,c\rangle, v = \langle b,c\rangle, w = \langle a,b\rangle$ 以及 $\{p_i\}_{i=1}^9$ 构成平面图的对偶图恰好构成 Morgan-Scott 型剖分 Δ_{MS}^2,其中 $p_i = \alpha_i x + \beta_i y + \gamma_i z, i = 1, 2, \cdots, 9$. 样条空间 $S_3^2(\Delta_{MS}^2)$ 具有奇异结构,亦即 $\dim S_3^2(\Delta_{MS}^2) = 11$. 从而得出三次代数曲线的特征数为 $(-1)^3 = -1$. 定理证毕.

注 3　很显然,定理 3 表明代数曲线的特征数是代数曲线固有的内蕴性质,而且与特征数定义中的三条直线的选择无关. 这一特征数是对于代数曲线而言在任意射影变换下的不变量,而且是代数曲线的整体几何不变量. 代数曲线的这一不变量为我们认识代数曲线提供了新的视角,并为研究代数曲线的性质以及二元样条空间的奇异性提供了新的工具.

利用特征映射和特征数的概念,读者容易证明如下的结论.

定理 4　设 $\{p_i^{(a)}, p_i^{(b)}, p_i^{(c)}\}_{i=1}^n$ 分别为射影平面上任意三条直线 a,b,c 上的 n 个点,且此 $3n$ 个点中的任意 $n+1$ 个点不共线,则 $3n$ 个点 $\{p_i^{(a)}, p_i^{(b)}, p_i^{(c)}\}_{i=1}^n$ 同时落在一条不以三次代数曲线 $a \cdot b \cdot c = 0$ 为分支的 n 次代数曲线的充分必要条件是它们的特征映射亦同时落在一条不以三次代数曲线 $a \cdot b \cdot c = 0$ 为分支的 n 次代数曲线上.

本定理的证明可直接获得.

射影空间中的交——Bézout 定理的推广

本章的目的是研究射影空间中簇的交. 如果 Y 和 Z 均是 P^n 中的簇, 关于 $Y \cap Z$ 我们能说些什么? 我们已经知道 $Y \cap Z$ 不一定是簇. 但它是代数集合, 从而首先可以问它的不可约分支的维数. 从向量空间理论我们可以得到一些启示: 如果 U 和 V 分别是 n 维向量空间 W 的 r 维和 s 维子空间, 则 $U \cap V$ 是维数不小于 $r + s - n$ 的子空间. 此外, 如果 U 和 V 处于相当一般的位置, 则只要 $r + s - n \geqslant 0$, $U \cap V$ 的维数等于 $r + s - n$. 由向量空间的这个结果立刻推出 P^n 中线性子空间的类似结果. 本章第一个结果是: 如果 Y 和 Z 是 P^n 的维数分别为 r 和 s 的子簇, 则 $Y \cap Z$ 的每个不可约分支的维数不小于 $r + s - n$. 进而若 $r + s - n \geqslant 0$, 则 $Y \cap Z \neq \varnothing$.

如果知道了关于 $\dim(Y \cap Z)$ 的某些信息, 我们可以问更精确的问题. 例如, 若 $r + s = n$ 并且 $Y \cap Z$ 是有限个点, 那么

262

$Y \cap Z$ 共有多少个点? 让我们看一个特殊情形. 如果 Y 是 P^2 中 d 次曲线, Z 是 P^2 中一直线, 则 $Y \cap Z$ 至多有 d 个点, 并且在适当计算重数的时候, $Y \cap Z$ 恰好有 d 个点. 这个结果推广成著名的 Bézout 定理, 这个定理是说, 如果 Y 和 Z 分别是 d 次和 e 次的平面曲线, $Y \neq Z$, 则在考虑重数之后, $Y \cap Z$ 恰好有 de 个点. 我们将在本章后面证明 Bézout 定理.

Bézout 定理推广到 P^n, 理想情形应当是这个样子: 首先定义任意射影簇的次数. 设 Y 和 Z 为 P^n 中的簇, 维数分别为 r 和 s, 次数分别为 d 和 e. 假设 Y 和 Z 处于相当一般的位置, 使得 $Y \cap Z$ 的所有不可约分支的维数均为 $r + s - n$, 并且设 $r + s - n \geqslant 0$. 对 $Y \cap Z$ 的每个不可约分支 W, 定义 Y 和 Z 沿着 W 的相交重数 $i(Y, Z; W)$. 那么我们应当有

$$\sum i(Y, Z; W) \cdot \deg W = de$$

其中求和是取 $Y \cap Z$ 的所有不可约分支.

这个推广的最困难部分是如何正确地定义相交重数. (顺便指出, 在 Severi 几何地和 Chevalley 与 Weil 代数地给出满意的定义之前, 历史上曾经有过许多种尝试.) 我们将只对 Z 为超曲面的情形定义相交重数.

本章中的主要任务是定义 P^n 中一个 r 维簇的次数. Y 的次数的经典定义为 Y 与"相当一般"的 $n - r$ 维线性空间 L 的交点个数. 但是这个定义使用起来很困难. 依次用 $n - r$ 个"相当一般"的超平面去截 Y, 可以求出一个 $n - r$ 维线性空间 L, 使得 L 与 Y 只交于有限个点, 但是交点个数可能依赖于 L. 此外, 也很难说清楚什么是"相当一般".

因此, 我们将利用射影簇的 Hilbert 多项式给出次

数的一种纯代数定义. 这个定义的几何背景不是十分明显, 但它的好处是精确.

命题 1 (仿射维数定理) 设 Y 和 Z 是 A^n 中维数分别为 r 和 s 的簇, 则 $Y \cap Z$ 的每个不可约分支的维数均不小于 $r+s-n$.

证明 分几步进行. 先设 Z 是由方程 $f = 0$ 定义的超曲面. 若 $Y \subseteq Z$, 则证毕. 若 $Y \not\subset Z$, 我们要证 $Y \cap Z$ 的每个不可约分支 W 的维数均为 $r-1$. 令 $A(Y)$ 为 Y 的仿射坐标环, 则 $Y \cap Z$ 的不可约分支对应于 $A(Y)$ 中主理想 (f) 的极小素理想 $\mathfrak{p}$. 由 Krull (克鲁尔[①])主理想定理知, 每个这种 $\mathfrak{p}$ 高均是 1, 从而由维数定理知

$$\dim A(r)/\mathfrak{p} = r-1$$

从而可知每个不可约分支 W 的维数均为 $r-1$.

对于一般情形, 考虑积 $Y \times Z \subseteq A^{2n}$, 易知这是 $r+s$ 维簇. 令 Δ 为对角形 $\{P \times P \mid P \in A^{2n}\} \subseteq A^{2n}$. 由映射 $P \mapsto P \times P$ 知 A^n 同构于 Δ, 并且在这个同构之下, $Y \cap Z$ 对应于 $(Y \times Z) \cap \Delta$. 由于 $\dim \Delta = n$, 并且

$$r+s-n = (r+s) + n - 2n$$

从而将问题归结于讨论 A^{2n} 中两个簇 $Y \times Z$ 和 Δ 的情形. 现在 Δ 恰好是 n 个超曲面

$$x_1 - y_1 = 0, \cdots, x_n - y_n = 0$$

的交, 其中, $x_1, \cdots, x_n, y_1, \cdots, y_n$ 为 A^{2n} 的坐标. 将前面的特殊情形利用 n 次即得结果.

定理 1 (射影维数定理) 设 Y 和 Z 为 P^n 中维数分别为 r 和 s 的簇, 则 $Y \cap Z$ 的每个不可约分支的维数均不小于 $r+s-n$. 此外若 $r+s-n \geq 0$, 则 $Y \cap Z \neq \varnothing$.

---

① Krull, 德国人, 1899—1971. ——原编者注

证明　第一个论断由命题 1 推出,因为 P^n 由 n 维仿射空间覆盖. 关于第二个论断,令 $C(Y)$ 和 $C(Z)$ 分别是 Y 和 Z 在 A^{n+1} 中的锥,则

$$\dim C(Y) = r+1, \dim C(Z) = s+1$$

并且 $C(Y) \cap C(Z) \neq \varnothing$(因为二者均包含原点 $P = (0,\cdots,0)$). 由仿射维数定理知

$$\dim(C(Y) \cap C(Z)) \geqslant (r+1) + (s+1) - (n+1)$$
$$= r+s-n+1 \geqslant 1$$

从而 $C(Y) \cap C(Z)$ 中包含某点 $Q \neq P$,即 $Y \cap Z \neq \varnothing$.

现在我们定义射影簇的 Hilbert 多项式. 其想法是:对每个射影簇 $Y \subseteq P_k^n$,结合一个多项式 $P_Y \in \mathbf{Q}[z]$,由这个多项式可得到 Y 的许多数值不变量. 我们将从齐次坐标环 $S(Y)$ 来定义 P_Y,事实上,更一般地,对每个分次 S – 模均可定义 Hilbert 多项式,其中

$$S = k[x_0,\cdots,x_n]$$

定义 1　多项式 $P(z) \in \mathbf{Q}[z]$ 叫作整值的,是指对充分大的整数 $n, P(n) \in \mathbf{Z}$.

命题 2　(1)若 $P \in \mathbf{Q}[z]$ 为整值多项式,则存在 $C_1,\cdots,C_r \in \mathbf{Z}$,使得

$$P(z) = C_0 \binom{z}{r} + C_1 \binom{z}{r-1} + \cdots + C_r$$

其中

$$\binom{z}{r} = \frac{1}{r!}z(z-1)\cdots(z-r+1)$$

特别地,对所有 $n \in \mathbf{Z}$ 均有 $P(n) \in \mathbf{Z}$.

(2)设 $f: \mathbf{Z} \to \mathbf{Z}$ 为任意函数,并且存在整值多项式 $Q(z)$,使得对充分大的 n,差分函数

$$\Delta f = f(n+1) - f(n)$$

等于 $Q(n)$, 则存在整值多项式 $P(n)$, 使得对充分大的 n, $f(n) = P(n)$.

证明 (1) 首先, 对 $\deg P$ 归纳. $\deg P = 0$ 的情形是显然的. 由于 $\binom{z}{r} = \dfrac{z^r}{r!} + \cdots$, 我们可将每个 r 次多项式 $P \in \mathbf{Q}[z]$ 表示成命题中的形式, 其中, $C_0, \cdots, C_r \in \mathbf{Q}$. 对每个多项式 P 定义差分多项式 ΔP 为

$$\Delta P(z) = P(z+1) - P(z)$$

由 $\Delta\binom{z}{r} = \binom{z}{r-1}$ 可知

$$\Delta P = C_0\binom{z}{r-1} + C_1\binom{z}{r-2} + \cdots + C_{r-1}$$

由归纳假设得出 $C_0, \cdots, C_{r-1} \in \mathbf{Z}$, 再由对充分大的 n, $P(n) \in \mathbf{Z}$, 从而 $C_r \in \mathbf{Z}$.

(2) 记

$$Q = C_0\binom{z}{r} + \cdots + C_r$$

其中, $C_0, \cdots, C_r \in \mathbf{Z}$. 令

$$P = C_0\binom{z}{r+1} + \cdots + C_r\binom{z}{1}$$

则 $\Delta P = Q$. 从而对充分大的 n, $\Delta(f-P)(n) = 0$. 从而对充分大的 n, $(f-P)(n) = C_{r+1}$ (常数). 于是对充分大的 n 有

$$f(n) = P(n) + C_{r+1}$$

此即为所求.

其次, 我们需要分次模的一些知识. 设 S 为分次环, 一个分次 S-模 M 是指 M 为 S 模并且有 Abel 群直和分解 $M = \bigoplus_{d \mid \mathbf{Z}} M_d$, 使得 $S_d M_e \subseteq M_{d+e}$. 对每个分次 S-

模 M 和每个 $l \in \mathbf{Z}$,定义 $M(l)$ 为向左移 l 位而得到的分次 S – 模,即 $M(l)_d = M_{d+l}$,$M(l)$ 称作是 M 的扭变模. 如果 M 是分次 S – 模,定义 M 的零化子为 $\mathrm{Ann}\, M = \{s \in S \mid sM = 0\}$,这是 S 的齐次理想.

下一结果与 Noether 环上有限生成分次模的一个著名结果相类似.

命题 3　设 M 为 Noether 分次环 S 上有限生成分次模,则存在分次子模滤链

$$\sigma = M^0 \subseteq M^1 \subseteq \cdots \subseteq M^r = M$$

使得对每个 i,$M^i/M^{i-1} \cong (S/\mathfrak{p}_i)(l_i)$,其中 $\mathfrak{p}_i$ 为 S 的齐次素理想,而 $l_i \in \mathbf{Z}$. 这种滤链不是唯一的,但是每个这样的滤链均有以下性质:

(1)若 $\mathfrak{p}$ 是 S 的齐次素理想,则 $\mathfrak{p} \supseteq \mathrm{Ann}\, M \Leftrightarrow$ 存在 i,使得 $\mathfrak{p} \supseteq \mathfrak{p}_i$,特别地,集合 $\{\mathfrak{p}_1, \cdots, \mathfrak{p}_r\}$ 的全部极小元恰好是 M 的全部极小素理想,即包含 $\mathrm{Ann}\, M$ 的那些素理想的极小元;

(2)对于 M 的每个极小素理想 $\mathfrak{p}$,$\mathfrak{p}$ 在 $\{\mathfrak{p}_1, \cdots, \mathfrak{p}_n\}$ 中出现的个数等于 $S_\mathfrak{p}$ – 模 $M_\mathfrak{p}$ 的长度(从而与滤链无关).

证明　为证滤链的存在性,我们考虑 M 中具有这种滤链的分次子模的集合. 由于 0 模是这种子模,从而此集非空. 因为 M 为 Noether 模,从而 M 中有这种极大子模 $M' \subseteq M$. 现在考虑 $M'' = M/M'$. 如果 $M'' = 0$,则证毕. 如果 $M'' \neq 0$,考虑理想集合 $\mathfrak{S} = \{I_m = \mathrm{Ann}(m) \mid m$ 为 M'' 中非零齐次元素$\}$. 每个 I_m 都是齐次理想,并且 $I_m \neq S$. 由于 S 为 Noether 环,从而存在 $0 \neq m \in M''$,使得 I_m 为集合 $\mathfrak{S}$ 的极大元. 我们断言:I_m 为素理想. 设 $a, b \in S$,$ab \in I_m$ 但是 $b \notin I_m$,我们要证明 $a \in I_m$. 通过分

成齐次分量之和, 我们可设 a 和 b 均是齐次元素. 考虑元素 $bm \in M''$. 由于 $b \notin I_m$, 从而 $bm \neq 0$. 但是 $I_m \subseteq I_{bm}$. 由 I_m 的极大性可知 $I_m = I_{bm}$. 由于 $ab \in I_m$, 从而 $abm = 0$, 于是 $a \in I_{bm} = I_m$, 此即为所求. 于是 I_m 为 S 的齐次素理想, 将它叫作 $\mathfrak{p}$. 设 m 的次数为 l, 则由 m 生成的模 $N \subseteq M''$ 同构于 $(s/\mathfrak{p})(-l)$. 设 $N'(\subseteq M)$ 为 N 在 M 中的原象, 则 $M' \subseteq N'$ 并且 $N'/M' \cong (s/\mathfrak{p})(-l)$. 于是 N' 也具有定理所述的滤链, 这就与 M' 的极大性相矛盾. 从而 $M' = M$. 即证明了 M 的滤链存在性.

现在假设给了 M 的这样一个滤链. 显然

$$\mathfrak{p} \supseteq \operatorname{Ann} M \Leftrightarrow \mathfrak{p} \supseteq \operatorname{Ann}(M^i/M^{i-1}) \quad (\text{对某个 } i)$$

但是

$$\operatorname{Ann}((s/\mathfrak{p}_i)(l)) = \mathfrak{p}_i$$

这就证明了 (1).

为证 (2) 我们在极小素理想 $\mathfrak{p}$ 处作局部化. 由于 $\mathfrak{p}$ 在 $\{\mathfrak{p}_1, \cdots, \mathfrak{p}_n\}$ 中极小, 局部化后, 除了 $\mathfrak{p}_i = \mathfrak{p}$ 的 i 之外均有 $M_{\mathfrak{p}}^i = M_{\mathfrak{p}}^{i-1}$, 并且在 $\mathfrak{p}_i = \mathfrak{p}$ 时 $M_{\mathfrak{p}}^i/M_{\mathfrak{p}}^{i-1} \cong (s/\mathfrak{p})_{\mathfrak{p}} = k(\mathfrak{p})$ (右边表示整环 $s/\mathfrak{p}$ 的商域). 这表明 $s_{\mathfrak{p}}$ 模 $M_{\mathfrak{p}}$ 的长度等于 $\mathfrak{p}$ 出现在集合 $\{\mathfrak{p}_1, \cdots, \mathfrak{p}_r\}$ 中的个数.

定义 2 设 $\mathfrak{p}$ 为分次 S-模 M 的极小素理想. 定义 M 在 $\mathfrak{p}$ 的重数为 $S_{\mathfrak{p}}$-模 $M_{\mathfrak{p}}$ 的长度, 表示成 $\mu_{\mathfrak{p}}(M)$.

现在我们可以定义多项式环 $S = k[x_0, \cdots, x_n]$ 上分次模 M 的 Hilbert 多项式. 首先定义 M 的 Hilbert 函数 φ_M, 对每个 $l \in \mathbf{Z}$ 均有

$$\varphi_M(l) = \dim_k M_l$$

定理 2 (Hilbert-Serre) 设 M 为有限生成 S-模, $S = k[x_0, \cdots, x_n]$, 则有唯一的多项式 $P_M(z) \in \mathbf{Q}[z]$,

使得对充分大的 l 有

$$\varphi_M(l) = P_M(l)$$

此外

$$\deg P_M(z) = \dim Z(\operatorname{Ann} M)$$

其中 $Z(\mathfrak{a})$ 表示齐次理想 $\mathfrak{a}$ 在 P^n 中的零点集合.

证明　若 $0 \to M' \to M \to M'' \to 0$ 为短正合序列,则

$$\varphi_M = \varphi_{M'} + \varphi_{M''}$$

$$Z(\operatorname{Ann} M) = Z(\operatorname{Ann} M') \cup Z(\operatorname{Ann} M'')$$

所以若定理对 M' 和 M'' 成立,则对 M 也成立. 根据命题 3 知 M 有滤链,其商均有形式 $(S/\mathfrak{p})(l)$,其中 $\mathfrak{p}$ 为齐次素理想,$l \in \mathbf{Z}$,从而我们归结于 $M \cong (S/\mathfrak{p})(l)$ 的情形. 但是平移 l 位对应于多项式作变量代换 $z \mapsto z + l$,因此只需考虑 $M = S/\mathfrak{p}$ 的情形. 如果 $\mathfrak{p} = (x_0, \cdots, x_n)$,则当 $l > 0$ 时 $\varphi_M(l) = 0$,从而对应多项式为 $P_M = 0$,而 $\deg P_M = \dim Z(\mathfrak{p})$(这里我们规定零多项式次数和空集的维数均为 -1).

如果 $\mathfrak{p} \neq (x_0, \cdots, x_n)$,取 $x_i \notin \mathfrak{p}$,考虑正合序列

$$0 \to M \xrightarrow{x_i} M \to M'' \to 0$$

其中 $M'' = M/x_i M$,则

$$\varphi_{M''}(l) = \varphi_M(l) - \varphi_M(l-1) = (\Delta \varphi_M)(l-1)$$

另外,$Z(\operatorname{Ann} M'') = Z(\mathfrak{p}) \cap H$,其中 H 为超平面 $x_i = 0$,由 x_i 的选取知 $Z(\mathfrak{p}) \not\subseteq H$,从而由命题 1 知 $\dim Z(\operatorname{Ann} M'') = \dim Z(\mathfrak{p}) - 1$. 现在对 $\dim Z(\operatorname{Ann} M)$ 用归纳法,我们可设 $\varphi_{M''}$ 为多项式函数对应于多项式 $P_{M''}$,而 $\deg P_{M''} = \dim Z(\operatorname{Ann} M'')$. 由命题 2 即知 φ_M 为多项式函数对应于一个 $\dim Z(\mathfrak{p})$ 次多项式. P_M 的唯一性是显然的.

定义 3　定理中的多项式 P_M 叫作 M 的 Hilbert 多

项式.

定义 4 设 Y 为 P^n 中 r 维代数集合,定义 Y 的 Hilbert 多项式为其齐次坐标环 $S(Y)$ 的 Hilbert 多项式(根据上述定理,这是 r 次多项式).而 P_Y 的首项系数的 $r!$ 倍称作是 Y 的次数.

命题 4 (1)若 $\varnothing \neq Y \subseteq P^n$,则 Y 的次数为正整数.

(2)若 $Y = Y_1 \cup Y_2$,Y_1 和 Y_2 的维数均为 r,并且 $\dim(Y_1 \cap Y_2) < r$,则 $\deg Y = \deg Y_1 + \deg Y_2$.

(3)$\deg P^n = 1$.

(4)如果 H 是 P^n 中的超曲面,且其理想由一个 d 次齐次多项式生成,则 $\deg H = d$.

证明 (1)由于 $Y \neq \varnothing$,P_Y 为非零多项式并且 $\deg P_Y = r = \dim Y$.由命题 2(1)知 $\deg Y = c_0 \in \mathbf{Z}$.因为 l 充分大时,$P_Y(l) = \varphi_{S/I}(l) \geq 0$(其中 I 为 Y 的理想),从而 c_0 为正整数.

(2)设 I_1 和 I_2 为 Y_1 和 Y_2 的理想,则 $I = I_1 \cap I_2$ 为 Y 的理想.我们有正合序列

$$0 \rightarrow S/I \rightarrow S/I_1 \oplus S/I_2 \rightarrow S/(I_1 + I_2) \rightarrow 0$$

现在 $Z(I_1 + I_2) = Y_1 \cap Y_2$ 的维数小于 r,从而 $\deg P_{S/(I_1+I_2)} < r$.于是 $P_{S/I}$ 的首项系数为 P_{S/I_1} 和 P_{S/I_2} 的首项系数之和.

(3)我们计算 P^n 的 Hilbert 多项式.这是 P_S,$S = k[x_0, \cdots, x_n]$.当 $l > 0$ 时,$\varphi_S(l) = \binom{l+n}{n}$,从而 $P_S = \binom{z+n}{n}$.它的首项系数为 $\dfrac{1}{n!}$,于是 $\deg P^n = 1$.

(4)设 $f \in S$ 为 d 次齐次元素,则有分次 S-模的正合序列

$$0 \to S(-d) \xrightarrow{f} S \to S/(f) \to 0$$

从而

$$\varphi_{S/(f)}(l) = \varphi_S(l) - \varphi_S(l-d)$$

于是 H 的 Hilbert 多项式为

$$P_H(z) = \binom{z+n}{n} - \binom{z-d+n}{n} = \frac{d}{(n-1)!} z^{n-1} + \cdots$$

因此 $\deg H = d$.

现在我们讲述关于射影簇与超曲面相交的主要结果，这是 Bézout 定理到高维射影空间的部分推广. 设 Y 为 P^n 中的 r 维射影簇，H 为超曲面并且不包含 Y. 根据命题 1 可知 $Y \cap H = Z_1 \cup \cdots \cup Z_s$，其中 Z_j 均为 $r-1$ 维簇. 设 $\mathfrak{p}_j$ 为 Z_j 的齐次素理想，我们定义 Y 和 H 沿着 Z_j 的相交重数为 $i(Y, H; Z_j) = \mu_{\mathfrak{p}_j}(S/(I_Y + I_H))$，其中 I_Y 和 I_H 分别为 Y 和 H 的齐次理想. 模 $M = S/(I_Y + I_H)$ 的零化子为 $I_Y + I_H$，而 $Z(I_Y + I_H) = Y \cap H$，从而 $\mathfrak{p}_j$ 是 M 的极小素理想并且 μ 是早先定义的重数.

定理 3　设 Y 是 P^n 中的簇，H 是超曲面并且不包含 Y，令 $Z_1, \cdots, Z_s$ 是 $Y \cap H$ 的全体不可约分支，则

$$\sum_{j=1}^{s} i(Y, H; Z_j) \cdot \deg Z_j = (\deg Y)(\deg H)$$

证明　设 H 由 d 次齐次多项式 f 所定义. 考虑分次 S - 模的正合序列

$$0 \to (S/I_Y)(-d) \xrightarrow{f} S/I_Y \to M \to 0$$

其中 $M = S/(I_Y + I_H)$. 取 Hilbert 多项式即知

$$P_M(z) = P_Y(z) - P_Y(z-d)$$

比较此等式两边的首项系数即可得到结果. 设 $\dim Y = r$ 而 $\deg Y = e$，则 $P_Y(z) = (\frac{e}{r!})z^r + \cdots$，从而右边为

$$\left(\frac{e}{r!}\right)z^r + \cdots - \left[\left(\frac{e}{r!}\right)(z-d)^r + \cdots\right]$$

$$= \left(\frac{de}{(r-1)!}\right)z^{r-1} + \cdots$$

现在考虑模 M. 由命题 3 知 M 有滤链

$$0 = M^0 \subseteq M^1 \subseteq \cdots \subseteq M^q = M$$

其中商 $M^i/M^{i-1} \cong (S/q_i)(l_i)$. 于是

$$P_M = \sum_{i=1}^{q} P_i$$

P_i 为 $(S/q_i)(l_i)$ 的 Hilbert 多项式. 设 $Z(q_i)$ 为 r_i 维 f_i 次射影簇,则

$$P_i = \left(\frac{f_i}{r_i!}\right)z^{r_i} + \cdots$$

注意,平移 l_i 位不影响 P_i 的首项系数. 由于我们只关心 P_i 的首项系数,从而可略去 P_i 中次数小于 $r-1$ 的那些项. 我们只保留使 q_i 为 M 的极小素理想的那些 P_i(即 q_i 为对应于某个 $Z_j(1 \leqslant j \leqslant s)$ 的素理想 $\mathfrak{p}_j$). 每个 $\mathfrak{p}_j$ 出现 $\mu_{\mathfrak{p}j}(M)$ 次,从而 P_M 的首项系数为

$$\frac{\left(\sum_{j=1}^{s} i(Y,H;Z_j)\deg Z_j\right)}{(r-1)!}$$

将此式与上式相比较即得所证结果.

推论 1（Bézout 定理）设 Y 和 Z 是 P^2 中两个不同的曲线,次数分别为 d 和 e. 令 $Y \cap Z = \{P_1, \cdots, P_s\}$,则

$$\sum_{j=1}^{s} i(Y,Z;P_j) = de$$

（此为前文中所述 Bézout 定理的另一叙述形式）

证明 只需注意每个点的 Hilbert 多项式为 1,从

而次数是 1.

注 1　我们这里用齐次坐标环给出的相交重数定义与早些时候给出的局部定义是不同的. 但是不难看出,对于平面曲线相交的情形这两个定义是一致的.

注 2　容易将定理 3 的推论 1 的证明推广到 Y 和 Z 均是可约曲线(即 P^2 中 1 维代数集合)的情形,只要 Y 和 Z 没有公共的不可约分支即可.

第六编

代数几何中的 Bézout
定理的应用

广义 Bézout 定理在编码中的应用[①]

> 数学得以应用依赖于如下事实,即人们发现,那些被数学家感到清晰、简单的关系,在外部实验世界中是重要的关系.
>
> ——N. Campbell

本章介绍一个广义 Bézout 定理,并用它来给出两条或多条平面曲线的公共交点的个数的上界. 利用估计曲线公共交点的个数的上界的方法,得到估计平面曲线上代数几何码的最小距离或广义 Hamming 重量的下界的一个新方法. 在此方法的基础上,还可以构造一些有效的线性码.

§1 广义 Hamming 重量的一些性质

对于线性码的最小距离,有下面的经典定理:

第 1 章

[①] 摘自《代数几何码》,冯贵文,吴新文著,科学出版社,1998.

277

定理 1 设 C 是一个 $[n,k]$ 线性码, H 是它的一个奇偶校验矩阵. 如果 H 的每 $d^* - 1$ 列的秩为 $d^* - 1$, 则 C 的最小距离至少为 d^*.

可以推广这个定理如下:

定理 2 设 C 是一个 $[n,k]$ 线性码, H 为它的一个奇偶校验矩阵. 如果 H 的任意列 $d^* - 1$ 列的秩为 $d^* - h$, 则 C 的第 h 个广义 Hamming 重量至少为 d^*, 即 $d_h(C) \geqslant d^*$.

容易看到, 当 $h = 1$ 时, 由定理 2 可得到定理 1. 但是, 以上两个定理具体运用起来都不太方便. 为了得到一些便于应用的结果, 先引入几个概念.

设 $v_1, \cdots, v_p$ 和 u 是一些 n 维向量. 如果存在 p 个系数 c_i, 使得 $u + \sum_{i=1}^{p} c_i v_i = \mathbf{0}$, 则称 u 完全线性依赖于(或称线性依赖于)向量 $v_1, \cdots, v_p$. 如果存在位置集合 $I \subseteq \{1, \cdots, n\}$, 使得去掉 u 和 $v_1, \cdots, v_p$ 的所有位置 $i \in \{1, \cdots, n\} - I$ 上的分量以后, 得到的子向量有这种线性依赖关系, 则称 u 在位置 I 上部分线性依赖于向量 $v_1, \cdots, v_p$. 当 u 部分线性依赖于向量 $v_1, \cdots, v_p$ 时, 最大可能的 I 的元素个数称为 u 对 $v_1, \cdots, v_p$ 的依赖次数. 显然, 当依赖次数等于 n 时, 恰好就是 u 完全线性依赖于 $v_1, \cdots, v_p$. 为了解释这几个概念, 来看一个例子.

例 1 考虑 $GF(2)$ 上的 5 维向量. 设 $u = (1,1,1,0,0)$, $v_1 = (1,0,0,1,1)$, $v_2 = (0,1,1,1,0)$. 考虑所有的形如 $u + c_1 v_1 + c_2 v_2$ 的线性组合

$$u + v_1 + v_2 = (0,0,0,0,1)$$
$$u + v_1 = (0,1,1,1,1)$$

278

$$\boldsymbol{u} + \boldsymbol{v}_2 = (1,0,0,1,0)$$

$$\boldsymbol{u} = (1,1,1,0,0)$$

故 $\boldsymbol{u}$ 对 $\boldsymbol{v}_1$ 和 $\boldsymbol{v}_2$ 的依赖次数等于 4.

将上面的概念进一步推广. 设有两组 n 维向量 $\boldsymbol{u}_i(i=1,\cdots,p)$ 和 $\boldsymbol{v}_j(j=1,\cdots,q)$. 设在某些固定的位置集合 I 上, 每个 $\boldsymbol{u}_\mu(\mu=1,\cdots,p)$ 部分线性依赖于 $\boldsymbol{v}_1,\cdots,\boldsymbol{v}_q,\boldsymbol{u}_1,\cdots,\boldsymbol{u}_{\mu-1}$, 则最大的 I 的元素个数称为 $\boldsymbol{u}_1,\cdots,\boldsymbol{u}_p$ 对 $\boldsymbol{v}_1,\cdots,\boldsymbol{v}_q$ 的一致依赖次数.

例 2　在 $GF(2)$ 上, 设 $\boldsymbol{u}_1 = (1,1,1,0,0), \boldsymbol{u}_2 = (0,1,1,0,1), \boldsymbol{v}_1 = (1,0,0,1,1), \boldsymbol{v}_2 = (0,1,1,1,0)$. 有 $\boldsymbol{u}_2 + \boldsymbol{v}_1 + \boldsymbol{v}_2 = (1,0,0,0,0)$, 容易验证 $\boldsymbol{u}_1$ 和 $\boldsymbol{u}_2$ 对 $\boldsymbol{v}_1, \boldsymbol{v}_2$ 的一致依赖次数等于 4.

为了叙述简便起见, 约定在下文中, 对于一个向量集合 $\{\boldsymbol{v}_1, \boldsymbol{v}_2, \cdots, \boldsymbol{v}_r, \cdots\}$, 记号 $\boldsymbol{v}_i^*$ 表示所有线性组合 $\boldsymbol{v}_i + \sum_{\mu=1}^{i-1} c_\mu \boldsymbol{v}_\mu$.

定义 1　对于给定的一个向量集合 $\{\boldsymbol{v}_1, \cdots, \boldsymbol{v}_r, \cdots\}$, 定义 $D_{\{\boldsymbol{v}_{i_1}^*, \boldsymbol{v}_{i_2}^*, \cdots, \boldsymbol{v}_{i_n}^*\}}$ 为 $\{\boldsymbol{v}_{i_1}, \boldsymbol{v}_{i_2}, \cdots, \boldsymbol{v}_{i_p}\}$ 对它们前面的向量 (即 $\boldsymbol{v}_1, \cdots, \boldsymbol{v}_{i_1-1}, \boldsymbol{v}_{i_1+1}, \cdots, \boldsymbol{v}_{i_2-1}, \boldsymbol{v}_{i_2+1}, \cdots, \boldsymbol{v}_{i_p-1}$) 的一致依赖次数.

定义 2　对于给定的一个向量集合 $\{\boldsymbol{v}_1, \cdots, \boldsymbol{v}_r, \cdots\}$, 定义 $D_p^{(r)} = \max\{D_{\{\boldsymbol{v}_{i_1}^*, \cdots, \boldsymbol{v}_{i_p}^*\}} \mid i_1 < \cdots < i_p \leqslant r\}$.

注 1　设 $\{\boldsymbol{h}_1, \boldsymbol{h}_2, \cdots, \boldsymbol{h}_r, \cdots\}$ 是代数曲线上的有理函数的赋值向量的集合, C_r 是以 $\boldsymbol{H}_r = (\boldsymbol{h}_1, \cdots, \boldsymbol{h}_r)^{\mathrm{T}}$ 为奇偶校验矩阵的 $[n, n-r]$ AG 码, 则 $D_p^{(r)} = n - d_{r-p}(C_r^\perp)$, 其中 $C_r^\perp$ 是 C_r 的对偶码. 由这个关系式, 计算代数几何

码的广义 Hamming 重量归结于计算 $D_p^{(r)}$.

对于以 H_r 为奇偶校验矩阵的码 C_r,有下面的定理:

定理 3 设 C_r 是以 H_r 为奇偶校验矩阵的码. 如果对 H_r 的 r 个行向量,有 $D_{r-d^*+h+1}^{(r)} < d^* - 1$,则 C_r 的第 h 个广义 Hamming 重量至少为 d^*,即 $dh(C_r) \geqslant d^*$.

证明 假设 H_r 有一个子矩阵由 $d^* - 1$ 列构成,秩为 $d^* - v, v \geqslant h + 1$,则在此子矩阵中有 $r - d^* + v$ 行,它们线性依赖于它们前面的各行. 所以 H_r 中有 $r - d^* + h + 1$ 行,它们对其余的行的一致依赖次数至少为 $d^* - 1$. 故 $D_{r-d^*+h+1}^{(r)} \geqslant d^* - 1$,与定理的假设矛盾,这个矛盾说明,$H_r$ 的任意 $d^* - 1$ 列构成的子矩阵的秩至少为 $d^* - h$. 故由定理 2,C_r 的第 h 个广义重量至少为 d^*.

推论 1 设 C_r 是以 H_r 为奇偶校验矩阵的码,对 H_r 的 r 个行向量,有 $D_{r-d^*+2}^{(r)} < d^* - 1$,则 C_r 的最小距离至少为 d^*.

设 LS 是平面上一些点的集合,$LS = \{(x_1, y_1), (x_2, y_2), \cdots, (x_n, y_n)\}$,又设 $h(x, y)$ 是一个多项式(或单项式),则 $h(x, y)$ 在 LS 上的赋值向量为 $\boldsymbol{h} = (h(x_1, y_2), h(x_2, y_2), \cdots, h(x_n, y_n))$. 在后文中,在 LS 明确且不致于引起混淆的情况下,有时将 $h(x, y)$ 和它在 LS 上的赋值向量都记为 $\boldsymbol{h}$. 故根据定义 1,$D_{\{h_{i_1}^*, \cdots, h_{i_p}^*\}}$ 表示曲线 $h_{i_1}^* = 0, \cdots, h_{i_p}^* = 0$ 在 LS 中的公共交点的个数,其

中 $\boldsymbol{h}_i^* = h_i + \sum\limits_{\mu=1}^{i-1} c_\mu h_\mu$. 当 LS 为整个平面时,它表示 $\boldsymbol{h}_{i_1}^* = 0, \cdots, \boldsymbol{h}_{i_p}^* = 0$ 的公共交点的个数. 当 LS 为曲线 $f(x, y) = 0$ 的有理点集时,它表示 $f(x, y) = 0$ 与 $\boldsymbol{h}_{i_1}^* = 0, \cdots, \boldsymbol{h}_{i_p}^* = 0$ 的公共交点的个数. 同样地,对于一列多项式 $\{h_1, \cdots, h_r, \cdots\}$, $D_p^{(r)}$ 表示头 r 个多项式中,任意 p 个与它前面的多项式的线性组合得到的曲线 $\boldsymbol{h}_{i_1}^* = 0, \cdots, \boldsymbol{h}_{i_p}^* = 0$ 在 LS 中最多可能的不同交点个数. 由此可见, $D_p^{(r)}$ 的计算转化为曲线的不同交点个数的计算. 下一节中介绍的广义 Bézout 定理就可用来估计曲线的不同交点的个数.

§2　广义 Bézout 定理

在这一节中,介绍广义 Bézout 定理,并推导 $D_{\{h_{i_1}^*, \cdots, h_{i_p}^*\}}$ 和 $D_p^{(r)}$ 一些简单性质. 熟知,代数几何理论中有著名的 Bézout 定理.

定理 4　(Bézout 定理)设 $F(X, Y, Z)$ 和 $G(X, Y, Z)$ 分别是两条 m 次和 n 次射影平面曲线,它们没有公共分支,即 F 和 G 分别是 m 次和 n 次齐次多项式,且它们没有公因子,则 $F(X, Y, Z)$ 和 $G(X, Y, Z)$ 至多有 mn 个不同的公共点.

为了引进这个定理,先介绍一下结式的定义:

定义 3　设 $f(x)$ 和 $g(x)$ 分别是两个 m 次和 n 次多项式

281

$$f(x) = a_0 x^m + a_1 x^{m-1} + \cdots + a_m$$
$$g(x) = b_0 x^n + b_1 x^{n-1} + \cdots + b_n$$

则 $f(x)$ 和 $g(x)$ 的 x – 结式矩阵(记为 $RM(f,g)$ 或 RM)定义为如下的 $(m+n) \times (m+n)$ 阶矩阵

$$\begin{pmatrix} a_0 & a_1 & \cdots & \cdots & \cdots & a_m & & & & \\ & a_0 & a_1 & \cdots & \cdots & \cdots & a_m & & & \\ & & \vdots & & & & \vdots & & & \\ & & & & a_0 & a_1 & \cdots & \cdots & \cdots & a_m \\ b_0 & b_1 & \cdots & \cdots & b_n & & & & & \\ & b_0 & b_1 & \cdots & \cdots & b_n & & & & \\ & & \vdots & & & & \vdots & & & \\ & & & & & b_0 & b_1 & \cdots & b_n \end{pmatrix}$$

这个矩阵的行列式称为 $f(x)$ 和 $g(x)$ 的 x – 结式,记为 $\mathrm{Res}_x(f,g)$ (或简单地记为 R).

定理 5 设 $f(x)$ 和 $g(x)$ 分别是两个 m 次和 n 次多项式,则 $f(x)$ 和 $g(x)$ 有一个次数为 r 的公因式的充分必要条件是 $\mathrm{rank}(RM(f,g)) = m + n - r$.

在证明这个定理之前,先介绍下面两个引理:

引理 1 $RM(f,g) \times (x^{m+n-1}, x^{m+n-2}, \cdots, x, 1)^{\mathrm{T}} = (f(x)x^{n-1}, f(x)x^{n-2}, \cdots, f(x)x, f(x), g(x)x^{m-1}, g(x)x^{m-2}, \cdots, g(x)x, g(x))^{\mathrm{T}}$.

证明 结论显然.

引理 2 $\gcd(f(x), g(x)) = 1$ 的充分必要条件是
$$\mathrm{rank}(RM(f,g)) = m + n$$

证明 由引理 1 容易看到,$RM(f,g)$ 的最后一行和其余的行的线性组合能成为向量 $(0,0,\cdots,0,1)$,当

且仅当存在 n 次的 $P(x)$ 和 m 次的 $Q(x)$，使得 $f(x)P(x) + g(x)Q(x) = 1$. 这个等式意味着 $\gcd(f(x), g(x)) = 1$.

定理 5 的证明　假设 $f(x)$ 和 $g(x)$ 有 r 个公共根.

设 $h(x) = x^r + \sum\limits_{i=1}^{r} c_i x^{r-i}$ 为 $f(x)$ 和 $g(x)$ 的最大公因式. 记

$$f(x) = \left(x^r + \sum_{i=1}^{r} c_i x^{r-i}\right)\left(a_0 x^{m-r} + \sum_{i=1}^{m-r} a_i^* x^{m-r-i}\right)$$

$$g(x) = \left(x^r + \sum_{i=1}^{r} c_i x^{r-i}\right) \cdot \left(b_0 x^{n-r} + \sum_{i=1}^{n-r} b_i^* x^{m-r-i}\right)$$

令 $f^*(x)$ 和 $g^*(x)$ 分别是 $a_0 x^{m-r} + \sum\limits_{i=1}^{m-r} a_i^* x^{m-r-i}$ 和

$b_0 x^{n-r} + \sum\limits_{i=1}^{n-r} b_i^* x^{n-r-i}$，则 $f^*(x)$ 和 $g^*(x)$ 没有公共根，

$\gcd(f^*(x), g^*(x)) = 1$. 不失一般性，可设 $b_{n-r}^* \neq 0$.

从而 $RM(f,g)$ 可以分解成两个矩阵的积，$RM = \boldsymbol{Q} \times \boldsymbol{P}^{-1}$，其中 $\boldsymbol{Q}$ 和 $\boldsymbol{P}^{-1}$ 分别为

$$\begin{pmatrix} a_0 & a_1^* & \cdots & a_{m-r}^* & 0 & 0 & 0 & 0 & 0 & \cdots & 0 \\ & a_0 & a_1^* & \cdots & a_{m-r}^* & 0 & 0 & 0 & 0 & \cdots & 0 \\ & & \vdots & & \vdots & \vdots & & \vdots & \vdots & & \vdots \\ & & & a_0 & a_1^* & \cdots & a_{m-r}^* & 0 & \cdots & & 0 \\ b_0 & b_1^* & \cdots & b_{n-r}^* & 0 & 0 & 0 & 0 & 0 & \cdots & 0 \\ & b_0 & b_1^* & \cdots & b_{n-r}^* & 0 & 0 & 0 & 0 & \cdots & 0 \\ & & \vdots & & \vdots & \vdots & & \vdots & \vdots & & \vdots \\ & & & b_0 & b_1^* & \cdots & b_{n-r}^* & 0 & \cdots & & 0 \end{pmatrix}$$

$$\begin{pmatrix}
1 & c_r & c_{r-1} & \cdots & c_2 & c_1 & & & & \\
 & 1 & c_r & c_{r-1} & \cdots & c_2 & c_1 & & & \\
 & & 1 & c_r & c_{r-1} & \cdots & c_2 & c_1 & & \\
 & & & \vdots & \vdots & & \vdots & \vdots & & \\
 & & & & & \vdots & \vdots & \vdots & \vdots & \\
 & & & & & 1 & c_r & c_{r-1} & c_{r-2} & \\
 & & & & & & 1 & c_r & c_{r-1} & \\
 & & & & & & & 1 & c_r & \\
 & & & & & & & & 1 &
\end{pmatrix}$$

矩阵 $\boldsymbol{P}^{-1}$ 是一个非奇异矩阵, 矩阵 $\boldsymbol{Q}$ 的最后 r 列全为 0. 记 $\boldsymbol{Q}$ 的其余 $m+n-r$ 列构成的子矩阵为 $\boldsymbol{Q}'$. 在 $\boldsymbol{Q}'$ 中, 去掉由前 n 行组成的上半部分的最后 r 行, 就得到下列矩阵

$$\begin{pmatrix}
 & & & 0 & \cdots & 0 \\
 & & & 0 & \cdots & 0 \\
 & RM(f^*(x), g^*(x)) & & 0 & \cdots & 0 \\
 & & & 0 & \cdots & 0 \\
 & & & 0 & \cdots & 0 \\
0 & \cdots & \cdots & \cdots & \cdots & \cdots & b_{n-4}^* & \cdots & 0 \\
0 & \cdots & \cdots & \cdots & \cdots & \cdots & 0 & \cdots & 0 \\
0 & \cdots & \cdots & \cdots & \cdots & \cdots & 0 & \cdots & b_{n-r}^*
\end{pmatrix}$$

因为 $\gcd(f^*(x), g^*(x)) = 1$, 由引理 2, 左上角是一个 $(m+n-2r) \times (m+n-2r)$ 阶非奇异矩阵. 另外, $b_{n-r}^* \neq 0$, 所以 $\boldsymbol{Q}'$ 是一个满秩矩阵. 所以 rank $\boldsymbol{Q} = m+n-r$, 从而 rank$(RM) = m+n-r$.

284

反过来,如果 $\mathrm{rank}(RM) = m + n - r^*$,则由引理 2 知,$f(x)$ 和 $g(x)$ 有一个最大公因式 $h(x) = x^{r^*} + \sum_{\mu=1}^{r^*} d_\mu^* x^{r^*-\mu}$,其中 $r^* > 0$. 再由上述论证,$\mathrm{rank}(RM) = m + n - r^*$,所以 $r^* = r$,定理得证.

为了后文叙述方便,引进几个记号. 对 $f(x) = a_0 x^m + a_1 x^{m-1} + \cdots + a_m$,记

$$\boldsymbol{f}^{(0)} = \boldsymbol{f} = (a_0, a_1, \cdots, a_m, 0, \cdots, 0)$$

其中向量的右边部分有 $n-1$ 个 0. 对 $1 \leqslant i \leqslant n-1$,记

$$\boldsymbol{f}^{(i)} = (0, \cdots, 0, a_0, a_1, \cdots, a_m, 0, \cdots, 0)$$

其中向量的右边有 $n-i-1$ 个 0,左边有 i 个 0. 有了这些记号,可以看到 $RM(f,g)$ 的行由 $\boldsymbol{f}^{(\mu)}$ 和 $\boldsymbol{g}^{(\lambda)}$ 组成,$0 \leqslant \mu \leqslant n-1, 0 \leqslant \lambda \leqslant m-1$.

有时称 f 和 g 的 x – 结式为 Sylvester 结式. 因为结式的概念是由 Sylvester 在 1840 年引进的,他还证明了:$\mathrm{Res}_x(f,g) = 0$ 当且仅当 $a_0 = b_0 = 0$ 或 f 和 g 有一个公共根.

当 f 和 g 是含有两个变量 x 和 y 的多项式时,将 y 看成系数,可以将 f 和 g 写成形如

$$f(x,y) = a_0(y)x^m + a_1(y)x^{m-1} + \cdots + a_m(y)$$

$$g(x,y) = b_0(y)x^n + b_1(y)x^{n-1} + \cdots + b_n(y)$$

将 f 和 g 的 x – 结式记成 $R(y)$,$R(y) = \mathrm{Res}_x(f,g)$. 对于任意 β,$R(\beta) = 0$ 当且仅当 $a_0(\beta) = b_0(\beta) = 0$ 或者存在某个 α,使得 $f(\alpha,\beta) = g(\alpha,\beta) = 0$. 所以 $R(y) = 0$ 的根是 $f(x,y) = 0$ 和 $g(x,y) = 0$ 的交点在 y 轴上的投影. 实际上可以进一步断言,如果 $R(y)$ 的零点 β 的重

数为 r，即 $R(y) = (y - \beta)^r D(y)$，$D(\beta) \neq 0$，则 $f(x,y) = 0$ 和 $g(x,y) = 0$ 恰有 r 个交点落在 $y = \beta$ 上. 所以有下面的定理：

定理 6 设 $f(x,y)$ 和 $g(x,y)$ 没有公共分支，则它们的不同的公共根的个数不超过 x - 结式 $R(y)$ 的次数.

证明 设 β 是 $R(y) = 0$ 的一个根且它的重数等于 r，则 x - 结式矩阵 $RM(\beta)$ 的秩等于 $m + n - r$. 由定理 5 知，至多存在 r 个不同的值（记为 α），使得 (α, β) 是 $f(x,y) = 0$ 和 $g(x,y) = 0$ 的交点，或者说在直线 $y = \beta$ 上 $f(x,y) = 0$ 和 $g(x,y) = 0$ 至多有 r 个公共根. 另外，$R(y) = 0$ 的根的个数（算上重数）至多等于 $R(y)$ 的次数. 所以 $f(x,y) = 0$ 和 $g(x,y) = 0$ 的不同交点个数至多等于 $R(y)$ 的次数.

可以将定理 6 推广到 $p(p \geqslant 3)$ 个多项式的情形. 设 $f_\mu(x,y) = 0(\mu = 1, \cdots, p)$ 是 p 个多项式，它们没有公共分支. 不失一般性，可设 $\deg_x f_1 \geqslant \deg_x f_2 \geqslant \cdots \geqslant \deg_x f_p$，令 $\deg_x f_1 = m$，$\deg_x f_2 = n, \cdots, \deg_x f_p = s$，这里 $\deg_x f_\mu$ 表示 f_μ 关于 x 的次数. 定义这样 p 个多项式的 x - 结式矩阵为下列 $\sum \times (m + n)$ 阶矩阵，其中

$$\sum = \sum_{\mu=1}^{p} (m + n - \deg_x f_\mu)$$

即

$$\begin{pmatrix}
a_0^{(1)} & a_1^{(1)} & \cdots & & & a_m^{(1)} & 0 & \cdots & & 0 \\
0 & a_0^{(1)} & a_1^{(1)} & \cdots & & \vdots & a_m^{(1)} & 0 & \cdots & 0 \\
\vdots & \vdots & \vdots & & & & \vdots & \vdots & & \vdots \\
0 & 0 & \cdots & 0 & a_0^{(1)} & a_1^{(1)} & \cdots & & & a_m^{(1)} \\
a_0^{(2)} & a_1^{(2)} & \cdots & \vdots & a_n^{(2)} & 0 & \cdots & & & 0 \\
0 & a_0^{(2)} & a_1^{(2)} & \cdots & \vdots & a_n^{(2)} & 0 & \cdots & & 0 \\
\vdots & \vdots & \vdots & & \vdots & \vdots & & & & \vdots \\
0 & 0 & \cdots & & & 0 & a_0^{(2)} & a_1^{(2)} & \cdots & a_n^{(2)} \\
\vdots & \vdots & & & & & \vdots & \vdots & & \vdots \\
a_0^{(p)} & a_1^{(p)} & \cdots & & a_s^{(p)} & 0 & 0 & \cdots & & 0 \\
0 & a_0^{(p)} & a_1^{(p)} & \cdots & \vdots & a_s^{(p)} & 0 & \cdots & & 0 \\
\vdots & \vdots & \vdots & & & \vdots & \vdots & & & \vdots \\
0 & 0 & \cdots & & & 0 & a_0^{(p)} & a_1^{(p)} & \cdots & a_s^{(p)}
\end{pmatrix}$$

记 $R(y) = \mathrm{Res}_x(f_1, f_2, \cdots, f_p)$ 为上述矩阵的非退化子矩阵(且此子矩阵的行列式对 y 的次数最小)的行列式,称 $R(y)$ 为 $f_1, \cdots, f_p$ 的 x – 结式. 类似于定理 6,可证下面更一般的定理:

定理 7　设 $f_\mu(x,y) = 0 (\mu = 1, \cdots, p)$ 没有公共分支,则它们的不同的公共根的个数小于或等于 $\deg R(y)$.

以上两个定理称之为广义 Bézout 定理.

$R(y)$ 的次数有时不好求. 下面介绍一种便于应用的方法. 在多项式 $f_1, \cdots, f_p$ 中,对于关于 x 的次数相同的多项式,选择一个作为代表,假设按此法选出了 f_{λ_μ},$\mu = 1, \cdots, q(\leqslant p)$,从而有

$$\deg_x f_{\lambda_i} > \deg_x f_{\lambda_{i+1}}$$

$$\{\deg_x f_{\lambda_\sigma} \mid \sigma = 1, 2, \cdots, q\} = \{\deg_x f_\mu \mid \mu = 1, \cdots, p\}$$

且 $f_{\lambda_\mu} [\mu = 1, \cdots, q(\leq p)]$ 没有公共因子. 定义这 p 个多项式的 x – 部分结式矩阵为下列 $(m+n) \times (m+n)$ 阶矩阵

$$(f_{\lambda_1}^{(0)}, \cdots, f_{\lambda_1}^{(d_1+d_2-d_1-1)}, f_{\lambda_2}^{(d_1+d_2-d_1)}, \cdots, f_{\lambda_2}^{(d_1+d_2-d_2-1)}, \cdots,$$
$$f_{\lambda_q}^{(d_1+d_2-d_q-1)}, \cdots, f_{\lambda_q}^{(d_1+d_2-d_q-1)})^{\mathrm{T}}$$

即

$$(f_{\lambda_1}^{(0)}, \cdots, f_{\lambda_1}^{(d_2-1)}, f_{\lambda_2}^{d_2}, \cdots, f_{\lambda_2}^{(d_1-1)}, \cdots,$$
$$f_{\lambda_q}^{d_1+d_2-d_q-1}, \cdots, f_{\lambda_q}^{(d_1+d_2-d_q-1)})^{\mathrm{T}}$$

其中 d_μ 表示 $\deg_x f_{\lambda_\mu}$.

显然, 当 $d_q = 0$ 时, 这个矩阵是上三角矩阵, 在这种情形之下, 它的行列式等于主对角线上元素之积. 一般地, 这个矩阵的行列式称为 $f_1, f_2, \cdots, f_p$ 的部分结式, 记为 $PR(y)$.

推论 1 设 $f_\mu(x, y) = 0 (\mu = 1, \cdots, p)$ 没有公共因式, 则它们的不同公共根的个数小于或等于 $PR(y)$ 的次数.

例 3 考虑 $GF(2^4)$ 上下列四条平面曲线的公共交点的个数.

$$\begin{cases} x^5 + y^4 + y = 0 \\ x^3 + a(y)x^2 + b(y)x + c(y) = 0 \\ xy + e(y) = 0 \\ y^2 + fy + g = 0 \end{cases}$$

有下列 x – 部分结式矩阵

$$\begin{pmatrix} 1 & 0 & 0 & 0 & 0 & y^4+y & 0 & 0 \\ 0 & 1 & 0 & 0 & 0 & 0 & y^4+y & 0 \\ 0 & 0 & 1 & 0 & 0 & 0 & 0 & y^4+y \\ 0 & 0 & 0 & 1 & a(y) & b(y) & c(y) & 0 \\ 0 & 0 & 0 & 0 & 1 & a(y) & b(y) & c(y) \\ 0 & 0 & 0 & 0 & 0 & y & e(y) & 0 \\ 0 & 0 & 0 & 0 & 0 & y & e(y) \\ 0 & 0 & 0 & 0 & 0 & 0 & 0 & y^2+fy+g \end{pmatrix}$$

所以,$PR(y)=y^2(y^2+fy+g)$,故 $\deg PR(y)=4$. 因此这四条平面曲线的交点个数小于或等于 4.

注 2 以上判定公共点个数的方法中,视 $f_\mu(x,y)$ $(\mu=1,\cdots,p)$ 为 x 的多项式,y 看成系数. 同样可以视 x 为系数,得到的结果是一样的.

注 3 在上述方法中,$f_\mu,\cdots,f_p$ 没有公因式这个条件是必不可少的.

为了后面讨论方便,重新强调一下以下两个定义.

定义 4 设 $f_\mu(x,y)=0(\mu=1,\cdots,p)$ 为 p 条曲线,定义 $D_{\{f_1,f_2,\cdots,f_p\}}$ 为它们的不同公共交点的个数.

定义 5 给定一个多项式列 $\{f_\mu(x,y)\mid\mu=1,2,\cdots,r\}$,定义

$$D_p^{(r)}=\max\{D_{\{f_{\lambda_1}^*,f_{\lambda_2}^*,\cdots,f_{\lambda_p}^*\}}\mid\lambda_1,\cdots,\lambda_p\leqslant r\}$$

其中 $f_{\lambda_\mu}^*=f_{\lambda_\mu}+\sum_{i=1}^{\lambda_\mu-1}c_i f_i$.

有下面几个结论:

命题 1 $D_{\{\cdots,f(x,y)g(x,y),\cdots\}}\leqslant D_{\{\cdots,f(x,y),\cdots\}}+D_{\{\cdots,g(x,y),\cdots\}}$.

证明 $f(x,y)g(x,y)=0$ 的根的集合是 $f(x,y)=0$ 的根的集合和 $g(x,y)=0$ 的根的集合的并. 命题容易验证.

命题 2 $D_{\{f_1,\cdots,f_p\}} \leq \min\{D_{\{f_\mu\}}\,|\,\mu=1,\cdots,p\}$.

证明 因为 $f_\mu(x,y)=0(\mu=1,\cdots,p)$ 的公共根必定是任何一个 $f_\mu(x,y)$ 的根,命题得证.

以下两个命题几乎也是显然的,请读者自己证明.

命题 3 $D_{\{gf_1,\cdots,gf_p\}} \leq D_{\{g\}} + D_{\{f_1,\cdots,f_p\}}$.

命题 4 $D_{\{gf_1f_1,\cdots,f_p\}} = D_{\{f_1,\cdots,f_p\}}$.

命题 5 $D_p^{(r)} \geq D_{p+1}^{(r)} + 1$.

证明 设 $D_{p+1}^{(r)} = D_{\{f_{\lambda_1}^*,f_{\lambda_2}^*,\cdots,f_{\lambda_p}^*,f_{\lambda_{p+1}}^*\}}$,其中 $\lambda_\mu \leq r$. 设 (x',y') 不是这 $p+1$ 条曲线的交点,即 $f_{\lambda_\mu}(x',y')$ 对 $\mu=1,\cdots,p+1$ 不全为 0,不失一般性,设 $f_{\lambda_1}^*(x',y') \neq 0$. 记 $f_{\lambda_\mu}^*(x',y')=v_\mu,\mu=1,\cdots,p+1$,所以 $v_1 \neq 0$. 定义

$$f'_{\lambda_\mu}=f_{\lambda_\mu}^* - \frac{v_\mu}{v_1}f_{\lambda_1}^*,\mu=2,\cdots,p+1,有 f'_{\lambda_\mu}(x',y')=0,\mu=$$

$2,\cdots,p+1$. 因为 $f_{\lambda_\mu}^*(x^*,y^*)=0,\mu=1,2,\cdots,p+1$,推得 $f'_{\lambda_\mu}(x,y)=0,\mu=2,\cdots,p+1$. 所以 $D_{\{f'_{\lambda_2},\cdots,f'_{\lambda_p},f'_{\lambda_{p+1}}\}} \geq D_{p+1}^{(r)}+1$. 由 $D_p^{(r)}$ 的定义,$D_p^{(r)} \geq D_{p+1}^{(r)}+1$,命题得证.

注 4 上述命题可称为 $D_p^{(r)}$ 对 p 的单调性,它对应于线性码的广义 Hamming 重量的单调性.

§3 一类平面曲线上的 AG 码的 广义 Hamming 重量

在这一节里,讨论下列不可约平面曲线上的 AG 码的广义 Hamming 重量

$$x^a + y^b + f(x,y) = 0 \qquad (1)$$

其中,$\gcd(a,b)=1$,且对于 $f(x,y)$ 中的每一项 x^iy^i,

$bi + aj < ab$. 因为曲线式（1）不可约,所以任何不被它整除的多项式与它没有公因式.

为了叙述方便,考虑式（1）的特殊情形,即下列 $GF(2^4)$ 上的曲线

$$x^5 + y^4 + y = 0 \qquad (2)$$

设位置集 LS 为式（2）上的全部有理点的集合,故 $|LS| = 64$. 定义单项式的重量为 $w(x) = 4, w(y) = 5$, $w(x^i y^j) = 4i + 5j$,根据前面构造良行为列的方法,有良行为列:

$$H = \{1, x, y, x^2, xy, y^2, x^3, x^2 y, xy^2, y^3, x^4, x^3 y, x^2 y^2,$$
$$xy^3, x^5, x^4 y, x^3 y^2, x^2 y^3, x^6, x^5 y, x^4 y^2, \cdots\} = \{x^i y^j \mid 0 \leqslant i \leqslant$$
$$15, 0 \leqslant j \leqslant 3\} = \{\boldsymbol{h}_1, \boldsymbol{h}_2, \cdots, \boldsymbol{h}_r, \cdots, \boldsymbol{h}_{64}\}.$$

H 的重量列构成一个递增数列 $W = \{0, 4, 5, 8, 9, 10, 12, 13, 14, 15, \cdots, 62, 63, 65, 66, 67, 70, 71, 75\}$.

后文中,用记号 $[x^i y^j]$（或者 $\boldsymbol{h}_r^*$）表示线性组合 $x^i y^j + \sum c_v x^{i_\mu} y^{j_\mu}$（或 $\boldsymbol{h}_r + \sum_{\mu=1}^{r-1} c_v \boldsymbol{h}_\mu$）,其中 $x^{i_\mu} y^{j_\mu}$ 是 H 中 $x^i y^j$ 前面的项,所以 $[x^i y^j] \sim x^i y^j$（或 $\boldsymbol{h}_r^* \sim \boldsymbol{h}_r$）. 为了方便,记 $\boldsymbol{h}_0 = x^5 + y^4 + y$,记号 $D_{\{\boldsymbol{h}_{\lambda_1}^*, \boldsymbol{h}_{\lambda_2}^*, \cdots, \boldsymbol{h}_{\lambda_p}^*\}}$ 则简单地记为 $D_{\{\lambda_1, \lambda_2, \cdots, \lambda_p\}}$.

引理 3 对于曲线式（2）上的列 H,有 $D_{\{[x^i y^j]\}} \leqslant 4i + 5j = w(x^i y^j)$.

证明 设 $\boldsymbol{h}_r = x^i y^j$,考虑 $\boldsymbol{h}_r^* = x^i y^j + \sum_{\mu=1}^{r-1} c_\mu \boldsymbol{h}_\mu$,其中对每个 $\mu, 1 \leqslant \mu \leqslant r, \boldsymbol{h}_\mu$ 中 y 的指数小于或等于 3,所以, $x^5 + y^4 + y$ 不是 $\boldsymbol{h}_r^*$ 的因式. 又因为 $x^5 + y^4 + y$ 不可约,故 $\boldsymbol{h}_r^*$ 与 $x^5 + y^4 + y$ 没有公共因式. 因此可以利用广义 Bézout 定理.

$x^5 + y^4 + y = 0$ 和 $x^i y^j + \cdots = 0$ 的 $x-$结式 $R(y)$ 是下列矩阵的行列式

$$\begin{pmatrix} 1 & 0 & 0 & 0 & 0 & y^4+y & 0 & 0 & \cdots & 0 \\ 0 & 1 & 0 & 0 & 0 & 0 & y^4+y & 0 & \cdots & 0 \\ 0 & 0 & 1 & 0 & 0 & 0 & 0 & y^4+y & \cdots & 0 \\ \vdots & \vdots & \vdots & \vdots & \vdots & \vdots & \vdots & & \vdots & \vdots \\ 0 & 0 & 0 & 0 & 0 & & 1 & 0 & \cdots & y^4+y \\ y^j & a(y) & b(y) & \cdots & c(y) & 0 & 0 & \cdots & 0 & 0 \\ 0 & y^j & a(y) & b(y) & \cdots & c(y) & 0 & \cdots & 0 & 0 \\ \vdots & \vdots & \vdots & \vdots & \vdots & \vdots & \vdots & & \vdots & \vdots \\ 0 & 0 & 0 & 0 & 0 & \cdots & y^j & a(y) & \cdots & c(y) \end{pmatrix}$$

所以,$R(y) = (y^j)^5 (y^4 + y)^i + \cdots$, $\deg R(y) = 4i + 5j$.
由定理 6, 引理得证.

引理 4 设 $\gcd(\boldsymbol{h}_{\lambda_1}, \cdots, \boldsymbol{h}_{\lambda_p}) = \boldsymbol{h}$, 则

$$D_{\{\boldsymbol{h}_{\lambda_1}^*, \cdots, \boldsymbol{h}_{\lambda_p}^*\}} \leqslant D_{\{\boldsymbol{h}\}} + D_{\{[x^{i_1}y^{j_1}], \cdots, [x^{i_t}y^{j_t}]\}}$$

其中, $t \leqslant 4, 4 \geqslant i_1 > i_2 > \cdots > i_t = 0, 0 = j_1 < j_2 < \cdots < j_t \leqslant 3$.

证明 因 $y^4 = x^5 + y$, 利用命题 3 和 4, 引理得证.

例 4 设 $\boldsymbol{h}_{\lambda_\mu}, \mu = 1, \cdots, 6$, 分别为 $x^6, x^5, x^3 y, x^4 y^2$, $x^2 y^2, xy^2$. 因为 $x^5 | x^6, xy^2 | x^4 y^2, xy^2 | x^2 y^2$, 所以由命题 4, $x^6, x^4 y^2, x^2 y^2$ 可以不考虑. 又 $\gcd(x^6, x^5, x^3 y, x^4 y^2, x^2 y^2, xy^2) = x$, 由上面的引理有

$$D_{\{[x^6], [x^5], [x^3 y], [x^4 y^2], [x^2 y^2], [xy^2]\}} \leqslant D_{\{[x]\}} + D_{\{[x^4], [x^2 y], [y^2]\}}$$
$t = 3, i_\mu = 4, 2, 0, j_\mu = 0, 1, 2.$

定理 8 $D_{\{[x^{i_1}y^{j_1}], \cdots, [x^{i_t}y^{j_t}]\}} \leqslant \sum_{\mu=1}^{t-1} (i_\mu - i_{\mu+1})(j_{\mu+1} - j_1)$, 其中, $t \leqslant 4, 4 \geqslant i_1 > i_2 > \cdots > i_t = 0, 0 = j_1 < j_2 < \cdots < j_t \leqslant 3$.

证明 因为

$$\deg_x(x^5 + y^4 + y) > \deg_x[x^{i_1}y^{j_1}] > \cdots > \deg_x[x^{i_t}y^{j_t}]$$

且 $i_t = 0$,所以可求 $PR(y)$,易得

$$\deg PR(y) = \sum_{\mu=0}^{t-1} (i_\mu - i_{\mu+1})j_{\mu+1}$$

$$= \sum_{\mu=1}^{t-1} (i_\mu - i_{\mu+1})(j_{\mu+1} - j_1)$$

其中,$j_1 = 0, i_0 = 5$.

例 5　$D_{\{[x^4],[x^2y],[y^2]\}} \leqslant (4-2)(1-0) + (2-0) \cdot (2-0) = 6$.

引理 5　如果 $D_p^{(r)} = D_{\{s_1,s_2,\cdots,s_p\}}$,若 $\boldsymbol{h}_{t_\lambda} \notin \{\boldsymbol{h}_{s_1}, \cdots, \boldsymbol{h}_{s_p}\}$,即 $t_\lambda \notin \{s_1,s_2,\cdots,s_p\}$,则 $\boldsymbol{h}_{t_\lambda}$ 的任意因式不属于 $\{\boldsymbol{h}_{s_1},\cdots,\boldsymbol{h}_{s_p}\}$.

证明　因为 $D_p^{(r)} = D_{\{s_1,s_2,\cdots,s_p\}}$.设

$$\{t_1, t_2, \cdots, t_{r-p}\} = \{1,2,\cdots,r\} - \{s_1,s_2,\cdots,s_p\}$$

若 $\boldsymbol{h}_{s_\mu}$ 是 $\boldsymbol{h}_{t_\lambda}$ 的一个因子,$\boldsymbol{h}_{t_\lambda} = \boldsymbol{h}_{s_\mu} \cdot \boldsymbol{h}_{t'_\lambda}$,则由命题 4 知

$$D^{(r)}p = D_{\{s_1,s_2,\cdots,s_p\}} = D_{\{s_1,s_2,\cdots,s_p,t_\lambda\}} \leqslant D_{p+1}^{(r)}$$

这与 $D_p^{(r)}$ 的单调性相矛盾,从而引理得证.

如果对 $(i,j) \in S$,以及任意 $0 \leqslant i' \leqslant i, 0 \leqslant j' \leqslant j$,有 $(i',j') \in S$,则非负整数对 (i,j) 的集合 S 称为一个正则集合.

推论 1　对 $D_{\{k_1,k_2,\cdots,k_p\}}$,如果集合 $\{(i,j) \mid x^i y^j \in \{\boldsymbol{h}_1,\boldsymbol{h}_2,\cdots,\boldsymbol{h}_r\} - \{\boldsymbol{h}_{k_1},\boldsymbol{h}_{k_2},\cdots,\boldsymbol{h}_{k_p}\}\}$ 不是一个正则集合,则存在 $\{s_1,s_2,\cdots,s_p\}$,其中 $s_p \leqslant k_p$,使得 $D_{\{s_1,s_2,\cdots,s_p\}} \geqslant 1 + D_{\{k_1,k_2,\cdots,k_p\}}$.

例 6　取 $r = 14, p = 6$. H 中前 14 个单项式为

$$\{1, x, y, x^2, xy, y^2, x^3, x^2y, xy^2, y^3, x^4, x^3y, x^2y^2, xy^3\}$$

如果 $\{k_1,\cdots,k_6\} = \{2,7,11,12,13,14\}$,则

$$\{1,2,\cdots,14\} - \{k_1,\cdots,k_6\} = \{1,3,4,5,6,8,9,10\}$$

显然

$$\{(i,j) \mid x^i y^j \in \{\boldsymbol{h}_1,\boldsymbol{h}_3,\boldsymbol{h}_4,\boldsymbol{h}_5,\boldsymbol{h}_6,\boldsymbol{h}_8,\boldsymbol{h}_9,\boldsymbol{h}_{10}\}\}$$

$$= \{(0,0),(0,1),(2,0),(1,1),(0,2),(2,1),$$
$$(1,2),(0,3)\}$$

不是一个正则集. 因为 $(2,0)$ 在这个集合中, 但 $(1,0)$ 不在这个集合中. 取 $\{s_1,\cdots,s_6\} = \{7,9,11,12,13,14\}$, 则

$$\{1,2,\cdots,14\} - \{s_1,\cdots,s_p\}$$

$$= \{1,2,3,4,5,6,8,10\}$$

$$\{(i,j)\, x^i y^j \in \{\boldsymbol{h}_1,\boldsymbol{h}_2,\boldsymbol{h}_3,\boldsymbol{h}_4,\boldsymbol{h}_5,\boldsymbol{h}_6,\boldsymbol{h}_8,\boldsymbol{h}_{10}\}\}$$

$$= \{1,x,y,x^2,xy,y^2,x^2y,y^3\}$$

是一个正则集. 容易验证 $D_{\{7,9,11,12,13,14\}} \geqslant 1 + D_{\{2,7,11,12,13,14\}}$.

以上讨论了 $D_{\{h_{\lambda_1}^*,h_{\lambda_2}^*,\cdots,h_{\lambda_n}^*\}}$ 及 $D_p^{(r)}$ 的一些性质. 下面要证明对计算 C_r 的广义 Hamming 重量十分有用的定理, 为此, 作为对上一节几个命题的改进或补充, 先证几个引理.

引理 6 对任意多项式 $f(X)$ 和 $g(X)$, 有

$$D_{\{\cdots,f(X)g(X),\cdots\}} = D_{\{\cdots,f(X),\cdots\}} + D_{\{\cdots,g(X),\cdots\}} - D_{\{\cdots,f(X),g(X),\cdots\}}$$

证明 因为 $f(X)g(X) = 0$ 的根的集合是 $f(X) = 0$ 的根的集合和 $g(X) = 0$ 的根的集合的并, 所以得证.

引理 7 对于 $i,j \geqslant 1, D_{\{\cdots,f(X)^i g(X)^j,\cdots\}} = D_{\{\cdots,f(X)g(X),\cdots\}}$.

证明 对于 $i = 1$ 和 $j = 1$, 显然. 当 $i \geqslant 2$ 时

$$D_{\{\cdots,f(X)^i g(X)^j,\cdots\}} = D_{\{\cdots,f(X),\cdots\}} + D_{\{\cdots,f(X)^{i-1} g(X)^j,\cdots\}} -$$
$$D_{\{\cdots,f(X),f(X)^{i-1} g(X)^j,\cdots\}}$$
$$= D_{\{\cdots,f(X)^{i-1} g(X)^j,\cdots\}}$$
$$= D_{\{\cdots,f(X)g(X)^j,\cdots\}}$$

上式中第一个等号根据引理 6, 第二个等号根据命题

294

4,再对 $g(x)^j$ 的指数 j 作上述代换,可得引理.

引理 8 若 $\boldsymbol{h}_{r+1} = f^l g$ 且 $l \geq 2$, $\deg f \geq 1$,则 $D_p^{(r+1)} \leq D_p^{(r)}$.

证明 设 $D_p^{(r+1)} = D_{\{\boldsymbol{h}_{s_1}^*, \cdots, \boldsymbol{h}_{s_{p-1}}^*, \boldsymbol{h}_{s_p}^*\}}$. 当 $\boldsymbol{h}_{s_p} \neq \boldsymbol{h}_{r+1}(s_p \leq r)$ 时,有

$$D_p^{(r+1)} = D_{\{\boldsymbol{h}_{s_1}^*, \cdots, \boldsymbol{h}_{s_{p-1}}^*, \boldsymbol{h}_{s_p}^*\}} \leq D_p^{(r)}$$

当 $\boldsymbol{h}_{s_p} = \boldsymbol{h}_{r+1} = f^l g$ 时,由引理 7,有

$$D_p^{(r+1)} = D_{\{\boldsymbol{h}_{s_1}^*, \cdots, \boldsymbol{h}_{s_{p-1}}^*, (f^l g)^*\}}$$
$$= D_{\{\boldsymbol{h}_{s_1}^*, \cdots, \boldsymbol{h}_{s_{p-1}}^*, (fg)^*\}} \leq D_p^{(r)}$$

因为 fg 必属于 $\{\boldsymbol{h}_1, \cdots, \boldsymbol{h}_r\}$.

定理 9 对式(2)上的 H,有 $D_p^{(r)} \leq w(\boldsymbol{h}_r) - w(\boldsymbol{h}_p)$.

证明 当 $\boldsymbol{h}_r = 1, x, y, x^2, xy$ 时,直接验算可得 $D_p^{(r)} \leq w(\boldsymbol{h}_r) - w(\boldsymbol{h}_p)$. 所以只需对 $r \geq 6$ 证此式成立. 因为 $r \geq 6$ 时,由观察得知对于任意 $\boldsymbol{h}_{r+1}$,存在两个单项式 $f, g, \boldsymbol{h}_{r+1} = f^2 g$. 所以由引理 8,有

$$D_p^{(r+1)} \leq D_p^{(r)} \leq w(\boldsymbol{h}_r) - w(\boldsymbol{h}_p) \leq w(\boldsymbol{h}_{r+1}) - w(\boldsymbol{h}_p)$$

推论 1 如果存在 $\mu, 1 \leq \mu < r$,使得 $\boldsymbol{h}_r \sim \boldsymbol{h}_p \cdot \boldsymbol{h}_\mu$,且 $D_{\{\boldsymbol{h}_\mu^*\}} = w(\boldsymbol{h}_\mu)$,则 $D_p^{(r)} = w(\boldsymbol{h}_\mu)$.

证明 因为 $\boldsymbol{h}_r \sim \boldsymbol{h}_p \cdot \boldsymbol{h}_\mu$,必有

$$\boldsymbol{h}_\mu \times \{\boldsymbol{h}_1, \boldsymbol{h}_2, \cdots, \boldsymbol{h}_p\} \subseteq \{\boldsymbol{h}_1, \cdots, \boldsymbol{h}_p, \cdots, \boldsymbol{h}_r\}$$

所以 $D_p^{(r)} \geq D_{\{\boldsymbol{h}_\mu^* \boldsymbol{h}_1^*, \boldsymbol{h}_\mu^* \boldsymbol{h}_2^*, \cdots, \boldsymbol{h}_\mu^* \boldsymbol{h}_p^*\}} \geq D_{\{\boldsymbol{h}_\mu^*\}}$. 另外,$D_{\{\boldsymbol{h}_\mu^*\}} = w(\boldsymbol{h}_\mu) = w(\boldsymbol{h}_r) - w(\boldsymbol{h}_p)$. 由定理 9,$D_p^{(r)} \leq w(\boldsymbol{h}_r) - w(\boldsymbol{h}_p) = D_{\{\boldsymbol{h}_\mu^*\}}$,所以 $D_p^{(r)} = D_{\{\boldsymbol{h}_\mu^*\}} = w(\boldsymbol{h}_\mu)$.

例 7 设 $r = 15, p = 7$,则 $\boldsymbol{h}_r = x^5, \boldsymbol{h}_p = x^3$. 取 $\mu = 4$,则 $\boldsymbol{h}_4 \cdot \boldsymbol{h}_7 \sim \boldsymbol{h}_{15}, w(\boldsymbol{h}_{15}) = w(\boldsymbol{h}_4) + w(\boldsymbol{h}_7) (20 = 12 + 8)$. 另外,可以验算 $D_{\{\boldsymbol{h}_4^*\}} = w(\boldsymbol{h}_4) = 8$. 所以由定理 9

的推论 1,有 $D_7^{(15)} = 8$.

现在利用上面得到的这些结果来计算曲线式(2)上的 AG 码的广义 Hamming 重量. 为了具体起见取 $r = 16$,研究 AG 码 C_{16}.

例 8　考虑曲线式(2)上的 AG 码 C_{16}. 因为 $\{h_1, h_2, \cdots, h_{16}\} = \{1, x, y, x^2, xy, y^2, x^3, x^2y, xy^2, y^3, x^4, x^3y, x^2y^2, xy^3, x^5, x^4y\}$. C_{16} 的奇偶校验矩阵为

$$H_{16} = (h_1, h_2, \cdots, h_{16})^{\mathrm{T}}$$

单项式 h_1 至 h_{16} 的重量如下

$$w(h_1) = 0, \quad w(h_2) = 4$$
$$w(h_3) = 5, \quad w(h_4) = 8$$
$$w(h_5) = 9, \quad w(h_6) = 10$$
$$w(h_7) = 12, \quad w(h_8) = 13$$
$$w(h_9) = 14, \quad w(h_{10}) = 15$$
$$w(h_{11}) = 16, \quad w(h_{12}) = 17$$
$$w(h_{13}) = 18, \quad w(h_{14}) = 19$$
$$w(h_{15}) = 20, \quad w(h_{16}) = 21$$

由定理 9 的推论 1,可得

$$D_1^{(16)} = w(h_{16}) = 21, \quad D_2^{(16)} = w(h_{12}) = 17$$
$$D_3^{(16)} = w(h_{11}) = 16, \quad D_4^{(16)} = w(h_8) = 13$$
$$D_5^{(16)} = w(h_7) = 12, \quad D_7^{(16)} = w(h_5) = 9$$
$$D_8^{(16)} = w(h_4) = 8, \quad D_{11}^{(16)} = w(h_3) = 5$$
$$D_{12}^{(16)} = w(h_2) = 4, \quad D_{16}^{(16)} = w(h_1) = 0$$

再根据 $D_p^{(r)}$ 的单调性,可求得 $D_9^{(16)} = 7, D_{10}^{(16)} = 6$, $D_{13}^{(16)} = 3, D_{14}^{(16)} = 2, D_{15}^{(16)} = 1$. 对于 $D_6^{(16)}$,$10 = D_7^{(16)} + 1 \leqslant D_6^{(16)} \leqslant D_5^{(16)} - 1 = 11$. 利用以上这些 $D_p^{(16)}$ 的值,可以求 C_{16} 的广义 Hamming 重量. 见下表(表 1):

表 1

				$d-1=16-p+h$					
p	$h=1$	$h=2$	$h=3$	$h=4$	$h=5$	$h=6$	$h=7$	$h=8$	$D_p^{(16)}$
1	16	17	18	19	20	21	22*	23*	21
2	15	16	17	18*	19*	20*	21	22	17
3	14	15	16	17	18	19	20	21	16
4	13	14*	15*	16	17	18	19	20	13
5	12	13	14	15	16	17	18	19	12
6	11*	12	13	14	15	16	17	18	≤11
7	10*	11	12	13	14	15	16	17	9
8	9	10	11	12	13	14	15	16	8
9	8	9	10	11	12	13	14	15	7
10	7	8	9	10	11	12	13	14	6
11	6	7	8	9	10	11	12	13	5
12	5	6	7	8	9	10	11	12	4
13	4	5	6	7	8	9	10	11	3
14	3	4	5	6	7	8	9	10	2
15	2	3	4	5	6	7	8	9	1
16	1	2	3	4	5	6	7	8	0

在这个表中,对每一列 $h=i(i=1,2,3,\cdots)$,考虑第一个这样的元素(从上到下):它大于最后一列中与它同一行的 $D_p^{(16)}$ 的值. 由定理 3,这个元素加上 1,给出了 $d_i(C_{16})$ 的一个下界. 对于 $p=6$,由于只知道 $10 \leqslant D_6^{(10)} \leqslant 11$,所以在 $h=1$ 这一列中,值 11 和 10 都可能是这样一个值,在表 1 中将这些元素都打上了"＊"号.

这样就有:$d_1(C_{16}) \geqslant 12$(或 11),$d_2(C_{16}) \geqslant 15$,$d_3(C_{16}) \geqslant 16$,$d_4(C_{16}) \geqslant 19$,$d_5(C_{16}) \geqslant 20$,$d_6(C_{16}) \geqslant 21$,$d_7(C_{16}) \geqslant 23$,而当 $h=8,9,10,\cdots,48$ 时,

$d_h(C_{16}) \geqslant h + 16.$

又因 C_{16} 是一个 $[64, 48]$ 码,由广义 Hamming 重量的定义,$d_{48}(C_{16}) \leqslant$ 码长 $= 64 = 48 + 16$. 所以 $d_{48}(C_{16}) = 64$,由广义 Hamming 重量的单调性知,当 $h = 8, 9, 10, \cdots, 48$ 时,$d_h(C_{16}) = h + 16$.

这里只研究了曲线式(2)上的 AG 码,但基本的方法和结论都可以推广到平面曲线式(1)上去.

§4   利用广义 Bézout 定理构造更有效的码

在这一节中,将讨论用广义 Bézout 定理构造一些更有效的线性码.

1. 最小距离大于或等于 4 的有效线性码

给定四个 $\boldsymbol{F}_{2^m}$ 上多项式的多项式列 $H = \{h_1, h_2, h_3, h_4\} = \{1, x, y, x^2 + \beta xy + y^2\}$,其中 $\beta \in \boldsymbol{F}_{2^m}$,$\mathrm{tr}(\beta - 1) = \sum_{i=0}^{m-1} \beta^{-2^i} = 1$. 对这个列,有下面的定理:

定理 10 $D_2^{(4)} \leqslant 2.$

证明   在 H 中选两个多项式有 6 种选法:$\{1, x\}$,$\{1, y\}$,$\{1, x^2 + \beta xy + y^2\}$,$\{x, y\}$,$\{x, x^2 + \beta xy + y^2\}$ 和 $\{y, x^2 + \beta xy + y^2\}$. 显然 $D_{\{[1], [x]\}} = D_{\{[1], [y]\}} = D_{\{[1], [x^2 + \beta xy + y^2]\}} = 0$,而 $D_{\{[x], [y]\}} = 1$. 剩下第 5 种和第 6 种选择,分别讨论. 对 $D_{\{[x], [x^2 + \beta xy + y^2]\}}$,对于任意常数 b, c, d, e,要估计下面方程组的解的个数

$$\begin{cases} x + b = 0 \\ x^2 + \beta xy + y^2 + cy + dx + e = 0 \end{cases}$$

有

$$R(x) = \begin{vmatrix} 1 & \beta y + d & y^2 + cy + e \\ 1 & b & 0 \\ 0 & 1 & b \end{vmatrix}$$

所以，$R(y) = y^2 + cy + e + \cdots$，$\deg R(y) = 2$，从而 $D_{\lfloor [x], [x^2 + \beta xy + y^2] \rfloor} \leqslant 2$。

现在考虑最后一种选择 $D_{\lfloor [y], [x^2 + \beta xy + y^2] \rfloor}$。对于任意常数 a, b, c, d, e，估计下面方程组的解的个数

$$\begin{cases} y + ax + b = 0 \\ x^2 + \beta xy + y^2 + cy + dx + e = 0 \end{cases}$$

有

$$R(x) = \begin{vmatrix} 1 & \beta x + c & x^2 + dx + e \\ 1 & ax + b & 0 \\ 0 & 1 & ax + b \end{vmatrix}$$

所以 $R(x) = a^2 x^2 + b^2 + x^2 + dx + e - \beta a x^2 - acx - \beta bx - bc = (a^2 + \beta a + 1) x^2 + (d + \beta b + ac) x + bc + b^2$。因为 $\text{tr}(\beta^{-1}) = 1$，所以对任意 $a \in \boldsymbol{F}_{2^m}$，$a^2 + \beta a + 1 \neq 0$。因此 $\deg R(x) = 2$，从而 $D_{\lfloor [y], [x^2 + \beta xy + y^2] \rfloor} \leqslant 2$。综上所述，$D_2^{(4)} \leqslant 2$。

注 5　考虑公共根的个数，下列两组方程是等价的

$$\begin{cases} y + ax + b = 0 \\ x^2 + \beta xy + y^2 + cy + dx + e = 0 \end{cases}$$

和

$$\begin{cases} y + ax + b = 0 \\ x^2 + \beta xy + y^2 + dx + e = 0 \end{cases}$$

在后文中，遇到这种情形，都将采用第二组方程这种更简单的形式。

定理 11　设 LS 为 $\boldsymbol{F}_{2^m}$ 上 2 维空间中的所有点的集合，$h_1 = 1$，$h_2 = x$，$h_3 = y$，$h_4 = x^2 + \beta xy + y^2$，则 $\boldsymbol{F}_{2^m}$ 上

以 $(h_1, h_2, h_3, h_4)^T$ 为奇偶校验矩阵的码,C 是一个码长为 $n = 2^{2m}$,最小距离大于或等于 4 的码.

证明 因为 $D_2^{(4)} \le 2 < 4 - 1$,所以 C 的最小距离 $d \ge 4$.

例 9 取 $m = 2$,设 α 是 $GF(2^2)$ 的一个本原元素,$\beta = \alpha^{-1}$,$\mathrm{tr}(\beta^{-1}) = \alpha + \alpha^2 = 1 \ne 0$,则由定理 11,下列奇偶校验矩阵定义一个码长等于 16,最小距离至少为 4 的码

$$\begin{pmatrix} 1 & 1 & 1 & 1 & 1 & 1 & 1 & 1 & 1 & 1 & 1 & 1 & 1 & 1 & 1 & 1 \\ 0 & 0 & 0 & 0 & 1 & 1 & 1 & 1 & \alpha & \alpha & \alpha & \alpha & \alpha^2 & \alpha^2 & \alpha^2 & \alpha^2 \\ 0 & 1 & \alpha & \alpha^2 & 0 & 1 & \alpha & \alpha^2 & 0 & 1 & \alpha & \alpha^2 & 0 & 1 & \alpha & \alpha^2 \\ 0 & 1 & \alpha^2 & \alpha & 1 & \alpha^2 & \alpha^2 & 1 & \alpha^2 & \alpha^2 & \alpha & \alpha & \alpha & 1 & \alpha & 1 \end{pmatrix}$$

构造 1 设 $n = 2^{2km}$,则下列奇偶校验矩阵 H 定义 $GF(2^m)$ 上一码长为 $n = 2^{2km}$,最小距离至少为 4 的线性码 C,即

$$H = (1, x_1, y_1, x_1^2 + \beta x_1 y_1 + y_1^2, \cdots, x_k, y_k, x_k^2 + \beta x_k y_k + y_k^2)^T$$

其中 $\mathrm{tr}(\beta^{-1}) = 1$. H 中每一项表示该多项式的赋值向量,LS 为 F_{2^m} 上 $2k$ 维空间的所有点.

2. 最小距离大于或等于 5 的有效线性码

考虑 $GF(2^m)$ 上的多项式 $h_1 = 1$,$h_2 = x$,$h_3 = y$,$h_4 = x^2$,$h_5 = xy$,$h_6 = y^2$,$h_7 = x^3 + \gamma x^2 y + \beta x y^2 + y^3$,其中,$\gamma, \beta \in GF(2^m)$,且 $x^3 + \gamma x^2 y + \beta x y^2 + y^3$ 不可约,有下面的定理:

定理 12 $D_4^{(7)} \le 3$.

证明 设 $D_4^{(7)} = D_{\{\lambda_1, \lambda_2, \lambda_3, \lambda_4\}}$. 如果 $\lambda_1 = 1$,则 $D_{\{\lambda_1, \lambda_2, \lambda_3, \lambda_4\}} \le D_{\{1\}} = 0$. 对于 $\lambda_1 = 2$ 或 3,容易验证 $D_{\{\lambda_1, \lambda_2, \lambda_3, \lambda_4\}} \le 3$. 所以要证定理,只需证明

$D_{\{[x^2],[xy],[y^2],[x^3+\gamma x^2 y+\beta xy^2+y^3]\}} \leqslant 3.$ 考虑

$$\begin{cases} x^2 + ay + bx + c = 0 \\ xy + dy + ex + f = 0 \\ y^2 + gy + hx + i = 0 \\ x^3 + \gamma x^2 y + \beta xy^2 + y^3 + jy + kx + l = 0 \end{cases}$$

其中, $a, b, \cdots, l$ 是 $GF(2^m)$ 中的任意常数. 有下列部分 x – 结式矩阵

$$\begin{pmatrix} 1 & \gamma y & \beta y^2 + k & y^3 + jy + l & 0 \\ 0 & 1 & \gamma y & \beta y^2 + k & y^3 + jy + 1 \\ 0 & 0 & 1 & b & ay + c \\ 0 & 0 & 0 & y + 3 & dy + f \\ 0 & 0 & 0 & h & y^2 + gy + i \end{pmatrix}$$

所以 $PR(y) = (y + e)(y^2 + gy + i) - h(dy + f),$ $\deg PR(y) = 3.$

由以上定理以及定理 3 的推论 1 有:

定理 13　设 C 是 $GF(2^m)$ 上码长为 $n = 2^{2m}$, 奇偶校验矩阵为 $\boldsymbol{H} = (1, x, y, x^2, xy, y^2, x^3 + \gamma x^2 y + \beta xy^2 + y^3)^{\mathrm{T}}$ 的线性码, 则 C 的最小距离至少为 5.

例 10　取 $m = 2$, 设 α 为 $GF(2^2)$ 的本原元素, 容易验证 $x^3 + \alpha x^2 y + y^3$ 不可约. 由定理 13, 以下面的矩阵为奇偶校验矩阵的码是一个 $[16, 9, \geqslant 5]$ 码.

$$\begin{pmatrix} 1 & 1 & 1 & 1 & 1 & 1 & 1 & 1 & 1 & 1 & 1 & 1 & 1 & 1 & 1 & 1 \\ 0 & 0 & 0 & 0 & 1 & 1 & 1 & 1 & \alpha & \alpha & \alpha & \alpha & \alpha^2 & \alpha^2 & \alpha^2 & \alpha^2 \\ 0 & 1 & \alpha & \alpha^2 & 0 & 1 & \alpha & \alpha^2 & 0 & 1 & \alpha & \alpha^2 & 0 & 1 & \alpha & \alpha^2 \\ 0 & 0 & 0 & 0 & 1 & 1 & 1 & 1 & \alpha^2 & \alpha^2 & \alpha^2 & \alpha^2 & \alpha & \alpha & \alpha & \alpha \\ 0 & 0 & 0 & 0 & 0 & 1 & \alpha & \alpha^2 & 0 & \alpha & \alpha^2 & 1 & 0 & \alpha^2 & 1 & \alpha \\ 0 & 1 & \alpha^2 & \alpha & 0 & 1 & \alpha^2 & \alpha & 0 & 1 & \alpha^2 & \alpha & 0 & 1 & \alpha^2 & \alpha \\ 0 & 1 & 1 & 1 & 1 & \alpha & \alpha^2 & 1 & 1 & 1 & \alpha & \alpha^2 & 1 & \alpha^2 & 1 & \alpha \end{pmatrix}$$

构造 2 令 $n = 2^{2km}$，下列奇偶校验矩阵定义 $GF(2^m)$ 上一个码长为 $n = 2^{2km}$，最小距离至少为 5 的线性码

$$H = (1, \cdots, x_i, y_i, x_i^2, x_i y_i, y_i^2, x_i^3 + \gamma x_i^2 y_i + \beta x_i y_i^2 + y_i^3, \cdots)^{\mathrm{T}}$$

其中，$x_i^3 + \gamma x_i^2 y_i + \beta x_i y_i^2 + y_i^3$ 在 $GF(2^m)$ 上不可约，$i = 1, 2, \cdots, k$.

3. 改进的 Klein 码

考虑 $GF(2^3)$ 上的 Klein 四次曲线

$$x^3 y + y^3 + x = 0 \tag{3}$$

它有 22 个有理点. 设 LS 为这个曲线的全部有理点的集合，LS 中的每一个点可以具体求出.

考虑下面的奇偶校验矩阵定义的线性码

$$H = (1, x, y, x^2, xy, x^3, y^2)^{\mathrm{T}}$$

有下面的定理：

定理 14 以上定义的码 C 的最小距离至少为 6，即 C 是 $GF(2^3)$ 上一个 $[22, 15, \geqslant 6]$ 码.

证明 由定理 3 的推论 1，只需证明 $D_3^{(7)} \leqslant 4$. 考虑 $D_{\{[1], *, *\}}$，$D_{\{[x], *, *\}}$，$D_{\{[y], *, *\}}$，$D_{\{[x^2], [xy], [y^2]\}}$，$D_{\{[x^2], [x,y], [y^2]\}}$，$D_{\{[x^2], [xy], [x^3]\}}$，$D_{\{[xy], [x^3], [y^2]\}}$，$D_3^{(7)}$ 是这些数中的最大值. 容易直接验证：$D_{\{[1], *, *\}} = 0$，$D_{\{[x], *, *\}} \leqslant 3$，$D_{\{[y], *, *\}} \leqslant 3$，$D_{\{[x^2], [xy], [y^2]\}} \leqslant 3$. 只证 $D_{\{[x^2], [xy], [x^3]\}} \leqslant 4$. 对于 $D_{\{[x^2], [x^3], [y^2]\}} \leqslant 4$ 和 $D_{\{[xy], [x^3], [y^2]\}} \leqslant 4$，证明是类似的.

考虑下列方程组

$$\begin{cases} x^3 y + y^3 + x = 0 \\ x^2 + iy + jx + k = 0 \\ xy + ax^2 + by + cx + d = 0 \\ x^3 + fy + gx + h = 0 \end{cases} \tag{4}$$

其中,i,j,k,a,b,c,d,f,g,h 是 $GF(2^3)$ 中的任意常数.

有下列 x – 部分结式

$$\begin{vmatrix} 1 & 0 & g & fy+h & 0 & 0 \\ 0 & 1 & 0 & g & fy+h & 0 \\ 0 & 0 & 1 & 0 & g & fy+h \\ 0 & 0 & y & 0 & 1 & y^3 \\ 0 & 0 & 0 & 1 & j & iy+k \\ 0 & 0 & 0 & a & y+c & by+d \end{vmatrix}$$

它等于

$$\begin{vmatrix} 1 & 0 & g & fy+h & 0 & 0 \\ 0 & 1 & 0 & g & fy+h & 0 \\ 0 & 0 & 1 & 0 & g & fy+h \\ 0 & 0 & y & 0 & 1 & y^3 \\ 0 & 0 & 0 & 1 & j & iy+k \\ 0 & 0 & 0 & 0 & y+c' & b'y+d' \end{vmatrix}$$

最后化成

$$\begin{vmatrix} 1 & g & fy+h \\ y & 1 & y^3 \\ 0 & y+c' & b'y+d' \end{vmatrix}$$

所以 $PR(y) = y^4 + \cdots$, $\deg PR(y) = 4$, 从而 $D_{\{[x^2],[xy],[x^3]\}} \leqslant 4$. 综上所述, 有 $D_3^{(7)} \leqslant 4$, 从而 C 的最小距离 $d \geqslant 6$.

注意到, 利用前面章节中改进的代数几何码的构造方法, 可以得到 Klein 曲线上的 $[22,14,\geqslant 6]$ 码; 利用 Riemann-Roch 定理, 可得到 $[22,14,6]$ Klein 码. 上面定理中的码显然比这些码都更有效.

设 C^* 是 Klein 四次曲线上由下列奇偶校验矩阵定义的线性码

$$\boldsymbol{H} = (1, x, y, x^2, xy, x^3 + y^2)^{\mathrm{T}}$$

定理 15 C^* 的最小距离 $d \geqslant 5$，即 C^* 是 $GF(2^3)$ 上一个 $[22, 16, \geqslant 5]$ 码.

证明 要证 $d \geqslant 5$，利用定理 3 的推论 1，只需证明 $D_3^{(6)} \leqslant 3$，因为

$$D_3^{(6)} = \max \left\{ D_{\{[1], *, *\}}, D_{\{[x], *, *\}}, D_{\{[y], *, *\}}, \right.$$
$$\left. D_{\{[x^2], [xy], [x^3 + y^2]\}} \right\}$$

容易验证 $\{D_{\{[1], *, *\}} = 0, D_{\{[x], *, *\}} \leqslant 3, D_{\{[y], *, *\}} \leqslant 3.$ 所以，只需证明 $D_{\{[x^2], [xy], [x^3 + y^2]\}} \leqslant 3.$ 考虑下列方程组

$$\begin{cases} x^3 y + y^3 + x = 0 \\ x^3 + y^2 + ax + by + c = 0 \\ x^2 + dx + ey + f = 0 \\ xy + gx + hy + i = 0 \end{cases} \tag{5}$$

其中 $, a, b, c, d, e, f, g, h, i$ 是 $GF(2^3)$ 中的任意常数. 有下列 x – 部分结式 $PR(y)$，即

$$\begin{vmatrix} 1 & 0 & a & y^2 + by + c \\ 1 & d & ey + f & 0 \\ 0 & 1 & d & ey + f \\ 0 & 0 & y + g & hy + i \end{vmatrix}$$

它等于

$$\begin{vmatrix} 1 & 0 & a & y^2 + by + c \\ 0 & d & ey + f^* & y^2 + by + c \\ 0 & 1 & d & ey + f \\ 0 & 0 & y + g & hy + i \end{vmatrix}$$

最后化成

$$\begin{vmatrix} 0 & ey + f' & y^2 + b'y + c' \\ 1 & d & ey + f \\ 0 & y + g & hy + i \end{vmatrix} = \begin{vmatrix} ey + f' & y^2 + b'y + c' \\ y + g & hy + i \end{vmatrix}$$

所以 $PR(y) = y^3 + \cdots$，$\deg PR(y) = 3$，故 $D_3^{(6)} \leqslant 3$.

4. 改进的 Hermite 码

考虑 $GF(2^4)$ 上的 Hermite 曲线 $x^5 + y^4 + y = 0$. 设 C 是 Hermite 曲线上下列奇偶校验矩阵定义的线性码

$$H = (1, x, y, x^2, xy, y^2, x^3, y^3 + x^4)^{\mathrm{T}}$$

有下面的定理：

定理 16　C 的最小距离 $d \geqslant 6$，即 C 是 $GF(2^4)$ 上一个 $[64, 56, \geqslant 6]$ 码.

证明　由定理 3 的推论 1 可知，只要证明 $D_4^{(8)} \leqslant 4$. 考虑

$$D_{\{[1], *, *, *\}}, D_{\{[x], *, *, *\}}, D_{\{[y], *, *, *\}}, D_{\{[x^2], [y^2] *, *\}},$$
$$D_{\{[xy], [y^2], [x^3], [y^3 + x^4]\}}, D_{\{[x^2], [xy], [x^3], [y^3 + x^4]\}}$$

$D_4^{(8)}$ 是这些数中的最大值. 易证

$$D_{\{[1], *, *, *\}} = 0, D_{\{[x], *, *, *\}} \leqslant 3$$
$$D_{\{[y], *, *, *\}} \leqslant 3, D_{\{[x^2], [y^2], *, *\}} \leqslant 4$$

以下分别证明

$$D_{\{[xy], [y^2], [x^3], [y^3 + x^4]\}}$$

和

$$D_{\{[x^2], [xy], [x^3], [y^3 + x^4]\}}$$

小于或等于 4.

容易看到 $D_{\{[xy], [y^2], [x^3], [y^3 + x^4]\}} \leqslant D_{\{[xy], [y^2], [x^3]\}}$. 利用定理 8，不等号右边小于或等于 4.

下面证明 $D_{\{[x^2], [xy], [y^3 + x^4]\}} \leqslant 4$. 由命题 4，有

$$D_{\{[x^2], [xy], [x^3], [y^3 + x^4]\}} = D_{\{[x^2], [xy], [y^3 + x^4]\}}$$

考虑下列方程组

$$\begin{cases} x^5 + y^4 + y = 0 \\ x^4 + y^3 + ay^2 + by + cx + d = 0 \\ x^2 + a'y^2 + b'y + c'x + d' = 0 \\ xy + a''y^2 + b''y + c''x + d'' = 0 \end{cases} \quad (6)$$

其中,$a,b,c,d,a',b',c',a'',b'',c'',d''$ 是 $GF(2^4)$ 中任意常数. 有下列 x – 部分结式 $PR(y)$, 即

$$\begin{vmatrix} 1 & 0 & 0 & c & y^3+ay^2+by+d \\ 1 & c' & a'y^2+b'y+d'' & 0 & 0 \\ 0 & 1 & c' & a'y^2+b'y+d' & 0 \\ 0 & 0 & 1 & c' & a'y^2+b'y+d' \\ 0 & 0 & 0 & y+c'' & a''y^2+b''y+d'' \end{vmatrix}$$

它等于

$$\begin{vmatrix} 1 & 0 & 0 & c & y^3+ay^2+by+d \\ 1 & c' & a'y^2+b'y+d' & c & y^3+ay^2+by+d \\ 0 & 1 & c' & a'y^2+b'y+d' & 0 \\ 0 & 0 & 1 & c' & a'y^2+b'y+d' \\ 0 & 0 & 0 & y+c'' & a''y^2+b''y+d'' \end{vmatrix}$$

容易看到, 当 $a' = a'' = 0$ 时, $PR(y) = y^4 + \cdots$, 所以 $\deg PR(y) = 4$. 当 $a' \neq 0$ 时, $D_{\{[x^2],[xy],[x^3],[y^3+x^4]\}}$ 归结到 $D_{\{[xy],[y^2],[x^3],[y^3+x^4]\}}$. 当 $a'' \neq 0$ 时, $D_{\{[x^2],[xy],[x^3],[y^3+x^4]\}}$ 归结到 $D_{\{[x^2],[xy],*,*\}}$. 总之无论哪种情况, 都有 $D_{\{[x^2],[xy],[x^3],[y^3+x^4]\}} \leq 4$. 所以 $D_4^{(8)} \leq 4$, 从而 $d \geq 6$.

注意到利用 Riemann-Roch 定理, 有 Hermite 曲线上的 $[64,53,\geq 6]$ 码, 它的奇偶校验矩阵为 $\boldsymbol{H'} = (1, x,y,x^2,xy,y^2,x^3,x^2y,xy^2,y^3,x^4)^{\mathrm{T}}$. 利用本章 Hermite 曲线上的改进的代数几何码的构造方法, 有 Hermite 曲线上的 $[64,55,\geq 6]$ 码, 它的奇偶校验矩阵为 $\boldsymbol{H'} = (1,x,y,x^2,xy,y^2,x^3,y^3,x^4)^{\mathrm{T}}$. 显然定理 16 中所述的码比它们都更有效.

§5　评　　述

本节的方法改进了上一节论述的构造代数几何码的简单途径. 利用这种方法构造码的关键是构造一个好的列 $\boldsymbol{H}$，从而构造线性码 $C_r(r\geqslant 1)$. 对代数几何码来说位置集总是曲线上的有理点集，而且在构造奇偶校验矩阵时，总是连续地取 $\boldsymbol{H}$ 的前 r 个项. 但这里在取位置集和构造奇偶校验矩阵时有更大的自由性，因而有时我们的码比代数几何码更有效. 具体说来，码的位置集不再局限于曲线上，它可能是任意簇的有理点集，甚至是空间中的全部点的集合，这样就可以使码长更大；在构造码的奇偶校验矩阵时，可以为了保证设计最小距离尽可能大的需要而跳跃地取 $\boldsymbol{H}$ 中的项，从而构造出来的码比起代数几何码来说，在码长和最小距离一样时，信息率往往更大，因而比代数几何码更有效.

我们知道，具体构造一列渐近好的代数几何码（特别是 q 较小的 q 元代数几何码，如二元代数几何码和四元代数几何码）使其超过 Gilbert-Varshamov 界，是一个尚未解决的问题. 本章的码的构造方法是具体的，远比通常的代数几何码构造方法简单. 因此，是否可以通过构造好的良行为列 $\boldsymbol{H}$，从而具体构造出超过 Gilbert-Varshamov 界的渐近好码来？这是一个有趣而重要的问题. 本章的方法为构造超过 Gilbert-Varshamov 界的渐近好的 AG 码提供了一条可能的途径.

多元样条函数中的应用[①]

应用数学是这样一门科学，它的献身者基本上都着眼于使用以数学为统一成分和主要来源的工具去回答主要是来自于数学外部的问题.

——G. F. Garrier

第 2 章

借助于多项式来逼近,虽然有许多优点,但其在一点附近的性质足以决定它的整体性质,然而自然界较大范围内的许多现象,如物理或生物现象间的关系往往呈现互不关联、互相分割的本性. 亦即在不同区域内,它们的性状可以完全不相关. 因此在实际应用中,人们常采用样条函数来逼近. 所谓样条函数(spline function)就是具有一定光滑性的分段或分片定义的函数,如果在每段或每片上定义的函数都是多项式,则称为多项式样条函数,本章仅考虑多项式样条函数.

---

① 摘自《计算几何——曲面表示论及应用》,罗钟铉,孟兆良,刘成明编,科学出版社,2010.

研究样条最根本的是光滑余因子方法,它适合于任何剖分. 因此,本章将简单介绍这种方法.

光滑余因子协调法是一种经典的代数几何方法,它适合于任意剖分,是由王仁宏教授于 1975 年首先提出的. 采用这种方法,多元样条函数的问题都可以转化为与之等价的代数问题研究.

设 D 为 $\mathbf{R}^2$ 中的一个区域,以 $\mathbb{P}_k$ 记二元 k 次实系数多项式集合. 一个二元多项式 p 称为不可约多项式,如果除了常数和该多项式自身外没有其他复多项式可整除. 代数曲线
$$\Gamma: l(x,y) = 0, l(x,y) \in \mathbb{P}_k$$
称为不可约代数曲线,如果 $l(x,y)$ 是不可约多项式.

今用有限条不可约代数曲线对区域 D 进行剖分,将剖分记为 Δ,D 被分为有限个子区域 $D_1, \cdots, D_N$,它们被称为 D 的胞腔. 形成每个胞腔边界的线段称为网线,网线的交点称为网点,同一网线的两个网点称为相邻网点. 以某一网点 V 为顶点的胞腔的并集称为网点 V 的关联区域或星形区域,记为 $\mathrm{St}(V)$. D 上的关于剖分 Δ 的二元 k 次 μ 阶光滑样条函数空间定义为
$$S_k^\mu(\Delta) = \{s \in C^\mu(D) : s|_{D_i} \in \mathbb{P}_k, i = 1, \cdots, N\}$$
事实上,$s \in S_k^\mu(\Delta)$ 为一个在 D 上具有 μ 阶连续偏导数的分片 k 次多项式函数.

利用代数几何中的 Bézout 定理,可得多元样条函数在相邻两个胞腔上光滑连接的条件.

定理 1　设 $s \in S_k^\mu(\Delta)$,D_i 与 D_j 是剖分 Δ 的相邻胞腔. 不可约代数曲线 $\Gamma_{ij}: l_{ij}(x,y) = 0$ 是 D_i 与 D_j 的一条公共网线,$P_i = s|_{D_i}, P_j = s|_{D_j}$,则有
$$P_i - P_j = (l_{ij}(x,y))^{\mu+1} q_{ij}(x,y) \tag{1}$$

其中 $q_{ij}(x,y) \in \mathbb{P}_{k-(\mu+1)d}$ 称为网线 Γ_{ij} 上的光滑余因子,此处 $d = \deg(l_{ij})$.

由式(1)所定义的多项式因子 $q_{ij}(x,y)$ 称为内网线 $\Gamma_{ij}:l_{ij}(x,y) = 0$ 上的(从 D_j 到 D_i 的)光滑余因子. 虽然定理 1 给出了两相邻剖腔表达式之间的联系,即两者之间只相差一个修正项,但这并不足以完全表征多元样条函数的内在性质.

将位于区域 D 内部的网点称为内网点,否则称为边界网点. 如果一条网线的内部属于区域 D 内,则称此网线为内网线,否则称为边界网线. 设 A 为任一给定的内网点,今按下列顺序将过 A 的所有内网线 Γ_{ij} 所涉及的 i 和 j 进行调整:使当一动点以 A 为心的逆时针方向越过 Γ_{ij} 时,恰好是 D_j 跨入 D_i. 定义点 A 处的协调条件为

$$\sum_A q_{ij}(x,y)[l_{ij}(x,y)]^{\mu+1} \equiv 0 \qquad (2)$$

其中 $\sum_A$ 表示对一切以内网点 A 为一端的内网线所求的和,而 q_{ij} 为 Γ_{ij} 上的光滑余因子.

下述定理建立了多元样条的基本理论框架:

定理 2 对于给定的剖分 Δ,设 Δ 的所有内网点为 $A_1, \cdots, A_M$,则多元样条函数 $s(x,y) \in S_k^\mu(\Delta)$ 存在,必须且只需 $s(x,y)$ 在每条内网线上具有一光滑余因子存在,且满足整体协调条件

$$\sum_{A_v} q_{ij}(x,y)[l_{ij}(x,y)]^{\mu+1} \equiv 0 \quad (v = 1, \cdots, M) \quad (3)$$

下面给出多元样条函数的一般表达式.

设区域 D 被剖分 Δ 分割为如下有限个胞腔 $D_1, \cdots, D_N$. 任意选定一个胞腔,例如 D_1 作为源胞腔,

从 D_1 出发,画一流向图 $\vec{C}$,使之满足:

(1)$\vec{C}$ 流遍所有的胞腔 $D_1,\cdots,D_N$ 各一次.

(2)$\vec{C}$ 穿过内网线的次数不多于一次.

(3)$\vec{C}$ 不允许穿过网点.

流向图 $\vec{C}$ 允许有分支,即 $\vec{C}$ 可以不是"一笔画".
流向图 $\vec{C}$ 所经过的内网线称为相应于 $\vec{C}$ 本性内网线.
其他的内网线则为相应于 $\vec{C}$ 的可去内网线. 显然可去
内网线与本性内网线只是一个相对概念.

设 $\Gamma_{ij}:l_{ij}(x,y)=0$ 为 $\vec{C}$ 的任意一条本性内网线.
从源胞腔出发,沿 $\vec{C}$ 前进时,只有越过 Γ_{ij} 后才能进入
的所有闭胞腔的并集记作 $U(\Gamma_{ij}^{+})$,将从源胞腔出发沿
$\vec{C}$ 前进时,在越过 Γ_{ij} 之前所经过的各闭胞腔的并集记
为 $U(\Gamma_{ij}^{-})$,称 $U(\Gamma_{ij}^{+})\setminus U(\Gamma_{ij}^{-})$ 为网线 Γ_{ij} 的"前方",
记作 $f_r(\Gamma_{ij})$.

定义 1　设 $\Gamma_{ij}:l_{ij}(x,y)=0$ 为相应于流向 $\vec{C}$ 的本
性内网线,多元广义截断多项式定义为

$$[l_{ij}(x,y)]_*^m = \begin{cases} [l_{ij}(x,y)]^m & ((x,y)\in f_r(\Gamma_{ij})) \\ 0 & ((x,y)\in D\setminus f_r(\Gamma_{ij})) \end{cases}$$

定理 3　任意 $s\in S_k^\mu(\Delta)$ 均可唯一地表示为

$$s(x,y) = p(x,y) + \sum_{\vec{C}} [l_{ij}(x,y)]_*^{\mu+1} q_{ij}(x,y) \quad ((x,y)\in D)$$

$$(4)$$

其中 $p(x,y)\in \mathbb{P}_k$ 为 $s(x,y)$ 在源胞腔上的表达式,$\displaystyle\sum_{\vec{C}}$

表示对所有本性内网线求和,而且沿 $\vec{C}$ 越过 $\Gamma_{ij}:l_{ij} = 0$ 的光滑余因子为 $q_{ij}(x,y) \in \mathbb{P}_{k-\mu-1}$.

必须指出,式(4)给出的函数未必是 $S_k^\mu(\Delta)$ 中的多元样条函数,因为对于任意给定的 $p(x,y)$ 和 $q_{ij}(x,y)$,由式(4)所示的 $s(x,y)$ 未必满足整体协调条件.因此对于可去内网线 $\Gamma_{ij}:l_{ij}(x,y) = 0$,若定义 $\left[l_{ij}(x,y)\right]_*^m \equiv 0, (x,y) \in D$,则:

定理 4 对于给定的剖分 Δ 与确定的流向图 $\vec{C}$, $s \in S_k^\mu(\Delta)$ 必须且只需

$$s(x,y) = p(x,y) + \sum_{\vec{C}}{}'\left[l_{ij}(x,y)\right]_*^{\mu+1}q_{ij}(x,y)$$

$$((x,y) \in D) \tag{5}$$

$$\sum_{A_v} q_{ij}(x,y)\left[l_{ij}(x,y)\right]^{\mu+1} \equiv 0 \tag{6}$$

其中 $\displaystyle\sum_{\vec{C}}{}'$ 为对一切内网线所求的和,$p(x,y)$ 和 $q_{ij}(x,y)$ 的意义同定理 3,而 A_v 取遍所有内网点.

多元样条空间 $S_k^\mu(\Delta)$ 是一个线性空间.对于各种特定的剖分,如何找出 $S_k^\mu(\Delta)$ 的便于应用的基函数组,是多元样条理论和应用的关键问题之一.为此,首先应求出样条空间 $S_k^\mu(\Delta)$ 的维数 $\dim S_k^\mu(\Delta)$.因为样条空间的维数,正是该空间基函数组中所含函数的个数.显然确定维数的关键在于求解整体协调方程.设与整体协调条件式(3)相对应的齐次线性代数方程组为

$$\boldsymbol{BQ} = \boldsymbol{0} \tag{7}$$

其中 $\boldsymbol{Q}$ 为由各内网线上的光滑余因子的系数依次作为分量所组成的列向量,矩阵 $\boldsymbol{B}$ 中的各元素由 $\left[l_{ij}(x,y)\right]^{\mu+1}$ 展开式的系数所组成.

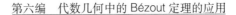

若以 N 记剖分 Δ 中内网线的总数,且第 i 条内网线的次数(即相应不可约代数曲线的次数)为 n_i,则齐次线性方程组中未知数的个数为 $\sum_{i=1}^{N}\binom{k - n_i(\mu + 1) + 2}{2}$,若记 $\sigma = \mathrm{rank}\ \boldsymbol{B}$,则按线性代数理论,式(7)解空间的维数为

$$\sum_{i=1}^{N}\binom{k - n_i(\mu + 1) + 2}{2} - \sigma$$

再加上"源胞腔"内的自由度 $\binom{k + 2}{2}$,即有如下定理:

定理 5

$$\dim S_k^\mu(\Delta) = \binom{k + 2}{2} + \sum_{i=1}^{N}\binom{k - n_i(\mu + 1) + 2}{2} - \sigma$$

$$(8)$$

如果各内网线均为直线段,则有:

定理 6

$$\dim S_k^\mu(\Delta) = \binom{k + 2}{2} + N\binom{k - \mu + 1}{2} - \sigma \quad (9)$$

特别地,假设 Δ 仅含有一个内网点,且所有的内网线都以内网点和边界上的点为端点(图 1),并且假定所有内网线斜率不同,则其上的多元样条空间维数有如下的计算公式:

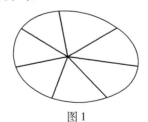

图 1

定理 7

$$\dim S_k^\mu(\Delta) = \binom{k+2}{2} + d_k^\mu(N) \qquad (10)$$

其中

$$d_k^\mu(N) = \frac{1}{2}\left(k - \mu - \left[\frac{\mu+1}{N-1}\right]\right) +$$

$$\left((N-1)k - (N+1)\mu + (N-3) + (N-1)\left[\frac{\mu+1}{N-1}\right]\right)$$

$$(11)$$

N 表示内网线的个数.

事实上,若设内网点为坐标原点,则相应的协调方程为

$$\sum_{i=1}^{N} q_i(x,y)(\alpha_i x + \beta_i y)^{\mu+1} \equiv 0 \quad (q_1, \cdots, q_N \in \mathbb{P}_{k-\mu-1})$$

$$(12)$$

其中 $\alpha_i x + \beta_i y, i = 1, 2, \cdots, N$ 为内网线方程. 由此导出的线性方程组的系数矩阵中的元素是一些二项系数,利用消元法和二项系数间的关系式,就不难得出定理 7 中的公式.

许多复杂部分上的多元样条函数的构造最终也可转化为上面的协调方程求解,例如贯穿剖分,即所有网线为一些贯穿区域 D 的直线切割而成. 这时在每个内网点的协调方程为形如下式的方程

$$\sum_{i=1}^{N} (q_i(x,y) + q_{N+i}(x,y))\alpha_i(x - x_0) + \beta_i(y - y_0))^{\mu+1} \equiv 0$$

$$(q_1, \cdots, q_N \in \mathbb{P}_{k-\mu-1})$$

其中 (x_0, y_0) 为相应内网点的坐标值,此时 N 表示过该内网点的贯穿线数. 记 $Q_i(x,y) = q_i(x,y) + q_{N+i}(x,y)$,显然可以把 $Q_i(x,y)$ 作为一个整体来考虑

其自由度的个数. 一旦确定了所有的 $Q_i(x,y)$, 多项式 $q_i(x,y)$, $q_{N+i}(x,y)$ 中仍有一个多项式是完全自由的. 所以在解完所有内网点上的协调方程后, 每条贯穿线上都有一段内网线, 其上的光滑余因子是自由的. 综上可得:

定理 8

$$\dim S_k^\mu(\Delta_c) = \binom{k+2}{2} + L\binom{k-\mu+1}{2} + \sum_{i=1}^{V} d_k^\mu(N_i)$$

(13)

其中 Δ_c 表示贯穿剖分, L 为贯穿线的条数, N_i 为相交于第 i 个内网点的贯穿线数, V 为内网点数.

对于任意的样条空间, 其维数计算仍然是一个公开的难题. 即使是最常用的三角剖分, 也只能得到如下的维数上下界公式, 这两个公式是由 Schumaker 首先给出的.

定理 9 对于任意的三角剖分 Δ, 设 e_i 为同第 i 个内网点相连的斜率不同的网线数目. 令

$$\sigma_i = \sum_{j=1}^{k-\mu}(\mu + j + 1 - j e_i)_+ \quad (i = 1, \cdots, V_I)$$

E_I 为 Δ 内网线数目, V_I 为 Δ 内顶点数目, 则

$$\dim S_k^\mu(\Delta) \geqslant \binom{k+2}{2} + \binom{k-\mu+1}{2}E_I -$$

$$\left[\binom{k+2}{2} + \binom{\mu+2}{2}\right]V_I + \sum_{i=1}^{V_I}\sigma_i$$

定理 10 对于任意的三角剖分 Δ, 设 $\tilde{e}_i$ 为表示同 i 个内网点相连的网线中除掉同前 $i-1$ 的网点相连的网线数目, 且

$$\tilde{\sigma}_i = \sum_{j=1}^{k-\mu}(\mu + j + 1 - j \tilde{e}_i)_+$$

则

$$\dim S_k^\mu(\Delta) \leqslant \binom{k+2}{2} + \binom{k-\mu+1}{2}E_I -$$

$$\left[\binom{k+2}{2} + \binom{\mu+2}{2}\right]V_I + \sum_{i=1}^{V_I}\widetilde{\sigma}_i$$

当 $k \geqslant 3\mu+2$ 时，可以证明，其维数与上述定理中的下界一致. 然而对于其他情形，人们尚无法给出其确切的计算公式，特别是当 k 与 μ 接近时，这时维数不仅依赖于剖分的拓扑性质，还依赖于剖分的几何性质.

陆晨:比特币和区块链原来就是数学,更确切地说就是代数几何[①]

第 3 章

从去年开始,人工智能 AI 区块链(Blockchain)和比特币(Bitcoin)风起云涌席卷整个中华大地,大街小巷无人不谈数字货币的神奇.我对区块链一直没有太关注,只是觉得这是一个新的什么类似于互联网的东西,和我学习的数学以及工作的金融没有什么交集.因此,我一直没有太重视和了解区块链.但随着周围的人和朋友圈里的朋友无人不谈区块链和比特币,轮番的信息轰炸强迫我一点点增进了对于它们的了解,特别感谢我的微信朋友圈里的几个好朋友的不断更新的链接和相关的学习材料让我不断地被动学习币圈的知识,

① 摘自《经济金融网》,2018 年,作者陆晨.陆晨,平安磐海资本有限责任公司首席风险官,拥有美国纽约大学数学博士学位以及注册金融分析师(CFA)、金融风险管理师(FRM)、国际风险管理师(PRM)等多种专业资质;为上海交通大学高级金融学院(SAIF)EMBA 特邀教授、香港大学 SPACE 学院客座教授、清华大学—澳大利亚麦考利大学应用金融客座教授,亚洲投资者学会风险管理中心执行董事.

直到有一天,我突然大彻大悟:比特币和区块链原来就是数学,更确切地说就是代数几何!

在那一瞬间,一个词在我的脑海中闪现:轮回. 我之所以有这个反应,是因为支持区块链的重要底层加密技术是创新的不对称加密算法. 现在应用最广泛的不对称加密算法是基于椭圆曲线的加密算法,其核心来自于代数几何中椭圆曲线上的算术理论. 在中本聪的简明扼要,震惊四座的八页纸的关于比特币的论文开篇的摘要 Executive Summary,作为两个基本假设之一的就是基于椭圆曲线的算术理论是不可逆的,这个原理保证了区块链的不对称加密算法的安全性和可靠性.

我在 1989 年末到 1990 年初首次接触到这一在当时还是鲜为人知的学科:代数几何. 传道授业的老师之一就是北京大学前任校长、著名数学家丁石孙先生. 世事沧桑,经过了这么多年的风风雨雨的变化,我也从学习纯数学转到学习应用数学偏微分方程方向,对于曾经学习的代数几何知识,基本都要忘却了;但对于不期而遇的区块链比特币浪潮突然把我那段封存久远的记忆又重新唤起,在脑海中激荡澎湃,丁先生的谆谆教诲又历历在目.

今年适逢北京大学建校 120 周年的校庆,因为我给北京大学汇丰商学院讲授量化投资课程的缘故,收到了老朋友本力老师特意寄来的精美礼物,非常开心. 随后不久,我在另一篇纪念北京大学校庆文章中,看到一张很久之前的照片,照片是 20 世纪 70 年代后期,数学泰斗陈省身先生在阔别祖国很久之后,和夫人郑士

宁女士回国.丁先生陪同领导参加接见.看到在照片里我的两位恩师神采奕奕地站在一起,不禁感慨万千.陈先生和丁先生作为中国数学家的典范,无论从道德操守、个人修养、学术造诣都是我敬仰和学习的楷模,对我的人生产生了巨大的影响.

　　作为现代数学的一个重要而且有趣的分支:代数几何研究的就是一组代数方程的零点所构成的集合(称为代数簇)的几何特性.在 3 维空间内的代数簇就是代数曲线或曲面.它从 19 世纪的上半叶开始以天才的数学家 Abel 在研究椭圆积分时发现了椭圆函数的双周期性,从而开创奠定了椭圆曲线的理论基础.后来历经很多世界最伟大的数学家的努力,包括 Riemann 发展的代数函数论和复分析;杰出的女数学家 E. Noether 和她的学生 van der Waerden 引入交换代数和抽象代数;Poincaré 对于复数域上低维代数簇的分类工作;直到进入 20 世纪,更多的伟大数学家投身于代数几何的最前沿研究:A. Weil 在 20 世纪 40 年代利用抽象代数的方法建立了抽象域上的代数几何理论;20 世纪 50 年代中期,法国数学家 J. P. Searle 把代数簇的理论建立在层 Sheaf 的概念上,并建立了凝聚层的上同调理论,这为史上最伟大的代数几何大帝 Grothendieck 随后建立概形理论奠定了坚实的理论基础.概形理论的建立使代数几何的研究进入了一个全新的飞速发展阶段.

　　在我幼年时期,北京大学就是代表中国近代史上科学和民主的圣殿,层出不穷的我所敬仰的科学家们都让我对于北京大学有着无比的憧憬和向往.

在高中的时候,我突发奇想要报考中国科学技术大学少年班,不幸被高中的数学老师发现,不知何故,数学老师当着全班同学不点名地把我痛斥了一顿,自此波折之后,去合肥的计划就被搁置且渐渐忘却了. 后来,参加中国高中数学竞赛得以进入由世界著名数学家陈省身先生和南开大学数学研究所合办的陈省身数学试点班第一期学习. 陈老先生已 80 岁高龄还亲自为我们上课,讲解微分几何的真谛,诲人不倦. 我对数字和分析的悟性很高,但对于几何一直是一筹莫展. 期末考试来临之际,只有痛下决心到图书馆刻苦研读,才茅塞顿开理解了陈老先生讲述的现代微分几何、微分流型、纤维丛理论等的美妙动人之处. 最后竟然考得非常喜庆吉利的 88 分,总算对得起陈老先生的心血. 后来总算有惊无险地完成了陈省身数学试点班的四年本科的数学课程,全心全意地准备进入研究生的学习.

就在我本科的最后一学年,1989 年的下半年,在陈老先生的倡导提议和努力下,南开大学数学研究所举办了代数几何年活动,邀请了国内和国际的知名代数几何、代数曲线、交换代数等最前沿的课题的专家学者. 对于我们这些初涉数学奇景,面对浩瀚数学海洋的年轻学子而言,无疑是大开眼界、弥足珍贵的学习机会,我和其他数学试点班的同学都争相报名参加这难得的和世界名师大家学习的机会.

那一年的代数几何年由中国科学技术大学校长著名数学家冯克勤教授主持,邀请丁石孙先生、李克正教授等国内外著名的代数几何的研究学者前来为中国的学子传授世界最活跃的数学研究领域的最新成果.

作为大学四年级的数学本科生,我们对于代数几何方面的了解是非常有限的,只是在大三的时候开始学习抽象代数、拓扑学和群论的相关理论,对于代数几何、代数曲线这一博大精深的课题却茫然不知从哪里开始.

我们在读本科时对北京大学的丁先生就早有耳闻,他是著名的数学家、教育家,北京大学的校长. 这次在南开大学代数几何年中遇到了难得的机会向丁先生直接求教和学习,是我人生生涯的一个里程碑.

1989 年末在南开数学研究所初次见到丁先生,给我的印象完全不同于我们当时报刊上看到报道描述的中国数学家弱不禁风的形象,丁先生身材高大魁梧,满头银发,精力充沛,非常的和蔼可亲,丁先生平易近人的态度和对于我们提出的很初级浅显的问题耐心地讲解让我的紧张和忐忑顿时都烟消云散了. 对于代数几何、代数数论、交换群等对于我们还很生疏的内容,经过丁先生的耐心讲解都变得不再那么高不可攀、高深莫测了;对一些关键的概念和定理的证明思路,听了丁先生的分析讲解我才恍然大悟,理解了隐藏在字面背后的那些闪光的灵感和跳跃的思维.

代数几何的解决问题的方式和我们学习传统经典数学的方式有着很大的区别,在代数曲线和代数簇上重新定义我们过去熟悉的算术操作,从而发现那些妙不可言的几何特性,用超越空间想象维度的代数语言来刻画表达,丁先生所研究的代数数论就是揭示这些代数特性最本质的核心部分,数论也一直被誉为数学皇冠上的明珠.

当他得知我强烈的出国留学的想法时，丁先生非常支持，并且以一个"老留学生"的身份分享了一些他当时在美国哈佛大学做访问学者的亲身经历. 在哈佛大学学习期间，已年过半百的丁先生无惧困难和挑战，集中精力学习最前沿的椭圆曲线的算术理论. 丁先生对于学术研究的忘我态度和钻研精神深深打动了当时在哈佛任教，后来任著名的普林斯顿高等研究院院长 P. Griffiths 教授，他很支持丁先生的研究. 后来丁先生利用计算机发现了一条崭新的椭圆曲线，为人津津乐道.

在不同数域上定义的椭圆曲线上，我们还可以相应地定义加法使得椭圆曲线（代数簇）成为一个加法群. 对于同一个代数曲线（椭圆曲线），变换底层的数域，研究它们之间的映射是一个非常优美的方法. 当下面的基本数域是 Mod p 的有限数域时，我们就得到了代数数论问题，这也恰好是丁先生所专攻的领域；当我们把下面的基本数域变为复数域的时候（图 1），我们就得到了 Riemann 曲面的复几何的问题，从而代数曲线椭圆曲线成为连接在两个看似完全不相关的数学领域间的至关重要的纽带和桥梁：很多的几何问题又可以转化为深刻的代数数论问题来解决，反之亦然. 特别要指出的就是定义在 Mod p 的有限域之上的椭圆曲线的离散对数问题就是比特币数字签名加密算法的技术支撑.

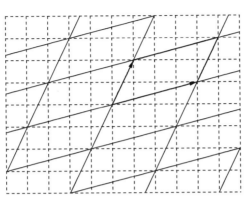

图 1　复数域上的椭圆曲线

　　丁先生给我的另外一个最突出的印象就是他是一位让人肃然起敬的教育家,他的那种特有的教育家的气魄和风范,使我站在他身边就可以强烈地感受到. 他说:学习知识是成才的一方面,而更重要的一方面是个人修养的培养,即所谓的"做人",超越了知识层面到了精神和意识层面,强调人的视野宽广度决定了一个人能走多远.

　　丁先生于 1981 年被任命为北京大学数学系主任,后于 1984 年任北京大学校长. 丁先生是数学家、数学教育家,从事代数和代数数论的研究. 除了数学上的成就,他最被人乐于提及的就是他的高风亮节、为人师表. 丁先生本人就是北京大学精神的最好体现者,他推崇的"科学与民主,兼容并包,求同存异",最重要核心的东西是尊重人,尊重人的个性,尊重人的自由发展.

　　丁先生力排众议,远见卓识地选择了代数几何课题作为中国数学赶超世界数学的一个突破点,经过了二十多年的风风雨雨得到了验证:代数几何椭圆曲线在理论研究和实践应用中占有越来越重要的地位,特别是在密码学,乃至最近的区块链和比特币的底层技术支持. 另外一个非常巧合的事情就是当年在代数几何年中我们学习的主要教材就是 P. Griffiths 所撰写的代数曲线椭圆曲线的专著,因此向丁先生请教是再合适不过了.

丁先生支持我的留学深造计划,耐心详细地询问了我的学习的情况和想选择的数学专业方向,并且亲自为我写了海外留学的推荐信,让我对丁先生的诲人不倦,无私奉献的精神感动不已,也暗自下定决心向丁先生学习,在学术上和人品上齐头并进,做一个具有远大抱负和崇高思想的人.

丁先生独有的教育家和数学家的风范,谆谆教诲和他自己严以律己宽以待人,以身作则,高风亮节的品质对我在海外的求学和日后走出象牙塔到疯狂的华尔街上工作产生了很大的影响. 我在以后的华尔街的动荡起伏,危机四伏的投资交易生涯中都时时以丁先生为自己的榜样要求自己有强健的体魄,高尚的灵魂和不畏艰难勇于挑战的态度,坚韧不拔地向着自己的目标不断前进.

第七编

群星灿烂

世界代数几何大师的风采

第

1

章

数学家得出结论说,他的科学是被人的手工所固有的弱点包围着的人类事业,但它又被人的创造力和想象力的光辉所映照,焕发着人们对美好事物的向往.数学家仍旧觉得他的断言是对的,即数学是人类智慧王冠上最明亮的宝石.

——N. A. Court

下文是 Abel 奖得主 Deligne 的访谈录[①]:

1. Abel 奖

Raussen & Skau(以下简写为"**R & S**"):尊敬的 Deligne 教授,首先我们祝贺您,您是第 11 位 Abel 奖的获得者.被选择

---

① 译自:EMS Newsletter,issue 89,September 2013,p. 15-23,Interview with Abel Laureate Pierre Deligne,Martin Raussen and Christian Skau,figure number 2. 赵振江,译. 陆柱家,校.

Martin Raussen 是丹麦奥尔堡(Aalborg)大学的数学副教授,Christian Skau 是位于特隆赫姆(Trondheim)的挪威科学技术大学的教授. 他们从 2003 年开始合作采访每一届的 Abel 奖得主.

作为这个高声誉奖项的获奖者不仅是一项巨大的荣誉,而且 Abel 奖附带有 600 万挪威克朗的现金奖励,这大约是 100 万美元. 我们好奇地听说您正计划用这笔钱来做……

Deligne(以下简写为"**D**"):我觉得这些钱并不真正是我的,而是属于数学的. 我有责任明智地而不是以浪费的方式使用它. 细节现在还不明确,但我计划把部分的钱给予曾对我很重要的两个研究院:巴黎的高等科学研究院(IHÉS)和普林斯顿的高等研究院(IAS).

我还想拿一些钱来支持俄罗斯的数学. 首先,我想给高等经济学院(the Higher School of Economics, HSE)的数学系. 在我看来,这是莫斯科最好的地方之一. 它比莫斯科大学的力学和数学系要小得多,但人员更佳. 学生人数也很少,每年只接收 50 名新生,但他们都在最好的学生之列. 高等经济学院是由经济学家们创办的,在困难的环境下他们竭尽所能. 该院的数学系在莫斯科独立大学的帮助下在 5 年前创办. 它正在提高整个高等经济学院的声誉. 在这里我认为这些钱会被很好地使用.

再次,我想捐赠一些钱给由俄罗斯慈善家 Dmitry Zimin 创办的王朝基金会(the Dynasty Foundation). 对于他们,金钱似乎不那么重要,这只是我想表达我敬佩他们的工作的一种方式. 这家机构是俄罗斯的极少几家赞助科学的基金会之一. 此外,他们是以一种非常好的方式在做这样的事情:他们赞助数学家、物理学家和生物学家;尤其是年轻人,而这在俄罗斯是至关重要的！他们还出版普及科学类的书. 我想用这样一种明确的方式表达我的钦佩之情.

R & S:Abel 奖无疑不是您在数学上赢得的首个重要的奖项. 让我们仅仅提及一下您 35 年前获得的 Fields 奖, 瑞典的 Crafoord(克拉福德)奖. 意大利的 Balzan(巴尔扎恩)奖和以色列的 Wolf(沃尔夫)奖. 作为一个数学家, 赢得如此名声显赫的一些奖项, 这对您有多重要？ 对于数学界, 这样一些奖项的存在有多重要？

D:对于我个人, 得知我所尊敬的数学家们发现我做过的工作是有意义的, 这感觉很不错. Fields 奖可能有助于我被邀请到普林斯顿高等研究院. 获奖可以得到一些机会, 但并没有改变我的生活.

当奖项可以作为向一般大众介绍数学的一个借口时, 我认为它们是非常有用的. Abel 奖与其他的活动, 诸如面向儿童的竞赛和面向高中教师的 Holmboe 奖(the Holmboe Prize)联系在一起, 我觉得这很好. 根据我的经验, 好的高中教师对数学的发展也是非常重要的. 我认为所有这些活动棒极了.

2. 青年时期

R & S:您在 1944 年生于布鲁塞尔. 我们好奇地听说过您最初的数学体验:在哪方面它们是被您自己的家庭或学校培养的？ 您能记住您最初的一些数学体验吗？

D:我很幸运, 我的哥哥比我年长 7 岁. 当我看温

329

度计并认识到存在正数和负数时,他试着向我解释
$(-1) \times (-1)$ 得到 $+1$. 这是很令人惊奇的事. 后来当
他上高中时,他告诉我关于二次方程的事. 当他上大学
时,他又给了我关于三次方程的一些笔记,而且笔记中
有解三次方程的一个奇怪的公式. 我发现它非常有趣.

当我还是一名儿童时,我有了一次极好的机会. 我
有一个朋友,他的父亲 Nijs 先生是一位高中老师. Nijs
先生在多个方面帮助我;尤其是我读的第一本真正的
数学书,即 Bourbaki(布尔巴基)的《集合论》,是他给
的,那时的我 14 岁. 我啃这本书花了至少一年时间. 关
于这一点,我想我曾有一些讲座已论及.

在别的书上我已经读过如何从整数开始定义有理
数,然后定义实数. 但我记得我是何等好奇于怎样从集
合论定义整数,通过阅读 Bourbaki 的书中前面的少许
篇幅,对怎样首先定义两个集合有"相同数目的元素"
意味着什么,并且从这里导出整数的概念表示佩服. 这
个家里的另一个朋友还给了我一本关于复变函数的
书. 弄明白复变函数的故事与实变函数的故事是如此
的不同是一大惊喜:一旦复变函数可微,它就是解析的
(有一个幂级数展开式),如此等等. 所有这些事情你
们可能在学校觉得它们很乏味,但却给了我巨大的快
乐.

那时我的这位老师 Nijs 先生让我与布鲁塞尔大
学的 Tits(蒂茨)教授接触. 我可以参与他的一些课程
的讨论班,尽管当时我仍然在上高中.

R & S：非常惊奇地听说您学习 Bourbaki 的书，它们通常被认为是很困难的，尤其是在您那个年纪。

您能告诉我们一点您正规的学校教育吗？学校教育令您感兴趣吗，或是只是感到厌烦？

D：我有一位出色的小学老师。我认为我在小学比在中学学得更多：怎样读，怎样写，以及算术和更多的东西。我记得这位老师做了一个数学上的实验，这使我想到表面和长度的证明。这个问题是比较半球表面与有相同半径的圆盘。为此，他用盘成螺旋形的绳覆盖这两个表面。半球需要的绳是圆盘的两倍。这使我想了很多：怎样才能用长度度量一个表面？怎样才能相信半球的表面是相同半径的圆盘的两倍？

当我还在上中学的时候，我喜欢几何学问题。在那个年纪，几何学中的证明对我很有意义，因为令人惊奇的证明的陈述并不太困难。一旦我们理解了公理，就得到了证明过程。我非常喜欢做这样的练习。我认为，在中学阶段几何学是数学中令证明变得有意义的仅有的部分。此外，写出证明过程是另一个很好的练习。这不仅与数学有关，也可以推理论证事情为何是正确的。在语言和数学之间，几何学与语言的联系比代数学更强。

R & S：当您年仅 16 岁的时候，您去参加 Tits 的讲座。有一个故事说在某个星期您不能参加讲座，因为您参加了学校的远足……？

D：是的。我很晚才被告知这个故事。当 Tits 来给我们作报告时，他问：Deligne 哪里去了？他们向他解释说我参加了学校的远足,这个报告就被推迟到了下一个星期.

R & S:他必定已经认可您是一个出色的学生. Tits 也是 Abel 获奖得者. 由于他在群论中的伟大发现,5 年前,他与 Thompson(汤普森)一起获得了该奖. 对于您,他无疑是一位有影响的老师吗?

D:是的. 尤其是在我研究数学的早期. 在教学上,最重要的可能是你不做什么. 例如,Tits 不得不解释群的中心是一个不变子群. 他以一个证明开始,然后停下说:"一个不变子群是在所有的内自同构作用下稳定的子群. 我已经能够定义群的中心. 因此在数据的所有对称下它是稳定的. 所以,它显然是不变的."

对于我,这是一次启示:感受到了对称思想的威力. Tits 不需要进行一步一步地证明,而只需说对称令结果显然,这对我影响很大. 我很看重对称,而且几乎在我的每一篇论文中都有基于对称的论证.

R & S:您还能记得 Tits 是怎样发现您的数学才能的吗?

D:这我说不上来,但我认为是 Nijs 先生告诉他的,让他好好照顾我. 在那个时候,在布鲁塞尔大学有 3 位真正活跃的数学家:除了 Tits 本人,还有 Franz Bingen 教授和 Waelbroeck(韦尔布鲁克)教授. 他们每年组织一个主题不同的讨论班. 我参加了这些讨论班,而且了解了不同的课题,如 Banach(巴拿赫)代数学,以及代数几何学,这些都是 Waelbroeck 的专长.

我猜测那时他们 3 人就已决定这是我该去巴黎的时候了. Tits 把我介绍给 Grothendieck,并且告诉我参加他的和 Searle 的讲座. 这是一个极好的建议.

R & S:对于一位门外汉,这有点令人惊奇. Tits 对您的数学成就感兴趣,人们可能会想他会为了自己的利益而试图留住您. 但他没有?

D:是的. 都是看什么对我来说最好,才去做.

3. 代数几何学

R & S:在我们继续谈论您在巴黎的事业之前,也许我们应该向听众解释您的专业——代数几何学是什么.

在今年早些时候,当 Abel 奖宣布时,Fields 奖获得者 Gowers(高尔斯)不得不向听众解释您的研究课题. 他一开始就承认这对他来说是一项困难的任务. 难于展示说明这一学科的图片,而且也难于解释它的一些简单的应用. 尽管如此,关于代数几何学是什么,您能试着告诉我们一个想法吗? 也许您会提到把代数学和几何学相互联系在一起的一些特殊问题.

D:在数学中,当思想不同的两个框架融合到一起时总是非常好的. Descarees 写道:"几何学是在虚假的图形上进行正确推理的学问.""图形"是复数:存在各种各样的解决问题的猜想并知道每种解决问题的猜想错在何处是非常重要的.

在代数几何学中,你既可以利用来自代数学的直观——在这里你可以处理方程,又可以利用来自几何

333

学的直观——在这里你可以画图. 如果你画一个圆并且同时考虑方程 $x^2 + y^2 = 1$,那么在你的头脑中会产生不同的图景,而且你可以试着把它们进行比较. 例如,轮子是一个圆,而一个轮子转动可以在代数学中找到相似:x 和 y 的一个代数变换把 $x^2 + y^2 = 1$ 的任意一个解映射到另一个解. 描述一个圆的这个方程是二次的,这蕴涵着一个圆与一条直线不会有多于两个的交点. 我们也可以从几何学上来看这个性质,但还是代数给出的更多. 例如,如果存在有理方程的直线与圆 $x^2 + y^2 = 1$ 的一个交点有有理坐标,则另一个交点也有有理坐标.

代数几何学有算术应用. 当我们考虑多项式方程时,在不同的数域可以有相同的表示. 例如,在定义了加法和乘法的有限集上,这些方程涉及组合学问题,即要计算解的个数. 但是,我们可以继续画出相同的图形,在心里记着一种新的方式,其中图形是不真实的,但按照这种方式在考察组合学问题时可以使用几何直观.

我从未真正地做过代数几何学的核心工作. 我只是对触及这一领域所有类型的问题感兴趣. 但代数几何学触及许多学科,只要多项式出现,人们就可以尝试从几何学角度思考它;例如在物理学中的 Feymann(费因曼)积分,或者当你考虑一个多项式的根式表示的积分时. 代数几何学还能对理解多项式方程的整数解有所贡献. 为了理解椭圆积分如何作为,几何解释也是至关重要的.

R & S:代数几何学是数学的主要领域之一. 您能说说,至少对于一个初学者,为了学习代数几何学需要比其他数学领域付出更大的努力吗?

D:我认为进入这门学科是困难的,因为必须掌握一些不同的工具. 就拿上同调来说,在现在都是不可避免要掌握的. 另一个原因是代数几何学已经相继发展了几个阶段,每个阶段有它自己的语言. 首先,意大利学派的有些模糊,有种说法显示:"在代数几何学中,一个定理的反例是对它有用的补充." 然后,Zariski 和 Weil 把问题的研究建立在一个较好的基础上. 后来,Searle 和 Grothendieck 又给出了一种非常有威力的新语言. 用这种概形的语言可以表达很多概念;它既覆盖了算术应用,又覆盖了更多的几何方面的内容. 但要理解这一语言的威力需要时间. 当然,人们需要知道一些基本的定理,但我不认为这是主要的阻碍. 最困难的应该是理解 Grothendieck 创造的这一语言的威力,以及它与我们通常所说的几何直观的关系.

4. 负笈巴黎

R & S:当您到巴黎时,您与 Grothendieck 和 Searle 联系. 您能告诉我们您对这两位数学家最初的印象吗?

D:在 1964 年 11 月的 Bourbaki 讨论班期间,Tits 把我介绍给 Grothendieck. 我着实被吓了一跳. 他有些奇怪,是一个剃着光头的高个子男人. 我们握了握手,但什么也没有做,直到几个月后我到巴黎参加了他的讨论班.

这确实是一个不平凡的体验. 按照他自己的话来说,他非常率直而且善良. 我记得我参加的第一次讲座. 在讲座中,他多次使用"上同调对象"这一表述. 对于 Abel 群,我知道上同调是什么,但我不知道"上同调对象"的意义. 在讲座之后,我问他这个表述意味着什么? 当时我认为许多其他数学家可能会想,如果你不知道答案,就没有什么要向你说的了. 但他全然不是这个反应. 他非常耐心地告诉我,如果在一个 Abel 范畴中有一个长的正合列,并且考察一个映射的核,那么可以用前一个映射的像去除,如此等等.

我不害怕会提出"愚蠢"的问题,而且我保持这个习惯一直到现在. 每当参加讲座时,我通常都会坐在听众席的前排,而且如果有我不理解的某个事情,即使我猜道答案是什么我也要提问一下.

非常幸运的是,Grothendieck 要我写出他上一年的一些报告. 他把他的笔记给我,从中我学到了很多东西——既有笔记的内容,又有数学写作的方式……即以一种平凡的方式进行,既应在纸的一边书写,又留下一些空白能让他写评注. 他强调不允许写下任何假的陈述,这极为困难,通常要走捷径:例如,不保留记号的痕迹. 这未能让他满意,写下的东西必须是正确的和精确的. 他告诉我,我的第一遍写得太简短了,没有足够的细节……不得不全部重做. 但这对我却很有好处.

Searle 有完全不同的个人特质. 为了让人理解整

个故事,Grothendieck 喜欢让事情依照它们的规律发展;喜欢理解整个故事. Searle 欣赏这一点,但他更喜欢美好的特殊情形. 当时他正在法兰西学院讲关于椭圆曲线的一门课. 在这个课题里,许多不同的要素结合到一起,包括自守形式. Searle 具有比 Grothendieck 更强的数学素养. 在需要的时候,Grothendieck 本人会亲自重新做每一遍,而 Searle 则告诉人们在文献中自己查找. Grothendieck 阅读得极少,他与经典的意大利几何学的接触基本上是通过 Searle 和 Dieudonné(Dieudonne). 我相信 Searle 一定向他解释过 Weil 猜想是什么以及为何是有趣的. Searle 尊重 Grothendieck 研究出的巨大的理论框架,但这不合他的胃口. Searle 喜欢具有好的性质的较小的研究对象,如模形式,喜欢研究具体的问题,如系数之间的同余.

他们的个人特质是非常不同的,但我认为 Searle 和 Grothendieck 的合作是非常重要的,这个合作能有助于 Grothendieck 的工作.

R & S:您告诉过我们,为了注重实际,您需要参加 Searle 的讲座?

D:是的,因为研究陷入 Grothendieck 的一般性中是危险的. 在我看来,他从来不发明无效的一般性,但 Searle 告诉我考察不同的主题对于我是非常重要的.

5. Weil 猜想

R & S:您最著名的结果是所谓的 Weil 猜想中的第 3 个——而且是最困难的——猜想的证明. 但在谈

论您的成就之前,您能解释一下为何 Weil 猜想如此重要吗?

D: 先前关于 1 维情形中的曲线,Weil 有几个定理.有限域上的代数曲线和有理数域之间有许多相似之处.在有理数域上,核心的问题是 Riemann 假设.对有限域上的曲线,Weil 证明了 Riemann 假设的一个类似猜想,而且他也曾考察过一些高维的情形.这是人们开始理解简单的代数簇,像 Grassmann(格拉斯曼)簇的上同调的地方.他看到对有限域上对象的点的计数反映了在复数域上发生了什么以及复数域上相关空间的形状.

正如 Weil 对它的考察,在 Weil 猜想中隐藏着两件事.第一,为何在明显的组合学问题和复数域上的几何学问题之间应当存在一个关系.第二,Riemann 假设的类似假设是什么? 两类应用来自于这些类似假设.第一类始于 Weil 本人:对一些算术函数的估计.对于我,它们不是最重要的.Grothendieck 形式主义的构造解释了为何在复数域上的几何学问题之间应该有一个关系,在那里人们能利用拓扑学,而组合学的故事则更为重要.

有限域上的代数簇允许一个典范自同态,即 Frobenius(弗罗贝尼乌斯)自同态.它可以视为一个对称,这个对称使得整个情形非常严密.然后,人们可以把这个信息传回到复数域上的几何世界,这就在经典的代数几何学中产生了一些限制,而这被应用于表示论和自守形式论中.存在这样一些应用在一开始并不是显然的,但对于我来说这就是 Weil 猜想为何重要的理由.

R & S: Grothendieck 曾有个证明最后一个 Weil 猜想的纲领,但它没有奏效.您的证明是不同的.您能评论一下这个纲领吗? 它对您证明 Weil 猜想有影响吗?

D:没有.我认为在某种意义上,Grothendieck 的纲领是找到了证明的一个障碍,因为它使人们只是在一个特定的方向上思考.如果假定遵从这个纲领有人能做出证明,那么将会更令人满意,因为它可能还能解释其他一些有趣的事情.但整个纲领依赖于在代数簇上找到足够多的代数闭链,而在这个问题上自 20 世纪 70 年代以来没有取得本质性的进展.

我用了完全不同的想法.这个想法受到 Rankin(兰金)的工作和他关于自守形式工作的启发.它仍有一些应用,但并没有实现 Grothendieck 的梦想.

R & S:我们听说 Grothendieck 对 Weil 猜想被证明感到高兴,当然,他仍有些失望吧?

D:是的.他有非常好的理由,如果他的纲领实现了,那将会好得多.他不认为会有其他方式能攻克它.但当他听到我已经证明了它,他觉得我一定做了许多其他的工作,而我并没有.我认为这就是他失望的理由.

R & S:您一定要告诉我们当 Searle 听说这个证明时的反应.

D: 在我还没有一个完整的证明,只有一个验证的情形是清楚的时候,我给他写了一封信. 我想信应该恰好是在他去医院手术治疗撕裂肌腱之前收到的. 因为后来他告诉我,他是以乐观的状态进入的手术室,因为他知道证明差不多快被做出来了.

R & S: 几位著名的数学家称您对最后一个 Weil 猜想的证明是一个奇迹. 您能描述一下是什么导致您产生证明的那些想法吗?

D: 我是幸运的,在我研究 Weil 猜想的时候我有我所需要的所有工具,同时我认为利用这些工具会达到目的. 此后证明的一些部分被 Gérard Laumon 简化,而这些工具中的一些就不再需要了.

那时,Grothendieck 又有了把来自 20 世纪 20 年代 Lefschetz 关于一个代数簇的超平面截面族的工作纳入到一个纯粹的代数框架的想法. 尤为有趣的是 Lefschetz 的一个陈述,后来被 Hodge 证明,即所谓较难的 Lefschetz 定理. Lefschetz 的研究方法是拓扑的. 与人们的普遍认知形成对照,如果一个论证是拓扑的,与它们是解析的——如 Hodge 给出的证明——相比,存在更多的可能性,把它们翻译成抽象的代数几何学语言. Grothendieck 要求我去查看 Lefschetz 在 1924 年出版的书《位置分析和代数几何学》(*L'analysis Situs*[①]*et la géométrie algébrique*). 这是一本出色的,非常直观的书,

---

[①] Analysis Situs 是拓扑学的旧称. ——原译注

而且它包含了我所需要的工具中的一部分.

　　我还对自守形式感兴趣. 我想关于 Robert Rankin 做出的估计是 Searle 告诉我的. 我仔细地审视它. 对某些相关的 L - 函数, Rankin 通过证明在应用 Landau (兰道) 的一些结论时所需要的一些结果而得到了模形式系数的一些非平凡的估计, 在 Landau 的结果中, 一个 L - 函数极点的位置给出了局部因子极点的信息. 因为掌握了 Grothendieck 关于极点的工作, 我看到, 依照复杂性小得多的方式——仅用了平方和是正的这一事实, 同样的工具就可以在这里应用. 这就够了. 理解极点要比零点容易得多, 而且有可能要应用 Rankin 的想法.

　　在我的研究中用到了所有这些工具, 但我说不出来我是怎么想到把它们联系在一起的.

6. 后续工作略述

　　R & S: 母题(motive[①])是什么?

　　D: 关于代数簇的一个惊人的事实是, 它们给出了不止一个, 而是许多上同调理论. 其中有 l - 进理论, 对于特征不同的每个素数 l 有一个理论, 以及特征零, 此时是代数 de Rham 上同调. 似乎这些理论中的每一个都在按照不同的语言一次又一次地讲同一个故事. 根据母题的哲学, 应该存在一个普遍的上同调理论, 其取值在一个有待定义的母题范畴, 而所有这些理论都能

---

　　① 术语 motive 尚未有中文定名, 暂且音译. ——原校注

由该普遍的上同调理论导出. 对于一个射影非奇异簇的第一上同调群, Picard 簇起着母题 H^1 的作用; Picard 簇是一个 Abel 簇, 而且从它能导出现存的所有的上同调理论中的 H^1. 按照这种方式, Abel 簇(可相差同源)是母题的一个原型.

Grothendieck 的一个关键想法是不要去努力定义母题是什么, 而是应当努力定义母题的范畴. 如 Hom 群是有有限维有理向量空间的一个 Abel 范畴. 具有决定性意义的是, 它应该允许存在一个张量积, 这是描述有母题范畴值的普遍上同调理论的 Künneth(屈内特)定理所需要的. 如果仅考虑射影非奇异簇的上同调, 人们会推荐纯母题. Grothendieck 给出了纯母题范畴的一个定义, 而且证明了如果这样定义的范畴有一些类似于 Hodge 结构范畴的性质, 则将得到 Weil 猜想.

为了所提出的定义是切实可行的, 需要"足够多"代数闭链的存在. 在这个问题上, 迄今几乎没有取得任何进展.

R & S:您的其他结果怎么样? 在证明 Weil 猜想之后您做出的结果中哪一个是您尤其喜欢的?

D:我喜欢我构造的复代数簇上同调上所谓的混合 Hodge 结构. 究其来源, 母题的哲学起了至关重要的作用, 即使母题没有出现在最终的结果中. 这一哲学提示, 在一个上同调理论中无论做什么事情, 在其他理论中能找一个对应物都是值得的. 对于射影非奇异簇, Galois 作用所起的作用类似于 Hodge 分解在复情形所起的作用. 例如, 用 Hodge 分解表达的 Hodge 猜想有一个对应物, 即用 Galois 作用表达的 Tate(泰特) 猜想. 在 l – 进的情形, 对于奇异或非紧的簇, 上同调和 Galois 作用仍被定义.

这迫使我们提问: 在复情形中的类似是什么? l – 进上同调中一个递增滤过——权滤过 W 的存在性给出了一个线索, 对权滤过, 第 i 个商 $\dfrac{W_i}{W_{i-1}}$ 是一个射影非奇异簇上同调的子商. 因此, 我们期望在复情形中, 一个滤过 W 使得第 i 个商有一个权为 i 的 Hodge 分解. 来自 Griffiths(格里菲思) 和 Grothendieck 的工作的另一个线索, 是 Hodge 滤过比 Hodge 分解更重要. 由这两个线索得出了混合 Hodge 结构的定义, 暗示它们形成了一个 Abel 范畴, 并且还暗示怎样构造它们.

R & S: 朗兰兹纲领怎么样? 您与它有关系吗?

D: 我对它很感兴趣, 但对于它的发展我的贡献很少. 我只在两个变数的线性群 $GL(2)$ 上做过一些工作. 近来, Weil 猜想的一个罕见的应用出现在吴宝珠对所谓的基本引理(指 2010 年 Fields 奖得主吴宝珠——校注) 的证明中. 我本人没做过多少工作, 尽管我对朗兰兹纲领有很浓厚兴趣.

7. 法国、美国和俄罗斯的数学

R & S: 您曾经告诉我们您主要工作过的两个机构, 即巴黎的高等科学研究院和 1984 年之后的普林斯顿高等研究院. 我们很感兴趣您离开 IHÉS 并移居普林斯顿的动机. 此外, 我们有兴趣想听到联系这两个机构的是什么以及您对它们有何不同的看法.

D:我离开的理由之一是, 我不认为一个人在同一个地方终其一生是好的. 某种变化是重要的. 我希望与 Harish-Chandra(Harish-Chandra) 有一些接触, 他在表示论和自守形式上做过一些美妙的工作. 这是朗兰兹纲领的一部分, 对此我很感兴趣, 不幸的是在我到达普林斯顿之前不久 Harish-Chandra 去世了.

另一个原因是, 在布雷斯的 IHÉS, 我勉强做到每年关于一个新的主题自己举办一个讨论班. 这使工作变得有点多了. 我其实不能既举办讨论班, 又把讨论的内容写下来, 因此当我来到普林斯顿之后我没有以同样的要求勉强自己. 这些就是我离开 IHÉS 到普林斯顿的 IAS 的主要原因.

至于这两个机构之间的差异, 我想说普林斯顿高等研究院更早、更大且更稳定. 在拥有许多年轻的访问者的到来这方面, 两者非常相似. 因此它们不是你能睡大觉的地方, 因为你总会是与年轻人接触, 他们会告诉你, 你并非像你自认为的那么好.

在这两个地方都有物理学家, 但我认为对于我来说, 与他们的接触对科研的帮助, 在普林斯顿比在布雷斯更有成效. 在普林斯顿有公共的讨论班. 有一年非常紧张, 既有数学家又有物理学家参加. 其实主要也是由于有 Edward Witten(威顿) 的到场. 尽管他是物理学家, 他还得到了 Fields 奖. 当 Witten 向我提问时, 努力去回答这些问题总是非常有趣的,但有时也可能会受挫.

普林斯顿高等研究院不仅有数学和物理学,还有历史学部和社会科学部,在这个意义上来说,它更大.虽然与这些部门不存在真正科学上的相互作用,但能去听听关于如古代中国的讲座也是件令人愉快的事情.布雷斯有的而普林斯顿没有的如下:在布雷斯,咖啡馆太小.因此你只能坐在能坐的地方,而不能选择与他人坐在一起.我经常挨着一位分析学家或者一位物理学家而坐,而且这样随机的非正式互动是非常有用的.在普林斯顿,有一张桌子是数学家们用的,另一张桌子是天文学家们、普通的物理学家们及其他人用的.如果你坐错了桌子,没人会要求你离开,但却存在交流障碍.

普林斯顿高等研究院有一笔大的救助款,而 IHÉS 没有,至少当我离开的时候是这样的.但这不影响学术、生活.有时它产生不稳定,但管理者通常有能力让我们避开艰难.

R & S:除了您与法国数学和美国数学的联系,您还长期与俄罗斯数学密切接触.事实上,您的太太是一位俄罗斯数学家的女儿.您与俄罗斯数学发展的联系是怎样的?

D:Grothendieck 或 Searle 告诉那时在莫斯科的 Manin(马宁),说我做了一些有趣的工作.俄罗斯科学院邀请我参加为 Vinogradov(维诺格拉多夫)召开的一个大会.

我来到俄罗斯,发现了一种优美的数学文化. 我们会去某个人的家里,坐在厨房的桌旁拿着一杯茶讨论数学. 我爱上了这种气氛和对数学的这种热情. 此外,俄罗斯的数学在当时是世界上最好的之一.

R & S:您提到 Vinogradov,并与某人交谈问他是否被邀请?

D:这个人是 Shapiro(沙皮罗). 我完全不知情. 我曾和他有过长时间的讨论. 我觉得,像他这样的人应该被 Vinogradov 邀请,但有人向我解释事情不是这样的.

在俄罗斯的大学教育和中等教育(the secondary education)之间曾有过一种很强的联系,这种传统现在仍然存在. 像 Kolmogorov(柯尔莫哥洛夫)这样的人对中等教育有很大的兴趣(并不总是为了最好的学生).

他们还有组织数学奥林匹克竞赛的传统,而且非常善于在早期发现在数学上有前途的人,以便帮助他们. 讨论班的文化处于危险之中,因为讨论班的组织者在莫斯科能全职工作是重要的,而现在不总是这个样子. 我认为保持现存的一种整体文化是重要的. 这就是为何我要用 Balzan 奖的一半去努力帮助年轻的俄罗斯数学家的原因.

R & S:这就是您安排的一场竞赛.

D:是的. 这个体制从顶层破裂了,因为没钱留住人才,但其基础设施是如此之好,以致该体制还能继续产生非常好的年轻数学家. 人们必须努力帮助他们,而且使他们能更长时间地留在俄罗斯成为可能,并且能延续这一传统.

8.数学中的竞争与合作

R & S:有些科学家和数学家追求成为第一个做出大发现的人,似乎这不是您的主要动力?

D:是的.我对此一点也不关心.

R & S:对这一现象您有一些总体评价吗?

D:对于 Grothendieck,这很显然:他有一次告诉我,数学不是一项竞技运动.数学家是不同的,有些数学家想成为第一人,尤其是如果他们在做非常特别而且困难的问题.对于我来说,我觉得更重要的是创造解决问题的工具并得出普遍的规律.我认为数学更多的是一项长期的集体事业.与物理学和生物学中发生的事情相比,数学论文有漫长而且有用处的生命.例如,利用文献的引用次数对人进行评估在数学上尤其不合理,因为这些评估方法只统计最近 3 年或 5 年所发表的论文.在我的一篇典型的论文中,我认为所引用的论文中至少有一半是二三十年前的.有些甚至是 200 年前的.

R & S:您喜欢给其他数学家写信吗?

D:是的.写一篇论文要花很多时间,但写论文是非常有用的,把每件事情按照正确的方式糅合在一起,这样做可以让写论文的作者学到很多,但也有些艰难.因此在开始形成想法时,我发现写一封信是非常适宜的.我把信寄出,但这往往是写给我自己的信.因为对收信人所知道的事情我不必细述,简单点就行了.有时一封信,或者它的副本,会在我的抽屉里待上几年,但它保存了我的想法,而且当我最终写一篇论文时,它就被用作蓝图了.

R & S:当您给某个人写了一封信,而且这个人也有另外的想法,结果就是产生了一篇合写的论文?

D:这种情况会发生.我的论文中相当多的一部分是我一个人单独写的,也有一些是与有相同想法的人合写的.合写一篇论文比必须知道谁做了什么更好.有少数真正合作的情形,即不同的人带来了不同的观点.与 Lusztig 的合作就是如此. Lusztig 对怎样用 l - 进上同调表示群有完整的想法,但他不知道这个技术.我知道 l - 进上同调的技术方面,而且我也可以给他提供他所需要的工具,这才是真正的合作.

与 Morgan,Griffiths 和 Sullivan(沙利文)的合写论文也是一次真正的合作.

与 Bernstein(伯恩斯坦),Beilinson 和 Gabber 合写的也是如此,我们把不同的理念糅合在一起.

9. 工作方式,发展前景甚至梦想

R & S:您的简历显示您没有教过有许多学生的大班.因此,在某种意义上,您是在数学上全身投入的少数研究者之一.

D:是的.我觉得我处于这种状况是非常幸运的,我从未必须讲课.我非常喜欢与人交谈,在我工作过的两个机构,时常会有年轻人来找我交谈.有时我回答他

们的问题,但更多的是我反问他们问题,这也是非常有趣的.因而这种一对一的教学方式会给出有用的信息,并且在过程中学习,这对我很重要.

我觉得教对数学不感兴趣但为了做别的事情需要学分而被迫学习数学的人,一定是很痛苦的.我认为这令人很反感.

R & S:您的工作风格是怎样的? 您是常常被例子、特殊的问题和计算指引呢,还是只是观察数学全景并且寻找关联呢?

D:首先,关于什么应当是正确的,什么应当是可达的,以及什么工具能被使用,我需要得到一个总的图景.当我阅读论文时,我通常不记忆证明的细节,而记忆用了哪些工具.为了不去做完全无用的工作,能够猜测什么是正确的和什么是错误的是很重要的.我不去记忆已被证明的陈述,宁可努力在我的头脑中保存一组图景.对于一些主题,如果图景告诉我某件事情是真的,我认为这是理所当然的,而且以后会回到这个问题.

R & S:对于这些非常抽象的对象,您有何想法?

D:有时这是非常简单的事情! 例如,假设我有一个代数簇和一些超平面截面,并且我想通过考察一束超平面截面来理解它们是怎样关联的.这个图景是非常简单的,我在头脑中画出类似于平面上的一个圆那样的东西和扫过它的一条移动的线.然后,我就知道这个图景怎样是错误的:簇不是 1 维的而是高维的,并且当超平面截面退化时,不是仅有两个交点汇合在一起.局部的图景复杂些,像一个变成二次锥面的圆锥曲线.这些简单的图景可以糅合在一起.

当我有从一个空间到另一个空间的一个映射时,我可以研究它的性质.然后图景能令我信服它是一个光滑映射,除了有一组图景,我还有一组简单的反例和陈述——我希望为真的——必须经过图景和反例的检验.

R & S:因此您更多的是以几何图形而不是代数的思维进行思考?

D:是的.

R & S:有些数学家说,好的猜想,甚至好的梦想,与好的定理一样重要.您同意这个观点吗?

D:完全同意.例如,已经创造了许多工作的 Weil 猜想.这个猜想的一部分是对于有某些性质的代数系统,一个上同调理论的存在性.这是一个含糊的问题,但它也是个恰当的问题.为了真正掌握它花费了 20 年,甚至更多的时间.另一个例子是朗兰兹纲领的梦想,50 多年来对于它的研究涉及了很多人,直到现在我们才对相关内容有了稍好的掌握.

还有一个例子是 Grothendieck 的母题的哲学,关于它被证明的很少.有一些它的变体主要关注其要素.有时,这样的一个变体可以用于做出实际的证明,但更多的时候这一哲学被用于猜测发生了什么,然后试图以另一种方式证明它.这些都是梦想或猜想,比特殊的定理重要得多.

R & S："Poincaré 时刻"是说对长时间钻研的一个问题,突然在一瞬间看到了它的解. 在您工作中的某个时候,您是否有过一次"Poincaré 时刻"吗?

D：我曾经有一次最接近这个时刻,那是在钻研 Weil 猜想时,我利用 Rankin 与 Grothendieck 相反的想法相信存在一条路径. 在这之后和它真正奏效之前花了几个星期的时间,所以这是一个相当缓慢的发展. 也许对混合 Hodge 结构的定义也是如此. 因此这不是在一瞬间得到的一个完全解.

R & S：当您回看 50 年的数学研究,您的工作内容和工作方式在这些年有怎样的改变? 您现在工作与您早年一样毫不松懈吗?

D：在能尽可能长时间地或高强度地工作方面来讲,我现在不像早些时候那样强了. 我认为我失去了一些想象力,但我有更多的技巧,在一定程度上这些技巧能作为一种替代. 还有我与许多人联系这一事实,也给予我获得自己所缺乏一些想象的机会. 因此,当我所拥有的技巧起作用,所做的工作也是有用的,但与我 30 岁时已不一样了.

R & S：您从普林斯顿高等研究院教授的位置上退休相当早……

D：是的,但这纯粹是形式上的. 仅意味着我领退休金而不是薪金;而且学部会议不会选我做下一年的访问教授. 就是这样,但却给了我更多的时间去做数学研究.

10. 对未来的希望

R & S: 当您审视代数几何学、数论和深得您心的那些领域的发展时,有什么问题或领域是您愿意在近来看到其进展的? 据您看,什么将是尤其重要的?

D: 无论 10 年以内能否达到,我都毫无想法;至于应该是……但我非常希望看到我们对母题的理解上的进展. 采取哪条路径和正确的问题是什么,还很渺茫. Grothendieck 的纲领依赖于证明有某种性质的代数闭链的存在性. 对于我来说,这看起来毫无希望,但也可能是我想错了.

我真正想看到一些其他类型的问题的进展与朗兰兹纲领有联系,但这是一个很长的故事……

不过在另一个方向,物理学家经常得到出人意料的猜想,但大多使用了完全非常规的工具. 到目前为止,无论什么时候他们做出一个预测,例如在某个曲面上的有特定性质的曲线数目的数值预测——这些是大数,也许以百万计——他们都是对的! 有时数学家先前的计算与物理学家预测的不符,但物理学家是对的. 他们曾经明确指出过一些真正有趣的东西,但是到目前为止,我们没有能力证实他们的观点. 有时他们做出一个预测,而我们却无法给出一个真正详细的简捷的证明. 事情不应该是这样的,在一个讨论班项目中,我们曾与在 IAS 的物理学家在一起,我希望不依赖 Ed①-Witten,取而代之的是我自己能够做出猜想但我失败了! 对他们能那样做的情形我理解不够,因此我不得不仍然依赖 Witten 告诉我应当怎样去做.

R & S: Hodge 猜想怎么样?

D:对于我来说,它是母题研究的一部分,并且它的正确与否不是至关重要的. 如果它是正确的,这很好,而且它以一种合理的方式解决了一大部分构造母题的问题. 如果人们能找到闭链的另一个纯代数概念,对于 Hodge 猜想的类似猜想成立,还有一些候选者,那么这将被用于同样的目的,而且假如 Hodge 猜想被证明了,我会很高兴. 对于我,至关重要的是母题,不是 Hodge 猜想.

11.个人兴趣——以及一则老故事

R & S:我们有在结束采访时问数学之外的问题的习惯. 您能告诉我们一点您的专业之外的个人兴趣吗? 例如,我们知道您对大自然和园艺很感兴趣.

D:您说的这些是我的主要兴趣. 我发现地球和大自然是如此的美丽. 我不喜欢到一个景点只是看一下,如果你真的想要欣赏一座山的景色,你必须徒步登山. 类似地,为了看大自然,你必须步行. 正如在数学中,为了在数学的“大自然”中获得快乐,数学家必须得做些工作.

---

① Edward 的爱称.——原译注

我还喜欢骑自行车,因为这是能环顾四周的另一种方式.当距离有些远不适于步行时,这也是欣赏大自然的另一种方式.

R & S:我们听说您还建造了冰屋?

D:是的.不幸的是,每年都没有足够的雪,即使有,也不尽如人意.如果雪粒太细了,就什么也做不成;同样,如果雪粒硬成冰也不行.因此每年也许仅有一天,或者几个小时,才有建造冰屋的条件,而且还得把雪拍实并把构件垒在一起.

R & S:然后您睡在冰屋里吗?

D:当然,之后我睡在冰屋里.

R & S:您一定要告诉我们当您还是小孩时发生了什么有趣的事.

D:没问题.我在比利时的海边过圣诞节,那里有很多雪.我的哥哥和姐姐,他们比我大很多,突然产生了建造一座冰屋的好主意.我有点碍事.但之后他们认为我在一件事情上可能是有用的:如果他们抓住我的双手和双脚,我能被用于把雪压实.

R & S:非常感谢您能同意我们的这次采访,同时我们也代表挪威数学会、丹麦数学会和欧洲数学会向您表示感谢!

D:谢谢你们.

他为无穷等式带来了秩序

确实,数学家所表现出的创造性的想象力在任何方面都没有被超越过,甚至没有被赶上过,并且我愿冒昧地说,甚至不曾在其他地方出现过.

——N. A. Court

在数学中,有一个领域被称为代数几何,它解决的是关于抽象的几何空间性质的基本问题.这些问题通常可以被阐释得很简单,但若想要解决它们,就需要非常精湛的技术.在众多的研究者中,有一位年轻的数学家不仅完全掌握了这些技术,还拥有深刻的几何直觉,使他超越技术成就,打破新的概念基础.

他的名字叫作 Caucher Birkar(考切尔·比尔卡尔),出生于伊朗的一个农村,现任剑桥大学的数学教授.他因在对不同类型的多项式方程进行的分类所做出的杰出贡献而获得今年的 Fields 奖.他证明了这类方程的无限多样性,可以

355

被分割成有限数量的类别,这在代数几何领域中是重大的突破.

代数几何是两种数学分支的融合,一端是代数——关于方程的研究,另一端是几何——关于形状的研究.这提供了看待同样问题的两种不同方式.代数几何研究的基本对象名为代数簇,也就是一组多项式方程解的集合.取决于等式中变量的范围,方程的解集可以具有不同的形式.

以代数方程 $y = x + 2$ 为例(图1),代表这个方程的几何对象是一条直线,它的斜率为1,并与纵轴相交于点2.而如果想找到两个线性方程共同的解,既可以通过代数方法联立方程求解,也可以在坐标平面上绘制代表两个线性方程的直线,确定它们的交点.

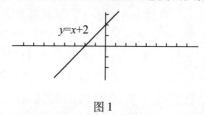

图1

(1)线性方程与平面上的直线;(2)一个代数簇包括一系列具有共同特征的方程.例如,通过原点的一系列线性方程可以用圆上的点作参数来标记.

代数方程 $x^2 + y^2 = 1$ 则表示坐标平面上以原点 $(0,0)$ 为圆心,半径为1的圆(图2).在3维空间更可以考虑代数曲面,类似于2维空间的圆,方程 $x^2 + y^2 + z^2 = 1$ 表示3维空间中以原点 $(0,0,0)$ 为球心,半径为

1 的球面.

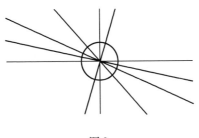

图 2

　　另外,方程中的变量还可以定义在不同的数域上.例如,对等式 $x^2 + y^2 = z^2$ 来说,如果 x, y, z 在整数范围内变化,则解集是毕达哥拉斯三元组的集合. 如果 $x,$ y, z 在实数范围内变化,则解集是 3 维空间中的一个锥形. 如果 x, y, z 是复数,那么解集不能直接可视化,它是从复数继承了几何结构的抽象空间.

　　还有许多更复杂的多项式方程. 因此,数学家引入了代数簇的概念. 存在无限数量的代数簇,每一个代数簇都有着独特的几何表示. 代表线性方程的直线、圆、球面都是代数簇的例子,但是代数簇可以复杂得多,它们甚至可以存在于更高的维度.

　　代数簇具有高度的丰富性和灵活性,因此,数学家想要对代数簇进行分类. 这种分类的冲动就像对自然中的生物进行分类一样,通过分类,按照"界门纲目科属种"来思考,而不是对着每一个生命体观察与沉思,生物世界在我们的头脑中会变得有规律可循,也更有意义.

　　双有理几何就是变换代数簇以对其进行分类的一种方法. 这就像是一个割补的过程:从一个有着自己独特形式的代数簇开始,切掉它凹凸不平的地方,让一些褶皱变得平滑,最终得到一种更普遍的形状. 当然,对于如何割补有着严格的规则限制,以确保不会完全改变最初的形状. 经过一番割补,许多最初截然不同的代数簇将变得相同,这时候,我们说它们属于同样的双有理等价类.

　　两种双有理变换的例子:(1)一个并未通过原点的曲线上的纽结可以被解开(图3);(2)曲线上的一些褶皱变得平滑(图4).

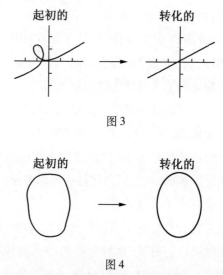

图 3

图 4

　　有三种双有理等价类,也就是三种不同类型的代数簇:Fano(法诺)簇、Calabi-Yau(卡拉比－丘)簇、一般类型的簇. 这是代数簇的三种普遍形状,就像"昆虫"是对蝴蝶、蜜蜂、蚂蚁等许多不同种类昆虫的统称一样. 数学家希望能证明, 通过双有理变换, 每一个代数簇都会转化为三种类型中的一种.

Birkar 在双有理几何领域做出了巨大贡献. 为了将无限多样的方程分为有限多的种类, 极小模型纲领提出了一种方法来识别每个类中特殊的簇, 在某种意义上, 这些簇是最简单的, 并且提供了可以构建其他更复杂的簇的基础材料.

1.1 维

双有理分类的根源可以追溯到 19 世纪伟大的几何学家 Riemann, 他研究了 1 维复代数簇. 对于每一个这样的簇, 都可以构想一个 Riemann 曲面, 也就是具有从复数继承而来的额外几何结构的 2 维曲面. 这样的曲面有三种不同的类型:

(1)有正曲率的, 如球面(图 5);

(2)有零曲率的, 如有着一个孔的甜甜圈(2 维环面)(图 6);

(3)有负曲率的, 如有着多个孔的甜甜圈(图 7).

孔的数目为 1 维簇的分类提供了一个自然的不变量.

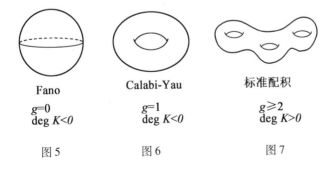

Fano
$g=0$
$\deg K<0$

Calabi-Yau
$g=1$
$\deg K<0$

标准配积
$g\geqslant2$
$\deg K>0$

图 5　　　　　图 6　　　　　图 7

图 5~7 依次为球面、环面和多个孔的曲面. 双有理分类的主要目标是证明,任何一个簇都可以变换为三种基本类型的簇中的一种.

2.2 维

20 世纪初,意大利代数几何学家对 2 维簇进行了大量研究. 他们广泛使用了双有理性的概念:如果两个簇是双有理等价的,那么除了一些小的可以忽略的子集,它们在本质上是相同的.

双有理等价为分类簇提供了一个灵活的方法. 这些意大利几何学家发现,通过将一个点"放大",或者说扩展为一种被称为(-1)-曲线的特殊曲线,可以使 2 维复代数簇更复杂. 反过来,通过将(-1)-曲线"缩小",或者说收缩为一个点,也可以逆转这个过程,并简化 2 维簇. 放大或者缩小一个簇会在相同的双有理等价类中产生一个新的簇. 尽可能多次重复缩小过程,最终会产生一个极其简单的簇.

正如 1 维情形那样,这些简单的 2 维簇也分为三类:

(1)第一类被称为 Mori-Fano 纤维空间,是由 Fano 簇构建的;Fano 簇是 Riemann 球面的自然推广,具有正的曲率.

(2)第二类被称为 Calabi-Yau 纤维空间,是由 Calabi-Yau簇构建的;Calabi-Yau 簇是 2 维环面的自然推广,曲率为零.

(3)第三类被称为一般类型的簇,是负曲率

Riemann 曲面, 也就是至少有两个孔的曲面的自然推广.

3.3 维

为解决 2 维簇而发展的方法不能解决 3 维情形的问题, 我们需要一种新的方法. 这种新方法在 20 世纪七八十年代出现在森重文的工作中. 因为 (-1)-曲线并不存在于 3 维空间, 他需要发展一种全新的缩小的方法. 这种新的方法会产生奇点, 也就是簇上不光滑的点.

当时, 这个关于奇点理论的新进展可以解决某一些情况的问题, 但是要解决另一些问题还需要使用一种被称为翻转的新工具. 直观地理解, 在这个过程中, 我们切割一个区域, 将这个区域翻转, 然后重新拼接回去. 森重文证明, 在 3 维情况下存在翻转, 是将极小模型纲领作为分类簇的一种方法的关键. 他的工作为他赢得了 1990 年的 Fields 奖.

在粗糙的水平上, 3 维簇的分类与 2 维情形呈现出相同的主题, 那就是, 特别简单的簇同样分为三类:

（1）Mori-Fano 纤维空间;

（2）Calabi-Yau 纤维空间;

（3）一般类型的簇.

然而, 相比于 2 维情形, 在 3 维情形下对每一类进行更为精细的分类要复杂得多, 因为 3 维簇本质上就比 2 维簇复杂. 按照极小模型纲领的术语, Calabi-Yau 纤维空间中的簇和一般类型的簇被称为"极小模型".

4. 超越 3 维

在 20 世纪八九十年代, 包括 Vyacheslav V. Shokurov 在内的几个数学家发展出了极小模型纲领的一种推广形式, 并称之为对数极小模型纲领, 其中每个簇与低一个维度的一系列簇配对. 事实证明, 研究这些对增添了一种强大的灵活性, 可以在很多证明中用到. 尽管它涉及的技术挑战令人望而生畏, 但这些发展点燃了极小模型纲领可以被扩展到超过 3 维的希望. 其中最困难的挑战包括如何处理奇点, 以及如何证明更高维度存在翻转. 后者成为代数几何领域的一个突出的开放性问题.

2003 年, Shokurov 的一篇论文带来了一个重要的进展, 他扩展了之前关于 3 维翻转的工作以确立 4 维翻转的存在. 比这个具体的结果更重要的是, Shokurov 为解决更高维度极小模型纲领问题勾勒出了新的理念. 与森重文的具体的几何方法不同, Shokurov 的工作与代数更相关, 从像上同调理论这样高度抽象的数学分支汲取思想.

5. BCHM

作为 Shokurov 的博士生, Birkar 吸收并改进了这个新理念, 同时也掌握了所需的强大技术. 2006 年, 在完成博士学位两年后, Birkar 与其他三位数学家合作, 取得了重大突破. 他们写的论文现在被普遍称为 BCHM, 是 Birkar 与其他三位作者 Paolo Cascini, Christopher Hacon, James McKernan 的姓氏首字母的缩写.

BCHM 的主要结果之一是标准丛,标准丛是一种构造,处于双有理几何的核心.标准丛在一个簇的任意点上都有定义,它以一种特别有用的方式,封装了关于簇的大量几何信息.通过取规范丛的部分及其指数幂,会得到一个被称为标准环的几何对象.BCHM 肯定地回答了一个长久以来悬而未决的问题——标准环是否是有限生成的.

BCHM 也证明了这个结果的一个局部版本,这使得他们能够在超过 2 维的所有维度上确立翻转的存在性.然后,他们就能够证明一般类型簇的极小模型的存在性.

BCHM 改变了双有理几何的研究方向,打开了之前被认为是无法进入的领域.这篇文章中引入的工具和观点已经被广泛应用,并产生了巨大影响.尽管如此,许多谜团仍然存在,特别是关于一般类型以外的簇.

因此,2016 年,数学界以极大的热情"迎接"Birkar 的两篇论文,它们主要研究 Fano 簇的情形.这个杰作的顶峰是 Birkar 对于 Borisov-Alexeev 猜想的证明,这个猜想预测,在合理的假定下,Fano 簇形成一个有界族.更具体地说就是,Birkar 证明了,在任何确定的维度下,具有轻微奇点的 Fano 簇都能够用有限数量的参数来标记(图 7).

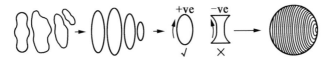

图 7

（1）许多不同的形状；（2）双有理变换；（3）变换后的形状曲率都为正，这是定义 Fano 簇的一个特征；（4）Fano 簇会形成有序的族，就像一系列通过原点的直线.

Birkar 的论文还包含另一个令人惊叹的进展——它解决了出现在极小模型纲领中的特定类型奇点的问题. 不久之后，这项工作将有望引导双有理几何领域很多突出问题的解决. 数学家在世界各地举办研讨会和讲习班，以研究 Birkar 的工作，并希望从中有所借鉴.

极小模型纲领尚未完全建立在所有维度上. 特别是预测的以 Calabi-Yau 纤维空间为极小模型的高维簇的情况，仍然神秘莫测. Birkar 的工作必将指引并激发新的发展.

6. 特征为 p 的域上的双有理分类

迄今为止所讨论的极小模型纲领都属于这样一类簇，即定义多项式中的变量在复数范围内. 一个新的前沿是变量属于其他数集的情况. 例如，给定集合 $\{0, 1, 2, 3, \cdots, p-1\}$，其中 p 是素数，我们可以定义算术运算为加上和乘以模 p［类似于"时钟算术"，13 点也就是下午 1 点，因为 13 模 12 的结果是 1，等于 13/12 的余数（图 8）］. 这个集合与定义其上的这些运算一起被称为特征为 p 的域. 给定一个多项式的集合，我们可以允许变量在特征为 p 的域上变化.

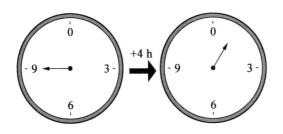

图 8

特征为 p 的簇非常吸引人,是因为它们与数论有很多联系,所以它们的双有理分类会非常有用. 特征为 p 的域上的分类预计会与复数上的分类有一定的相似性. 然而,很多为复数情况开发的工具却并不能应用到特征为 p 的域上,所以需要一种全新的方法.

Birkar 对这个蓬勃发展的领域进行了深入研究,并做出了一些重大贡献. 特别是,在 Christopher Hacon 和许晨阳的工作的基础上,Birkar 证明了当 $p > 5$ 时,对于特征为 p 的域上的 3 维簇,对数翻转和对数极小模型的存在.

因为对于处在代数几何核心的深刻而基本的问题有着良好的直觉,Birkar 已经成为这个领域新的领导者. 他不仅对这个高度技术性学科的许多前沿的最新工具有着很好的技巧,也创造了一些最强有力的创新. 他为自己的作品注入一种强烈的几何直觉,以及处理长期悬而未决的困难问题的无所畏惧. Caucher Birkar 必将在数学领域做出更突出的贡献.

第八编

中国的三位代数几何大师

世界数学史上影响深远的华裔数学家周炜良与同济

> 并不是每一个人都能成为一个画家、一个音乐家或一个数学家的；一般的聪明和努力在这里也无济于事.
>
> ——P. J. Moebius

周炜良（1911—1995），20 世纪代数几何学领域的主要人物，世界数学史上影响最为深远的华裔数学家之一，以周炜良名字命名的数学名词见于许多代数几何学的专著、教材及数学辞典. 周炜良先生曾先后在南京中央大学（今南京大学）、同济大学、普林斯顿高等研究院、巴尔的摩约翰霍普金斯大学从事研究与教学，微信公众号"和乐数学"曾简要介绍过他一生的主要事迹，重点记述了他在同济大学数学系的教学与生活经历.

1. 早年经历

周炜良 1911 年 10 月 1 日出生于上海的一个殷实的书香门第. 其曾祖父周馥曾

历任山东巡抚、两江、两广总督,一度名震江南;其祖父周学海 36 岁得中进士,补扬州府同知,为官期间好读医书,终成一代名医;其父周达为我国现代数学家、社会活动家、邮学家,曾创办了中国最早的数学学术团体"知新算会".

周炜良为周达的幼子,在家中排行第三. 由于家庭财力丰厚,周炜良自幼便在家中接受科学文化教育,又因周炜良天资聪颖,很快就习得了中国语言历史文化,同时因为受到其父亲的影响,周炜良对数学产生了极大的兴趣.

17 岁那年,周炜良踏上了赴美留学之路,曾在肯塔基州的阿斯伯里学院和肯塔基大学学习政治经济,和许多科学家相似的是,周炜良很快便发现自己在数学上似乎更有天赋. 于是在 1929 年,周炜良进入芝加哥大学选修数学课程,并在该校先后取得学士与硕士学位.

为了追逐心中燃起的对数学的热爱之火,年轻的周炜良在硕士毕业后第二年远赴欧洲,来到当时被誉为世界上最大的数学研究中心的德国哥廷根继续数学研究. 然而因为种种政治事件的影响以及哥廷根的衰落,周炜良来到新兴数学中心汉堡向 Artin(阿廷)教授请教学习,并在这里认识了自己的一生至交陈省身先生与未来的人生伴侣 Victor(维克多).

2. 邂逅同济

1936 年 7 月,周炜良与 Victor 结为夫妇. 在外求学多年的周炜良在莱比锡大学获得博士学位后便与新婚妻子一道回到了中国.

然而在周炜良回国后不到一年的时间,"七七事变"爆发了,中国自此进入了全面抗战的局面. 迫于国家形势,周炜良不得不回到上海. 可此时的上海也早已不同往日的十里洋场,处处充满了血腥与恐怖,对于周炜良来说,只有赋闲在家才是最正确却又最无奈的选择.

与此同时,在中国上海,有一所学校也正在经历着前所未有的变革,这所学校即是同济大学. 1937 年,同济大学在原有的医学院、工学院和同济大学附设高级工业职业学校的基础上又先后增设了文、理等学院,从而成了一所多学科的综合大学,是中国近现代历史上最早的一批综合性大学. 但随着抗战全面爆发,日军对整个上海进行了惨无人道的狂轰滥炸,美丽的同济校园在侵略者的轰炸中仅剩残垣断壁.

为求"一张平静的书桌",同济大学于 1937 年开始内迁办学. 经过三年流离、六次搬迁,先后辗转浙、赣、桂、滇等地,直至 1940 年落脚四川宜宾的李庄古镇. 师生们教学不辍,坚持文化抗战,并于 1945 年将原数理系分开成立了数学系与物理系. 此时仍身处上海的周炜良因为连年的战事不得不逐渐停止数学研究工作,又因为岳父母受到迫害流亡上海且家中还有两个孩子需要供养,周炜良开始和家里人一道经商维持生计,但是这并不意味着周炜良与生俱来的数学天赋和后天努力得来的数学功底就此消失.

1946 年,同济大学回迁上海,而正是在这个时候,周炜良与陈省身在上海重逢. 后来周炜良曾在他的回忆文章中写道:"陈省身不仅是我们这一代的数学领袖,而且还是中国的现代数学之父."周炜良教授这么说不是没有缘由的,在时隔将近十年的重逢之后,作为挚友的陈省身不仅询问了周炜良归国以后的情况,而且为周炜良因形势所迫放弃了数学研究而深表惋惜,并且鼓励他再次投身到数学研究中去.

此时周炜良面临一个关键性的选择,也是他一生中最重要的抉择:是否应该停掉生意,回到数学中去?当时周炜良的生意已做得不错,且年已 35 岁,取得博士学位也已经 10 年,在那之后几乎没有做过任何学问.重回数学是否太晚?经济问题又如何解决?这对于他来说无疑是在冒一次巨大的风险.

正当周炜良陷入人生中最矛盾的时候,同济大学数学系向他抛出了橄榄枝,这一封 1946 年 7 月 29 日的薄薄的聘用函无异于一颗定心丸,让周炜良毅然决定弃商从数,全身心投入到数学研究中来.

来到同济大学后,在完成日常教学与校务工作之外,周炜良对陈省身留下的许多战时发表的论文,特别是对 Zariski 和 Weil 的论文预引本进行了深入的阅读分析,不断学习在过去十年里数学界的最新成果,美丽而宁静的同济校园让他再次感受到了科学进步的力量,新生的同济数学系让他再次聆听到了数学强有力的心跳,这一切为周炜良重返数学界打下了坚实基础.

3. 不凡成就

陈省身在同周炜良告别之后,写信给普林斯顿的 Lefschetz 做了推荐,于是在 1947 年 3 月,应普林斯顿高等研究院之邀,周炜良结束了在同济大学的任教之后重返美国从事数学研究工作.继而在 1948 年秋受聘于霍普金斯大学,并从 1955 年开始担任了十多年的系主任之职,负责霍普金斯出版的美国最悠久的数学刊物——《美国数学杂志》,同时创建了霍普金斯代数几何学派.

周炜良的专业是代数几何,但作为一名数学家,他涉猎广泛、创见颇多,在数学的诸多领域都做出了重要贡献:

1. 相交理论是代数几何中一个基本问题,周环有很多优点,并被广泛应用.

2. 周配型很好地描述了射影空间代数簇的模空间,相当漂亮地解决了一个重要问题.

3. 他的阐明射影空间上的紧解析族是代数簇的周炜良定理相当有名,它揭示了代数几何与代数数论彼此之间的相似之处.

4. 在推广热力学卡拉西奥多里结果的基础上,他建立了一条微分系统的可达性定理,这一定理在控制论中具有重要作用.

5. 他有一篇鲜为人知的关于齐次空间的论文,通过精巧的计算对所谓矩阵摄影几何给出了一个漂亮地处理,他的论述还可以推广到一般的情况.

4. 结语

周炜良教授虽然只在同济任教一年,但这一年却是他人生的重要转折点,为他日后勇攀代数几何高峰开辟了道路. 周炜良教授的一生是传奇的,就如陈省身教授说的那样:"炜良是国际上代数几何学家的领袖,他的工作,有基本性的,亦有发现性的,都极富创见. 中国近代的数学家,如论创造工作,无人能出其右."

肖刚论代数几何

　　我们现在所具有的数学真理中的大多数都是以许多世纪以来的艰苦智力劳动为先决条件的.

　　　　　　——H. Schubert

第 2 章

　　代数几何的发展经历了一个有趣的反复:从具体到抽象,又回到具体.

　　一般认为,代数几何的研究是从 Abel 关于椭圆积分的研究开始的(椭圆曲线).随后 Riemann 引入了曲线的亏格概念并获得了一般亏格的曲线的一系列基本性质,甚至提出了曲线的模空间概念,从而完成了代数曲线研究的基本框架. 19 世纪和 20 世纪初, M. Noether 和以 Castelnuovo, Enriques, Severi 等人为代表的意大利学派完成了一个十分漂亮的代数曲面分类理论. 至此为止,代数几何研究的内容主要局限于曲线和曲面,而且不是建立在一个十分严格的理论基础上的,以至于意大利学派的一些从直观出发"证明"的结论后来被发现是错误的.

374

然而在 20 世纪的 50 年代到 60 年代,以 Searle 和 Grothendieck 为首的法国学派通过层的上同调和概形的概念,不仅建立了任意域甚至任意环上的统一且严谨的代数几何理论,而且该理论甚至可以用来描述像代数数论这样的相近学科. 而代数几何研究的中心兴趣也从层、概形、平展上同调到结晶上同调,迅速上升到抽象的顶端. 但随着 20 世纪 60 年代末 Grothendieck 的隐退,该"抽象热"渐渐降温;而同时,复数域上低维流形的研究又由于一系列重要成果的建立而吸引了人们越来越多的注意,从而重新占据了代数几何研究的主要位置,如 Mumford 和 Harris 等人建立的曲线的模空间理论,邦别里关于曲面的多重典范映射的结论和宫冈洋一 – 丘成桐不等式,以及 Donaldson-Freedman 的 4 维拓扑流形理论和森重文等人的曲体(3-fold)理论等.

限于篇幅及作者的兴趣,我们只介绍代数几何研究中最具体的那部分——复数域上低维的射影代数簇(曲线、曲面和曲体),并着重于它们的分类问题.

§1　代数簇

设 P 是复数域 $\mathbf{C}$ 上的一个 n 维射影空间. 我们可以给 P 确定一组齐次坐标 $x_0,\cdots,x_n$,关于 $x_0,\cdots,x_n$ 的一个多项式 $F(x_0,\cdots,x_n)$ 称为 d 次齐次多项式,如果 F 的每一项的总次数都是 d,则在这种情况下,使 F 为零的那些 $x_0,\cdots,x_n$ 就构成 P 中的一个几何流形. P 中对应于这样的 $x_0,\cdots,x_n$ 的一个点也叫作 F 的一个零点.

一般地,我们可以考虑 P 中由一组(有限或无限多个,不一定同次)齐次多项式的公共零点所定义的流形. 这样的一个流形叫作 P 中的(射影)代数集. 因为两个代数集的并也是一个代数集,在很多情形下人们只需要考虑不可约的代数集,也就是不能表示成两个真子代数集之并的代数集. 这样的代数集就叫作 P 中的射影代数簇,它是代数几何研究的基本对象.

设 V 是一个代数簇. 代数几何感兴趣的不仅是 V 作为拓扑流形的几何特性,而且更多的是 V 上的代数结构. 这个代数结构是由 V 上的所有有理函数(或称代数函数)所确定的. 每个有理函数 f 都可以表示成两个相同次数的齐次多项式的商,并且我们要求分母不在 V 上恒等于零,于是 f 在 V 的一个处处稠密的开子集上有定义. 这是一种代数几何特有的开子集,即所谓 Zariski 开子集.

V 上的所有有理函数自然地构成一个域 $K(V)$,称为 V 的有理函数域. 我们可以定义 V 的维数为 $K(V)$ 在复数域 $\mathbf{C}$ 上的超越次数,事实上,这样定义的维数就等于 V 作为复数域上解析流形时的复维数. 1 维的代数簇又称为代数曲线,2 维的称为代数曲面,3 维的称为曲体.

另外,代数几何关心的首先是代数簇 V 上的代数结构而不是 V 在空间 P 中的嵌入. 在这个意义下,如果我们有两个代数簇 V 和 W 之间一个一一映射 φ: $V \to W$,它把 W 上的有理函数对应成 V 上的有理函数且反之亦然,则 φ 被看成是 V 和 W 之间的一个同构映射并且 V 和 W 因为同构而被认为是代表了同一个代数簇. 例如,射影直线 P^1 和 P^2 中由方程

$$x_0^2 + x_1^2 + x_2^2 = 0$$

所定义的二次曲线就是同构的. 于是代数几何学家们往往不把同构于 P^1 的代数曲线称为"直线",而是冠之以一个新的名称:有理曲线,因为它不总是"直"的.

更一般地,我们有两个代数簇 V, W 之间的态射概念,一个映射 $\varphi: V \to W$ 称为态射,如果它诱导 W 和 V 的代数结构之间的一个同态,也就是说对于 W 上的每个有理函数 f,复合映射 $\varphi \circ f$ 是 V 上的有理函数. 态射是代数几何中最基本的映射概念,但很多时候它的条件显得太强,所以我们有更一般的有理映射概念,对于有理映射 $\varphi: V \to W$,我们只要求 φ 是 V 的一个 Zariski 开子集到 W 的映射,但当然仍要求 $\varphi \circ f$ 是 V 上的有理函数. 特别地,如果有理映射 φ 有一个有理逆映射,那么我们称 V 和 W 是双有理等价的. 这时虽然 V 和 W 不一定同构,但它们的区别其实很小,比如说有理函数域 $K(V)$ 和 $K(W)$ 就是同构的.

双有理等价概念对于代数簇的分类问题有着关键的意义:一般来说,任一代数簇都有无限多个与其双有理等价但不同构的代数簇. 但因为双有理等价的代数簇在整体上有相当重要的共同性质而它们的不同只是局部的,可以很自然地把这样的代数簇看成是同一类的,所以通常所说的代数簇的分类实际上是对代数簇的双有理等价类的分类. 此外,根据著名的广中平佑奇点解消定理,任意代数簇都双有理等价于一个光滑代数簇(或称非奇异代数簇),即没有奇点的代数簇. 这样至少在理论上,对代数簇的双有理等价类的分类及其整体性质的研究就可以化为对光滑代数簇的双有理等价类的这样的研究,从而避免了局部的奇异点的存在对整体性质研究可能带来的干扰. 在曲线和曲面的情形,这样的考虑确实是很有效的,虽然我们下面可以看到,从 3 维情形开始,仅考虑光滑簇是不够的,必须同时允许一些特殊的奇异点的存在才能克服由于没有合理的极小模型而带来的困难.

如果说代数簇 V 上有理函数定义了 V 的基本代数结构的话,那么对研究 V 的整体性质并对其进行分类的最重要的工具是 V 上的层(sheaf). 其中人们研究得最多的是局部自由层,就是由 V 上的某个解析向量丛的所有局部截面所构成的层. 这里 V 上的一个解析向量丛是一个解析空间 M(可以理解为带奇点的解析流形),以及从 M 到 V 的一个解析映射 $\varphi: M \rightarrow V$,使得对于 V 的每个点 $P, \varphi^{-1}(P)$ 是一个具有固定维数 r 的复向量空间. 数 r 就叫作 M 的(或者对应的局部自由层的)秩. 事实上,取局部截面的过程构成了 V 上的所有解析向量丛和所有局部自由层所成的集合之间的一个一一对应,所以有时人们往往不加区别地混用向量丛和局部自由层的概念. 当 V 为光滑代数簇时,向量丛的一个明显的例子是 V 上的切空间构成的秩为 dim V 的切丛,对应于 V 的切层 T_V. 这时 V 上的所有一阶微分形式也自然构成一个秩为 dim V 的局部自由层 Ω_V.

当局部自由层 L 的秩为 1 时,L 称为可逆层,相应的向量丛称为线丛. V 上所有可逆层的全体以张量积为运算自然地形成一个群,这就是 V 的 Picard 群 Pic V,其单位元对应的是 V 上所有有理函数构成的可逆层,称为平凡层.

可逆层是最常见也是最有用的层,因为它们与代数簇到射影空间中的映射有着密切的关系:

378

设 L 为代数簇 V 上的一个可逆层. L 中的所有整体截面(在 V 上处处有定义的截面)构成复数域上的一个有限维的向量空间,记为 $\Gamma(L)$ 或 $H^0(L)$,它的维数记为 $h^0(L)$. 当 $\Gamma(L)$ 非空时,这些整体截面自然地定义了 V 到射影空间中的一个有理映射 $\varphi_L: V \to P^n$,这里 $n = h^0(L) - 1$. 特别地,当 φ_L 为嵌入映射时,L 称为非常丰富层. 反之,若 $\varphi: V \to P^n$ 是一个嵌入态射,则 P^n 中的一次齐次形式自然地诱导 V 上的一个非常丰富层 L,使得 $\varphi = \varphi_L$,所以 V 上的非常丰富层一一对应于 V 在射影空间中的表示.

假设 V 是一个维数为 d 的光滑代数簇,则 V 上所有的局部 d 阶外微分形式构成一个可逆层 ω_V,叫作 V 的典范层,它所诱导的有理映射称为典范映射. 我们有 $\omega_V = \Lambda^d \Omega_V$. 一般地,对于任一正整数 n,我们有 n - 典范层 $\omega_V^{\oplus n}$ 及其对应的 n - 典范映射. $h^0(\omega_V^{\oplus n})$ 记为 $p_n(V)$ 或 p_n. 而当 $n = 1$ 时,p_1 又可记为 p_g,称为 V 的几何亏格. 所有这些 n - 典范层以及 n - 典范映射在 V 的同构意义下都是唯一确定的,因此是 V 上重要的几何对象. 不仅如此,所有的 p_n 都是双有理不变量,它们对于双有理等价的代数簇是不变的. 于是下面的典范模型也是双有理不变的:

设 $R = \oplus \Gamma(\omega_V^{\oplus n})$,这里求和是对所有大于或等于 1 的 n 作的. 我们假设 R 不是空集,则 R 是 **C** 上的一个无限维向量空间,而且 n - 典范层之间的张量积关系在 R 上诱导了一个分次环结构,称为 V 的典范环. 在低维的情形,人们已证明 R 是有限生成的. 这时 R 可以自然地定义一个射影代数簇 $\mathrm{Proj}(R)$,这就是 V 的典范模型,它的维数不超过 $\dim V$.

§2　曲线:高维情形的缩影

在 1 维的情况,代数几何的很多结论都变得非常简单. 例如,对代数曲线的双有理等价类的研究与对光滑代数曲线的研究事实上是一回事,因为每个这样的双有理等价类中都唯一地存在一条光滑曲线. 这使我们可以只考虑光滑曲线的分类和整体性质的研究,因此我们以下所指的曲线都是光滑的射影代数曲线. 一条这样的曲线 C 作为微分流形就是一个可定向的紧致 Riemann 面,因而拓扑同胚于一个有 g 个眼的环面(图 1):数 g 是由 C 唯一确定的,叫作 C 的亏格,记为 $g(C)$. 亏格也可以用代数的方法来定义,因为 $g(C) = h^0(\omega_c)$. 对每个非负整数 g,都有一条代数曲线 C 使得 $g(C) = g$. 而亏格不同的曲线显然是不同构的,所以亏格是曲线的一种"数值不变量". 而曲线在一个特定的射影空间中的嵌入下的次数不是数值不变量,如一次的直线可以同构于一条二次的曲线. 正因为亏格"不变",它给曲线的分类提供了一个重要的基础.

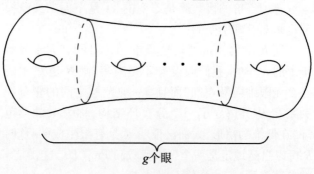

g 个眼

图 1　有 g 个眼的环面

380

亏格为零的曲线只有一条,即有理曲线.而亏格为
1 的曲线又称椭圆曲线,这是一个代数群:这条曲线同
时又是一个群,并且群运算所诱导的映射都是代数几
何意义上的态射.椭圆曲线作为群来说可能并不十分
有趣,因为它们都是很简单的交换群,但作为代数曲线
却一直吸引着人们产生浓厚的兴趣.椭圆曲线的分类
有几种不同的途径,其中之一是通过椭圆曲线在射影
平面中的嵌入和 j - 不变量:每条椭圆曲线 C 都可以
表示成射影平面中的一条光滑三次曲线,这时有一个
三次方程作为它的定义方程.通过合适的坐标变换,这
个定义方程可以写成形式

$$x_0 x_2^2 = x_1 (x_1 - x_0) (x_1 - \lambda x_0)$$

这里 λ 是一个复数,而 C 的 j - 不变量就定义为

$$j = 2^8 \frac{(\lambda^2 - \lambda + 1)^3}{\lambda^2 (\lambda - 1)^2}$$

它不依赖于 C 在平面中的具体嵌入和坐标的选取,所
以称为"不变量".另外,对每个复数 α,一定存在唯一
的一条椭圆曲线 C,使得 α 等于 C 的 j - 不变量.这样,
j - 不变量就给出了所有椭圆曲线的集合 $\mathcal{M}_1$ 与复数
域上的仿射直线 A(注意 A 是射影直线 P^1 中的一个
Zariski 开子集)中的点的一个一一对应.不仅如此,这
个对应是个很自然的代数对应:P^1 上的代数结构诱导
A 上的一个代数结构,而 A 中的点在这个代数结构下
的"形变"与它所对应的椭圆曲线在代数意义上的自
然形变是一致的.

椭圆曲线的这个分类理论给我们提供了一个有益
的启发:设 $\mathcal{M}_g$ 是所有亏格为 g 的曲线所成的集合,
这里设 $g \geq 2$. 是不是可以在 $\mathcal{M}_g$ 上赋予一个代数结

构,它与曲线在代数意义上的自然形变相一致,使得带有这个代数结构的 $\mathcal{M}_g$ 成为某个射影代数簇的一个 Zariski 开子集(这样的流形叫作拟射影代数簇)?如果这样的代数结构存在,则 $\mathcal{M}_g$ 称为亏格 g 的曲线的一个模空间.

Riemann 在研究代数曲线(即 Riemann 面)的时候就已经有了模空间的想法,有趣的是,虽然他未能证明这样一个代数结构的存在性,却发现 $\mathcal{M}_g$ 的维数一定是 $3g-3$. 模空间的严格理论是 Mumford 在 20 世纪 60 年代,通过把古典的不变量理论发展成几何不变量理论建立起来的. Mumford 的办法是,因为 3 - 典范丛是非常丰富的,通过 3 - 典范映射,每条亏格 $g \geq 2$ 的曲线都可以表示成 $5g-6$ 维空间 P 中的一条 $6g-6$ 次曲线,因此满足 P 中的一个 Hilbert 多项式. 而 P 中满足这个 Hilbert 多项式的所有子代数簇的集合本身构成一个代数簇 H. Mumford 引入了稳定曲线的概念,使得所有亏格为 g 的稳定曲线在 3 - 典范映射下的像的集合成为 H 中的一个子簇 M. P 上所有射影变换所成的一般射影群 G 自然地作用于 M 上. Mumford 证明 M 上所有在 G 的作用下不变的代数形式所成的环对应于一个射影簇,它正好是 M 在 G 的作用下的商,因此就是含 $\mathcal{M}_g$ 为处处稠密开子集的一个射影代数簇.

今天,人们对 $\mathcal{M}_g$ 的性质已经有了相当深刻地了解.

§3　曲面:从意大利学派发展而来

从曲线到曲面的第一个困难是,双有理等价类中的光滑曲面不再是唯一的. 相反地,每个曲面都双有理等价于无限多个光滑曲面. 因此,曲面的分类要做的第一件事就是如何在曲面的每个双有理等价类中找到一个可以唯一确定的合理的"模型". 虽然这种模型不是对所有的双有理等价类都存在的,至少对于绝大多数曲面来说,极小曲面可以是这样的一个模型.

首先使人们想到的最显然的曲面是两条曲线的积:$S = C_1 \times C_2$. 如果其中的一条曲线,比如说C_1,是有理曲线的话,那么曲面S(或双有理等价于S的曲面)就叫作直纹面,它是十分特殊的一类曲面. 例如射影平面P^2和n维空间中次数低于$2n - 2$的曲面都是直纹面.

意大利学派关于曲面分类的一个重要定理就是,除了直纹面之外,每个代数曲面都双有理等价于唯一的一个"极小曲面". 极小曲面是这样的光滑曲面,任何从它到另一个光滑曲面的双有理态射都是同构. 另一个等价的定义是:极小曲面是不包含自相交数为-1的有理曲线(称为例外曲线)的光滑曲面,因为如果一个曲面S包含一条例外曲线C,则存在S到另一个光滑曲面S'的一个双有理映射$f:S \to S'$,它把C映到S'中的一个点(即f收缩C),而在C以外是同构. 从任何曲面开始,最多只能作有限多次这样的收缩,所以任何直纹面也双有理等价于某个极小曲面,但这样的极小曲面不唯一,例如 $P^1 \times P^2$ 和 P^2 是双有理等价的,但不同构.

极小曲面的存在,使得除了人们对其性质相当清楚的直纹面之外,对代数曲面的双有理等价类的分类问题就转化成了对极小曲面的分类问题,使得这个问题有了十分容易处理的模型,并且使我们可以考虑这样的双有理等价类因此而自然地对应着的一些几何对象,其中最重要的当数极小模型的陈类 c_1 和 c_2,以及由此产生的两个陈数 c_1^2 和 c_2(这里实际指 c_2 的次数).陈数是曲面的数值不变量,它们对于曲面分类的意义就如同亏格在曲线的情形.所以,我们以下所称的曲面都是指极小曲面.

除了直纹面外,还有一些曲面由于其特殊性而从一开始就引起人们的很大兴趣并得到了深入的研究:

1. 椭圆曲面. 如果曲面 S 有一个到某一条曲线 C 的有理映射 $f: S \to C$,使得对于 C 上几乎所有的点 P,P 在 f 下的原像是 S 中的一条椭圆曲线,S 就称为椭圆曲面.

2. $K3$ 曲面. $K3$ 曲面的严格定义是第一陈类 c_1 等于零的单连通曲面. 作为一个众所周知的例子,3 维射影空间中由方程 $x_0^4 + x_1^4 + x_2^4 + x_3^4 = 0$ 所定义的四次曲面就是一个 $K3$ 曲面. $K3$ 曲面的陈数满足

$$c_1^2 = 0, c_2 = 24$$

3. Abel 曲面. 它的定义就是同时是代数群的代数曲面,因而在某种意义上来说可以认为是椭圆曲线在 2 维情形的一种自然的推广,这些曲面的陈数满足

$$c_1^2 = c_2 = 0$$

与上面这些特殊的曲面相对的是一般型曲面. 顾

名思义,有时可以说几乎所有的曲面都是一般型曲面.

如果一个曲面 S 的典范模型也是一个曲面,则 S 称为一般型曲面. 一般地,一个代数簇 V 的典范模型的维数称为 V 的小平维数,记为 $\kappa(V)$. 当典范模型为空集时,$\kappa(V)$ 定义为 $-\infty$. 若 $\kappa(V) = \dim V$,则 V 称为一般型的. 小平维数是一个很重要的双有理不变量,在代数簇的分类中起着关键的作用. 在 1 维的情形,曲线 C 是一般型的当且仅当 $g(C) \geqslant 2$. 而曲面 S 的小平维数为 $-\infty$ 当且仅当 S 为直纹面;$K3$ 曲面和 Abel 曲面的小平维数都等于零,而椭圆曲面的小平维数可以是 $-\infty$,0 或者 1. 所以,这些曲面都不是一般型的.

另外,可以方便地举出很多一般型曲面的例子,如两条曲线的积 $S = C_1 \times C_2$,当因子 C_1 和 C_2 都是一般型曲线时,S 是一般型曲面. 3 维射影空间 P^3 中次数超过 4 的光滑曲面也是一般型的.

曲面分类理论的中心定理,简单地说就是:任一代数曲面 S 必为上面所定义的五种曲面(直纹面、椭圆曲面、$K3$ 曲面、Abel 曲面、一般型曲面)之一.

意大利学派的这个曲面分类定理尽管十分漂亮,却也不是十全十美,因为它对几乎所有曲面(一般型曲面)的分类没有给出任何信息. 所以进入现代以来,人们对曲面分类问题的注意力就集中到了一般型曲面上来.

现代的曲面研究热是从 Bombieri(邦别里)在 1973 年的著名论文开始的. 简单地说,Bombieri 证明了当 $n \geqslant 5$ 时,一般型曲面的 n – 典范映射是双有理态射. 这就给 Gieseker 随后利用 Mumford 的几何不变量理论证明对每一对固定的陈数 (c_1^2, c_2),一般型曲面的模空间是有限多个拟射影簇的并提供了基础. 然而与曲线的情形不同, 对于这些拟射影簇的维数和个数, 目前已知的基本上只有 Catanese 关于维数的一个不很精确的估计.

需要注意的是, Gieseker 定理并没有说明在陈数 (c_1^2, c_2) 给定的情形下, 一般型曲面是不是存在. 事实上, 人们从经典的结果可以知道, 极小一般型曲面的陈数必须满足

$$c_1^2 + c_2 \equiv 0 \,(\bmod\ 12)\,, 5c_1^2 \geqslant c_2 - 36, c_1^2 > 0, c_2 > 0$$

在 1976 年, 宫冈洋一和丘成桐同时证明了另一个重要的不等式: $c_1^2 \leqslant 3c_2$. 因为存在无限多个分别使上面两个不等式中等号成立的陈数对 (c_1^2, c_2) 以及对应的曲面, 这些不等式是不能再改进的. 于是现在一般型曲面的分类中的一个重大问题就是, 对于满足上述所有条件的 (c_1^2, c_2), 是不是能找到一个对应的极小一般型曲面. 这个问题被称为曲面的地理问题, 当 $c_1^2 \leqslant 2c_2$ 时, Persson 在 1981 年对此作了肯定的回答; 基于肖刚的一个例子, 陈志杰又把 Persson 的条件减弱为 $c_1^2 \leqslant 2.7c_2 - c$, 其中 c 是一个常数. 根据肖刚的一个改进的方法, 条件中 c_2 的系数可以进一步增加到 2.84, 这是目前最好的结果.

即使曲面的地理问题在陈数的意义下得到了完整的解决, 还有更困难的一面: 除了陈数之外, 代数曲面还有别的双有理数值不变量, 例如几何亏格 p_g, 它与陈数并不是完全相关的. 包含 p_g 在内的曲面地理问题的研究尚处于比较原始的状态, 目前只知道一些不完整的不等式.

至于一般型曲面的 n - 典范映射, 虽然 Bombieri

已经解决了绝大多数的情形,但在 $n=2$ 时(双典范映射),他未把所有的情形都算出来,特别是 Bombieri 完全没有考虑 $n=1$(典范映射)的情形. 曲面的双典范映射方面,由于 Igor Reider,Francia 和肖刚的一系列工作,有了很大进展,未能解决的情形已经很少;而典范映射与曲线情形和曲面的多重典范映射不同. 情形变得极为复杂. 这方面的第一个工作是 Beauville 展开的,其中的一部分不等式随后被肖刚改进成了最佳形式,但目前为止典范映射方面还有很多有待解决的问题.

一般型曲面的几何性质也有不少棘手的难题,很多在曲线情形很容易证明的结论,在曲面情形却变得非常困难. 例如,亏格为 $g \geq 2$ 的曲线的自同构群是不超过 $84g - 84$ 阶的有限群,这是一个经典的定理. 虽然人们知道一般型曲面的自同构群也是有限的,但对其阶的上界估计却只有一些很不完整的结果,如该上界不超过 c_1^2 的一个多项式函数. 若 G 是这个自同构群的一个交换子群,则 G 的阶不超过 $52c_1^2 + C$,其中 C 是一个常数. (1991~1992 年,肖刚证明了一般型极小曲面的自同构群的阶不超过 $42^2 c_1^2$,并且这是最好的界.)

总而言之,代数曲面的研究发展到今天,已经形成了一个十分庞大的理论,其中包括了很多漂亮的定理,但是对比曲线理论的完整性,似乎尚待解决的问题比已经取得的成果要多得多.

§4 曲体:崭新而艰难的理论

曲体就是 3 维的代数簇. 有趣的是,从曲面到曲体的困难一点不比从曲线到曲面所遇到的少,第一个困难是,在 3 维的情形,一般的双有理等价类中都不存在合理的光滑极小模型. 正是这个困难长期以来一直阻碍了曲体分类研究的所有努力.

突破是从 20 世纪 80 年代初森重文的锥理论开始的. 森重文深入研究了在一个曲体 X 的所有有理 1 维链的空间 N_1 中,由有效链张成的锥 C(简称森锥). 他发现,这个锥在与 X 的典范除子相交为负的那一部分是一个局部有限的多面体,这个多面体的棱称为极射线 R. 于是有森重文的收缩定理(简称森收缩):

X 中对应于一条极射线 R 的曲线是可收缩的. 也就是说,存在一个满态射 $\varphi_R:X{\to}Y$,把对应于 R 的每条曲线都映到 Y 中的一个点. 并且如果 Y 的维数也是 3,则 φ_R 是双有理的.

如果 Y 的维数小于 3,则 φ_R 给出了一个对维数归纳的途径,并且对应于 $\dim Y$ 为 0,1 或 2 的情形,X 分别为 Q-Fano 曲体,以 del Pezzo 曲面为纤维的纤维空间,或圆锥丛. 这些都是小平维数为 $-\infty$ 的曲体. 因此分类问题在这种情形下就完成了.

在 φ_R 为双有理的情形下,问题的关键是要证明上述森收缩一定可以终止于某一步. 这个收缩到最后的曲体就是我们所要的极小模型,它的几何特征是森锥 C 中没有负部分,换言之,X 的典范层是数值有效的.

需要指出的是,即使 X 是光滑曲体,Y 也不一定是光滑的,但 φ_R 所带来的奇点都是一类性质较好的奇点,叫作典范奇点.所以在一般情形下,曲体的极小模型即使存在,也不是光滑的,而是带典范奇点的奇异簇.

森收缩的终止问题是其理论中最困难的部分.首先,双有理的森收缩有两种可能:φ_R 或是曲面型收缩,或是曲线型收缩.后者光靠森收缩不能完全解决问题,因为曲线型收缩所导致的 Y 可能含有非常坏的奇点.

最后解决曲体极小模型问题的是森重文 1988 年的翻转定理:

设 $\varphi_R:X \to Y$ 是一个单纯的曲线型森收缩,则存在另一个单纯曲线型森收缩 $\varphi':X' \to Y'$,使得 Y' 只有典范奇点.

从 X 到 X' 的这种转换过程称为一个正向翻转.苏联数学家 V. V. Shokurov 已于 1985 年证明,从一个给定的曲体 X 出发,最多只能作有限多次正向翻转.因此,如果 X 的小平维数不是 $-\infty$,则一定可以通过有限次的曲面型森收缩和正向翻转,达到一个双有理等价于 X 且不再有森收缩的曲体 X',即 X 的极小模型.这样就把曲面的极小模型理论成功地推广到了 3 维的情形.

从森重文的翻转定理还可以立即得出关于曲体的一个重要推论:光滑曲体的典范环是有限生成的,因而典范模型是一个射影代数簇.

由此可以看出,目前人们对于曲体的了解大致上相当于意大利学派在曲面情形所达到的程度.

中国代数几何大师肖刚纪念专辑

第 3 章

> 数学中的卓越是所有卓越中最鲜明的样板. 它的准则是客观的, 和数学家辩论谁有才能或者谁无才能是无用的, 因为他们知道谁有谁没有. 和音乐才能一样, 数学才能是人之天资中最明显的和最特定的, 它是无阶级差别的, 就是说, 尽管它也需要训练, 但这是天生而就的. 如果你天生无此才能, 那么天下最优良的训练最终也不会对你有多大帮助.
>
> ——C. P. Snow

§1 一代英才的传奇
——记忆力篇①

忽然得知肖刚病逝的噩耗, 尽管早已知道他的病, 但仍给了我很大的打击.

---

① 作者李克正.

是的,我应该把自己对肖刚的了解,告诉大家. 但要说的很多,我想慢慢地,一个话题一个话题地说.

一个人一生中若是做了一件别人做不到的事,这辈子就没白活. 但是像肖刚那样做了如此多的别人做不到的事,就只能说是传奇了. 我在一点一点地整理自己记忆中的肖刚的传奇故事.

这一篇专讲肖刚的记忆力传奇.

经常看到关于古今中外超强记忆力的传说(没有考证的只能称为传说),例如读书过目不忘,能背下 π 的一万位小数,能叫出很多人的姓名,等等. 每个例子中的主人公(如果是真的话)都是吾等凡人望尘莫及的,但和肖刚比起来却都只是等闲之辈.

先说语言能力. 肖刚上初中时学的是俄语,某一天忽然想学英语,好在家里有教科书、语法书和字典,就无师自通地学起来. 过了半个月,他就到外文书店去翻书了. 那时我还不认识他,没法说他英语掌握到什么程度,但我后来看到了他对英语单词的记忆力.

我是 1977 年 11 月到中国科技大学读研究生的,那时我只有一个同学,就是肖刚. 我俩住在一个宿舍里,所以可以直接看到他在记忆方面的能力,否则我也很难相信(我们的导师曾肯成听我说了都难以相信). 当时普遍使用郑易里编的英语小词典,内收约 26 500 个单词,有一次肖刚挨个默写这些单词(默写的练习本后来在我手里),共默写了 24 600 个单词. 而且我发现,他绝不是死记硬背,凡是需要用到的词都可以立即给出.

　　而我的英语,当时是曾老师担心的一个问题. 我考研之前几乎 10 年没接触英语,考研究生时没有考英语. 入学后上的英语课,我觉得很无趣,肖刚也觉得这样的英语课对我不合适,因为我需要在短时间内达到英语的基本要求(阅读专业文献、日常会话等). 他说还是我来教你吧,我当然非常乐意. 于是肖刚就开始对我严格训练. 首先,肖刚肯定我的语法还行,给了我很大的鼓励. 但我实在是个很不合格的学生,例如肖刚要我背单词,说一天背不了 1 000 个,背 500 个总可以吧,我说天哪,我 100 个也背不了. 而且我背下来的还经常忘,所以肖刚每次检查都不合格. 肖刚还用录音机从电台里录了一些故事,如《汤姆索亚历险记》《欧亨利短篇小说选》等,让我听写,要写到一个词都不错才行. 我一开始总是错误百出,要听写很多遍才能合格. 然而,就是这样被肖刚拖着拽着,两个月后我已经可以和他一起翻译一本书了.

　　后来,学校选派我俩出国留学. 我俩打定主意非代数几何不学. 去哪个国家呢? 曾老师说,你们两人不要去同一个国家,一个去美国一个去法国. 肖刚想了想对我说,看来只能你去美国我去法国了. 是的,我那时英语都还不行,再学一门法语实在勉为其难.

　　想到就做,肖刚立刻开始学法语. 首先他找了本教科书,像读小说那样很快地读了,又找了本语法书,大约读了两三天,然后就开始背单词,每天至少背 1 000

个,多的时候可以背 2 000 个. 背了三四天后,他说至少掌握 5 000 个单词了. 这时就开始练听力,白天他听录音,夜里两点用自己装的高灵敏度收音机收听法国电台的广播. 就这样学了两个星期,我问他听法国电台能听懂多少,他说大约百分之七十吧. 天哪,我学了这么久的英语也没能听懂百分之七十.

法语的一个难点是动词变位. 有两点比英语难:一是变位多,一个动词最多可能有 36 种变位;二是不规则动词多,都要专门记住. 肖刚却不觉得这有何难:把动词变位表背下来不就得了?

我曾经试图研究肖刚有这样强记忆力的原因,当然没有什么定论,但有一些想法. 录音机、录像机、电脑等记录信息都是"过目不忘",照理说人的记忆能力应该更强,可是为什么还不如机器呢? 值得注意的是人有机器所不具备的"遗忘"功能,这可能与进化或自我保护有关,但严重阻碍了记忆能力. 而对于肖刚来说,这种障碍较小,通俗地说肖刚的"忘性"较小,就显示出"记性"超强了.

后来肖刚被送到上海参加法语培训班,其实那时他的法语已经很好了,在那里经常做法国老师的翻译.

我到美国后,遇到一个法语专业的中国女留学生,她因为法语学得好,在那里很牛气,我却对她说肖刚的法语比她强多了,她不信. 巧的是,后来她去法国实习,居然遇到了肖刚. 回美国后我自然问她服不服气,她肯定了我说的绝无虚言,然后说幸亏肖刚对语言不感兴趣,否则哪还有我们这些人混的.

后来肖刚在法国做博士论文答辩,答辩委员会在决议中加了一句话:他的法语是无可挑剔的.

再说肖刚的记忆力对计算机科学的作用. 肖刚是最早"玩"个人电脑的人之一,后来国际上有了一个非商业计算机研究圈子,其中高手如云. 肖刚做的软件,有些后来使我这样的外行也受惠,例如中文输入和处理软件.

那时用的 PC 机没有硬盘,只有一个 360K 的软盘驱动器. 这种连今天的一张手机照片都存不下的磁盘早已被淘汰. 但在那时,肖刚编的中文处理软件能够连同字库一起装在一张软盘上,还留有一些用于输入的空间. 其对于存储的精打细算,局外人恐怕难以想象.

我曾请教过一位软件专家,他读过肖刚的原程序,是用汇编语言写的. 他说肖刚的程序令他很难理解,其中有很多语句形如"对某地址做某操作后存放到某地址",令人惊奇的是他竟然能够记住那么多的地址并运用自如.

由于有这样的记忆力,肖刚做很多事都有自己独特的方式.

§2　一代英才的传奇
——考研篇①

前面说过,肖刚不想搞语言专业,他喜欢有挑战性的工作. 到 20 世纪 70 年代初,他开始学数学. 此后可谓进展神速,这多少得益于他的英语,因为那时国内数学书籍匮乏,而肖刚可以直接读英文书,这有助于避免国内文献的局限. 例如他学代数就是从 Serge Lang 的书开始的. 他读过的书涉及很多领域,在他后来的研究工作中,偶尔会显露出其他领域的功底,例如他对曲面自同构群的研究,就有坚实的表示论基础支撑着.

后来他非常希望能有真正的学习机会,就写了封信给中国科学院,附上自己在学习数学过程中写的一些东西. 当时的院长方毅看到了这封信,批示交由中国科学技术大学处理,于是肖刚的资料就转到了中国科学技术大学数学系.

曾肯成等老师们看了肖刚的材料,觉得可能是优秀的人才,决定去考考他. 他们出了几张考卷,有初等数学、数学分析、高等代数等,由两个老师带着到苏州去面试,连考了 3 天,也没有把肖刚难住.

这里需要指出,那些考卷可没有今天的考研试卷那样的容易题(甚至放水题),实际上那几个出考卷的

_____

① 作者李克正.

老师都是出难题的高手. 例如下面的这个题目:

"设 A,B 为 n 维空间中的两个互不相交的有界闭凸集. 证明有一个超平面 P 使得 A,B 分别在 P 的两侧."

恐怕现在考研(即使是考博)试卷中没有这么难的题目.

考过以后,中国科学技术大学立即决定录取肖刚做研究生. 当时国内的大事是"文化大革命"后第一次大学招生考试,研究生招生还没有提到议事日程上来. 但有中国科学院领导的支持,中国科学技术大学敢于率先做此事. 由于有方毅的批示,说服了江苏师范学院放肖刚去中国科学技术大学.

于是,肖刚就成了"文化大革命"后招的全国第一位研究生.

顺便说一句,1977 年全国只有中国科学技术大学和复旦大学招了研究生,而且都只是数学系. 中国科学技术大学是中国科学院特别批准的,一共招了 3 名;复旦大学则是教育部特别批准了 15 个招生名额.

§3　一代英才的传奇
——工艺篇[1]

经常有人将数学家描写成书呆子. 确实有些数学家(还有理论物理学家等)只擅长理论研究,动手能力

---

[1]　作者李克正.

很差,但肖刚绝非如此.

《一代英才的传奇——记忆力篇》中说过,肖刚用的高灵敏度收音机是自己安装的. 肖刚很小就"玩"无线电,做过很多电器. 在 20 世纪六七十年代,中国市场上刚有电视机(9 寸黑白的),当时的元器件质量还很不可靠,在今天看来都是垃圾. 而肖刚就是用这类元器件的处理品(工厂淘汰的),为家里安装了质量可靠的电视机(用质量不可靠的元器件制造质量可靠的整机,是很不简单的学问和技术). 他曾跟我说,那时他家里的人并不很支持他学数学,说还不如学电工更实用些,对家里还有好处.

肖刚动手做的远不止电工. 他的爱人陈馨曾给我讲过一个故事:他们在上海的家中,有一次陈馨想把家具重新摆放一下,这当然是很麻烦很累的事,肖刚认为没有必要,但拗不过陈馨的兴趣,于是就考虑了一下,很快造了一辆平板小车,搬移家具很是方便且省力,陈馨很是惊喜.

出国后,我们在通信中曾多次讨论文献搜集问题. 当时国内科技文献匮乏,代数几何的文献尤其少,为了回国工作我们必须自己带回充足的文献. 可是如何把那么多文献带回国呢? 何况我们没有那么多经费. 肖刚考虑了多个方案,最后确定缩微摄影是可行的. 他很快就成了这方面的专家.

缩微摄影机是很昂贵的,其心脏是一个高清晰度(分辨率要达到 500 条"线")的镜头. 肖刚在旧货店淘到一个这样的镜头,用废旧物品攒成了一台缩微摄影机,拍了大量的文献. 由于压缩率很高,一张胶片上可装下一本书. 那么怎样读胶片呢? 这又需要专门的投影读片机,也很昂贵,其心脏也是一个高清晰度镜头. 肖刚又从旧货店淘到这样一个镜头,用废旧物品攒成一台读片机. 在当时,用电脑储存文献还只是远景,缩微胶片是最好的方法之一.

那么,回国时如何带回如此笨重的缩微摄影机和投影读片机呢? 很简单,把两个镜头拆下来带回,其他部分就扔到垃圾箱里了.

《一代英才的传奇——记忆力篇》中说过,肖刚后来对计算机很感兴趣. 在 PC 机刚诞生不久,肖刚就自己攒 PC 机了. 我去他那里总是看到"裸机",没有外壳的. 他经常改造机器,凡是有新功能出现,他很快就跟进.

如果电脑坏了怎样修呢? 在今天很简单,哪块板坏了就拆下来换块新的,坏的就扔了. 但在那时,这样做是很昂贵的,所以中国修理电脑的人往往都是换元件(chip)而不是换整板(board). 但要在整板上查出是哪个原件坏了,可能是很困难的.

有一次,肖刚发现自己的 AT 机有个毛病:AT 机有两种运行速度,在慢速运行时没有毛病,而快速运行有时会出错,经过多次试验,肖刚确定应是只有一个开关偶然会出问题,那就需要找到这个坏开关. 总共有1024K 的内存,由 64 个 16K 的内存块组成. 如何找呢? 肖刚先编了一个程序,可在运行出毛病时锁定地址,然后经过大量运行找到了坏开关的地址. 那么这个地址究竟在哪块内存中呢? 肖刚研究了主板上的所有元件,发现其中有一个 ROM 记录着各块内存的地址,于是就找到了坏内存块.

下面的问题是如何更换内存块. 每个内存块有数十条腿焊在主板上,主板上元件很密,要拆下来不烫坏其他元件就很不容易,而要焊上新元件的几十个焊点又不损坏元件就更难了. 我非常佩服肖刚高超的技术.

近年来,肖刚花了很多工夫于太阳能利用. 我虽然对此了解甚少,但知道他不仅是做理论研究和设计,而且在工艺上也是自己动手的.

§4　纪念肖刚教授[①]

自 2014 年 6 月 29 日中午我们接到陈志杰老师的电话,得知肖刚老师已于 2014 年 6 月 27 日在法国尼斯因肺癌去世的噩耗,一直悲痛和惋惜不已. 如今已过去四个月,肖刚老师灵魂早应安息了,但是我们内心深处的惋惜和悲痛未见减轻,总想写下些文字,记下我们与肖刚老师交往的点滴,以纪念他. 昨晚,我的丈夫谈胜利与我闲聊,聊起自己最近的科研进展,说自己在肖老师 20 年前给的博士论文题目的基础上继续的科研,又用到了肖刚老师的科研成果,并因此取得了不小的进展. 他带着憧憬的神情说:如果肖老师现在还活着,知道我得出了这样的结果,引用了他曾经的成果,他该是多么的高兴! 刹那间,我明白,我的丈夫想念他的恩师了!

我自己的专业本非数学,无缘无才师从肖刚老师,但是我的先生谈胜利自 1986 年起就师从肖老师,攻读

―――――――――

① 　作者吴慈英.

代数几何,从硕士到博士毕业,一直得到肖刚老师的指导和教诲,也是肖刚老师在华东师范大学执教时完整指导的唯一博士. 如今算来,已近三十年. 我与肖刚老师的交往不多,缘由是我既不在他所研究的数学领域工作,且他自 1992 年起任法国尼斯大学数学系教授以后基本上也不在国内生活,想要更多地接触也没有机会. 但是我的先生谈胜利则不同,他的每一次海外研究职位的申请和科研经费的申请,肖刚老师总是及时给予强有力的支持,他们也一直有电子邮件的往来,讨论科研课题和进展,肖老师总能切实而中肯地给谈胜利提出他的指导.

记忆中的肖刚老师,一双细细的带笑的双眼,一头黑黑的头发,少有白发,以及二十年不变老的一张年轻的脸! 即使是 2012 年在上海最后一次见到他,年已六旬,也仍然没见他有多大变化! 第一次见到肖老师,是在 1994 年 7 月,我们坐火车从波恩到尼斯,一下火车,就见肖老师大步流星地从站台向我们走来,一把接过谈胜利手里的行李背包,只有简单的一句"以为你们会坐飞机来,没想到是火车",之后再无言语,径直带我们上车,直接开回他当时在尼斯的家. ——这是个少言寡语的人! 我在心里对自己说.

那次在尼斯,我们住在肖老师家里整整一周,朝夕相处. 肖老师言语不多,生活起居规律有序. 谈胜利亦是话语不多的人,但是晨昏颠倒,昼夜不分. 这样的师徒二人一起,实在是很有趣的对比. 到达尼斯的第一天,肖老师就告诉谈胜利,这一周你不可以睡到日上三竿,我们每天早上 8 点要去数学系办公室讨论数学. 早上他们师徒二人去办公室,师母陈馨老师则陪我逛街购物,回家做饭. 这样的生活过了三天,谈胜利白天无精打采,茶饭不香,即使面对的是陈馨老师烹饪的无比精致的美味! 最后肖老师只好任由谈胜利上午睡觉,下午去办公室讨论问题. 肖老师也自己开车带我们参观尼斯的海滩,指着远方的机场告诉我们如果坐飞机就是在那里. 话依然不多,但是他却能无声地体会到我们的需求. 那时年仅 25 岁的我狂热地喜欢看足球,当时正值世界杯足球赛期间,我十分喜欢阿根廷队的马拉多纳和德国队的穆勒等人. 但是客居肖老师家里,不好意思总把电视开着(肖老师和师母是安静温婉的人),即使开着我也不好意思一直看球赛. 却不曾想到肖老师发话了:"陈馨,你让小吴看足球啊,你看她心神不宁的样子!"我简直讶异不已,他是怎么知道我喜欢看球赛的!

那年在尼斯,印象深刻的还有他们当时只有四岁的儿子哭哭(小名),那是我迄今为止见过的最聪明的孩子! 当时仅仅通过一个轮胎或者外形、甚至于看一眼后备厢,哭哭就能立刻辨识出欧洲产的任何一款车型! 知子莫若父,肖老师说,哭哭对美国产的车不熟悉,随便拿出一个美国车模逗他,果然,哭哭很内行地看了前面、转过来看后备厢,再看轮胎,打开车门看了看,最后摇头不知. 更好玩的是,四岁的孩子偶尔吃饭时也会哭闹,而这是我见过的最为独特的安抚孩子的方法,估计只有肖老师和师母两人用,那就是拿出算术题来让哭哭做,只要一做算术,哭哭就不哭闹了! 如今二十年过去了,在法国,哭哭已经是一名医科大学的毕业生了.

对肖老师的了解,更多的是从谈胜利那里听故事般听来的. 他说肖老师没有架子,博士快毕业的某一天,谈胜利秉承他一贯的昼伏夜作的作风在宿舍睡大觉,这时肖老师来敲他宿舍的门,喊他起来一起照毕业合影. 他还说起肖老师对科研的认真、严谨和勤奋,学生一般都有些敬畏他. 肖老师也要求自己的学生勤奋、严谨治学. 读书时每年的寒暑假,谈胜利总多少要做一点小小的研究结果,认识我以后,鸿雁两地的生活,分散了他的一些精力和时间,以致有一年暑假,当谈胜利带着空空的行囊和空空的大脑回到学校时,肖老师终于表示了不满:你最近没有用功! 而得益于肖老师的严格教诲,谈胜利之后的科研一直不敢懈怠,而肖老师的指导与教诲,也深刻而久远地影响着学生一以贯之的学术生涯.

　　谈胜利是幸运的,在他人生和事业的道路上能遇到学识高深、品德高尚的良师益友——肖刚教授,无论是学问还是为人,都是谈胜利一生高山仰止的楷模. 肖老师的离世,我们内心的伤痛无以言书. 这几个月来,谈胜利拿着肖老师手书的几封书信,反复地看,反复地看,默默地坐在电脑前,努力写下他有生以来最艰难的文章纪念他的恩师,他说我不能仅仅从泛泛地角度来写肖老师,我要静下心来把他对我一生的学术影响客观地写出来,没有他,就没有我的今天.

　　肖刚老师安息!

§5　缅怀肖刚老师[①]

惊悉肖刚老师不幸病逝,我万分悲痛,这几天不能静下心来做其他事情,肖老师的身影一直浮现在眼前,而且越来越清晰.

我是华东师范大学 1989 年的本科毕业生,陈志杰老师指导我做的毕业论文.那时陈老师和肖老师合作做代数几何的研究,这一年代数教研室恰好轮到他们联合招硕士研究生,我有幸就成了陈老师和肖老师的学生.我们这一届代数专业的硕士生共有四名,本校毕业的有吴新文和我,外校考来的有刘先仿和刘太琳.

一年级上学期肖老师教我们所有 1989 级研究生代数基础,我本科时已经选修过代数基础,所以经肖老师同意就没有去听这门课.一年级下学期肖老师给我们这一届学生上了专业课代数曲面.记得第一次课上肖老师先讲了代数几何的发展历史,接着他说,代数曲面的研究在代数几何中起着承上启下的作用,研究代数几何的工具的精华是 Grothendieck 的《代数几何原理》和《代数几何讨论班文集》,曲线和 Abel 簇的研究已经相当清楚,曲面的整个理论并不完整,原因在于曲面上存在大量的病态现象……肖老师把我们领进了代数几何这个引人入胜的领域,他深入浅出地为我们讲解代数曲面的每个概念和定理,他的课为我学习和研究代数曲面铺平了道路,对我是终生有益的.

---

① 作者蔡金星.

我们二年级的时候肖老师应邀出国做访问研究，后来移居法国. 现在每当我回忆起我的读书生涯时，都感到非常幸运，我能听到当时国际上最活跃的代数曲面专家肖老师的代数曲面课.

1992 年夏天，肖老师回华东师范大学做了一次题为"曲面的自同构群"的演讲，介绍了他自己最满意的估计一般型曲面的自同构群的阶的工作. 我现在还记得，演讲到最后肖老师幽默风趣地说，"在我 42 岁的时候证明了这个上界是 42K 的平方." 正如一百多年前 Hurwitz 关于曲线的自同构群的结果流传至今一样，肖老师的工作也是传世工作.

那天演讲结束后，肖老师带我们到计算机房复制和打印了他给我们从国外带回来的最新代数几何文献. 次日，刘先仿和我去肖老师家里请他指导我们博士论文的写作. 记得当时我说我在读曲面上的秩二向量丛，但不知道做什么问题，肖老师听后说，曲面上的秩二向量丛与曲面上的点有一个对应关系，关于一般型曲面上点的几何，目前还是一个空白. 然后肖老师给我们讲了与之相关的 Donaldson 的工作，让我读一些他的文章，希望我用 Horikawa 曲面的结构的特殊性来计算这类曲面的 Donaldson 不变量，从而判断两个同胚的 Horikawa 曲面是否微分同胚. 回去后我按照肖老师的指导意见读了一些文献，但因为这个方向发展太快，虽然自己努力了，还是没有能够追上. 后来我接着肖老师的曲面 Abel 自同构群的结果做了一些阶段性的工作. 没有做出肖老师对我期望的工作，我一直感到愧疚，辜负了肖老师对我的培养.

那次在肖老师家里我们见到了肖老师可爱的儿

子,那时他大概只有三四岁吧,见了我们也不眼生,过了一会儿工夫就跟我们熟了,想让我们跟他一起玩.现在肖老师的儿子还不到三十岁吧,我们为他年纪轻轻就失去了父亲而感到难过.

那天肖师母不在家.此前我们见过肖师母一次,大概是 1990 年吧,具体的时间记不清了,陈省身先生偕夫人来华东师范大学讲演,我们都去听,有一位比我们高一年级的同学——现在记不起来是谁了——告诉我们,坐在陈省身夫人旁边的那位女士是肖师母.那次肖老师夫妇全程陪同了陈省身夫妇.肖老师为华东师范大学数学系的发展做了不可估量的贡献,这与肖师母的理解和支持是分不开的.肖老师的突然离去,对肖师母的打击是可想而知的,我们除了希望肖师母坚强起来外还能做些什么呢.

我最后一次见到肖老师大概是 1996 年,在一个代数几何会议上,地点可能在华东师范大学或复旦大学,具体的时间和地点都记不清了,那次会议上肖老师做了关于代数簇的奇点解消的演讲.

在过去的二十多年里,我们做代数曲面的人经常运用肖老师的结果或者从肖老师的文章中获得灵感,我看到做算术曲面或者高维代数簇的人也从肖老师的文章中得到启示.现在肖老师虽然走了,但肖老师给我们留下来的经典著作是不朽的,是我们以及后来人做数学的源头活水.

肖老师永远活在我们心中.

§6　怀念肖刚君[①]

肖刚的突然去世实在是出人所料,震惊和悲痛之余回忆生平与他的几次交往不免感慨万千.

1977 年国家恢复高考后肖刚恐怕是全国第一个或第二个被破格录取的研究生. 由于"文化大革命"十年大学停止招生,1977 年后中国科学院收到不少毛遂自荐的信件,凡是要求上大学或读研究生的信件都转给中国科学技术大学处理了. 肖刚的经历非常独特,他是苏州大学英语专业的,但是因为喜欢数学所以想考数学方面的研究生. 当年推荐他入苏州大学时,他的数学和英语成绩都很优秀,虽然他的第一志愿是数学系,但苏州大学的有关领导由于某种原因做他的思想工作让他去了英语系,肖刚是好说话的人,就这么糊里糊涂地进了英语系. 这些毛遂自荐的信件中鱼目混珠的居多,经过筛选,中国科学技术大学数学系决定派徐森林到苏州面试肖刚,派彭家贵到南京面试李克正,稍后又派常庚哲和我到南京面试李得宁. 对这几位应试者中国科学技术大学都很满意,由于中国科学技术大学的特殊地位和决策人员的雷厉风行的风格在收罗人才方面总比其他高校快一拍,所以很快就发了录取通知并让他们尽快到合肥报到. 李得宁受其姐姐影响选择了复旦大学数学系. 还有一个小插曲是苏州大学不承认中国科学技术大学录取通知,中国科学技术大学便专

---

① 作者杨劲根.

406

门派了口才出众的史济怀和常庚哲专程出差苏州才把事情搞定. 这样, 1977 年全国考研还没有开始时肖刚和李克正已经到合肥在曾肯成麾下攻读代数学了. 这段经历成了当年中国科学技术大学数学系的美谈.

当时中国科学技术大学在合肥的办学条件远比现在艰苦, 数学系设在原合肥银行干部学校, 房子相当紧张, 好不容易在办公楼一层第一间办公室里放上几张床铺安排特招的研究生, 除了肖刚和李克正外还住了单墫, 他们三个不寻常的友谊该是在这段时间形成的. 我当时也住在银行干校, 连我太太也认得肖刚和李克正了, 因为她下班回来时常常遇见他们俩外出散步, 总是李克正走在前面, 肖刚一声不响跟在后面, 用形影不离形容也不为过. 事实上, 大家都看出这两位中国科学技术大学的传奇人物性格的差异, 李克正爱交际而肖刚不太爱说话. 我和肖刚同在合肥的时间大概不超过一年, 短短的交谈仅寥寥数次, 但互相应该是了解的. 有三件事值得一提:

1. 曾肯成让肖刚和李克正自学李群李代数并在讨论班上作报告, 他俩的学习进度神速. 我的大学同学查建国 1977 年按照正式手续考取曾肯成的研究生, 曾肯成曾经叮嘱他学李代数有不懂之处不要去问系里的一个李代数专家, 而要去问肖刚、李克正, 可见曾公对这两名弟子的器重.

2. 那时我担任 1977 级数学系本科生数学分析的助教, 知道这些本科生中的尖子常常往肖刚和李克正的寝室跑, 问一些课外的数学问题.

3. 他们俩很快被选为公派出国留学生, 预先需要和选派出国的教师一起参加英语考试, 肖刚的成绩名列全校第一名，为数学系挣回一点面子. 被决定派往法国后，肖刚便进了法语强化班，对他来说第二外语是小菜一碟，据我所知，在学法语这几个月里他读了 Hartshorne 的《代数几何教程》的一大部分，为到法国后迅速进入代数几何前沿打下了基础.

第一次和肖刚的近距离接触是在 1982 年或 1984 年（哪一年真记不得了），我从美国回上海探亲，肖刚写给我一封信，说有一个绝好的机会可以到无锡聚会. 在无锡梅山他的父亲有一寓所空着，他邀请了李克正、单墫和我到那里住了一夜. 和在合肥时不同，他作为东道主非常健谈. 我第一次知道他是高级知识分子家庭出身，说的一口地道的上海话.

1987 年我到复旦大学数学系后在肖刚出国前差不多每年都有一些来往，多数是专业上的事务. 有一次私访也有李克正在场，那是在淮海西路肖刚的姑妈的家中，当年他姑妈不在上海，住房就借给肖刚了. 我们的聊天内容最热门的话题大概就是计算机了，我惊奇地发现他对电脑的痴迷不亚于数学，他自己也称最喜欢的就是摆弄硬件. 那年头装空调的居民非常少，他就自己动手装了一个（好像是个二手的）窗式空调，可见他的动手能力在学数学的人中是罕见的. 所以他后来亲自动手开发太阳能的应用不是偶然的.

他到尼斯后，我与他的联系少了，但他回国时有时还见见面. 他是一个念旧情的人.

肖刚在专业领域中的学术成就在陈志杰和肖刚的学生的文中已经写得很到位了，在此不再重复. 根据本人对数学的不全面的了解，肖刚的学术水平和对中国数学的贡献不亚于很多中科院院士. 1977 年代数几何是中国数学学科的空白点,填补这个空白是老一辈代数学家的一个心愿,当年出国学代数几何的一批留学生多少是肩负这个使命的,而肖刚不愧是完成这个任务最出色的一位,他从法国回国直到去尼斯定居期间一直是中国代数几何队伍的领军人物.

虽然他身上缺少体育细胞,但他生活有规律,烟酒不沾,淡泊名利,老天无眼,过早夺去了一个天才的生命.

数年前他离开代数几何已经使业内人士大叹惋惜,溘然去世更使熟悉他的人无法平静.他是旷世奇才,他的某些想法恐怕常人永远也理解不了,愿他一路走好,在天堂遇到真正的知己.

§7　数学之中和数学之外的肖刚①

2014 年 6 月 28 日,我在北京大学参加纪念段学复院士百年诞辰的座谈会.席间,多人提起"文化大革命"结束后不久,以段学复院士为首的老一辈代数学家带领一批中青年同志开展了各种学术活动,重振中国的代数学研究.其中一个重要活动便是 1977 年在北京师范大学组织的李型单群讨论班.肖刚是参加讨论班的青年人之一,当时年方二十六岁,而且是讨论班所用的教材 R. Carter 所著的《李型单群》(Simple Groups of Lie Type)的中文译者之一.可是,在会场上我完全不知情的是,就在若干小时之前,肖刚已经在万里之遥

① 作者王建磐.

的法国尼斯与世长辞了,时年不足六十三岁.

1977 年我还在福建老家准备参加高考,当然没有参加北师大的李型单群讨论班. 然而,1978 年 10 月我进入华东师范大学师从曹锡华教授做代数群方向的研究生时,《李型单群》一书却成了我数学职业生涯的启蒙书之一,而且用的就是油印的肖刚等人的中文译本.

我真正见到肖刚,是在 1984 年 5 月他获得法国国家博士后来到华东师范大学任职的时候. 他年轻、睿智,却又随性,不拘小节. 陈志杰老师的悼念文章谈到他没有因为自己"奇货可居"而向学校提出高的要求. 他一家蜗居在姑妈的一套面积并不大的房子里,还要面对邻里纠纷. 这些足以让一些取得一点小成绩就待价而沽的人汗颜.

肖刚在数学上的成就是国际和国内学术界所公认的. 他开创的用纤维化方法对代数曲面的分类和性质的研究,长时期引领了有关领域的学术发展. 他奠定了国内代数几何研究的基础和在国际上的地位,特别是培养了一批有影响的学者. 现在华东师范大学、复旦大学、北京大学和中国科学院数学与系统科学研究院的代数几何学科带头人或学术骨干不少出自他的门下,他和他当年的硕士生孙笑涛(现中国科学院数学与系统科学研究院数学研究所副所长)双双获得陈省身数学奖,是少有的师徒双获奖的例子(据我所知,另一个例子是姜伯驹院士与他的弟子段海豹). 肖刚与年纪相仿的郑伟安一起于 1988 年被评为博士生导师(当时博士生导师是需要国务院学位委员会审批的),是当时国内最年轻的博士生导师.

肖刚的兴趣与能力不仅仅在数学研究上. 我第一

次注意到这一点是 1988 年在南开大学数学研究所,那
一年为筹备"代数几何年"我和他同时都在南开大学
数学所. 当时国内各数学研究单位普遍资料缺乏,而由
于陈省身的缘故,南开大学数学研究所得天独厚,资料
室有很多最新的图书和资料. 于是到南开大学数学研
究所访问的人必然要到资料室复印一大堆资料带回
去,以至于资料室的复印机常常累趴下了. 那天我和肖
刚一进资料室就被告知复印机坏了好几天了,厂家来
过也没解决问题. 肖刚说着"让我看看",就打开了复
印机的外壳,不知他怎么折腾的,半个小时不到,复印
机就能正常工作了.

　　后来和肖刚的交往中更多地发现了肖刚的多才多
艺. 比如当时的 TeX 还不能打印中文文章,肖刚在写
自己的中文数学专著时编写一个预处理软件从中文字
库生成 TeX 能够使用的临时字库,解决了这个难题,
促成了后来得到的较广泛使用的天元排版系统;初期
的 TeX 画几何图形很困难,肖刚又编写了 TeXDraw 程
序和相应的字库. 天元和 TeXDraw 在后来数学系开展
数学排版创收中起了至关重要的作用,为数学系在最
困难的几年中稳定教师队伍出了一把力. 到法国以后,
肖刚对数学教育感兴趣,并超前地用建立互动式共享
网站的形式吸引全球有相同志趣的人一起参与. 这就
是他创立的 WIMS 网站(中文版由陈志杰等人翻译和
维护). 在网站开发过程中他又对网络安全有自己的
见解(据说他的 WIMS 网站没有被攻破过). 前几年他
回国时曾在华东师范大学软件学院作了一个关于网络
安全的报告,我听了颇受启发;软件学院院长何积丰院
士也出席了报告会,并和肖刚做了学术上的讨论. 近年

来,他又对太阳能利用感兴趣,把数学原理应用到太阳能技术的改进上,并希望做出产品,打开市场.他曾和我联系,希望华东师范大学投资参与开发.但由于我已经离开领导岗位,而且学校资金的使用有了比以前更为严格的规定,学校无法参与此事.肖刚与其他单位的合作过程似乎也不太成功,成了他的一个遗憾.

和肖刚的交往过程中有一件事不能不提.1999 年夏天,我从意大利乘火车去巴黎的途中顺路到了尼斯,肖刚热情地接待了我.正好陈馨回国了,我就住在了肖刚家里.肖刚不仅到火车站接送,还花了两天时间陪我看了尼斯大学,参观了摩纳哥城堡,欣赏了尼斯海滨和阿尔卑斯山的美丽风光.他的热情好客和对同事和朋友的一片真挚之情,令人难以忘怀.

斯人已逝,友谊长存.愿肖刚一路走好.

§8　回忆和肖刚的忘年交[①]

2014 年 6 月 29 日早晨我收到了 WIMS 项目组 Eric Reysatt 的群发电邮,惊悉 WIMS 创始人肖刚已于 6 月 27 日去世.这个噩耗来得突然,使人无法接受.回想去年 9 月份肖刚专门从法国给我打电话,告诉我他发现肺部有一处阴影,肯定是不好的,而且他有家族史,不过治疗效果都是好的.像他父亲在五十几岁时开的刀,享年八十几岁,因此他准备不久后去开刀切除.今年春节过后,我又和他通话,知道手术很成功,已经

---

① 作者陈志杰.

正常上课了,可是别处又发现了新的阴影,好坏难定,正在进一步检查.在长谈中我感到他对自己的病情十分清楚,对于各种治疗手段也有深入的了解,正在理性坦然地面对自己的疾病.虽然我们都有不祥的预感,但万万没有想到他会走得这么匆忙.因此我当天就和肖夫人陈馨通了电话.陈馨忍住悲痛,向我详细介绍了肖刚的病情进展,我才知道这是一个极罕见的特例.因为5月份决定做一个微创手术,把病灶切除,手术很顺利,肖刚自己对此也是信心十足,相信不久又能重返讲台.没有想到几天后病情急转直下,反复发烧,肺部急速纤维化,呼吸困难,终于回天乏术.陈馨告诉我,主刀医师是尼斯最好的,积二十年经验的医生,肖刚的案例他还是第一遭遇到.这完全是极罕见的特例.如同他的大脑天赋与众不同一样,他的术后反应也与众不同.没有人会料到这个极小概率的事件会发生在他的身上.也许这一切都是"命"吧.我们除了接受这个结果外又有什么办法呢.

我第一次认识肖刚是在 1977 年随曹锡华先生一起去北京参加李型单群讨论班.在那次活动中结识了许多代数学界的前辈以及同龄的青年学者.尤其引人注目的是中国科学技术大学曾肯成教授的两位研究生李克正和肖刚.他们都是毛遂自荐、经过单独面试后破格录取的拔尖人才,也是当时参加活动的最年轻的学生.后来根据导师的安排,分别留学美、法两国学习代数几何.他们两位的私交极好,后来也和我成了忘年交.

到 1978 年,开始公派出国留学.首先破冰的是欧洲.我于 9 月参加了法语出国考试,成了中国政府首批公派赴法进修生. 在出国前我要到上海外语学院的出国培训部学习法语. 由于我参加过法汉词典的编写, 有一定的基础, 因此进了高级班, 不过时间很短就出国了. 没想到肖刚也来报到了. 原来, 曾先生决定派他到法国, 因此他突击学法语, 从零开始, 方法就是背词典. 他参加的是英语出国考(他曾是江苏师范学院外语系英语专业的大学生), 因此被编入初级班. 不过他打算提出申请, 要求跳到高级班. 后来在巴黎遇到他时才知道, 他确实通过了考核, 跳到了高级班. 这就是肖刚的速成学习法.

　　我于 1979 年 5 月到达法国, 一行人受到外交部的正式欢迎, 随即安排去维希学习法语 4 个月, 再被分到德法边界的斯特拉斯堡大学, 肖刚是 1980 年 1 月到巴黎南大学跟随雷诺教授攻读博士学位的. 也在维希学习过法语, 不过是在我离开以后. 我去巴黎时见到过肖刚, 因此互相建立了联系. 我于 1981 年 7 月按时归国工作. 肖刚则于 1982 年 12 月获得法国第三阶段博士学位(法国旧学制, 介于我国的硕士和博士之间). 这时曹锡华教授就建议我加强与肖刚的联系, 争取他到华东师范大学来工作. 我曾写信去法国动员肖刚毕业后到华东师范大学来, 并向他介绍了华东师范大学的学术环境. 肖刚在探亲回国时也在上海与我联系见过面, 谈起过到华东师范大学工作的可能性. 1984 年 2 月肖刚获得法国国家博士学位(法国旧学制, 相当于我国的博士后), 他的学位论文评价很好, 准备发表在著名的黄皮书论文集里. 并且肖刚在获得学位后不久就归国, 当 5 月份我在系里见到他时, 吃了一惊, 没有料到肖刚这么悄无声息地来到了华东师范大学. 后来我问他怎么来到华东师范大学的,他说到了北京后表示愿到华东师范大学,部里当即分配他到华东师范大学报到,就这么简单. 后来知道他也曾和复旦大学联系过,肖刚告诉我是他的岳父陈从周老先生与苏老联系的,可能没有及时得到反馈,他还是选择了华东师范大学. 这就是肖刚的风格. 他在华东师范大学工作的多年中从没有在生活、职称、评奖等待遇上提出过任何要求. 当然这也和学校及系里都知道肖刚这样的人才难得,尽可能为他的安心工作提供必要的条件有关. 其实按照他的能力和当时他在数学界的名声,他完全有"本钱"提出很多要求,或者和别人攀比,但是他从来都不计较. 当时学校分配给他的住房就是筒子楼 2 楼的一间 12 平方米的房间,厨卫都是公用的,他也从来没有过怨言. 实际上,他大多借住在姑妈(一位住在北京的院士)名下的房屋里,那个 12 平方米的房间几乎并没有住过. 后来学校帮助他把这间空房置换成他家后楼的一个小房间,改善了他的居住条件. 这里还要说一下肖刚的夫人. 俗话说"成功的男人背后都有一个伟大的女人",肖刚的夫人陈馨是著名古建筑园林学家陈从周先生的幼女. 她出身世家,但绝非娇生惯养. 她知书达理,心地善良,事事忍让,从不和人争执. 当肖刚不在国内时我曾帮助她处理邻居企图强用她家卫生间引起的纠纷,原来是陈馨出于善意当自己不在国内时让邻居也能使用,却换来邻居的得寸进尺,企图长期占用下去. 最后陈馨采用主动退让的方式,出钱替她另建了一个卫生间,让那位邻居得到了好处,化解了纠纷.事后她跟我说,其实那位邻居老太也是很可怜的,没有子女关心她,为多争一点蝇头小利不惜耍泼使赖.幸好遇到的是陈馨这样菩萨心肠的好人.我知道陈馨用自己吃亏来换得和解的事例不止一个.陈馨的善良大度给我留下极深刻的印象.肖刚能够淡泊名利、专注研究是与这样一位贤内助的背后支持分不开的.

为了充分发挥肖刚的作用,曹锡华教授让他刚进校的研究生翁林、杜宏跟随肖刚学习代数几何.我因为已经有了代数几何的基础,又看到肖刚需要有个合作者,就决定也转向代数曲面研究方向.肖刚在培养研究生方面十分敬业,他给学生讲的"代数曲面"课就是他自己研究经验的总结.他还把在国外访问时获得的最新动向迅速传回国内让学生知道,出国回来后不顾时差颠倒问题马上和研究生讨论课题.这些都使得研究生获益匪浅.肖刚从 1984 年到华东师范大学直至1991 年赴德国马普所访问和 1992 年 10 月去尼斯大学担任教授,在华东师范大学工作了 6 年多(其中赴美工作 2 年),这段时期可以说是他的研究工作及研究生培养的黄金时代.他获得了国家教委科技进步一等奖、国家自然科学三等奖、霍英东青年教师奖(研究类一等)和陈省身数学奖.第一届的硕士生翁林的工作就获得了钟家庆硕士论文奖,翁林现在在日本工作.第二届研究生更是人才济济,博士生谈胜利、硕士生孙笑涛(万哲先、罗昭华的博士生)、陈猛(我的博士生).后来的博士生刘先仿也获得过钟家庆奖,蔡金星则是北京大学的教授.这些学生都成了国内代数几何学界的中流砥柱,肖刚对我国代数几何研究的贡献是非常大的.

　　我和肖刚相差十岁,但是我们之间完全是平等、坦诚相待的.陈馨告诉我,尼斯的法国同事给肖刚的评价归结起来就是:"从不讨价还价"和"敬业".这是对肖刚最精辟的刻画.在华东师范大学共事的几年里,他一直专注于自己的研究和培养学生,从不拒绝给他安排的工作或活动.即使是教研室一起去听教学实习大学生的公开课,他也从不缺席.和他合作是心情愉快的,因为他的反应都是可以预测、好商量的.由于他不善言辞,不熟悉的人会觉得他高傲,其实他是很随和的.夏天他总是一件圆领老头汗衫,一个平顶头,一点没有大教授的架子.

　　肖刚绝对是计算机的高手,而且软硬通吃.我记得他最早的 PC 机就是一台自己组装的"赤膊机". TeX 软件在上海的推广也与杨劲根和他的贡献密不可分.当他着手写作专著《代数曲面的纤维化》时,他决心把 TeX 软件汉化,就用 C 语言写出了"中文 TeX 软件"(后来命名为天元软件),还写了一个中文文字处理软件 edt,这本书的原稿便是用 edt 和中文 TeX 完成的.可惜当时印刷厂还没有电脑排版,仍然使用传统的铅字.并且他毫不保守,为了天元软件升级的需要,他二话不说就把源程序给了我.我就是这样开始学会使用 C 语言的.回想起那段大家一起探讨使用中文 TeX 写作数学文章的情景,至今仍难以忘却.

　　肖刚到达尼斯大学以后慢慢停止了代数几何研究,兴趣转到了计算机辅助教学.当然这也和法国大学的宽松学术环境有关.他在计算机方面的研究是得到了学校支持的. 他创建了网上互动式多功能服务站 WIMS,这是一个庞大的计算机工程,以 Linux 为基础,开放源代码,与大家共享. 他花了多年时间改进系统,在抵御恶意攻击和防作弊方面下了很大功夫,使得他的系统没有被攻破过. 目前已有 8 种语言的版本,许多大学设立了服务站,在世界范围内形成了一个 WIMS 社区. 此刻,每个服务站都在为它的创始人的逝世而哀悼. 还在开发的早期,肖刚就在回国探亲时向我展示了他的系统,"引诱"我试用. 我看了以后也很感兴趣,就决定在华东师范大学也建一个站,为此我开始学习 Linux 建立服务器,并且着手翻译成中文. 这是一个极其庞大的工程,在部分青年教职工的协助下,也只能翻译一部分. 而且我把它引进到高等代数与解析几何的教材中. 可惜在我国的应试教学氛围里始终无法得到推广. 从 3.64 版以后肖刚的兴趣开始转向,把 WIMS 的发展交托给法国巴黎南大学等高校组成的一个 WIMSEDU 开发团队. 这是国际性的团队,我也参与其中,专门负责软件的中文翻译. 正因为如此,我才很快收到了肖刚去世的电邮.

　　肖刚的兴趣后来又转向了太阳能,不但有理论研究,而且有实际试验,已经发表了不少论文,成为太阳能开发学界的一员,也在尼斯大学建立了项目. 他自己制造样机,探讨过包括金属与玻璃焊接的工艺等技术难题. 后来他联系到上海某电力系统高校合作申请到了一个科研项目,他投入了很大精力建造样机,最终却因其他原因不得不中途退出,这让他深受挫折. 可是生活就是如此,有什么办法呢. 我觉得肖刚是一个绝顶聪明的人,总是不能闲下来,总是追求挑战自己.他常常和我跨国通话,一次一个多小时,兴致勃勃地谈他的宏大设想.他曾经研究过搜索引擎、股市预测、图像压缩等种种课题.我问他为什么代数几何不搞要去搞自己不熟悉的太阳能,他的回答就是要挑战自己,要寻求新的领域.我们当然希望他能继续研究代数几何,这样就能和这里的数学系建立更密切的协作关系.可是他的志向已定,我们只能尊重.

好友肖刚,安息吧!

§9　我们的精神导师肖刚先生[①]

1. 陆俊的叙述

我从未真正见过肖刚先生,但是在学术研究上却深受他的影响.因此我一直将肖刚先生尊为我的精神导师.

我最早接触到肖刚的工作,是他关于亏格 2 纤维化的研究.他在处理亏格 2 纤维化的不变量时,巧妙地引进了奇异性指数的概念,并利用它得到了优美的不变量计算公式以及其他一系列漂亮的结果.当时对我来说,这种技巧是非常富有启发性的——尽管我那时还没有完全领悟这些思想背后更深层的东西.正是受益于他的这一启发,我才能在博士论文中成功地引入三点式纤维化的奇异性指数,并用它处理了亏格 3 半稳定非超椭圆情形的 Miles Reid 猜想公式.

---

① 作者陆俊、刘小雷、吕鑫.

我在 2010 年前后整理"曲面纤维化"讲课稿的过程中,开始对肖刚的工作进行了更为深入和全面的解读. 比如肖刚的名著《代数曲面纤维化》曾经一度让我手不释卷. 期间,我常常将一整天的时间花在这本书上,试图弄懂其中每一个细节. 众所周知,肖刚行文简洁扼要,很多细节寥寥数笔掠过,但这些细节又往往包含了很多有用的信息. 对我们这些资质愚钝的学生而言,是需要花费不少时间和精力才能彻底明白其中奥妙的. 然而每当茅塞顿开之时,便会有醍醐灌顶之妙感,同时又不得不为其想法之精妙而击节赞叹. 我个人觉得,他这本书写得最精彩的莫过于以下两部分工作:

(1)处理超椭圆纤维化的基本群. 这一工作以巧妙的方式,将基本群 Abel 化的挠 2 商的秩、奇异性指数以及纤维化的斜率结合起来. 我认为这是一个将来可以继续开发的工作. 对于研究基本群来说,非常富有启发性.

(2)给出任意纤维化的斜率不等式. 这个工作充分运用了相对典范层的 Harder 滤过的性质来分级估计斜率,想法很独到. 谈胜利教授、左康教授和我在此前的合作交流中,也曾试图将这些思想应用到高维纤维化的研究上.

阅读肖刚先生的文章,实在让我获益匪浅,有很多精彩的思想观点和技巧,已经深深植入我的脑海中,并且毫无疑问地对我的研究思路和技巧有着重要影响. 这种影响有时会从我的导师谈胜利教授和陈志杰教授那里间接地渗透过来. 比如,谈胜利教授关于基变换不等式的研究工作以及我们关于奇异纤维陈数的研究等,最早都是从肖刚的相关工作基础上开始发展的,很

420

多思想观点和研究风格都可以追溯到肖刚那里.

　　肖刚先生对我的影响不仅仅是在学术成果上,也在他的治学态度上.比如,据我的导师谈胜利和陈志杰教授讲:肖刚非常善于计算,从来不怕计算,并且可以从复杂的计算中找到想要的东西.这一点也可以从他的论文和书籍中看到.记得陈志杰教授在劝诫我们年轻人要努力学习时,曾举例说,肖刚不仅人聪明,而且勤奋刻苦.肖刚先生的天赋,我们无法企及,但是他的勤奋努力是我们可以也必须要学习的.

　　在我们年轻一代的学生中,大多数人都没有见过肖刚先生.但是毫无疑问,他已经成为了我们每个人心中的传奇.只要你去阅读他的文章,了解他的故事,你就会赞同这一点,并且感受到他的与众不同的个人风格.

　　肖刚先生虽已仙逝,但其务实的治学作风仍然传承下来,直至我们年轻一代亦如此.

2. 刘小雷的叙述

　　我对未能有幸见过肖刚先生,以及没有机会在其身边学习其言行,深感遗憾.但是在我学习代数几何的过程中,肖刚先生的精神却一直鼓励着我、指导着我.

　　在我还未入华东师范大学读博的时候,就早早听闻肖刚先生的敢于打拼之名.他虽非数学系本科出身,却在硕士研究生期间毅然改变专业,学习并独自研究深奥的代数几何.几年的工夫,他的工作便领先国际.而华东师范大学的代数几何专业,也在肖刚先生的带领下首屈一指.他的故事和成就使我深受鼓舞,让我对华东师范大学的代数几何专业十分向往,并且给了我学习的勇气和信心.

在华东师范大学读博期间更是了解到,肖刚先生在 20 世纪 90 年代初就在诸多顶尖数学杂志上发表过文章,在代数几何的王国中取得了国际荣誉.然后他将自己诸多可行的问题和想法公开发表后,离开数学界转向工业界,开始了新征程,并取得卓越成就.我常常为肖刚先生敢于放弃功成名就,不畏从零开始的艰难困苦的精神而折服.

我在学业上从肖刚先生那里受益颇多.读博士期间,我仔细研读肖刚先生的专著《代数曲面的纤维化》,博士论文的书写也是直接依靠其中的思想和结果的支撑.在我读肖刚先生的书和文章出现不懂的问题,逐渐浮躁的时候,总会想起肖刚先生敢闯敢拼的劲头、无所畏惧的精神作为,然后我便能沉下心去仔细琢磨,请教我的导师谈胜利教授、陈志杰教授、陆俊老师和师兄弟们.在他们的帮助下我学会一二,但即使如此也大受其益.这让我了解到肖刚先生对超椭圆纤维化的研究独树一帜.他引入的奇异性指数,使得超椭圆纤维化不再神秘,统一处理了半稳定和非半稳定的情形,对曲线模空间的研究起到非常重要的作用,尤其非半稳定情形,现在仍然未被超越.肖刚先生这种独特的处理手法,以及他对奇异性指数的深刻理解,才使得我们对曲线模空间的理解更加深入.这些结果发表近三十年,但仍然影响着我们.

在香港科技大学读博士后期间,跟身边的教授们提及自己是华东师范大学代数几何专业的博士时,他们都会提到肖刚先生,都对其赞叹和钦佩.每当那时,我都会为自己在肖刚先生的荣光里而深感自豪.

在当前的生活和学习中,我经常仔细体会肖刚先生所处的环境,体会其不畏艰难困苦、不为名利所累的精神.这些一直在我心中,指导着我人生的道路.

在这个特别的时刻,我有幸可以为自己的精神导师写点自己的所见所闻所感,以此聊表我的沉痛之心.

3.吕鑫的叙述

我从 2008 年进入华东师范大学学习代数几何,听说肖刚先生 2008 年去过华东师范大学,可惜唯一的一次可能的机会还是没见到面,但是和陆俊老师一样,在学术研究上却深受肖刚先生的影响.

2009 年开始接触代数曲面,有了具体的研究内容,开始接触肖刚先生的文章,我读的第一篇文章就是肖刚先生所著的 *On abelian automorphism group of a surface of general type*,该文创造性地给出一般型代数曲面的 Abel 自同构群的线性上界.文章虽短,但内涵深刻,巧妙地运用了有限群的表示理论以及组合图论的知识来解决代数几何中的问题.这种构造性的做法与多方向的融合着实体现了他非凡的学术知识,实是让我等晚辈望其项背.博士期间,肖刚先生的这篇文章一直陪伴着我,每次阅读都能从中获得新的认识和理解.我的博士论文就是沿着肖刚先生的道路继续往前走,他的方法贯穿了我博士论文的始终.

我的导师谈胜利教授常对我们讲,肖刚先生的计算功底相当强,而且不惧怕复杂的计算.他的两篇关于一般型代数曲面的自同构群的上界的文章 *Bound of automorphisms of surfaces of general type* Ⅰ,Ⅱ就体现了这点.该文采用直接作商的方法得出一般型代数曲面的自同构群的阶的最佳上界是 $42^2 K^2$.或许那个时代的人都知道此方法,但是其计算量之大以至于没人敢去尝试. 他利用代数曲面的分类,对各个情况进行大量计算得到此漂亮的结果(说明一下,在曲线情形,早在 19 世纪人们就得到了自同构群的上界是 $84(g-1)=42 \deg K$).

肖刚先生的数学影响地位是非常之高的,他是个天才,在我们这一代人的心中已经成了一个传说. 他永远是我们学习的榜样和追赶的目标.

§10　深情怀念肖刚老师[①]

前几天惊闻我敬爱的肖刚老师因病离去,心情沉重多日无法平静,也许人们只有在失去的那一刻才理解拥有的珍贵,原来在我内心回荡着肖刚老师的不少片段,其音容笑貌、严肃但不乏慈祥的教诲、那种颇具自信的鼓励事实上一直给了我信心和坚定向上的探索决心,我的代数几何事业源于肖刚老师的启蒙,并在一定时间里得益于他的指点. 倏然间相隔两世,我写此文以表达我对先生的崇敬和仰望,愿肖老师在天国安息.

早在去年底杨劲根老师从美国回来后告诉我肖老师生病的消息,我当时就感到震惊,后来几周内都没法相信这个事实,今年上半年来也从法国友人那里听说些零星的消息,心里时常牵挂,默默地为肖老师祈祷愿他顺利过关,不想噩耗还是传来了. 人生虽然短暂,留给世人的精神和杰作将永恒!像肖刚老师这样的天才数学家用十几年的时间在"代数曲面"的夜空里划过

---

① 作者陈猛.

了一道明亮的星光,他的研究工作至今都还在深深地影响着代数曲面的研究,我早就下定决心要将肖老师的科学研究精神继承并发扬光大.

短短几句无法表达我对肖老师的崇敬心情,这里就用几件事追忆和肖老师的往事. 我是 1986 年在华东师范大学数学系本科毕业直升本系硕士研究生的,事实上我确定的研究方向似乎是代数群,在我大四时陈志杰老师和邱森老师都指导我读 Nathan Jacobson 的《基础代数学》,由于我不必参加复试面试,所以也就没能在大四最后一个学期和肖刚老师见第一面. 1986 年 9 月入学时,谈胜利、孙笑涛、张志军、徐祥、刘彬和我六人一起跟随肖刚老师和陈志杰老师学习代数几何,回想那时的学习生活,我感觉自己并不足够努力,因而我相信没有给老师们留下很好的印象. 那时肖老师有很长时间去了美国,我真正和肖老师接触是他从美国回来后,我带着自己写的小文章到淮海路肖老师的家里去请他指导,他的话至今还在我的耳畔"做论文一定要将问题彻底解决而不是只做一半就发表,你的方法如果和别人一样那就没有创造性",我想今天我对我的学生也是这么要求的,我将肖老师这句话当作是科研研究的启蒙篇,觉得完全在理,至今珍藏在我心里. 听肖老师讲课是一大享受,他的课信息量大,对深刻数学理论和定理的阐述很直观. 回忆研究生阶段我的学习,我想能给肖老师留下一点印象的事可能是我在讨论班上讲了几节"典范奇点"的内容,肖老师问了不少问题,结束后还给我鼓励"讲得很好,就这么讲."后来在得知我将去复旦附近的另一所学校任教后,肖老师专门找机会在杨劲根老师面前推荐我说

"典范奇点方面,他(陈猛)可以帮你很大忙."我现在回忆起来觉得肖老师至少当时认为我能力还可以,虽然那时我还没做出什么像样的工作,我将这看成是肖老师对我的一种鼓励.自从我参加工作以后,偶尔也会去华东师范大学向肖老师请教问题,让我很感动的是另一件事.1992 年我收到了肖老师的来信,信中他告诉我 Miles Reid 在给他的信中提到了我,问我对 Reid 的问题研究得如何了等等,信中殷切希望我不要放松代数几何研究,我当时觉得这是一种莫大的鼓励.1997 年肖老师回到了上海,我再次有机会到他在同济新村的住处向他请教,他说的话令人难忘:"做数学有两种方式,一种是不断赶时髦,但那需要很强的能力,另一种是别出心裁地研究别人做不出的问题."不断地体会肖老师的教诲,我慢慢领悟到做数学研究应把握住大方向,找准目标,狠下苦功,这何尝不是每一个数学家的科研轨迹? 四年前又在五角场附近和肖老师聚会两次,发现他的研究兴趣已远离代数几何,但看得出他还是那么睿智和自信.很遗憾这两三年未能再见到肖老师.

我感念人生短暂,我为失去我非常尊敬的老师而悲痛.愿肖老师一路走好,您的科学精神与我的研究事业永远相伴! 谢谢,我亲爱的老师!

§11　肖刚的法国同事悼词摘录[①]

Ugo Bellagamba

Merci à vous d'avoir été si proche des étudiants, des enjeux de la pédagogie et des rêves de l'Université. Votre héritage sera préservé et diffusé.

谢谢你如此贴近学生, 贴近教育的目标和大学之梦, 你的遗产会被保持并发扬.

Olivier Bado

C'est un véritable génie qui nous quitte. Mais il laisse un formidable héritage de partage derrière lui.

一个真正的天才离开了我们, 但是他留下了丰厚的遗产供人分享.

Christophe Bansart

Gang nous laisse une formidable idée de l'enseignement qu'est la sienne et sa matérialisation à travers WIMS que nous avons l'honneur de faire perdurer.

肖刚给我们留下了他的美好的教学理念, 并通过 WIMS 加以实现, 我们很荣幸将其传承下去.

Joachim Yameogo

Cher ami, cher frère, brillant mathématicien, généreuse personne. Que de chance de t'avoir connu. Merci pour tout.

---

① 　陈志杰翻译.

好朋友,好兄弟,杰出的数学家,大气的人,很幸运能和你相识. 谢谢.

Stéphane Descombes

Merci Gang pour tous les souvenirs que tu nous laisses, pour tout ce que tu nous as apporté.

感谢肖刚给我们留下的美好记忆,谢谢他为我们带来的一切.

André Hirschowitz

J'ai perdu mon pote chinois. Simple, discret, entier, il me marquera toujours.

我失去了一位中国好友,单纯、低调、耿直,他永远留在我心中.

Carlos Simpson(et Nicole)

Gang, tu vas nous manquer, avec tes idées brillantes, farfelues, tes histoires drôles, tout ce que tu as pu nous dire, tout ce que tu aurais pu nous raconter encore. . .

我们怀念你,肖刚,怀念你有时怪诞的精彩创意,怀念你的幽默,怀念你还会说些什么,讲些什么给我们听……

Bernadette Perrin-Riou

Merci, merci, Gang, nous essaierons de continuer ton oeuvre.

谢谢,谢谢,我们会延续你的工作.

428

许晨阳:越纯粹,越美妙,越自由[①]

数学才能是很罕见的天资.它是特殊的才能,并且应该在幼年时期就表现出来.数学的语言是国际性的,是唯一完全国际化的语言.一个外国数学家可以从我们的孩子中挑出人才来,就像在他们自己的孩子中挑选数学人才一样地容易.

——C. P. Snow

第4章

1. 数学之美

初秋的德国黑森林中部,50 多名数学家搭乘穿越森林与山谷的火车,辗转到达 Oberwolfach 数学研究所. 这个研究所位于长满云杉与松树的山丘之间,如今每周都有一批数学家前来开研讨会.

6 年前,数学家许晨阳在这里遇见了北京大学(下称"北大")的师弟李驰. 许晨阳的科研领域在代数几何,李驰则研究微

---

① 摘自杨宙的文章,2017 年.

分几何,两人研究方向虽不相同,但当李驰聊起自己领域的某个问题时,许晨阳却忽然意识到,借助李驰在其领域熟悉的计算工具,或许能够解决一个 14 年前的猜想. 两人讨论之后,李驰当晚就回去计算.

第二天一早,李驰兴奋地找到许晨阳——经过复杂计算之后的结果让李驰惊讶,"等式右边的结构非常简单,相当于三个东西乘在一起,有一个还刚好配出了一个平方." 虽然不了解这个式子在许晨阳所在的代数几何领域有什么具体作用,但那一刻,李驰感到"这个东西还是挺漂亮的". 这种美感也立刻被许晨阳捕捉到了,式子很简捷,而且单调性是一致的——虽然对于这种从来没有出现过的东西,还是要小为妙,应该验证一下符号的正负是否正确——但那一刻他对着这个式子说:"It should work." 他心里明白,不可能错得这么巧,应该是对的.

因为他与做数学的人都深知:"越是 simple(简单的),越是 beautiful(巧妙的)东西,往往都是对的."

按照 Oberwolfach 数学研究所的传统,每周三下午是数学家们出门远足的时间,他们会行走在密不见天的黑森林里,还有广阔的山丘之上,但那一天他和李驰一路兴奋地讨论着,不记得路上看到了什么. 那一次,他们用代数几何中的"极小模型纲领"解决了许晨阳的硕士导师田刚在 1997 年提出的"K - 稳定性猜想".

很难粗略地用语句解释这一研究的重要贡献. 许晨阳所研究的双有理代数几何领域,即便要简单介绍给具有数学基础的本科生都得花上几个小时,毕竟在这个世界上,能够与他讨论这一领域问题的数学家只有几十个.由于上述成果及此后一系列"在代数双有理几何学上做出的极其深刻的贡献",在今年的未来科学大奖中,许晨阳获得了首个数学与计算机科学奖.而生命科学奖与物质科学奖分别被授予施一公和潘建伟.按中科院院士、北京国际数学中心主任田刚的说法,许晨阳的研究"是基础数学的核心分支代数几何里很重要的一步".他告诉《人物》记者:"比如讲代数空间自同构群的大小这个问题,最早是一百多年前的一个问题,先解决的1维的情形,然后到了20世纪80年代的时候解决的2维的情形,那么从20世纪80年代到现在也有30多年了,许晨阳是解决了任意维数的情形,就是从3维、4维、5维一直上去……"

　　36岁的许晨阳现在是北京国际数学中心的终身教授,明年即将出任麻省理工学院数学系教授.坐在自己的办公室里,许晨阳指着电脑屏幕上的这个式子,试图描述它为什么是美的.但对于数学以外的人,式子中复杂的符号足以让人敬而远之.一位研究金融数学的学者看过这个式子后评价"虽然不能理解这个东西,但它这个很简捷,真的很美."

　　数学可以分为纯粹数学和应用数学两个大类,相比于运用于经济学、计算机等实用领域的应用数学,纯粹数学家们追求的更多是数学中的美.除了命题与结论的简洁之美,数学之美还可以是一种跨方向的联结,比如那次解决"K – 稳定性猜想",就揭示了复几何与代数几何两个不同领域的深刻联系. 许晨阳的合作者之一王晓玮教授提到这种联结之美时,就在电话那头激动地说道:"两个好像完全不搭界的事情突然有了个 connection(联系),被发现了,就是很奇妙,很美的东西……比如没有想到引力之前,大家怎么会想到潮汐会跟月亮有关系. 但是人家解释出来以后,当然你就觉得 extremely surprising(非常令人惊讶),对吧,就是数学当中也有这种看起来好像毫无关系的东西,最后被发现有本质的联系."

对美的向往延续到了许晨阳的生活之中. 在他十来平方米的办公室里,一面墙上是写满数学演算的黑板,桌面上有一个小音箱,每当他靠着椅背,把双脚搭在桌子上看论文时,办公室里就会响起巴赫、贝多芬的音乐,还有他喜欢的电影中的主题曲,例如侯孝贤的《悲情城市》《戏梦人生》. 他的微信头像是意大利画家 Giorgio de Chirico 的画,那是他喜欢的画家,他指着电脑中 *Piazza d'Italia* 这幅画光影延伸的线条,"那是夕阳之下,黑暗已经降临,一种时空的感觉".

总之,他绝对不是那种埋头做题的数学家形象. 他熟悉哲学与文学,爱好电影,每天看《纽约时报》. 更年轻时,他还是一名摇滚青年,他的高中同学、如今也已成为物理学者的李晓光记得,高中时许晨阳常常带卡带来,下课时就塞着耳机听窦唯、张楚和崔健的歌. 后来他出省参加奥数集训队,在北京看到了一场行为艺术,回到学校后,他便拉着几个哥们儿在校门口站着不动.他的学弟学妹也总能在课堂上听到老师谈起他的传说,"你们上课偷看课外书看的都是什么,许晨阳看的是黑格尔."

接受未来科学大奖的采访时,许晨阳说:"我觉得这个世界,宇宙当然很大,人类想要掌握它的规律的话,需要一定的语言,需要一定的描述方式.我觉得数学某种程度上实际上是描述世界的一种基本的语言.并不是我们创造了它,而是它一直在那里,我们发现了它而已.某种程度上来说,是一种艺术,一种结构很美的东西."

2.纯粹感

冬天的未名湖已经结了一层墨蓝色的冰,北京国际数学中心就在湖边不远处.数学中心由 7 座四合院组成,院子里安谧宁静,阳光洒落在办公室前的小草坪上.因为来得时间早,许晨阳选上了条件最好的办公室——离厕所最近的那一排.2012 年回到北京大学后,他就住在数学中心后边的学者招待所里,看没人赶他,他就一下住了 5 年.这一次受《人物》之邀从北大出发到远在 30 公里外的一家摄影棚拍摄,几乎是许晨阳最近去过的最遥远的地方.平时,他几乎不用走出北大,也不用买东西,吃饭就到最近的畅春园.

回北大后的这几年,许晨阳在代数几何的不同方向都取得了突破性的进展.他与李驰的合作,通过系统引入极小模型纲领这一工具,完全解决了田刚的关于

"K-稳定性"两个定义的等价性猜想. 在与 Hacon 和 McKernan 的合作中,他们建立了关于一般对数典范偶有解的一般理论. 有关这两部分工作的论文都被世界数学界顶级期刊 *Annals of Mathematics* 收录.

接受采访时,许晨阳望向办公室上方的空间,简单地介绍他所做的研究大致就是通过代数计算来"分类空间". 比如我们都知道几何中三角形有等腰三角形和等边三角形,但是上升到高维的、时空发生扭曲的空间后,人类是无法直观感觉到那些形状的. 假设这个空间里有 100 个未知的形状,要研究 100 个问题,通过许晨阳的运算转化后,相似的形状归为同一类,那么相当于只需要研究 10 个问题.

数学家蒂莫西·高尔斯曾用更加形象的语言描述了代数几何领域在天文学中的作用:"尽管人们现在已经接受时空是弯曲的,但也有可能正像地球表面的山峦和谷地一样,我们所观测到的曲率只不过是某个更为庞大、更为对称的形状上的小摄动. 天文学中一个重大的未决问题就是去确定宇宙的大尺度形状,即将恒星、黑洞等造成的弯曲熨平后宇宙的形状. 它是仍然像大球面一样是弯曲的呢,还是像我们自然而然却很可能错误地想象的那样,是平坦的呢?"

许晨阳的研究生涯起始于北大. 2004 年,在北大数学系本硕毕业后,他去往普林斯顿大学攻读博士. 那时,在号称"宇宙数学中心"的普林斯顿数学系,证明了 300 多年前的"Fermat 大定理"的安德鲁·怀尔斯是系主任;坐在图书馆里,许晨阳还能发现一旁正在颤颤巍巍做计算的老人是博弈论创始人约翰·纳什.约翰·纳什的传记《美丽心灵》里曾经这样形容普林斯顿数学系,"你只要伸出手掌,然后攥紧拳头,就会觉得好像已经抓住了数学空气,手心里有几个数学公式."

当时与许晨阳同一个办公室的同事,现为加州理工大学教授的倪忆记得,许晨阳在普林斯顿时就"志向非常远大".虽然系里都是顶尖的数学家,但他对那些留在自己 comfor tzone(舒适区)里做研究的教授很不满意.他认为普林斯顿的教授就要把精力放在最核心、最重要的问题上,例如数论方向里的 Riemann 假设.

当时 23 岁的他在图书馆里看到了 20 世纪 80 年代日本代数几何学家森重文与匈牙利代数几何学家 János Kollár 写下的一本代数几何巨作.看完第一章时,他体验到了一种"石破天惊"的感觉.在森重文之前,那块领域卡了半个多世纪,对于数学家来说,是白茫茫的一片,"这里面有一个很大很大的世界,但大家以前都不知道该怎么去看."而在那本书里,森重文已经把这个世界的地基都打造好了.

森重文曾说过,当看出数学中有些东西很容易,或者看起来困难的问题迎刃而解时,"一旦有了这样的经验就会上瘾,一辈子的瘾."那时许晨阳也被那个美妙的世界迷住.他决定跟随 Kollár 继续研究这个双有理代数几何方向,尽管 Kollár 在普林斯顿是出名的严格——他不会轻易给学生写推荐信,也告诫过学生这个领域是 risky(有风险)的.因为在 20 世纪年代密集发展之后,这个领域已趋于停滞,你不会知道现在自己处于波峰、波谷之间的什么位置,数学的发展没法预测.

"真的就是要等待有天才想法的人降临."许晨阳说.

数学里的天才并不是"eureka moment(尤里卡时刻)"那种灵光一现,而是靠数学家们充分全面的知识积累.如同数学家蒂莫西·高尔斯的比喻,"数学中绝大多数影响深远的贡献,是由'乌龟'而不是'兔子'们做出的.随着数学家的成长,他们都会逐渐学会这个行当里的各种把戏,部分来自于其他数学家的工作,部分来自于自己对这个问题长时间的思考."

但那些天才的一瞬毕竟只有少数时刻."数学家大多数时候都是 depressed(抑郁的),"许晨阳描述,"就像拍电影一样,有的人七八年才拍一部电影,王家卫导演就是这样的.有的人就像伍迪·艾伦一样,每年都拍一部,即使拍得不太好他也拍,作为对自己的一个锻炼,让自己保持在高水平的一个线上……你保持 active,moving forward(积极的,不断前进),这样的话我觉得就是对抗抑郁的一种方法."许晨阳的合作者之一、罗格斯大学数学系副教授王晓玮说:他们多次的合作里,大部分时候一个问题都要讨论个一年半载,就像面对一个圆柱体,上面看是圆的,侧面看是方的.你可以朝着一个方向持续轰撞,直到把它撞穿;也可以把它

436

上下前后左右绕一圈,全看透了,找到薄弱的那一块,捅破于一瞬.

这样的时刻太少了.几年前,他到当时许晨阳工作的犹他大学访学,两人在大学校园里认真聊了两天没出新的东西.到了第三天早上,他们悠闲地端着咖啡,站在一块写满乱七八糟式子的黑板前,那1%的幸运突然降临了,他们突然发现40年前一个数学家所期待的某个结论是不成立的.

对于常年处于挣扎状态的他们,想不出来不会紧张,反而一旦出现新东西了,还会让人"stomach cramping(胃痉挛)",赶紧先睡觉,免得发现是胡说八道,却一晚上睡不着.后来直到几周后,许晨阳与导师kollár出门爬山,他才装作不经意地向这位严肃的教授提了下这个后来被准确证明的发现.

合作多年,王晓玮认为许晨阳是一个很有激情的人,他觉得能够让数学家经受长年累月的困顿的,是像追女生时的那种真爱,"而且还是要 at the very beginning(刚开始追的时候)."说到后来,他感慨地想起一个词——complete innocence,"怎么说呢,就是心无杂念,就是心里一定要无杂念."

第二天一大早,王晓玮又给《人物》记者发来微信:complete innocence 应该解释为"赤子之心".他想起许晨阳办公室桌上常年摆放着一张数学家Grothendieck 的照片,这位数学家曾说过这么一段话:

Yet it is not these gifts, nor the most de-
termined ambition combined with irresistible
will-power, that enables one to surmount the
"invisible yet formidable boundaries" that en-
circle our universe. Only innocence can sur-
mount them, which mere knowledge doesn't e-
ven take into account, in those moments when
we find ourselves able to listen to things, totally
and intensely absorbed in child's play.

在这段话之前,Grothendieck 写下了对一些先天就拥有过人天赋之人的羡慕与肯定. 2017 年圣诞节的晚上 10 点,许晨阳给学生们答疑完,从北大教学楼里快步走出,又赶忙联系另一位老师,商量期末考试的内容. 工作到近凌晨 1 点,他在微信上发来了上述那段英文的翻译:"但是并非这些天赋,或者是与雄心壮志结合的不可阻挡的意志力,使得我们可以跨越所处宇宙的'看不见的但是难以克服的边界'. 让我们跨越这些边界的仅仅是我们的初心——在那个刹那,我们倾听事物(内部的声音),全心全意如同稚童,连知识本身都并非重要因素. "

3. 数学不抛弃我,我一定不抛弃数学

许晨阳的电脑账号是"Singularity",那是他十几年前在北大未名 BBS 上的网名. Singularity 就是奇点,爱因斯坦广义相对论里,那个存在又不存在的点,空间与

438

时间在该处完结,具有无限曲率.许晨阳解释,"它是
某一种与众不同的点,它里面可能很丰富很复杂.所以
我当时觉得人要想成功,要想与众不同,你得在你跟别
人最不一样的地方发展到最好."

　　刘若川和许晨阳在 1998 年的全国奥数集训营里
认识,后来同为北大数学系 99 级的本科生和田刚的研
究生.2016 年 10 月,以"数学与数学人"为主题的求是
西湖论坛上,许晨阳、刘若川、田刚和张益唐等数学家
围坐在一起谈论"数学家"这个职业.许晨阳提起,刘
若川以前说的一句话给他留下了很深的印象:"数学
不抛弃我,我一定不抛弃数学."

　　在普林斯顿读博的第四年,许晨阳整整一年停滞
不前,没有做出新东西.他每天听抑郁颓废的 Dark
Wave 音乐.毕业论文也是把前三年的几篇论文合在了
一起.他不知道自己还能坚持多久,或许两三年,时间
说不定,"你可能觉得离悬崖只有一厘米,其实可能还
有几十米.pretty close,坚持不下去的状态."

　　答辩完第二天,他一个人飞去了欧洲,有时开会,
有时游荡,去了许多城市.毕业典礼前,他告诉父亲不
用来美国了,自己肯定不会参加典礼.8 年之后,作为
终身教授的他站在北大数学科学学院毕业典礼上告诉
台下的学生,自己是没有博士学位服的,他讲起了这段
失败的经历,"我想那个时候的我,正是在为自己不能
够承担对自己的责任而处于深深的自责当中.也许有
些同学会问,什么是对自己的责任?对我个人来讲,我

对我自己应负的责任就是要做好的、纯粹的, 对得起自己的数学."

做博士后时, 许晨阳和刘若川都经历了比较困顿的时期. 那时候, 刘若川先后去了法国、加拿大和美国, 颠沛地换了三个国家. 许晨阳还记得那时自己在伯克利访学, 刘若川在巴黎, 两人专门买了国际电话卡. 他常常在下午边走路边打给相隔 9 小时、凌晨时分的刘若川互吐苦水. 那时他想, 如果这个博士后做得不顺, 就再读一个, 读完两个之后都找不到教职工作, 他就放弃数学. "数学好的地方就是, 它是绝对自由的, 但是你要绝对对你自己完全地负责任."

曾经有一次, 许晨阳遇见以前在普林斯顿读博时的同事, 他已经转行了四年, 做对冲基金. 这位老同事说, 虽然自己从事金融工作, 但骨子里还是一个代数几何学家. 许晨阳一直记得他的一句话: "离开数学是一个单行道, 你离开了就再也回不来了."

对于数学家而言, 数学意味着他总有一个地方可以躲. 许晨阳说, "做数学的时候, 就好像你短暂地把自己沉浸在自己的一个自由世界里面, 然后把外部世界, 尤其是现实生活当中很多让人心烦意乱的事情暂时隔绝掉. 可能就像看一场电影或者一本小说, 但是做数学你能投入更长的时间."

距离那时将近 10 年之后, 许晨阳和刘若川分别在犹他大学和密歇根大学任教, 又先后回到北大. 许晨阳现在是终身教授, 职业是已经不再有危机感. 有一天,他在办公室无聊打开 Google，想搜一搜刘若川这家伙都写了什么——刘若川后来转向了数论方向，许晨阳已经看不懂刘若川的研究了．他只能迅速翻看论文，划拉到最后的致谢部分．一般而言，他们会在这里感谢导师，感谢合作者．而在那篇论文的致谢中，许晨阳发现了一句话："Thanks are also due to my friend Chenyang Xu for his constant encouragement（也要感谢许晨阳一直以来的鼓励）．"

许晨阳觉得挺感动的．那篇文章已经发表多年，刘若川从来没有跟他提过，但在数学家的表达里，这已经是一句非常真挚的话．

在高中同学、深圳大学高等研究院教授李晓光的记忆里，许晨阳一直以来都想做一名数学家，而且那种投入的状态是非常让人羡慕的．李晓光现在从事凝聚态物理研究，也曾多次面临坚持不下去，想要放弃科研的时候．但每次听到电话那头许晨阳聊起数学，都会受到感染，觉得那是一件极其美好的事情．

琪峥也是许晨阳北大的师弟，现在与许晨阳研究同一个方向，与他的办公室在同一排．开始采访他时，问到关于许晨阳的问题，他看起来内向，不善表达．后来随意谈到数学家这个职业，他像一下子敞开了，有很多想表达的东西．回北大前，琪峥在欧洲待过近 10 年，他说以前在巴黎高等师范学院，随着学校的扩张，理工科专业都搬出了主楼，唯独数学系还与人文学科一起，留在了那个拿破仑时期的"回"字形院子里．

"我们只需要纸和笔,"琪峥说,"数学某种意义上讲,它完全是更偏重于哲学的.你不需要去给解释的,你是要去探寻这些数学结构中的这种美的东西.当然人们肯定相信说这些美的东西当然也是自然的,或者说自然的东西也是美的,但我们很多时候在我们做数学的时候,我们不知道为什么要给自然现象做解释,我们只是纯粹地从审美的角度去做数学."

他觉得北大的这个数学中心,像一个世外桃源.说这些时,他正坐在他 10 平方米左右的办公室里,他的背后是一个空空的书架,还有一整面白墙,墙上一个小小的天窗.他说现在大多数人对于数学家的印象还停留在陈景润那样的,而一个人能够一直做数学,肯定不只是靠着一种做出题目的成就感,而是在这个过程中,发现了美好的东西,"大自然那么美好,如果能把这些事物表达成简单的形式,那会是一件多么美好的事情."

今年 10 月 31 日,许晨阳领未来科学大奖的那天,琪峥坐在台下,被许晨阳的获奖致辞深深感动.在许晨阳之前,领奖的科学家们不约而同地感谢了家人、实验团队和学校.只有许晨阳在致谢完评委会和捐赠者之后,仅感谢了一件事,就是数学家这个职业.

"沉浸在数学研究中的数学家们,只需要服从数学世界的客观法则.就像 Grothendieck 所说,'构成一个研究者创造力和想象力的本质,是他们聆听事情内部声音的能力.'这里没有等级高下,没有阶层之分,在对未知的探索前人人平等,每个人都拥有绝对的自由.

每一位数学家愿意孜孜不倦研究数学的最主要动力不是别的,是我们享受那种日复一日,能够从现实生活中超越出来,去聆听,和发现世界运行规律的时刻."

第九编

日本代数几何三巨头

流形之严父小平邦彦评传^①

第
1
章

> 数学家已经智慧地创造了一个理想的世界. 除了懂得这个世界的数学家之外, 任何人对它连最基本的概念也没有.
>
> ——A. Pringesheim

小平邦彦先生于 1997 年盛夏 7 月 26 日逝世. 小平邦彦去世的消息传遍全世界, 许多人为之悲痛. Henri Cartan(1904 年出生)于 8 月 8 日亲笔致函(原文为英语)小平夫人せイ子(读作 Seiko——译者注):

> "惊悉伟大的数学家小平邦彦先生逝世, 悲痛异常. 我不禁回想起 Weyl 教授授予他 Fields 奖的情景. 他的逝世是数学界的重大损失. 我无法忘记小平教授, 由衷地表示深切哀悼."

---

① 作者饭高茂. 原题: 多样体の严父. 译自: 数学セミナー, 1997 年 12 期, 8 ~ 14 页. 陈治中, 译. 胡作玄, 校.

他亲自著述的《我只会算数不会别的(小平邦彦:我的履历书)》[日经科学社,昭和 62 年(1987 年)],可作为小平先生半生的记录.他又在随笔录《一个懒惰数学家的笔记》[岩波书店,昭和 63 年初版,平成 9 年(1997)第 7 次印刷]中公布了他单身赴美时给自己夫人的一部分信件,淡泊而不加修饰地描写了当时的心境.现参考上述资料汇集成类似评传的东西奉献给年轻读者.

1. 诞生——小学生活

小平邦彦先生 1915 年 3 月 15 日出生于日本东京都,父亲小平权一氏.权一在农林省(现在的日本农林水产省)任职(后历任农林次官),曾著有《农业金融论》,也是取得农学博士称号的学者.在极为繁忙的生活中,他留下了著作 40 册,论文 350 篇.晚年,在知道父亲庞大的工作后,小平先生无法抑制自己的心情,十分感叹.1921 年 4 月小平先生进入日本私立小学(帝国小学校).这所学校是当时还很少见的男女共校的学校,是美国式的,男生也有缝纫练习课.他虽然算术很好,但其他科目不行,无法圆满回答任课老师的提问,因此他不喜欢学校.而且他特别讨厌体操,也因为找不到要写的材料而不喜欢作文.

2. 中学时代——接触《代数学》

日本旧制的中学不是义务的,所以必须参加考试.他被府立第五中学(现都立小石川高校)录取.中学一年级学算术,二年级到四年级学习代数与平面几何,五年级学习立体几何.代数与几何教科书都是一册,使用三年.他在三年级时与同班的西谷真一一起学习代数与几何的教科书,试着做习题,不到半年就把教科书上的题全部做完了.他想知道更多的东西,于是搞到了藤原松三郎著的《代数学(1,2)》(内田老鹤铺),就决定阅读该书.

《代数学》是以日本的东北大学的讲义为主要内容,略加增删而成的.序言中有一处说到"只有一处用到了微积分的一个定理,此外不预想读者具有任何初等数学以上的知识."恐怕正是这句话,使小平先生觉得中学生当然就能念了,就专心致志地阅读了.这本书是从代数学的基础开始,涉及整个代数学进行详细解说,内容非常丰富.形形色色的代数学新结果刊登在章末列举的"诸定理"中,极富魅力,牢牢抓住了小平先生的心.我们来看看它的内容:第 1 章,有理数域;第 2 章,有理数域的数论(二次剩余、互反律、高次同余方程、Diophantine 方程);第 3 章,无理数(Meray 和 Cantor 的无理数论),接着讨论了连分数、Diophantine 逼近、行列式、结式、方程式及二次型等,共 640 页,这是第 1 卷.第 2 卷从群论开始,有 Galois 的方程论、割圆方程,接着为矩阵、二元二次型的数论、线性变换群、不变式论、代数数域的数论、超越数论,共 800 页.

对于小平先生来说,Galois 理论很难,怎么也读不明白,他就拼命阅读.

即使对于三、四年级的学生来说,阅读数学专业书也是可能的. 这既是数学这门学科的特点, 也是它的可怕之处. 也许有人觉得, 像小平先生那样的天才"从中学生时代起就开始阅读数学专业书, 那一定像读小说那样很有意思, 但也仅此而已". 实际并非如此, 阅读《代数学》对小平先生也绝非乐事. 他煞费苦心地把不明白的证明反复抄写在笔记上, 直到弄懂为止. 后来他回顾当时的情况写道: "把不明白的证明反复抄写在笔记上背下来, 自然就明白了. 现在的数学在初等与中等教育中规定说重要的首先是要弄明白, 只要求背下来记住还不明白的证明是没有道理的. 事实果真如此吗? 我对此抱有疑问." 他在中学时期, 数学、物理、化学学得都比较不错, 但英语、日语、地理、历史等却全都不行. 他感叹道: "我在中学里也是个很惨的学生. 在教室里就希望尽可能缩小到老师看不见. 最令人担忧的是体操与军事训练时间." 但周围的人却不是这样看小平先生的. 班主任老师在中学四年结束时就强烈推荐他参加高校入学考试, 但由于提前一年进高校很麻烦, 他不愿意就拒绝了, 到五年读完后才参加第一高等学校①的考试 [日本旧制学校的学制是: 小学六年, 中学四至五年, 高等学校三年, 帝国大学二至三年, 然后是大学院. 高等学校被看作是帝国大学的预科. 1950年废止旧 (帝国) 大学, 高等学校等, 将旧东京帝国大学、一高、东京高校合并为东京大学. ——译者注]. 他

---

① 从现在学制来看, 高校或高等学校相当于高中或大学预科, 而中学校则相当于初中. ——原文校者注

对考试没有自信,自认为肯定不合格,结果却被告知以第一名的成绩被录取.对此,小平先生写道:"那完全是个意外."

3. 高校时期

进入旧制的高校,想不到也要同以前一样点名等,但先生却觉得很舒服.他在高校二、三年级时跟荒又秀夫先生(以代数数域的 ζ 函数的定理而著名的数学家)学习了微分学与积分学.看着荒又先生,他萌生了想当高校老师的念头.

小平先生继续阅读藤原著的《代数学》,接着又阅读了高木贞治著的《初等整数论讲义》以及岩波数学讲座等.这些都是为数学科学生写的专业书.由于受惠于阅读了《代数学》,高校的数学对他来说没有什么难度,但对于文科他依然感到棘手.然而当时教经济的矢内原忠雄讲师(后来的日本东北大学校长)却绝口称赞小平先生,并劝他"大学一定来经济学部".

4. 理学部数学系时期

1935 年小平先生进入东京帝国大学数学系学习.课程除力学外只有数学课,力学也是像数学那样的,全都是小平先生喜欢的课程.他写道:"入大学后开始能够消除自卑感,非常高兴."当时的数学系,教授有高木贞治先生、中川铨吉先生、挂谷宗一先生、竹内端三先生、末纲恕一先生,副教授中有正次先生与弥永昌吉先生.

他在二年级时觉得每周 2 小时的课效率很差,于

是决定在学校的期末考试前借朋友的笔记抄下来就可
以了,即使到了课堂也不去听课,一心一意埋头阅读数
学书.他去丸善书店买来外文书阅读,如关于 Lebesgue
积分的书,用德语写的拓扑学大作(Alexandroff 与 Hopf
的)《拓扑学》等,彻底阅读这些书.这种阅读方法恰恰
正是小平的风格.关于数学书的阅读方法,后来他这样
写道:

> "对我来说,再也没有比数学书更难读
> 的了.几百页的数学书从头至尾通读是最困
> 难的事.因为数学这东西,如果明白了,就简
> 单明了得不值一提,所以就努力想只读定理
> 就把它搞明白,试图自己去证明,结果,大多
> 数是怎么思考也不明白没有办法就只得阅读
> 书上的证明.但是读一遍两遍还总觉得不明
> 白,因此就试着在笔记上写下证明,这时才会
> 看到证明中原先没有注意到的地方.进一步
> 我还要想想还有没有别的证明.这样子一个
> 月一章总算弄完,开始的部分又都忘掉了.没
> 有办法,只得再复习.这才有了整章的概念
> ……"(《数学セミナー》1970 年 8 月)

数学天才大都这样努力.也唯其如此,才能有所
成就.

读了《拓扑学》之后又念了 Deuring 的 *Algebren*

（1932 年）①，由此他得到启示而写了简短的论文. 这是他大学三年级的时候完成的，算是小平先生的处女作. 论文中讨论了根基的平方为 0 的有限环的结构.

在旧制大学的最后一学年时，原计划跟末纲先生专攻代数，但遵照末纲先生的指示，他就随弥永昌吉先生学习了几何，于是又读了 Alexandroff 与 Hopf 的《拓扑学》. 同期学习的有伊藤清氏（概率论大家，京都大学名誉教授）与木藤正典氏. 不可思议的是，几何讨论班的情形似乎从小平先生的记忆中完全抹掉了. 如前所述，中学四年级后曾舍弃考入高校的机会而在五年级结束后才进入高校. 但也正由于此，他就与河田敬义先生在大学成了同学，后者毕业于七年制的东京高校，与他只差一岁. 河田先生是个从不缺课的优等生，小平先生就借抄河田先生的笔记通宵学习. 河田先生参加的讨论班是跟着末纲先生，后来成了代数学的大家. 小平先生曾经如此热衷于《代数学》，立志进行代数学研究是很自然的，但愿望却没有实现，转而研究几何. 结果他被拓扑等新兴理论所吸引，对流形上的几何及分析的发展做出了贡献，终于确立了复流形理论，做出了成为 20 世纪数学基础的重要工作.

5. 理学部物理系的学生时代

1938 年从数学系一毕业就参加考试，再次进入东京帝国大学物理系学习. 当时即使是帝大数学系也未

---

① 疑为 1935 年. ——原文校注

必有学术职位. 他本可以马上考入大学院（即研究生院——译者注）继续学习, 而小平先生则由于非常清楚数学与物理的深刻联系, 还有他对 Weil 先生的尊敬, 而选择了入物理系学习的道路.

小平成了物理系的学生之后仍然没有去认真听课. 继续过着那种学习数学, 明白了什么就写论文的生活. 这一时期所写的论文涉及复形与胞腔、维数理论、Hilbert 空间的算子论、群的概周期函数、李群的单参数群、紧 Abel 群（与安倍亮氏共著）、Kuratowski 映射与 Hopf 扩张定理等多个分支, 但都是些短篇的. 1940 年他写出了处理群的测度与拓扑的关系的长篇论文发表在《日本数物会志》上, 当时他还是个 25 岁的大学生. 他在物理系的学生时期与大川章哉（已故, 学习院大学教授）、木下是雄（原学习院大学学长）两氏尤为亲密.

6. 赴美国

以在物理教研室的讨论班上阅读的 Heisenberg 的 S 矩阵的理论为契机, 他发现了二阶常微分方程的特征函数展开式的一般公式. 进而敏锐地发现, 一旦将其应用于 Schrodinger 方程, S 矩阵就知道了. 这篇论文是托应邀去普林斯顿高等研究所的汤川博士转交给该研究所的 Weyl 教授的. 他又由 Weyl 教授处得知, Titchmarsh 得到了同样的公式. 论文于翌年发表在（与约翰斯·霍普金斯大学关系很深的）权威数学杂志 *Amer. J. Math.* 上.

1949 年 8 月 10 日他与朝永先生一起乘威尔逊总统号赴美,是应 Weyl 教授的邀请前往普林斯顿高等研究所的. 这是一艘有着高贵名字的华丽客船,但也有三等舱. 他由于晕船而非常难受. 他们用了两个星期经夏威夷到达旧金山,然后乘飞机、火车经芝加哥、纽约于 9 月 9 日到达普林斯顿,会见了 Oppenheimer(物理学家,高等研究所所长)与 Weyl.

7. 流形论之严父

普林斯顿的 De Rham – 小平讨论班的开展,以及 Spencer 对这项工作的热情,使复流形理论急速发展,其中心原动力总是小平先生. 选一部分小平先生的工作如下:

2 维 Kähler 流形场合的 Riemann-Roch 定理的证明,Severi 关于算术亏格的猜想的解决,解析层的理论,上同调的消灭定理,小平 – Searle 的对偶性定理,Hodge 流形是射影簇的证明,复结构的变形理论,复解析曲面的分类与结构理论,椭圆曲面的结构论. 回到日本以后的工作有:一般型曲面的结构论,高维 Nevanlinna 理论,等等. 这些都收集在纪念他六十诞辰的《小平邦彦西文论文集》(Collected Works, Iwanami and Princeton Univ. Press, 1975)中. 这部庞大的西文论文集共 3 卷,超过 1 600 页,这里记录了 20 世纪复流形进展的本质. 这也是把小平先生称为流形论之严父的原因. 此外还有很多日文的论文,如油印杂志《全国志上谈话会》就登载了他关于算子环的论文等.

8. 回国

1967 年 4 月起小平先生复职为东京大学理学部数学教研室教授. 赴美期间他已由东京大学物理教研室副教授晋升为数学教研室的教授, 但实际上因为他一次也没有回过国, 等于已经辞职了. 不可思议的是接受文化勋章时他也没有临时回来过, 不过听说实际上只是因为政府方面完全没有联络过他.

此后, 他在东京大学开始给四年级学生讲课. 河田先生还说: "小平君每周来坐坐就行," 实际上他开始了解析流形讨论班并持续了近 20 年. 每周六下午 1 点至 3 点进行, 每次都发表新的研究成果. 小平先生也出了一些未解决的问题, 例如提出了第 VII 类曲面的第 2 Betti 数是否为 0 等等这些小平先生自己最感兴趣的问题, 超过半数的问题都已由参加讨论班的学生在几年内解决了.

每次讨论班一结束, 小平先生总要说 "去哪儿呢", 然后一起到本乡的咖啡店或者去名为近江屋的点心店. 小平先生总有各种各样的丰富话题, 其中也有关于数学的. 他讲的内容有对现代音乐的批判, 未知的文明, 大脑的最新研究, 懒人的生活状态等; 也经常谈论在美期间亲身经历过的美国的数学教育. 对当时在世界上流行的由 SMSG 提倡的 New Math 进行了批判性的说明.

在与数学有关的问题中, 他明快地说: "数学中所谓好的问题就是可以用一句话来说的," 偶尔也饶有兴趣地说:"哥伦布是为了要发现印度而航海的,但在预想之外却发现了美洲.数学中也希望能像发现美洲那样有预想以外的发现."Thom 创立的突变理论因为是全新的数学,小平先生就相当赞许.小平邦彦 1967~1990年间的科研经历:

1967 年为东京大学教授.

1977 年退休,获学习院大学教授.

1985 年获 Wolf 奖.

1987 年学习院大学退休.

1990 年参加国际数学家大会(ICM90).

9. 国际数学家大会(ICM90)

1983 年 ICM90 筹备委员会启动.国际数学家大会将汇集 3 000 人以上的数学家,连续开 10 天会.另外社交活动也不可缺少,还有 Fields 奖的颁奖仪式,为世人所瞩目.光是会议的准备就是一项巨大的工程.召开地定在京都,会场是国立京都国际会馆,但确立准备与运营的责任体制则非常困难.为了作成使日本数学家能一致协力的体制,大家强烈要求请全体数学家都深深敬仰的小平先生出马.这样小平先生就同意了出任 ICM90 运营委员会会长.我听到后简直无法相信,推测会有相当多的杂事.像小平先生那样纯粹学者型的人连会议经费都得操心本来就不太合适,的确小平先生不得不去募集资金.

此外由数学家自己赞助的 ICM90 特别募金也开始征集.我担任这项募金的实务.小平先生亲自作募金

的宗旨说明,在数学会年会上号召大家协力合作. 募金的转账单发给数学会的会员,仅开始几天就收到 30 笔赞助款,10～30 万数额不等. 我有些坐立不安,就从大学直接去小平先生家请他在感谢信上签名,顺便也请教小平先生关于捐赠事务的处理. 装入信封封好连贴上邮票所费时间超出预计. 给捐赠者的感谢信小平先生总是亲自确认并签上名. 该项募金历时 3 年多,捐赠者 1 300 人,总额超过 4 000 万日元. 但他逐渐感觉到签名好像成了自己沉重的负担,气喘发作得更加厉害,健康状况已明显不好.

向企业寻求赞助非常困难. 小平先生知道 ICM90 成功的关键在于赞助费的募集,于是鼓足勇气,建立了募集 ICM90 赞助费的组织. 根据旧制高校时的友人宫入氏的建议,由商界人士石川氏、谷村氏、龟德氏组成了 ICM90 募捐发起人协会. 受小平先生人品的感染,作为募捐发起人而活跃的商界人士都具有卓越的见识. 小平先生认识到,商界能够赞助数学,这全靠旧制高校所代表的文化. 实际上,日本商界为 ICM90 筹出的金额比 ICM86 时美国商界捐赠的数额要大得多.

与商界领袖会晤时我也陪同前往. 回来的路上小平先生就说:"太累了,稍微吃一点东西吧,"于是就去银座的资生堂吃快餐. 资生堂是小平先生学生时代经常光顾的饭店. 在美国时,他最初很爱牛排之类的食物,但时间长了很快就对量多味重的美国料理不适应,最怀念的就是资生堂的料理. 当为了交涉赞助费做这种不习惯的工作而感疲劳时,他又回想起往日吃资生堂料理的情景.

ICM90 实际召开是在 1990 年,遗憾的是,他的身体已经虚弱到无法前往京都的会场了.会议取得了巨大的成功,与会的有来自世界各地的数学家超过 4 000 人,森重文获得了 Fields 奖,这距小平先生获奖算起有 40 个年头了.

10. 数学教育

面临物理与数学教研室的疏散以及 ICM90 的组织建立等真正困难的局面,小平先生挺身而出,鼓起勇气解决了.同样困难的局面也出现在数学教育的领域.他注意到美国的 New Math 对日本的教育也产生了很大的影响,于是他挺身直言.为了研究自己所受的教育与现在的教育有什么不同,他收集了许多教科书做周密的准备,指出了教育上的问题.他说:"为了要从很小就开始学太多的科目,……丧失了自己思考问题的空间.这是否是学习能力低下的一个原因呢?"对于小学一年级就要学社会课与理科提出了疑问(1983 年).结果,在修订学习指导要领时,小学一、二年级的社会课与理科没有了,取而代之的是生活课.这只能说小平先生的主张被曲解并被利用了.

11. 家庭中的小平先生

他的房子,一进大门就是会客室,放着一架钢琴.钢琴上面随便放着一些乐谱.里面是厨房兼起居室,有一张较大的餐桌,桌子上除了餐具外还随便堆放着辞典、数学书和笔记本. 连餐桌都是小平先生的工作场所. 餐桌上也能做出数学, 其注意力必须惊人的集中.

数学家 Siegel 一生单身, 早上 9 点开始便沉浸在数学之中, 从数学中醒来已经是半夜 12 点了. 然后把一天的伙食并在一起吃完就睡, 这种生活令他的胃很不好. 小平先生经常说起这件事, 无奈数学的研究可以说每每都是孤独的战斗, 在这点上是很可怜的. 小平先生的情况却不同, 这是因为有セイ子夫人在. 小平先生与他夫人是家庭中的严父和慈母, 他们的两个女儿健康成长, 这样的家庭对数学家来说是个模范. 小平先生从家庭生活中得到无限的安慰, 也消除了先生所具有的悲观厌世主义以及由此带来的孤独感与寂寞感, 结果便是他在数学中造就了伟大的工作.

小平邦彦的数学教育思想

1. 前言

数学家关心数学教育,虽然是少数的,但是却有着悠久的历史. 20 世纪初,德国数学家 Klein 倡导以"函数为纲"的数学教育改革运动,英国数学家贝利制定了实用数学教学大纲,法国数学家 Hadamard 和 Lebesgue 等编写数学教科书,美国数学家摩尔提倡混合数学,日本数学家小平邦彦和广中平佑在 20 世纪 60 年代对"新数运动"的批判,我国的数学家华罗庚等对数学教育的关心无不说明数学家与数学教育的密切关系. 由于数学家的特殊地位,对数学教育的发展产生了不小的影响,有的甚至起到了关键作用. 近年来,在我国也有不少数学家关心或参与数学教育改革、数学课程标准的制定工作. 例如,张景中院士的"从数学教育到教育数学",王梓坤院士和徐利治教授的"MM 教育方式"("TEC 教育方式")的倡导,他们对数学教育的关心令数学教育工作者欢欣鼓舞. 数学家对数学教育的关心和参与的原因可能是很复杂的,有各方面的理由.数学家"由于对低一级学校的训练不足、高等课程选修人数的下降、中小学数学课程变质的潜在可能性以及国家地位的受威胁等问题的关注,不时地推动着数学家们去考察中小学的所作所为,和考虑它们可以怎样地改进.关于数学是怎样地被创造出来的这个问题的好奇心,也不时地引导数学家们对他们自己的思考过程进行回顾,并企图把那种思考过程教给别人.一些数学家在观察了他们的儿辈或孙辈的数学思维结果之后,受到鼓舞去对那种思维做出详细的分析,或对它们的改进订出计划".①在本章中将要论述日本数学家小平邦彦从自己女儿在美国的中学学习的经历、数学的发展和数学结构等特点和数学与日本国家命运之间的关系等方面来关注数学教育,以及他与日本数学教育家之间的激烈争论.

2. 小平邦彦

小平邦彦,1915 年 3 月出生于日本长野县,1938年毕业于东京大学数学系,1941 年毕业于东京大学物理系,先后任东京文理科大学副教授、东京大学副教授、教授.1949 年他获得理学博士学位,同年被德国著名数学家 Weyl 邀请到普林斯顿高级研究所工作,先后被聘请为普林斯顿大学、哈佛大学、约翰斯·霍普金斯大学、斯坦福大学等大学的教授.当时他虽然辞去东京大学教授职务,但是 1967 年回日本后又被聘为东京大学教授.1965 年当选日本学士院会员,先后获日本学

---

① [美]D. A. 格劳斯主编. 数学教与学研究手册. 上海教育出版社,1999.

士赏(1957)、文化勋章(1957)、藤原赏(1975). 此外，他被选为哥廷根科学院和美国国家科学院的外籍院士、美国艺术科学院外籍名誉会员，1975 年退休后，任学习院大学的教授. 小平邦彦在代数几何学、分析学、位相几何学、代数学等多个领域都取得了卓越成就，并于 1954 年，在荷兰阿姆斯特丹举行的第 12 届世界数学家大会上被授予第三届 Fields 奖. 著名数学家 Weyl 颁奖时评价小平邦彦说"小平先生，你所做的工作，与我从年轻时就想做的工作密切相关，但是你的工作比起我所梦想的要漂亮得多. 自从 1949 年你来到普林斯顿之后，看到你的数学研究的发展，是我一生中最高兴的事."①1985 年，小平邦彦由于对代数几何的发展做出过杰出贡献而获得 Wolf 奖.

　　作为世界著名数学家的小平邦彦格外关心数学教育的发展，从 1968 年开始通过在学术杂志上发表文章、电视讨论或辩论等各种形式阐述了自己的关于数学教育的观点，引起了当时的日本数学教育界的广泛关注，同时也引起了数学家和数学教育家之间围绕数学教育现代化这个问题的激烈争论. 后来小平邦彦的言论和文章收录在他的文选《懒惰的数学家的书》(岩波书店,2000)、《我只会算术》(岩波书店,2002)中. 另外，小平邦彦还出版了与初等数学教育有关的著作《几何的乐趣》(岩波书店,1985)、《数学的学习方法》

────────

　　①　《日本数学 100 年史》编辑委员会编. 日本数学 100 年史. 东京:岩波书店,1984.

（岩波书店，1987）、《几何的魅力》（岩波书店，1991）等．上述著作对日本数学教育产生了很大影响．更值得提出的是，小平邦彦作为数学家，不仅关心中小学数学教育，而且直接参与中小学数学教育工作，他自己编写了中学数学教科书《代数·几何》（东京书籍，1982）和《基础解析》（东京书籍，1982）．20 世纪 80 年代初我国翻译并出版了这些教科书，1996 年美国也翻译出版了这些教科书．他的教科书都有简明扼要等特点．

诚然，小平邦彦的数学教育思想的提出和教科书的编写等活动都有特殊的历史背景：欧美、日本数学教育现代化运动和日本中小学生学力降低等，激发了小平邦彦对数学教育的关注与参与．他的数学教育思想以及与数学教育家之间的争论对我们今天的数学教育改革也具有重要的参考价值．

3. 小平邦彦的数学教育思想

小平邦彦不仅对世界数学发展做出了杰出贡献，而且对数学教育也有一定的研究，并提出了自己独到的见解．

（1）没有创造能力的教育是很危险的．

1984 年，小平邦彦以日本大学生学力下降的事实为切入点，对日本教育的发展提出了自己的见解．

小平邦彦指出："所谓学力不是指知识的量，而是指独立思考事物的能力．这种能力对缺乏自然资源的

日本来说是至关重要的."①他认为,学生学力下降的
根本原因可能在于,初等教育和中等教育阶段过早地
给学生灌输多种学科的过多的知识.他指出:"例如从
小学一年级开始教理科和社会科.由于过早地把多种
学科教给学生,理论性的学科也被堕落为死记硬背的
东西了,学生失去了自己思考的自由,这可能是学力下
降的一个原因."事实上,有些知识是孩提时期一定要
学习的,有些知识是长大以后在理解的基础上学习的.
但是不科学的教育政策让儿童死记硬背成人的知识;
于是大幅度地减少数学和语文的学习时间,浪费儿童
的时间和精力.小平邦彦认为,数学和语文是最基本的
学科,它们的性质与理科、社会科是截然不同的,应该
安排更多的时间来教数学和语文,同时要减少其他社
会科的教学时间,甚至在小学低年级不安排理科和社
会科更合适,在小学五年级安排社会科和理科教学其
效果更好.

（2）以基础学科为重点的课程设置原则.

小平邦彦对人类学习的知识进行分类之后,提出
了课程设置原则.他认为人类学习的知识可以分三个
种类:

（A）儿童时期必须要学习的知识,即长大以后学
习起来困难的知识.

（B）长大以后容易学习的知识,或者说长大以后

---

① 小平邦彦.怠け数学者の记.东京:岩波书店,2000.

学习起来要比儿童时期更容易的知识.

（C）即使是不在学校专门学习也能够自然地掌握的知识.

由此可见,（A）是在小学必须要学习的知识,那就是数学和语文了,这就是把数学和语文作为小学基础学科的根本原因.

基于上述分类及观点,小平邦彦提出课程设置的两条原则:

原则一,把在小学用充足的时间来彻底地教语文和数学作为第一目标,在剩余时间里教其他学科.从初中开始英语也成为基本学科.

原则二,学生到适当年龄后再教语文和数学以外的其他学科.

小平邦彦认为,给小学一、二年级的学生教理科和社会科是不符合他们的年龄特征的.基于以上原则,他对当时的学校教育制度提出了批评,认为争先恐后地过早地教多种学科的做法是无视教育原则的体现.在中小学设置多种学科之后,各学科的教师为了扩大自己学科势力范围而互相竞争,结果导致语文、数学等基础性学科的知识被变成死记硬背的东西,学生忙于背这些知识,从而丧失了独立思考的时间,如果这样的教育继续下去,日本将会在国际竞争中遭到失败,经济发展也会停滞.

他认为在中等教育中,"在培养基础学科的实力时,要用充足的时间来进行反复练习是不可缺少的."

小平邦彦指出,不仅是过早地教各种学科,而且在数学学科内部也存在不少问题.首先,过早地教很多知识的现象,如高等数学内容逐渐被降到高中,高中的高年级内容被降到它的低一年级等.其次,数学考试越来越难,在没有掌握试题模式的情况下回答问题是相当困难的.例如,小平邦彦全力以赴做小学六年级的50分钟的测试题,结果没有能够全部做出来.训练考试技巧的数学教育的特点就是:"调查了入学考试中要出的问题的模式之后,教给学生对某种模式的问题应该采用什么方法来解答.学生在考试中,首先观察问题的模式来判断自己是否能够解答,如果能够解答就立即去解答;如果不能解答,由于时间不够,那么连考虑都不用考虑就跳到下一个问题.……如果不是这样,小学生不可能在限定时间内能够解答连数学家都不能解答的问题的."这种数学教育就像"给猴子教把戏一样"没有什么创造性思维能力的培养.

基于以上论述,小平邦彦提出了一个重要问题,即现在这种"早期教育"比过去的传统教育是否优越?

他对教育制度的灵活化提出建议:学生的能力和个性等方面存在着千差万别,因此基于这些差距,应该制定灵活的教育制度.例如,可以制定如下制度:

第一,根据各个学科的能力的不同来编制班级.某一学生是语文的 A 班级、数学的 C 班级;某一学生是语文的 C 班级、数学的 A 班级.这种班级编制能够避免教育不公平的问题.

第二,允许学生跳级,即允许学习成绩优异者可以跳到高年级或提前参加大学入学考试.(一般地,日本教育法不允许学生跳级.)

第三,个别安排有特殊才能的学生,所谓特殊才能不局限于学问的才能,例如也包含音乐、绘画等方面的才能.

(3)固定的考试模式会抵制创造性思维的培养.

小平邦彦认为,当时数学考试存在两个方面的问题.首先,无论是中小学试题还是高考试题,其题目数量过多.这与过去不同,在过去的学校数学教育中,考试题的量不大,学生可以有充分的时间来思考.

其次,高考试题的"判断题"(注:只看结果的对错,不看过程的考试题)严重影响了初等教育和中等教育,因为这种试题模式一直影响到小学数学教学,在过去的高考试题中没有"判断题",学生有充分的时间来思考,过去的学习是做学问的学习.例如对于学习数学这个学问来说,理解了它之后才能解答数学问题.现在试题的模式基本上已经被固定了,被试题模式束缚的学生即使是上了大学也未必真正理解了数学,这是一个奇怪的现象.

小平邦彦给本科生上课时对学生进行了一次问卷调查,"你们说听不懂讲课,那为什么不能思考到理解为止呢?"一些学生回答说:"在中学阶段我们常常是被动的,虽然自己没有彻底理解但却能解答问题,所以可能养成了不求甚解的思考习惯."由此可见,大学生学习能力下降的另一个原因就是,学校教育受高考影响已经堕落为训练考试技巧的教育了.

出现忽视上述教育原则的根本原因之一就是,人们认为"小孩是小型的大人",即"小孩的能力就是大人能力的缩小而已."小平邦彦通过大人和小孩学习英语水平的差别等具体例子反驳了这种错误观点.

4. 小平邦彦对数学教育现代化运动的批判及其与教育界之间的激烈争论

小平邦彦在不同场合和不少文章中,从数学学科的发展史、数学学科的特点和儿童的年龄特征等角度对 20 世纪 60 年代的数学教育现代化运动提出了尖锐的批评.他对数学教育现代化的观点集中体现在 1967 年他在日本《通产杂志》上发表的"不可理解的日本数学教育"中,那就是:(1)数学教育应按数学发展史顺序进行,而不是按逻辑基础来进行;(2)在中小学教集合论是不可取的;(3)在中小学数学教学中,要教基本的知识,没有必要教多领域的知识;(4)在小学通过数的计算的反复练习来培养学生学习数学的基本学习能力是最重要的.为了更全面地了解他的思想,把该文的主要部分摘录如下:

> 由于科学技术的基础是数学,数学教育对于日本的产业的未来生存具有至关重要性.
>
> 在数学的初等教育中教各领域的少量知识,犹如让学生学习音乐中的所有乐器或少量教多种外语那样的很没用的知识.那为什么在数学的情形下,谁也没有注意到这种现象呢? 例如,在小学六年级教一点概率,在初中二年级也教点概率,高中一二年也教一些

469

概率. 这是没有效果的教育方法. 制定课程标准的委员会的各位成员, 是否忘记了人在几周或在一周的数小时内学习的知识过了一年半载之后会完全被忘掉的事实?

奇怪的是, 在中小学教学中混进来了多个领域中的集合、位相几何等知识, 这些知识对于除将来能成为数学家的学生来说都是没有必要的. 从小学开始教集合的理由就是因为数学的基础是集合论, 因此数学教育也应该从集合开始, 这就是现代数学教育的基本理念.

但是, 所谓数学基础的集合论有以下含义: 对 2 000 多年前以来所发生发展起来的数学的集大成的结构进行分析, 并把它作为一个体系来记述的基础就是集合论. 这并不意味着发生发展的基础是集合论. 给儿童教数学就是为了生成和发展儿童的数学能力, 因此数学的初等教育必须遵循数学的历史发展的顺序. 比起逻辑性的基本概念, 历史性地出现的概念, 对儿童来说更容易理解. 高中毕业之前的数学是在 17 世纪后半叶到 18 世纪发展起来的微积分初步. 19 世纪后半叶, Cantor 为了解决实数全体集合的无穷集合而创立了集合论.

违背这种历史顺序, 即使给中学生教集合, 他们还是不易理解集合论的本质, 所以只能给学生教的是集合论没有价值的部分——

集合论的玩具了. 其结果, 为了教玩具的数学而浪费掉时间和精力, 从而真正的数学被忽视了.

如数学这个词所表示的那样, 它是数的学问, 其基础首先就是计算(运算). 在初等教育中最重要的区别是, 若儿童时期不习得基础的话, 则长大之后更不易掌握基础学习能力, 要把基础学习能力的训练置于重要位置上.

如果儿童时期不能够通过反复练习掌握数的计算, 那么长大后也不易掌握; 数学家作为常识的必要的集合论, 上大学后听两节课就会很容易记住它. 从这个意义上看, 在中小学教集合论是错误的. 在小学数学中, 关键的是通过反复练习数的计算来培养数学的基础学习能力.

推进现代化发展的人们认为, 并不是在小学教集合论, 而是根据集合论教现代数学的思考方法, 除了成为数学基本思考能力的数的计算之外, 还存在更高尚的数学的思考能力. 我认为这种观点是错误的.

据了解初中一年级的学生有一成不会简单的分数加减法计算. 无论怎样地教集合论也不会分数的计算, 那究竟是怎么回事呢? 如果通过集合论的教学能够培养学生思维能力的话, 应该会分数的简单化计算吧. 但是事实并非如此, 这就证明了观点是错误的.

数学家以外的人是不需要集合论的,在第一线活跃着的自然科学家和工程师都没有学过集合论,这是明摆着的事实.

逻辑是数学的语法.我们写文章时的语法是在多年读、写文章时的过程中自然掌握的,而绝不是根据在过去初中所学过的语法来写,因此才能够得心应手地使用.众所周知,这与无论怎样学习英语语法也不怎么会写英语文章一样.

数学中的逻辑也是一样,我们数学家在学习数学的过程中自然地掌握了逻辑.除数理逻辑的专家以外,没人再回头来学习逻辑的.从现行课程标准看,在高中一年级教逻辑,那为什么把连数学家也没有学过的逻辑教给高中生呢? 这是不可理解的.

数学的初等教育的目的并不是把数学的各领域的片段知识灌输给学生,而是要培养数学的思维能力和数学的感觉.正因为如此,必须把范围限定在数学的最基本领域内,将它彻底地教给学生.如果能够熟练使用小学的数的计算、初中的代数和几何、高中的代数、几何和微积分初步知识,那么这种初等教育就是成功的.

在必要的时候学习概率统计等应用学科,因为这些即使长大以后也能学习,那时的学习与半生不熟的入门知识的学习相比,它对在基本领域中所养成的灵活的思维能力和敏锐的直觉能力所起的作用是更大的.……
倡导数学教育现代化的人们认为,为了适应
数学的迅速发展必须更新数学教育.但是进
步的是数学的最前沿部分,而数学的基本东
西一点也没有变.正在从事数学研究的数学
家们都反对数学教育的现代化.然而现代化
在数学教育界还是很流行,这实在是个不可
思议的现象.

小平邦彦的以上观点得到了广中平佑等数学家的
赞同,同时也受到当时不少在教学第一线的中小学数
学教师们的欢迎(注:这些中小学数学教师并不是像
小平邦彦那样深刻认识数学和数学教育现代化,而是
对现代数学的教学内容感到陌生而欢迎小平邦彦的观
点.)[1],但是这在很大程度上遭到数学教育界的反对,
甚至辩论是极其激烈的.当时日本的《朝日新闻》《每
日新闻》《读卖新闻》和NHK电视台等媒体主持举行
反对数学教育现代化的讨论,事实上,辩论的对象就是
反对数学教育现代化的代表——日本大名鼎鼎的数学
家小平邦彦和广中平佑.很多数学教育研究者都对小
平邦彦持反对的观点.特别是日本数学教育家川口

---

[1]　日本数学教育学会编著.中学校数学教育史(下卷:数学教育
研究团体及其活动).东京:教育出版株式会社,1988.

廷①通过电视、报纸、杂志等媒体严厉地反驳了小平邦彦对数学教育现代化的指责. 他说:"日本数学界精英(小平邦彦)先生在很多杂志上强调在小学数学中的'集合'无用论. 由于数学界最高权威的先生们具有说服力,其影响是极其深刻的. 我对此提出异议,不能接受他们的批评. ……小平邦彦博士认为把集合论教给学生是非常错误的. 我们能够理解博士所指出的'现代小学数学是以 Cantor 创立的集合论的学习为教学目标是错误的',但是我们不知道他这个判断的根据从哪里推导出来的呢? 在课程标准和教科书中连一句也没提到教集合论的要求,因此值得怀疑小平博士的判断. 也许我的话有些失礼了,但博士的高论给人的感觉就是,您自己随意地确定哪种小学数学教学目标之后反过来自己进行攻击它吧. "②

川口认为,在小学数学教学中,值得注意的是以具体知识等为契机,形成数和图形等概念时,从某种观点观察那些知识,对被认为相同的事物起共同的名称,发现共同性质的教学指导. 这种想法对知识的分类和整理的学习具有重要作用. 在这种情形下,必须将集合作为思考对象,从某种观点作集合来开展教学活动成为问题. 在这个意义上,不局限于数和图形,对于小学数

---

① 川口廷,数学教育家. 1977~1981 年,任日本数学教育学会长. 1981 年后任日本数学教育学会名誉会长. 1956~1978 年,先后任日本文部省教材调查委员会委员、教育课程审议委员会委员、学术审议委员会委员等职务.

② 川口廷自选集. 教育·数学·文化——これからを貫き通す唯一筋の道を求めて(第一卷),1922.

学中的各种概念的形成来说,着眼于集合的活动具有重要意义,但博士所说的"没有价值的部分"是否指这样的教学活动? 当然在 Cantor 所想出来的集合论的学问体系中,这种教学活动是"最没有价值的部分". 但是我们不能忘记所议论的焦点是从 6 岁开始的儿童教育问题.

对于小平邦彦的关于不教集合,"彻底的计算训练才是最重要"的主张,川口提出了严厉的批评. 川口认为,计算训练是重要的,学科教学都强调着技能的培养. 他说:"但是博士所说的真正意思是,仅仅在形式上训练多位数的四则计算等最佳,而不重视其他内容的话,我是不敢恭维的. 但是对于计算训练问题,进行抽象的议论也是无济于事的. 具体地说,如果博士能够具体地指出来在数学学科的课程标准中与计算有关的内容,哪些部分有缺陷、应该强调哪些部分,那么我会感到无比荣幸的. "当然,川口并不认为现行的数学教育没有问题,他只对数学家从纯粹数学角度出发过分指责数学教育的做法进行反驳而已.

由此可见,川口是针锋相对地批评了小平邦彦. 还有一些数学教育专家委婉地批评了小平邦彦. 如佐佐木元太郎教授对小平邦彦和广中平佑提出批评说:"这两位数学家的批评在很大程度上,误解了日本数学教育现代化比英国还稳健地考虑之后才进行的实际情况. 另外,从制作课程标准者的方面看,忘记了第二次世界大战前从小学上中学的升学率不到百分之几的事实."①一言以蔽之,多数数学教育家对小平邦彦的言论不满,都不同程度地提出了自己观点.

以上简要介绍了小平邦彦的数学教育思想及围绕日本数学教育现代化的争论.这对我国目前的数学教育改革和数学教育研究都具有一定的启发作用.首先,让我们去思考我国的著名数学家关心参与数学教育研究的究竟有多少?据笔者了解,日本著名数学家弥永昌吉②、藤田宏③教授等都格外关心数学教育,并主编或编写的中学数学教科书影响颇大.其次,从研究方面来讲,我们从数学家参与数学教育的层面对中日或中外数学教育进行比较研究,会得到更有意义的结果.

---

① 佐佐木元郎著.数学教育の研究—数学教育思潮 の変迁.东京:教育出版センター,1986.

② 弥永昌吉,数论专家,日本学士院院士,1959 年获法国文化勋章,1976 年任 ICML 主席.

③ 藤田宏,计算数学和应用数学家.现任(日本)数学教育会会长.

又一位高尚的人离世而去①

第 3 章

这种游戏就其自身也是值得研究的,并且一位有眼光的数学家若对它们冥思苦想就会发现许多重要的结果. 因为人从来没有比他下棋时能表现出更多的机智.

——G. W. Leibnitz

著名数学家小平邦彦于 1997 年 7 月 26 日逝世.

上周末,我访问了日本新潟市的北方文化博物馆,100 多年前建造的豪华的邸院,其豪华壮观令同行者为之咋舌. 在这些奢华的展品中,特别引起我注意的是一件山冈铁舟的书法——"游里工夫独造微".

---

① 作者广中平佑,1931 年生于日本山口县,京都大学理学部数学系毕业,任职于朗达依斯(Brandeis)大学、哥伦比亚大学,1968 年起任哈佛大学教授. 曾历任京都大学教授、京都大学数理解析研究所所长,1996 年任山口大学校长,1970 年因"关于复流形奇点的研究"而获 Fields 奖. 1984 年他设立数理科学振兴会,之后设"数理之翼"夏季讨论班等,着力培养年轻研究者. 原题:美しい人がまた一人この世を去つた. 原载:数学セミ,1997 年 12 期,16～17 页. 陈治中,译. 胡作玄,校.

我怀揣冒昧试着加以解释:"流水般随意游玩,心底里凝神钻研,独自洞察真理之微妙." 也许有些冒失,但考虑这句话的意思,突然觉得这不正是小平邦彦先生人品的写照吗? 当然,这只是由那幅书法而产生的遐想,与这是铁舟的书法或者是别的什么都毫无关系.

出身名门并且具有超群才能的小平先生是一个真实、谦虚、纯粹的数学家. 小平先生回想起他读小学时不喜欢除了数学以外的学科,说话声音很小而且有些口吃,因而不能很好地回答老师的提问,是教室里一个很可怜的学生,因此不喜欢学校. 听说物理学家汤川秀树先生也如此,他从儿童时代起就有一种莫名其妙的厌世感,为了填补心灵的空白专心于学问,从而成就了伟大的事业. 小平先生大概也是和汤川先生一样用比一般人更加朴素的心灵去感受学问的.

小平先生从东京帝国大学(现东京大学)理学部数学系毕业后,又参加统一的入学考试而进入东京大学理学部物理系,获得两个学位. 除了数学与物理外,小平先生也很喜欢音乐,特别是钢琴,与小平先生一生都有着深刻的联系. 1922 年,他的父亲从德国买回一台钢琴,从中学三年级起每周一次到专业教师那里练习钢琴. 钢琴老师中有河上彻太郎的妻子,后又有成为井上基成妻子的泽崎秋子等. 在小提琴家岛田鹤子的学生的演奏会上,小平先生每次都担当小提琴的钢琴伴奏. 除为小提琴家伴奏,他还为山滋及东京艺术大学的田宫孝子等伴奏. 据说与弥永昌吉先生的妹妹やイ子(读作 Seiko——译者注)结婚也是因小提琴伴奏而缔结的良缘.

他在霍普金斯大学执教一年后又回到普林斯顿高

等研究所时,他的家人才从日本过来,过上了一家团圆的快活日子.小平先生花 60 美元买了一台旧钢琴,他的妻子や亻子则买了一把 10 美元的小提琴.因为住在附近的气象学家菲利普斯吹圆号、数学家莱普松吹巴松管、数学家亚历山大吹长笛,于是大家一起组成室内乐队进行演奏,非常高兴.

1953 年 9 月,小平先生在普林斯顿大学数学系与从斯坦福大学转来的 Spencer 相识,从此开始了两人深厚的友情与辉煌的共同研究.两人几乎每天一起吃午餐,谈论数学.Spencer 教授只比小平先生大 3 岁,他长年从事单变量复分析研究,后转向了高维几何.在 Riemann 几何、调和积分以及复解析流形的研究方面,小平先生已经先做了几年.但 Spencer 教授的学习欲望以及研究能量似乎相当大.受到 Spencer 教授的刺激,蓄积在小平先生头脑里的东西开始萌芽、开花、结果,得到了"小平消灭定理""Hodge 流形在射影空间嵌入",等等.用当时在普林斯顿的 R. Bott(后为哈佛大学教授)的话来说,那时大家都把话题集中在小平先生接连不断的理论展开上.由于这一系列的辉煌业绩,小平先生于 1954 年在阿姆斯特丹召开的国际数学家大会上荣获 Fields 奖.那正是我从京都大学理学部数学科毕业正式开始代数几何研究的时候.

1957 年我作为哈佛大学的留学研究生,初次见到小平先生好像是此后不久.小平先生与我的导师 Zariski 很要好,所以有幸听到访问哈佛大学的小平先生在讨论班上的报告.最初听到的是关于线性系(linear series)的完全性的话题.当从法国的 IHÉS 来的 Grothendieck 先生在哈佛连续讲演 Scheme 理论时,我几次都有幸与小平先生同席.

数学家中有的人对于各种领域与课题都有强烈的价值判断,断言优劣,并毫无顾忌地贬低劣者. 这样的数学家中有做出辉煌业绩者,也有无所成就者. 小平先生则属于相反的类型,只要是别人的工作,不管是什么样的工作,他都赞许地倾听. 特别对于年轻的研究者所说的,都是这样对待的. 即使对方是年轻的晚辈,他也始终平等地询问、倾听并表示赞许.

有一次他说:"《Kahler 流形不管怎么变形还是 Kahler 流形》的长篇论文写出来后,就有人指出了证明的不完备,又重新写了,但还有不完备之处. 经过多次修改都还有人说这说那,我和 Spencer 都感到很困惑,怕是不能作成反例吧. 光是研究永田的非 Kahler 流形的例子恐怕是作不出反例的." 我由于认真学习过永田雅宜先生的论文,就回答说:"用永田的例子不行."那一晚我便换了一个角度再一次认真加以考虑,结果很容易就发现了反例. 小平先生的直觉是正确的.

后来我得到了解决奇点解消问题的线索,但还处于不能清楚看透的阶段,就请教了小平先生,"也许 4 维也行吧,"那时他告诉我,"在 4 维的变形中存在不能解消的奇点."然后又说:"这种例子与用有理变换进行解消的问题没有关系."他教给我的例子使我豁然开朗,大大增加了解决问题的勇气. 而小平先生并没有抢先去帮我断定. 在被称为所谓才子的数学家中,不少场合都确实能看到那种"要比对方先回答"的情况,这大抵是好的,但有时也并非如此. 而我所知道的小平先生却完全没有这种意思与态度. 因此,不了解的人一开始与先生接触,也许会觉得他是个优秀但却有些迟

钝的人. 如果是美国人中那些喜欢同英语讲得好的人
交谈的数学家,也许会对与小平先生的谈话感到棘手.
从这点上来讲,Spencer 先生确实是个很亲切的人,他
和小平先生是非常要好的朋友.

小平先生 1965 年成为日本学士院会员,1967 年
回日本复职为东京大学数学系教授. 在东京大学,从小
平流派的复曲面论出发培育了许多优秀的年轻数学
家,诞生了所谓的小平学派并得到很大的发展. 这不用
说是由于先生业绩的魅力,包括先生的人品恐怕都是
吸引年轻研究者的巨大力量.

最后借小平先生自己的话作结尾.

"如果我不去写当时连发表希望都没有的关于调
和张量场的论文,或者即使写了而没有角谷静夫帮我
托人将论文送到美国发表,那么普林斯顿就不会邀请
我去. 又即使我去了普林斯顿而没有结识 Spencer,研
究就肯定不会有那样的进展. 因为数学研究仅仅只是
用头脑去思索,注意到研究的中心是自主的行动,以后
再回头看看,感觉到最终都是命运的安排. 我只是顺着
命运的安排在数学的世界里漂泊."(参见《我只会算
术》)

又一位高尚的人离世而去.

代数簇的极小模型理论

——森重文、川又雄二郎的业绩[①]

> 数学对象有时就像外来的飞禽走兽那么奇怪,为了考察它们很可能要费相当长的时间.
>
> ——H. Steinhaus

第

4

章

1988 年日本数学会奖的秋季奖授予了森重文(名古屋大学理学部)与川又雄二郎(东京大学理学部),获奖工作是代数簇的极小模型理论.

这次有两位做出重要贡献者同时获奖,是因为秋季奖是根据工作成绩颁发的. 极小模型理论被选为日本数学会奖的获奖对象,对于蓬勃发展的代数几何来说,是一种莫大的鼓励,实在令人欣喜至极.

由于《数学》第 40 卷第 2 号评论栏中有获奖者之一的川又雄二郎的佳作《高维代数簇的分类理论——极小模型理论》,

---

① 作者饭高茂. 原题:代数多样体の极小モデル理论について——森重文,川又雄二郎氏の业绩——译自:《数学》,第 41 卷第 1 号(1989),59-64. 陈治中,译. 戴新生,校.

所以这里尽量避免重复,主要说明其前期发展的情况.

1. 双有理变换

今年(1988 年)的几何奖得主藤本坦孝教授的工作中也有极小曲面,但微分几何中的极小与代数几何中极小的含义完全不同.

代数几何学的起源是关于平面代数曲线的讨论,因此经常出现

$$x_1 = P(x,y), y_1 = Q(x,y)$$

型的变换. P, Q 是两个变量的有理式. 反过来,若按两个有理式求解就成了二变量双有理变换的一个例子,称为 Cremona 变换. 这是平面曲线论中最基本的变换. 在双有理变换中值不确定的点有很多,这时可认为多个点对应于一个点. Cremona 变换若将线性情形除外,则在射影平面上一定存在没有定义的点,而以适当的有理曲线与该点对应. 但是,当取平面曲线 C,按 Cremona 变换 T 进行变换得到曲线 B 时,若取 C 与 B 的完备非奇异模型,则它们之间诱导的双有理变换就为处处都有定义的变换,即双正则变换. 于是就成为作为代数簇的同构对应.

这样,由于 1 维时完备非奇异模型上双有理变换为同构,一切就简单了. 但是即使在处理曲线时,只说非奇异的也不行. 像有理函数、有理变换及双有理变换等都不是集合论中说的映射. 因此 M. Reid[1] 说道:"奉劝那些对于考虑值不唯一确定的对象感到难以接受的

---

① 　M. Reid, Undergraduate Algebraic Geometry, London Mathematical Society Student Texts, 12 Cambridge Univ. Press 1988.

人立即放弃代数几何."

2.2 维极小模型

从 1 维到 2 维,即使是完备非奇异模型,也会出现双有理变换却不是正则的情形.这就需要极小模型. Zariski 教授向日本年轻数学家说明极小模型的重要性时是 1956 年. Zariski 这一年在东京与京都举行了极小模型讲座,讲义已由日本数学会出版.讲义中对意大利学派的代数曲面极小模型理论被推广到特征为正的情形进行了说明.

Zariski 在讲授极小模型时,是否就已经预感到高维极小模型理论将在日本发展,并建立起巨大的理论呢?

适逢其时,他与年轻的广中平佑相遇,并促成广中到哈佛大学留学.以广中在该校的博士论文为基础,诞生了关于代数簇的正代数 1 循环构成的锥体的理论.广中建立的奇异点分解理论显然极为重要,是高维代数几何获得惊人发展的基础.

3. Zariski 极小模型

以下代数簇只在复数域上考虑.现在要说明 Zariski 极小模型.固定某个函数域 L,L 的(非奇异射影)模型 V 是指函数域为 L 的非奇异射影簇.因此,固定 L 的某个模型 W,考虑另一个模型 V 与从 V 到 W 的双有理变换 f,相当于考虑对子 (V, f) 的全体.

当存在从 V 到 V' 的双正则映射 h 且 $f'h = f$ 时,认为 (V, f) 与 (V', f') 等价,把这些等价类全体记作 $B(L)$.

在 $B(L)$ 中引进一个序. 假设 $(V, f) \geqslant (V', f')$ 是指存在从 V 到 V' 的正则双有理映射 h, 且满足 $f' \circ h = f$. 调换次序关系, 由 Picard 数的计算立即知道, 任意对子都有极小元, 称其为相对极小模型.

假如 $B(L)$ 中有最小元 (V, f), 那么它也是极小元, 这时称 (V, f) 或 V 本身为极小模型.

若 (V, f) 为极小模型, 则其他的 (V', f') 也为极小, 因此这个定义不会引起混乱.

如果只是定义极小元与证明其存在, 倒还容易理解, 但是在数学上简单得出的事情并没有用处.

限于 2 维范围, 奇迹就发生了.

4.2 维极小模型问题的解决

2 维时, 只要不是直纹曲面, 极小元就只有一个. 换句话说, 极小元就是最小元, 相对极小模型就是极小模型.

相对地, 在非极小的曲面 S 上, 存在着在非奇异处可收缩的曲线, 即第一种例外曲线 E.

第一个奇迹　第一种例外曲线 E 是不可约曲线, 由数值条件 $E \cdot E = E \cdot K = -1$ 刻画. 这里 K 是 S 的典范除子.

这样的 E 如果不存在, 那么 S 就是相对极小模型. 假定 K 的若干倍确定的完备线性系非空, 这时就导出: 若 $E \cdot K < 0$, 则 $E \cdot E = -1$. 因此 E 为第一种例外曲线.

其对偶命题如下: 若 K 与 S 上的曲线恒有非负的交, 则 S 是相对极小模型.

所以下面的一般定义很重要:除子 D 说是 nef(nu-merically effective),如果它与曲线的交恒为非负.

第二个奇迹 若 K 是 nef,则 S 为极小模型.

如果按 $B(L)$ 中最小元这样的方向去考虑极小模型就走入了歧途,而在理论的展开上有用的则是以简单的交点数计算为基础的数值事实,它是 2 维极小模型理论成立的支柱. 其理论的展开每次都得益于侥幸,而获得奇迹般的成功,但同样的讨论却不适用于高维.

实际上存在着反例,已找到的有:典范除子 K 虽然平凡,但到自身的双有理变换却不是双正则的例子;K 上没有基点的一般型 3 维簇但有多个相对极小模型的例子,等等.

5. 极小模型的意义

说 V 是 Zariski 意义上的极小模型,换言之,即从非奇异簇 U 到 V 的双有理变换恒为正则映射. 加强条件,定义在较强意义上的极小模型为,从 U 到 V 的所有有理映射总是正则的. 众所周知,像方格正的曲线、Abel 簇等熟知的簇都是较强意义上的极小模型. 这从有理映射在其不确定点处导出有理曲线的事实便随之得到. 但这一事实对代数簇的一般研究却没有用处.

当人们知道以次序为基调的极小模型理论不成立时,又该怎么办呢?

高维时没有极小模型理论,因此决定应该建立一般理论也是好的. 这方面最大的成果恐怕是川又根据小平维数和非正则数刻画 n 维 Abel 簇的双有理特征. 3 维时的情况由上野证明了. 后来 J. Kollár 将小平维数

486

等于 0 的条件精确化,在 $2n$ 亏格 $=1(n>3)$ 的条件下取得了成功.

6. 森理论

Hartshorne 的一个猜想说,具有丰富切丛的代数簇只有射影空间,森重文在肯定地解决该猜想上取得了成功,他在证明的过程中证明 K 若不是 nef,就一定存在有理曲线,并且存在特殊的有理曲线.而且重新对偶地抓住曲面时第一种例外曲线的本质,推广到高维,确立端射线的概念.从而明确把握了代数簇的正的 1 循环构成的锥体的构造,在非奇异的场合得到了锥体定理.以此为基础对 3 维时的收缩映射进行分类,所谓的森理论即由此诞生.它有效地给出了具体研究双有理变换的手段,确实成果卓著.

7. 代数曲面的分类

2 维极小模型问题的解决,其妙处并不只是简单地体现在极小元为最小元这点上,而在于搞清代数曲面的构造,并对其进行分类方面扮演关键的角色.

我们知道,非极小的相对极小模型的曲面为射影平面或曲线上的射影直线丛.没有极小模型的曲面,其构造是完全清楚的.

成为极小模型的曲面 S 虽有各种各样,但可以证明,其标准除子 K 是半丰富的,换言之,K 的若干倍确定的完备线性系中没有基点.以这些为基础,对曲面进行了详细的研究.曲面的典范环(即多重典范除子的正则截面构成的分次环)一般是有限生成的,取其 Proj,定义为 S 的典范模型.若 S 是一般型,则与 S 为双有理同构.

双有理同构的簇的典范模型一般为双正则同构，这里再现了 1 维时的状况，即双有理变换为双正则映射.

8. 一般极小模型

M. Reid 寻求一般型的高维典范模型的奇异点应有的形状，得到典范奇异性的概念，并且作为 2 维非奇异的推广又获得了终端奇异性的概念[1]. 即使是对于包含这种奇异性的簇来说，典范除子 K 也还因好的性质而可以定义，所以当 K 为 nef 时称为（Reid 意义上的）极小模型. 这是 2 维时极小模型所具有性质的推广. 因此该定义中的极小模型就导不出 $B(L)$ 中的最小性.

9. 无基点定理

川又以小平的上同调消灭定理的推广为基础，以 Reid, Shokurov, Benveniste 等的重要贡献为依据证明了，若极小模型是一般型的，则 K 为半丰富的. 根据川又自己的推广，就得到具有典范奇异性的簇上的无基点定理.[2]

定理 1 （无基点定理）设 X 是只有典范奇异点的 n 维射影簇，H 为 X 上的 Cartier 除子，对于某个自然数

---

① M. Reid, Minmal models for canonical 3-folds, Advanced Studies in Pure Math, 1(1983), Kinokuniva. North Holland, 13-180.

② Y. Kawamata, K. Matsuda, K. Matsuki, Introduction to the minimal model problem, Advanced Studies in Pure Math, 10 (1987), Kinokuniya, North Holland, 283-360.

a, 如果 H 与 $aH - K_X$ 是 nef, 且 $(aH - K_X)^n > 0$, 则存在某个正数 m_0, 对 $m > m_0$, 在 $|mH|$ 中没有基点.

若 K 是 nef 且 X 是一般型的, 则由此立即得出 X 的典范环的有限生成性. 不仅如此, 利用这一定理, 具有典范奇异点时的端射线的收缩就有可能存在, 还能得到在 Q - 分解时的锥体定理. 进而在相对的情形, 以及所谓 log 型的情形 (X, Δ), 也可扩张端射线的理论, 使得对于一般代数簇, 强有力的研究手段得以开发.

与曲面时一样, 在高维时对极小模型的研究也有很大进展, 已经积累了许多卓著的成果, 如小平维数的加法猜想可由极小模型的存在及其典范除子的半丰富性自然导出 (川又); 多重亏格的形变不变性也可由此而得出 (中山), 等等. 因此, 极小模型的存在性就体现了代数几何中最重要且困难的课题.

10. 极小模型的构成

设 X 是 n 维 Q 分解且只具有终端奇异点的射影代数簇.

此处所谓 Q 分解 (Q-factorial) 是指一切 Weil 除子的若干倍为 Cartier 除子, 换句话说就是与线丛相对应. 终端奇异点 (包括典范奇异点的情形在内) 的定义如下:

定义 1　设 (X, P) 为正规奇异点的芽, 当下面的条件满足时, 称 (X, P) 为终端 (或典范) 奇异点:

(1) 典范除子 K_X 的若干倍为 Cartier 除子.

(2) 除去适当的奇异点, 有 $h: Y \to X$, 当令 $K_Y \underset{Q}{=}$

$h^*(K_X) + \sum\limits_{j=1}^{r} a_j E_j$（$E_j$ 为全体 h – 例外除子）时,对于一切 j,满足 $a_j > 0$.（若以 $\geqslant$ 替换 $>$,则为典范奇异点的定义.）①

乍一看定义很复杂,但当(1)的条件服从 Q 分解的定义,有效运用曲线与除子的交点理论时,就很简便.(2)中 Q 上面的"="是若干倍的,可以在线性等价的意义上使用.(2)的条件也是很自然的,由此可知,即使是具有典范奇异点的情形,根据 h 进行提升,多重典范线性系也是不变的.亦即由(2)的条件得到,多重亏格、小平维数等即使在具有典范奇异点的场合,在双有理变换下仍不变.

当 X 的典范除子是 nef 时,X 是极小模型.若非极小,则按锥体定理就存在端射线,如果应用无基点定理,则可知存在端射线的收缩映象 $\phi: X \rightarrow Z$.这里 Z 是正规射影代数簇,$-K$ 为 ϕ 丰富的.Z 虽是射影的,但它的奇异点性有可能变坏,而出现按典范奇异性不能解决的情况.

对于 X 上的曲线 C,$\phi(C)$ 成点与属于将 C 进行 contract 的端射线是等价的.

看看 Picard 数,$\rho(Z) = \rho(X) - 1$ 关系成立,ρ 减少 1.ϕ 有如下 3 种情形:

(1)$\dim Z < \dim X$.ϕ 为纤维空间,其一般纤维是

---

① 当 X 为曲面时,终端奇点等价于光滑点,而典范奇点等价于有理二重点.——原校注

490

Q-Fano簇,这时若按宫冈 – 森①的理论,则 X 是单直纹的(亦即,有理曲线族覆盖 X),小平维数等于 $-\infty$.

(2)ϕ 是双有理的,X 中有素除子 E,且 $\phi(E)$ 在 Z 中的余维数大于 1. 这时 Z 也是 Q 分解的,且为至多只有终端奇异点的射影代数簇.

(3)ϕ 虽是双有理的,但在余维数为 1 时同构. 也就是 ϕ 例外集合的余维数大于 1. 这时 Z 的典范除子没有 Q-Cartier,特别是 Z 没有典范奇异性.

现若(1)成立,X 就为单直纹的. 相当于 2 维时直纹的情形,此时没有极小模型.

当(2)成立时,把所得的 Z 看作 X 进行同样的讨论.

(3)成立时的处理最困难,很难通过 X 去了解 Z,故有必要寻找别的模型. 这就是 Flip 理论.

11. Flip

下面的猜想成立.

Flip 猜想 I　在(3)的情形下,存在 Q 分解的,至多只有终端奇异点的射影代数簇 X^+ 和正则双有理映射 $\varphi^+: X^+ \to Z$ 存在,X^+ 的典范除子 K^+ 为 φ^+ 丰富的.

这种 X^+ 如果存在,则知道它一定可以写成 $\operatorname{Proj}(\underset{t \geqslant 0}{\oplus}\theta_Z(tK_Z))$. 当 X^+ 存在时,把 ϕ 与 φ^+ 的逆合成而得的双有理映射或者 X^+ 称为 φ 的 Flip.

取 X^+ 代替 Z,看它是否为极小模型,若不然,就取

---

① 　Y. Miyaoka,S. Mori,A numerical criterion of uniruledness. Ann of Math,124(1986),65-69.

终端射线再进行收缩的操作.

Flip 猜想 II Flip 列有限次终了,如果这点得到肯定的解决,那么就可以说,代数簇若不是单直纹的就存在极小模型.也就是说,对于给定的代数簇,按广中的奇异点分解定理,考虑非奇异射影代数簇,对此就适用刚才的讨论.

2 维时不出现 Flip.上述操作给出了经典极小模型问题的解.

关于 3 维的 Flip 猜想 II 可以根据 Shokurov 引进的新的不变量difficulty来证明.猜想 I 由森重文[1]利用川又[2]的结果解决了.解决这一问题运用了现代代数几何的精华,同时还需要关于 3 维终端奇异点的详细而复杂的计算.由于这是最困难且饶有兴味的情形,以下稍稍加以说明.

川又得到了下面关于 3 维典范奇异点的结果.

定理 2 设 V 是只具有典范奇异点的 3 维正规代数簇,设 D 是 V 上的 Weil 除子,则环层 $\oplus O_{t>0}(tD)$ 为局部有限生成的 O_y – 分次环.

在终端奇异点的场合,根据 Reid 的结果,该定理可以用曲面的有理 2 重点族的奇异点同时分解理论来表示.一般情形可以用锥体定理到收缩映射的相对场

---

[1] S. Mori,Flip theorem and the existence of minimal models for 3-folds,J. of AMS,1(1988),117-253.

[2] Y. Kawamata. Crepant blowing-ups of a 3-dimensional canonical singularities and its applincation to degeneration of suriaces,Ann. Math.,(1987).

合以及它们的 log 场合的推广来归纳证明. 由此知道,
Flip 猜想 I 可以由下面的猜想导出.

猜想 1　设 Z 是按(3)的操作得到的正规簇的奇异点的芽. 这时:

(ⅰ)$|-K|$的一般元只有有理奇异点[①].

(ⅱ)当设$|-2K|$的一般元为 D 时,用它构造分歧的二重覆盖 $Z_2 \to Z$[②],则 Z_2 只有典范奇异点.（由(ⅰ)可推出(ⅱ),这也称为 bi-elephant 猜想.）

因为 Flip 猜想 I 由关于 Z 的局部性质即 $\underset{t \geqslant 0}{\oplus} O_Z(tK_Z)$ 的有限生成性得出,所以可以假设 Z 是芽且是解析芽. 不妨假设,对于收缩映射 $\varphi: X \to Z$,其例外集合不可约,且与射影直线同构[③]. 进而知道在 C 上有 index >1 的 X 的奇异点. 森重文对于 3 维终端奇异点中的那些 index >1 的奇异点的研究,归结为对循环群在 index $=1$ 的终端奇异点的领域作用的分析[④],并根据 index $=1$ 的终端奇异点是非奇异的或者是合成型有理二重点(CDV 奇异点)[⑤],而差不多完成了对终端奇异点的分类. 其结果,在上述状况下表示了下面的事

---

①　M. Reid 把这样的除子称为 DuVal elephant. 曲面的有理奇点又称有理二重点或 DuVal 奇点. ——原校注

②　二重覆盖的分歧轨迹为 D. ——原校注

③　记之为 C, $X \supset C \cong P^1$ 称为一个端领域. ——原校注

④　对(X, C, P)构造所谓的 index 1 覆盖$(X^\#, C^\#, P^\#)$,循环群作用在这覆盖上其商为(X, C, P). Index 的定义为满足 rK 为 Cartier 除子的最小正整数 r. ——原校注

⑤　设(X, P)为 3 维簇点,若经过 P 的一般超平面截面所得的曲面奇点为 DuVal 奇点,则称(X, P)为 Compound DuVal 奇点(通称为 CDV 奇点). ——原校注

实.

（1）X 在 C 上至多只有一个 index $=1$ 的奇异点.

（2）X 在 C 上至多只有两个 index $=2$ 以上的奇异点.

（3）X 在 C 上有 3 个奇异点时,其中之一的 index $=2$.

12. 应用

极小模型的存在一确立,马上得到如下有趣的结果:

（1）小平维数为负的 3 维簇是单直纹的.

其逆显然,得到相当简明的结论,即 3 维单直纹性可用小平维数等于 $-\infty$ 来刻画. 可以说这是 2 维时 Enriques 单直纹曲面判定法的 3 维版本,该判定法说,若 12 亏格是 0,则为直纹曲面. 若按 Enriques 判定法,就立即得出下面耐人寻味的结果:直纹曲面经有理变换得到的曲面还是直纹曲面. 但遗憾的是在 3 维版本中这样的应用不能进行. 若不进一步推进单直纹簇的研究,恐怕就不能得到相当于代数曲面分类理论的深刻结果.

（2）3 维一般型簇的标准环是有限生成的分次环.

这里只要结合川又的无基点定理的结果便立即可得. 与此相关,川又 – 松木[1]确立的结果也令人回味无穷,即在一般型的场合,极小模型只有有限个.

---

[1]　Y. Kawamata, K. Matsuki, The number of the minimal models for a 3-fold of general type is finit. Math, Ann 276(1987) ,595-598.

（3）3 维非奇异射影簇之间的双有理映射可以由收缩与 Flip 以及它们的逆得到.

2 维时的双有理映射只要有限次合成收缩及其逆便可得到,这是该事实的推广.2 维时的证明用第一种例外曲线的数值判定便能立即明白,而 3 维时则较为困难.看一看所完成的证明,似乎就明白了那些想要将 2 维时双有理映射的分解定理推广的众多朴素尝试终究归于失败的必然理由.

森重文在与 Kollár 的共同研究中,证明了即使在相对的情形,也存在 3 维簇构成的族的极小模型;利用此结果证明了 3 维时小平维数的形变不变性.多重亏格的形变不变性无法证明,这是由于不能证明上述极小模型的典范除子是半丰富的.根据川又、宫冈的基本理论,当 $K^3 = 0, K^2$ 在数值上不为 0 时,只要小平维数为正即可.对此松木在 1988 年哥伦比亚大学的学位论文中进行了详细的研究,但没有得到最终的解决.

如以上所见,极小模型理论是研究代数簇构造的关键,在高维代数簇中进行如此精密而深刻的研究,在之前是不敢想象的.我们期待更大的梦想在可能的范围内得以实现.

13. 附记:日本数学会理事长伊藤清三对上述获奖工作的评论

森重文、川又雄二郎两位最近在 3 维以上的高维代数几何学中,取得了世界领先的卓越成果,为高维代数几何今后的发展打下了基础.

这就是:决定代数簇上正的 1 循环(one-cycle)构成

的锥(cone)的形状的锥体定理;表示在一定的条件下在完备线性系中没有基点的无基点定理(base point free theorem);完全决定 3 维时关于收缩映射的基本形状的收缩定理;递交换的公式化与存在证明——根据森、川又两位关于上述的各项基本研究,在 1987 年终于由森氏证明了,不是单有理的 3 维代数簇的极小模型存在.

这样,利用高维极小模型具有的漂亮性质与存在定理,一般高维代数簇的几何构造的基础也正在逐渐明了,可以期待对今后高维几何的世界性发展将做出显著的贡献.

森、川又两位的研究虽然互相独立,但在结果方面两者又互相补充,从而取得了如此显著的成果,我认为授予日本数学会奖的秋季奖是再合适不过的.

Fields 奖获得者森重文访问记[①]

1. 邂逅数学

问:首先祝贺您荣获了 Fields 奖. 是否可以请您先谈谈您初中、高中时的学习情况,您从初中起就是名数学尖子生吗?

森:初中时我并没有特别爱好数学,从高中起才开始喜欢的,也许是因为数学成绩好的关系就喜欢了. 高中时栉田先生曾帮助我们组成过数学研究同好会.

问:都干些什么呢?

森:就像竞赛、测验这些. 也读些书,不过充其量就是三次方程的解法之类. 当然也有难题什么的,但我那时总是懒惰成性,并没有怎么深入去做.

问:升入大学时选择理学部没有犹豫吗?

森:因为到别的学部会学些什么我完全想象不出来,也不清楚理学部与工学部的严格区别是什么. 我喜欢也有兴趣具体

---

① 作者浪川幸彦等. 原题:Mori-Interview,译自:数学セミナー1991 年 2 月号临时增刊,国际数学者会议,ICM'90,6 ~ 9 页. 陈治中,译. 孙伟志,校.

干些什么,喜欢动手制作塑料模型,至今小孩弄坏了玩具都由我修理.

问:进入大学以后呢?

森:那时负责我们班的岩井(齐良)先生指导我们,组织了自愿参加的自由讨论班.朋友们选了书,那是 van der Waerden 的《近世代数学》.于是就很自然地进入了代数学习阶段.

问:后来大学二年级时都做了些什么呢?

森:土井(公二)先生给我们讲授代数课.一年级时的自由讨论班的影响也还有,似乎已经入了门.大家说如果要读这样一本书的话,那应该是本关于整数论的书就是 Weil 的 *Foundation*.后来我们又读了大约三本有关 Abel 流形的书以及有关曲线的书,这时土井先生特别忙,无法再跟我们一起讨论了.该怎么办呢,正当摇摆不定之际,我觉得应该向代数几何方向努力,虽然表面上学习的是整数论,但实际上却是代数几何的基础.因为 Weil 的书是学习代数几何与整数论两方面的基础.

问:听您刚才所说,三四年级时您似乎就已经读了大学院(即研究生院)硕士水平的书了?

森:一旦搞了代数,就会一直对这方面感兴趣.我曾几次取得相同学科的学分,这是由于当时的那种学习方法才导致的,但当时并没有什么人来劝阻我.

浪川:现在的大学体制下几乎已经无法涌现那种人才了.毁掉有创造性的人才,看来是个问题.

问:有没有对您影响深刻的数学家呢?

森:相当多,多到数不过来.每当研究出现转机的时候,经常有人在场,帮我起了决定方向的作用.

高中时组织数学研究会的枡田先生、在基础部的自由讨论班上讲课的岩井先生,还有土井先生都是如此帮助我的.讨论班的指导教师永田(雅宜)先生、丸山(正树)也都关心照顾讨论班的所有学生.不只是当时,当我在美国觉得已经解决了 Hartshome 猜想时,参加研究的隅广(秀康)也是……

无法比较到底哪一位的影响最深,很难回答.后来大学三年级时,广中平佑先生从美国回来,听了他的"代数几何入门"感觉很好.四年级时,听了 M. Artin 在京都大学讲了"曲面的分类"也很好……这样数起来就没个完.

2. 从极小模型到 Hartshome 猜想

问:请问您是怎样回答"什么是代数几何"这个问题的?

森:在 ICM 全体大会上作一小时报告时,我就在考虑怎样去组织语言呢?首先就是从回答这一问题开始讲的.所以开始的一半介绍的是基础的内容,也有人说开始的 30 分钟没必要.

大家都觉得很难说明什么是代数几何,但是因为只使用四则运算,所以如果对于看不到"图形"这一点不介意的话,那就不会难以回答了.所谓代数几何就是"用联立方程式表示的图形",所以最好抓住这样的感觉;就是描绘一些图形.啊!这就是代数几何!啊!这就是代数几何!虽然只描绘像抽象画那样的图形,但只要具有遵循逻辑的逻辑能力与想象力那种柔软性思维,也就不会觉得有多么难了.这么一想,我就根据这种感觉试图以图形为中心来作这次报告.看看过去大会上有关代数几何,特别是分类理论的报告记录,都是面向专家的.尽管我写的与说的有所不同,但是我想如果不那么让人难理解的话不是更好吗?

问:请谈谈极小模型的存在性证明与 Hartshome 猜想的解决之间的关系.

森:与《数学最前沿》①中所说的一样,就是扭曲的,或弯曲的、鼓出的曲面等.所谓极小模型,就是处处扭曲的.而反面的极端就是处处鼓起的图形,Hartshome 猜想就是说这样的图形在各维数中是唯一的.确实是唯一的,这一问题已经证明了.如何处理处处无扭曲,也就是在某处鼓起的图形,这一分类问题的核心就是所谓的 Hartshome 猜想.

起初我并不是一开始就把 Hartshome 猜想放在首要位置上考虑的.而是在解决了某些问题以后,想将 Hartshome 猜想中使用的手法与思想再精密化,看看是否能解决一下其周边的问题(也就是在某处稍微扭曲的图形),这就朝极小模型的方向发展了.

浪川:解决 Hartshome 猜想的基本思想是转化成特征数 p 来解,在这方面不得不承认东京大学小平学派的人们没有想到.

---

① 指森重文发表在《数学セミナー》1990 年第 1 期《数学最前沿》专栏上的文章《高维分类理论》(高次元分类理论しニつこて).——原译注

问:那么东京大学没有想出来的原因是什么?

浪川:因为东京大学总是在复数域 **C** 亦即特征数为零中考虑.

森:我想也可能他们没想到从特征数 p 得出零. 因为总认为特征数 p 的世界是病态的,所以或许就很难联想到由此研究特征数为零的情况.

而我的情况刚才已经说了,因为开始学的是数论,所以对特征数 p 很感兴趣.

问:从 Hartshome 猜想到极小模型的过程中,您在多大程度上意识到饭高过程的呢?

森:在考虑 Hartshome 猜想时完全没有想到. 其后一段时间也根本没有意识到. 因为应用极小模型于饭高过程的部分首先是不断地进行整理解决,所以也没有时间专门去把饭高过程作为问题来研究(笑). 况且饭高过程在 3 维平坦场合还完全没有人做过. 这一问题完成之后是否就可以说饭高过程完成了呢? 实际上这还是处在稍微靠前的阶段. 而在 2 维的情况,大约是一百年前的事情了.

浪川:在这个意义上可以说森重文做了 3 维分类理论的基础部分的工作. 而 2 维的情况已经有了代数几何的极小模型理论,由此也就开始了现代分类理论.

问:据说饭高先生曾说过,3 维极小模型的存在连想都没有想到过?

浪川:我是在饭高先生极力宣传"饭高过程"时就关注的人,所以很清楚那时的情况. 结果是已经无法期望 2 维极小模型那样的理论,所以在 3 维的情况中有些人定义了各种各样的不变量,总有点想干点什么的精神. 我觉得莫不如为了补充极小模型理论而做些什么,这就产生了饭高意识.

问:由此说来您是否完全没有想到 3 维时也有如此漂亮的极小模型呢?

森:即使在那个地方的极小模型不存在,也不管会怎样,我都有很强的自信心,相信能在可能的范围内找出极小模型. 幸亏饭高过程不断发展,有关 3 维的情况发生了历史性的逆转. 这就导致了当极小模型的应用完成之后,存在性也就完成了.

问:今后的研究打算怎样进行呢?

森:3 维才刚刚开始,不知道的东西还很多. 因此,以后打算在至今仍然感兴趣的方向进行研究.

不过我自己对分类理论的研究进展并不太满足,进行严格分类的研究与我的性格总不太适合. 每个人的性格也反映在数学研究方面. 3 维也包括在分类理论中,不知道的问题还有很多.

但从一个方面去整理解决这些问题是不可能的. 因为数学根据研究问题的不同,有不同的特征,所以就有与某人感受是否相投的问题. 因此就会有想往自己感兴趣的方向上进行研究的想法.

3. ICM90 的印象

问:下面说些一般性的问题,您对这次 ICM 的印象如何?

森:累死了(笑). 连听演讲都会昏昏入睡,真是累得很.

报纸上登出 Fields 奖的内定名单后,遇到别人询问时,我就拼命解释我的成果,人们一说听不懂时,我就觉得相当疲惫(笑).这样连续十多次,我就觉得很没意思⋯⋯

数学不宣传也不行,由于这个原因,所以我就答应了接受采访.但是一直不断地加进个人方面的谈话实在是⋯⋯很难把握这方面的差异.

问:这次的新闻中说 ICM 是相当于数学物理的会议,对此您是怎么想的?

森:我没有什么感想.该保留的保留,该发展的发展.以后会怎样,如果能顺其自然,那是再好不过的了.

也许我也会出乎意料却很自然地走向数学物理方向,但也未可知.

我自己开始也完全没有想到会去搞分类理论.就好像是被什么东西拽着,就走到了分类理论.大家都像我这样去做也不好办,但有少数数学家这么做不也很好吗?

4. 致年轻人

问:请您对今后对要搞数学的年轻人说几句寄语.

森:我想说,重要的是既要有兴趣,又要能提出问题.许多情况也许能够得出简单的解答,但是要谋求更好的回答,我想能自觉意识到尚未解决的问题也是重要的.

因此在选择研究课题,并想要去解决的时候,考虑到这些很重要.

问:开幕式那天就看到您的脸色不是很好,很疲劳. 今天大会结束,在您疲惫不堪的时候还愿意接受我们的采访,对此表示万分感谢.

5. 采访后记

森重文荣获 Fields 奖,作为一个同行又曾是同事,我由衷的高兴. 20 年前当饭高提出这个分类过程时,欧美的同行们表现非常冷淡,我们知道当时委屈的心情,如今也就更增一分喜悦.

我们虽然对他获得 Fields 奖感到高兴,但也为因日本的过分宣传而引起外界对他的骚扰,使他牺牲了很多宝贵的时间,对此感到可惜. 按他的性格是过分诚实地去应付了. 但愿他能早日回到他原来的研究领域中来.

另外,今天的纯数学发展需要优秀的年轻人,为了吸引他们,也祝愿森重文在各种领域,以多方面的专家身份活跃起来.

第十编
代数几何大帝
——Alexandre Grothendieck

Alexandre Grothendieck
——一个并不广为人知的名字[①]

第
1
章

> 经典数学分为几个领域,但现代数学是一个领域.它是一个统一的领域,并有着一个理智的标准化.
>
> ——Onesco Publication

> 我在孤独的工作中掌握了成为数学家的要素……我从内心就知道我是一位数学家,做数学的人.这好像是种本能."
>
> ——Grothendieck

他不是新闻人物——至少生前不是——因此并非家喻户晓.但是在全世界数学家眼中,他是殿堂级的人物,名叫 Alexandre Grothendieck.

---

① 摘文,作者陈关荣,香港城市大学电子工程系讲座教授,欧洲科学院院士.

Grothendieck 于 2014 年 11 月 13 日辞世. 当时的法国总统 Hollande(奥朗德)在悼词中称赞他为"当代最伟大的数学家之一". 英国《每日电讯报》在讣告中评价说"他是 20 世纪后半叶最伟大的纯粹数学家. 他在数学家中所赢得的尊敬,就像爱因斯坦在物理学家中所赢得的尊敬一样".

Grothendieck 小时候没有机会接受正规教育. 1928 年 3 月 28 日,他出生于德国柏林. 小时候,Grothendieck 随母亲定居于蒙彼利埃的一个小村庄. 他很少去学校上课,喜欢自学,还独自研究体积的概念,从中他"发现"了测度. 1947 年,Grothendieck 有幸获得了法国大学互助会奖学金,来到了巴黎. 这时他才从大学数学教授那里得知,他的测度概念早在 1902 年就由数学家 Lebesgue 引进了. 他有幸获大数学家 Cartan(亨利·嘉当)的推荐,进入了巴黎高等师范学院开办的研究班. 后来,Grothendieck 师从 Bourbaki 学派成员 Schwartz(施瓦茨)教授.

Grothendieck 读书和做研究工作都十分努力. 后来他的同窗数学家 Paulo Ribenboim 回忆说,有一次导师 Schwartz 建议他和 Grothendieck 交个朋友,一起出去玩玩,这样 Grothendieck 就不会没日没夜地工作了. 多年以后,Grothendieck 在巴西的同事 Chaim Honig 也说,Grothendieck 过着一种斯巴达克式的孤独生活,仅以香蕉和牛奶度日,完全沉浸在自己的数学迷宫里. Honig 有一次问 Grothendieck 为什么选择了数学? 得到的回答是,他只有两种爱好:音乐和数学;他选择了后者,觉

508

得数学更容易谋生. Honig 惊讶地回忆道:"他在数学方面极具天赋,却竟然会在数学和音乐的选择中犹豫不决."

1953 年,Grothendieck 在提交博士论文时遇到了另一次犹豫——委员会要求他只能从手中的六篇文章里挑选一篇提交——但是他的每一篇论文都有足够的水准和分量. 最后他选定了《拓扑张量积和核空间》. 毕业后,他离开法国,在巴西逗留了一段时间,然后访问了美国堪萨斯大学和芝加哥大学. 期间,他在泛函分析方面取得了卓越成果,但随后转向研究代数几何学.

1956 年,他回到巴黎,在法国国家科学研究院 (Centre national de la recherche scientifique, CNRS) 谋得了一个位置. 那时,他致力于拓扑学和代数几何的研究. 普林斯顿高等研究院的著名数学家 Armand Borel (阿曼德·波莱尔) 回忆说,"我当时就很确定某些一流的工作必将出自其手. 最后他做出来的成果远远超出了我的预想:那就是他的 Riemann-Roch 定理,一个相当美妙的定理,真是数学上的一个杰作." 简单地说,Grothendieck 给出了这个定理的一种新描述,揭示了代数簇的拓扑和解析性质之间极其隐蔽而重要的关系. Borel 评价说,"Grothendieck 所做的事情,就是将某种哲学原理应用到数学中一个很困难的论题上去. ……单单那个陈述本身,就已经领先了其他人十年." 在一些相关定理的证明过程中,Grothendieck 引入了现在被称为 Grothendieck 群的概念. 这些群从本质上提供了一类新型拓扑不变量. Grothendieck 称之为 $K-$

群,取自德文单词 Klasse(分类). 该理论为拓扑 K – 理论的产生提供了起点,后来拓扑 K – 理论又为代数K – 理论的研究提供了原动力.

由于童年的苦难经历,Grothendieck 一直与母亲相依为命. 1957 年底母亲去世,他悲伤得停止了所有的数学研究和学术活动. 他说要去寻回自我,还想改行当个作家. 但数月后,他又决定重返数学. 那是 1958 年,Grothendieck 认为"可能是我数学生涯中最多产的一年".

1958 年的确是不平凡的一年. 在这一年,著名的法国高等科学研究院(Institut des Hautes Études Scientifiques,即 IHÉS)成立,Grothendieck 是其创始成员之一. 据说曾经有访客因没见到研究所里陈放什么书籍而感到惊讶. Grothendieck 解释说:"在这里我们不读书,我们写书." 事实上,在 IHÉS 期间,他开辟了自己的代数几何王国. *Elements de Geometrie Algebrique* 的前八卷就是在 1960 ~ 1967 年间他与 Jean Dieudonné (让·迪厄多内)在这里合作完成的. IHÉS 成为当时世界上最重要的代数几何学研究中心,很大程度上归功于 Grothendieck 和他的工作.

20 世纪 60 年代,Grothendieck 在 IHÉS 的工作状态和今天的许多数学教授没有什么两样:整天和同事探讨问题、与来访专家交流、指导学生研究、撰写文章书稿,等等. 他这十年中无日无夜地工作,研究代数几何的基础理论,此外便没有别的爱好和兴趣.

功夫不负有心人,Grothendieck 在代数几何学领域成就辉煌,主要贡献在于对代数几何学发展的推动和影响. 他奠定了这门学科的理论基础,引入了很多非常有用的数学工具. 代数几何通过代数方程去研究几何对象,如代数曲线和曲面. 而代数方程的性质,则是用环论的方法去研究. Grothendieck 将几何对象的空间和环论作为研究的主要对象,为代数几何提供了全新的视野. 他发展的概形理论是当今代数几何学的基本内容之一. 除了前面提到的 K – 群,他还构建了上同调理论,用代数技术研究拓扑对象,在代数数论、代数拓扑以及表示论中有重要作用和深远影响. Grothendieck 强调不同数学结构中共享的泛性质,将范畴论带入主流,成为数学中的组织原则. 他的 Abel 范畴概念,后来成为同调代数的基本框架和研究对象. 他创造的拓扑斯理论,是点集拓扑学的范畴论推广,影响了集合论和数理逻辑. 他还构想了 motif 理论,推动了代数 K – 理论、motif 同伦论、motif 积分的发展. 他对几何学的贡献,也促进了数论的发展. 他发现了上同调的第一个例子,开启了证明 Weil 猜想的思路,启发了他的比利时学生 Pierre Deligne(皮埃尔·德利涅)完成猜想的全部证明. 值得提及的是,Deligne 后来囊括了几乎全部最有名的数学大奖:他在 1978 年获 Fields 奖,1988 年获 Grafoord 奖,2008 年获 Wolf 奖,2013 年获 Abel 奖.

1973 年,Grothendieck 获聘为蒙彼利埃大学终身教授,在那里一直工作到 1988 年六十岁时退休. 随后,他隐居在附近的 Les Aumettes 村庄,过着与世无争的生活. 认识 Grothendieck 的人都说,尽管个人生活中有时放荡不羁,但从小在极度困厄中长大的他,一生对受迫害者和穷困人群充满同情,常常为他们提供力所能及的援助.

2014 年 11 月 13 日,Grothendieck 在法国 Saint-Girons 医院中辞世,享年 86 岁.

Grothendieck 留给世人的除了光辉的代数几何及其相关数学理论,还有他近千页关于自己生平的手稿《收获与播种》(Récoltes et semailles),在 1983 年 6 月到 1986 年 2 月间写成,其中一段话可以用作本章的结语:

> 每一门科学,当我们不是将它作为能力的炫耀和管治的工具,而是作为我们人类世代努力追求知识的探险历程的时候,它是那样的和谐. 从一个时期到另一个时期,或多或少,巨大而丰富……它展现给我们微妙而精致的各种对应,仿佛来自虚空.

Alexander Grothendieck 的数学人生[①]

第2章

> 天下莫柔弱于水,
> 而攻坚强者莫之能胜,
> 以其无以易之.
>
> ——老子

1. 引言

我们将要讲述的是 Grothendieck 的故事,一个以其在泛函分析和代数几何中近 20 年来的工作改变了数学的人. 去年(2003 年)他已经 75 岁了.

本章写于 2004 年 4 月,基于作者的两个演讲:第一个是在由 M. Kordos(2003 年 8 月)组织的"概念数学"会议上的讲话,第二个是 2004 年 1 月在 Banach 中心由作者

---

① 作者 Piotr Pragacz. 原题:The Life and Work of Alexander Grothendieck. 译自:The Amer. Math. Monthly, Vol. 113(2006), No. 9, p. 831-846. 孙笑涛,译. 段海豹,校.

本人组织的 Impanga① 会议（Hommage à Grothendieck）上的演讲. 本章的目的是使波兰数学家对 Grothendieck 工作的基本思想有一个更好的了解.

Grothendieck 1928 年出生在柏林. 在 1928～1933 年，Grothendieck 在柏林和父母一起生活. 1942 年后，Grothendieck 在一个称为 Cévenol 学院的公立大学预科学校读书. 该学校位于马赛（Massive）南部的一个叫 Chambonsur-Lignon 的地方.

在这段时期，Grothendieck 已经表现出了与众不同的天赋. 他对自己提出了如下的问题：如何精确测量曲线的长度，平面图形的面积和立体图形的体积？ 在 Montpellier 大学学习期间（1945～1948），他继续试图回答这些问题，并得到了相当于测度论和 Lebesgue 积分的结果②. J. 迪厄多内在［D］③中写道："当 Grothendieck 在 Montpellier 大学学习时，它并不是一个学习伟大数学问题的合适地方……"1948 年秋，Grothendieck 去了巴黎，在著名的巴黎高等师范学院当了一年旁听生. 法国数学界的精英大部分毕业于巴黎高等师范学院. 特别是，Grothendieck 参加了 H. Cartan 传奇式的讨论班，那一年主要讨论代数拓扑问题.

---

① Impanga 是波兰科学院数学研究所代数几何组的缩写. ——原文注

② 我将这个故事献给读我文章的老师，注意提重要的、自然的数学问题的学生，他们将是未来的"数学哥伦布". ——原文注

③ 此处的文献均在原文中，此处仅是摘录，但为保持文字的完整未作删除.——原编校注

2. 泛函分析时期

但是 Grothendieck 当时开始专注于泛函分析. 听从 Cartan 的意见,他于 1949 年 10 月去了 Nancy,加入了 Dieudonne,Schwartz 等人的泛函分析研究. 当时,Dieudonne 和 Schwartz 等人有一个讨论班专注于研究 Fréchet 空间和它们的正向极限,正巧碰到了几个不能解决的问题,于是,他们建议 Grothendieck 研究这些问题,他照办了,并且得到了超出他们预期的结果. 在不到一年的时间里,Grothendieck 通过巧妙的构造解决了这些问题. 当他申请博士学位时,他手中已有六篇文章,每一个都是一篇令人印象深刻的博士论文. 他的博士论文的题目是:《拓扑张量积和核空间》(*Produits tensoriels topologiques et espaces nucléaires*). 他把该文献给了自己的母亲①"Hanka Grothendieck in Verehrung und Dankburkeit gewidmet"(献给 Hanka Grothendieck 以表达我的崇敬和感谢). 该文 1953 年最后定稿,1955 年发表于 *Memoirs of the American Mathematical Society*. 该博士论文的出现被认为是第二次世界大战后泛函分析发展史上最重要的事件之一②.

在 1950～1955 年,Grothendieck 集中地研究了泛函分析. 在他开始的文章中(写于 22 岁),他提出了许多关于局部凸线性拓扑空间结构的问题,特别是完备

---

①　Grothendieck 非常依恋他母亲,他和母亲之间说德语. 他母亲写诗和小说,其最为人知的是她的自传体小说《一个妇人》. ——原文注

②　它以"Grothendieck 的小红书"而为人知. ——原文注

的线性度量空间,其中有些与线性偏微分方程理论及解析函数空间有关. Schwartz 的核(kernel)定理促使 Grothendieck 挑选出一类称之为核空间(nuclear spaces)[①]的空间. 粗略地说,核定理断言分布(distribution)空间上"相当多的"算子它们自己就是分布. Grothendieck 把这个事实抽象地表述为适当的内射张量积和投射张量积的一个同构. 与引入核空间相关联的一个基本困难是核的两种解释:作为张量积的元素和作为线性算子的等同问题(在有限维空间存在矩阵与线性变换之间的完全对应). 该问题引出了所谓的逼近定理(首先在 Banach 的著名专著[B]中以某种形式出现),它的深入研究占了 Grothendieck 博士论文(小红书)的相当一部分. Grothendieck 发现了许多漂亮的等价性(某些方向已为 Banach 和 Mazur 所知):他证明了逼近问题和苏格兰人的书[Ma]中 Mazur 的问题 153 等价. 对于自反(reflexive)空间,他证明了逼近的性质和所谓逼近的度量性质等价. 核空间也和 Dvoretzky-Rogers 1950 的定理有关联(该定理解决了[Ma]中的问题 122):在每一个无限维 Banach 空间中,存在一个无条件收敛的序列,它不是绝对收敛的. Grothendieck 证明了:核空间中序列的无条件收敛与绝对收敛等价(参见[Ma]中问题 122 和评论). 核空间具有十分重要意义的原因之一是几乎所有分析中出现

---

① Grothendieck 一生都是一个积极的和平主义者,他认为"核"应当只用作抽象数学的概念. ——原文注

的非 Banach 局部凸空间是核空间. 尤其是光滑函数、分布、全纯函数等自然拓扑空间的核性(nuclearity)许多是由 Grothendieck 建立的.

那本红色小册子(指 Grothendieck 的博士论文)中的另一个重要结果是核空间积的定义等价于如下对象的反向极限:具有态射为核(nuclear)或绝对求和(summing)算子(Grothendieck 称之为左半可积)的 Banach 空间. 对各类算子的研究(Grothendieck 是第一个采用范畴论精神函子性地定义算子的人),使他得到了一系列推动现代 Banach 空间局部理论的深刻结果. 这些结果形成两篇重要文章发表在 Bol. Soc. Mat. São Paulo,他当时(1953~1955)正在这个城市停留. 在这些文章中,他证明了从测度空间到 Hilbert 空间的算子是绝对求和的(一个解析等价形式就是 Grothendieck 不等式),他还提出了凸域理论中心问题的猜想(1959 年被 A. Dvoretzky 证明). 在这些文章中提出的许多非常困难的问题后来被下列数学家解决:P. Enflo(1972)否定回答逼近问题, B. Maurey, G. Pisier, J. Taskinen("拓扑问题",处理张量积中的有界集), U. Haagerup(C^*–代数中 Grothendieck 不等式的非交换形式), 和 Fields 奖获得者 J. Bourgain. 这些数学家的工作又间接地影响了 T. Gowers 获得的结果,另一个"Banach 型"Fields 奖获得者. Grothendieck 在泛函分析中提出的所有问题仅有一个还未解决.

总结一下,Grothendieck 对泛函分析的贡献包括:

核空间、拓扑张量积、Grothendieck 不等式及其与绝对求和算子的关系,和许多其他分散的结果[①].

我们注意到 A. Pelczyński 和 J. Lindenstrauss 关于绝对求和算子的也许是最为人知的文章是基于 Grothendieck(非常难读)的文章. Grothendieck 的思想进入 Banach 空间理论很大程度上应归功于这篇文章.

3. 同调代数和代数几何

1955 年,Grothendieck 的兴趣转向同调代数. 当时,由于 H. Cartan 和 S. Eilenberg 的文章,同调代数作为代数拓扑的有力工具正兴旺发展. 1955 年在 Kansas 大学逗留期间,Grothendieck 发展了 Abel 范畴的公理化理论. 他的主要结果说:模层形成一个有足够多内射对象的 Abel 范畴,从而可以定义层的上同调而不必限制层的种类和基空间的种类(该理论发表于日本期刊 Tôhoku).

Grothendieck 感兴趣的另一个领域是代数几何. 这方面,他与 Chevalley 和 Searle 的交往对他影响深远. Grothendieck 把 Chevalley 看成亲密的朋友,接下来的几年他参加了 Chevalley 在高等师范学校著名的讨论班并给了几个关于代数群和相交理论的演讲,至于 Searle,他有广博的代数几何知识,Grothendieck 把他当成一个"活信息库",不停地向他提出问题(最近,法国数学会发表了这两位数学家之间通信内容的一个充实

---

① 关于 Grothendieck 对泛函分析的贡献主要来自[P].——原文注

的选录,从这本书人们可以学到比从很多专题文章更多的代数几何学知识). Searle 建立的代数几何中层和上同调基础的文章对 Grothendieck 有深远的影响.

Grothendieck 在代数几何方面早期的结果之一是 Riemann 球上全纯向量丛的分类:每一个全纯向量丛是线丛的直和.该文章发表一段时间后,才发现该结果早已为一些数学家,如 Brikhoff, Hilbert, Dedekind 和 Weber(1892),以不同的形式所知道.这一故事说明两点:Grothendieck 对什么是重要数学问题的直觉理解和对经典数学文献了解的不足.事实上,Grothendieck 绝不是一个书虫——他更喜欢通过与同事数学家交谈学习数学.尽管这样,Grothendieck 的文章仍开启了射影空间(和其他簇)上向量丛的系统研究和分类.

在 1956 ~ 1970 年,Grothendieck 一直研究代数几何.在开始阶段,他的首要目标是将(关于簇)的"绝对"定理转化为(关于态射)的"相对"定理.下面是一个"绝对"定理的例子[①]:

如果 X 是一个完全(比如,射影的)簇,$\mathscr{F}$ 是 X 上的一个连贯层(比如,向量丛的截面层),则

$$\dim H^i(X,\mathscr{F}) < \infty$$

该结果的"相对"形式如下:

如果 $f:X \to Y$ 是一个完全态射(比如,两个射影簇之间的态射),$\mathscr{F}$ 是 X 上的一个连贯层,则 $\mathscr{R}^i f_* \mathscr{F}$ 是

---

① 接下来我将使用代数几何中的标准概念和术语.除非额外说明,簇是复代数簇,上同调群的系数域是有理数域.——原文注

Y 上的连贯层.

这段时间, Grothendieck 的主要成就是关于"相对"的 Hirzebruch-Riemann-Roch 定理. 推动此项研究最原始的问题可以表述如下: 在一个光滑连通射影簇 X 上, 给定一个向量丛 E, 计算 E 的整体截面空间的维数 $\dim H^0(X,E)$. Searle 的经验和直觉告诉他, 这个问题需要通过引入高阶上同调群来重新表述. 特别地, Searle 提出如下的假设: 整数

$$\sum (-1)^i \dim H^i(X,E)$$

一定可以用 X 和 E 的拓扑不变量表示. 当然, Searle 的出发点是重新表述曲线 X 上的经典 Riemann-Roch 定理: 对于由除子 D 确定的线丛 $\mathfrak{L}(D)$, 我们有

$$\dim H^0(X,\mathfrak{L}(D)) - \dim H^1(X,\mathfrak{L}(D)) =$$

$$\deg D + \frac{1}{2}\chi(X) \tag{1}$$

(关于曲面类似的公式当时也已经知道).

这一 (Searle 的) 猜想在 1953 年由 F. Hirzebruch 证明, 他受到了 J. A. Todd 早期创造性计算的影响. 下面是 Hirzebruch 发现的关于 n 维簇的公式

$$\sum (-1)^i \dim H^i(X,E) = \deg(\mathrm{ch}(E)\mathrm{td}(X))_{2n}$$

此处, $()_{2n}$ 表示一个元素在上同调环 $H^*(X)$ 中 $2n$ 次的齐次部分, 而

$$\mathrm{ch}(E) = \sum \mathrm{e}^{a_i}, \mathrm{td}(X) = \prod \frac{x_j}{1-\mathrm{e}^{-x_j}}$$

（a_i 是 E 的陈根[①]，x_i 是切丛 TX 的陈根）为了表述该结果的"相对"形式，假设有一个光滑簇之间的完全态射 $f:X\rightarrow Y$，我们希望弄明白由 f 诱导的

$$\mathrm{ch}_X(-)\mathrm{td}(X)$$

和

$$\mathrm{ch}_Y(-)\mathrm{td}(Y)$$

之间的关系. 如果 $f:X\rightarrow Y=\{$一个点$\}$，我们应该得到 Hirzebruch-Riemann-Roch 定理. 公式（1）右边的"相对"化较简单：存在上同调群之间保持加法的映射 f_*：$H(X)\rightarrow H(Y)$ 使 $\deg(z)_{2n}$ 对应于 $f_*(z)$.

如何"相对"化公式的左边？$\mathscr{R}^jf_*\mathscr{F}$ 是连贯层且当 j 充分大时等于零，这些是上同调群 $H^j(X,\mathscr{F})$ 的"相对"形式. 为了"相对"化（公式左边）的交替和，Grothendieck 定义了群 $K(Y)$（现称之为 Grothendieck 群）. 这是一个由连贯层同构类 $[\mathscr{F}]$ 生成的自由 Abel 群模掉如下关系的商群：如果有正合列

$$0\rightarrow\mathscr{F}'\rightarrow\mathscr{F}\rightarrow\mathscr{F}''\rightarrow0 \tag{2}$$

则

$$[\mathscr{F}]=[\mathscr{F}']+[\mathscr{F}'']$$

群 $K(Y)$ 满足如下的泛性质：任意从 $\oplus Z[\mathscr{F}]$ 到某个 Abel 群的同态 φ，如果满足

$$\varphi([\mathscr{F}])=\varphi([\mathscr{F}'])+\varphi([\mathscr{F}'']) \tag{3}$$

则一定通过 $K(Y)$ 分解. 在我们的情形，定义

[①]　这些是分裂向量丛 E 的线丛所对应的除子类［H，p.430］.——原文注

$$\varphi([\mathscr{F}]) = \sum (-1)^j [\mathscr{R}^j f_* \mathscr{F}] \in K(Y)$$

它满足式(3)是由于短正合列(2)诱导出导出函子的长正合列[H,第 3 章]

$$\cdots \to \mathscr{R}^j f_* \mathscr{F}' \to \mathscr{R}^j f_* \mathscr{F} \to \mathscr{R}^j f_* \mathscr{F}'' \to \mathscr{R}^{j+1} f_* \mathscr{F}' \to \cdots$$

所以我们有一个加性映射

$$f_! : K(X) \to K(Y)$$

由 Grothendieck 发现,带有天才痕迹的相对 Hizebruch-Riemann-Roch 定理断言

$$
\begin{array}{ccc}
K(X) & \xrightarrow{\ f_!\ } & K(Y) \\
{\scriptstyle \mathrm{ch}_X(-)\,\mathrm{td}(X)}\Big\downarrow & & \Big\downarrow{\scriptstyle \mathrm{ch}_Y(-)\,\mathrm{td}(Y)} \\
H(X) & \xrightarrow{\ f_*\ } & H(Y)
\end{array}
$$

是一个交换图(由于陈特征标 ch(−) 的可加性,它在 K – 理论中有定义). 有关相交理论(它的最重要成果就是刚才所介绍的 Grothendieck-Riemann-Roch 定理)的各种信息可在[H,补充 A]中找到. 该定理还在很多特征类的具体计算中有应用.

　　Grothendieck 的 K – 群与 D. Quillen 和许多其他数学家的文章一起,开始了 K – 理论的发展. 我们注意到从微分算子理论(Atiyah-Singer 指标定理)到有限群的模表示理论(Brauer 定理)[①], K – 理论在数学的很多领域起着意义非凡的作用.

---

　　① 　M. Atiyah[A]强调了 Grothendieck 开创性地将 K – 理论引入数学的重要作用. 与 Atiyah 在[A]中的建议相反,Grothendieck 的工作证明在代数与几何之间没有根本性的区分(需要指出激发 Grothendieck 数学思想的不是物理,而是大部分"代数特性"). ——原文注

在取得这项惊人成就后,Grothendieck 作为代数几何的超级明星被邀请到 1958 年在 Edinbergh 召开的国际数学家大会. 在本次大会上,Grothendieck 草拟了一个在正特征域上定义同调理论的纲领,它有可能导致 Weil 猜想的证明. Weil 猜想断言在有限域上代数簇的算术和复数域上代数簇的拓扑之间存在深刻的关联. 令 $k = F_q$ 是 q 个元素的有限域,$\bar{k}$ 是它的代数闭包. 考虑一组 $n + 1$ 个变元,系数在 k 中的齐次多项式. 令 $X, \bar{X}$ 分别为该组多项式在 $k, \bar{k}$ 上 n 维射影空间中的零点集. 令 N_r 表示 $\bar{X}$ 中坐标在 q^r 元域 F_{q^r} 中点的个数($r = 1, 2, \cdots$),用这些数 N_r 形成一个生成函数

$$Z(t) := \exp\left(\sum_{r=1}^{\infty} N_r \frac{t^r}{r} \right)$$

称之为 X 的 ζ – 函数. 对于一个光滑代数簇 X,Weil 猜想讲的是 $Z(t)$ 的性质及其和(与 X"相伴"的复代数簇)Betti 数的联系. Weil 猜想的严格表述可见[H,附录 C]的 1.1 ~ 1.4 和[M,第 6 章 12 节]的 W1 ~ W5(两者都是从介绍函数 $Z(t)$ 的有理性猜想开始). 从这些介绍中,人们也可以了解更多与 Weil 猜想相关问题的信息. 除 Weil 和 Grothendieck 外,B. Dwoek,Searle,S. Lubkin,S. Lang,Yu. Manin,及许多其他数学家当时都在研究 Weil 猜想.

4. IHÉS

Grothendieck 在 IHÉS[①] 工作期间,Weil 猜想成了他

---

① IHÉS 是位于巴黎附近的高等研究院(Institut des Hautes Études Scientifiques),一个研究数学的好地方,部分因为它迷人的(流动)餐室从来不缺面包和葡萄酒. ——原文注

代数几何工作的主要动力. 自 1959 年开始在 IHÉS 工作,他带来的是"Bois Marie 代数几何讨论班"(IHÉS 坐落在 Bois Marie 森林中). 接下来的 10 年,该讨论班成为世界代数几何的中心. Grothendieck 一天工作 12 小时,他慷慨地与合作者分享他的数学思想. 他的一个学生 J. Giraud 在一次访谈中很好地描述了该讨论班的融洽气氛. 让我们盘点一下该时期 Grothendieck 的一些最重要的思想[1].

"概形"是统一几何、交换代数、数论的研究对象. 令 X 是一个集合,F 是一个域,考虑环

$$F^X = \{ 函数 f : X \to F \}$$

它的"乘法"是函数值相乘. 对于 X 中的一个点 x 定义 $\alpha_x : F^X \to F$ 为 $f \mapsto f(x)$. 映射 α_x 的核是一个极大理想,这使我们可以将 X 与 F^X 极大理想的集合等同. 该思想在之前 M. Stone 关于 Boolean 格和 Gelfand 关于交换 Banach 代数的文章中曾以不同的形式出现. 交换代数中,这种想法第一次出现是在 M. Nagata 和 E. Kähler 的文章里. 在 20 世纪 50 年代后期,巴黎的许多数学家(例如 Cartan,Chevalley,Weil 等)试图推广代数闭域上代数簇的思想.

Searle 证明交换环的局部化术语可以引导出其极大理想谱 Specm 上的层. 一方面,注意 $A \mapsto \mathrm{Specm}\, A$ 不是一个函子(环同态下,极大理想的原像不必是极大理想). 另一方面,如下的对应

$$A \mapsto \mathrm{Specm}\, A := \{ 所有 A 的素理想 \}$$

---

[1] 也可参见[D],它包含概形理论一个更详细的盘点. ——原文注

是一个函子. 好像是 P. Cartier 在 1957 年首先提议经典代数簇的适当推广是局部同构于 Specm A 的环化空间 $(X, \mathcal{O}_X)$（这一建议是许多代数几何学家探索的成果）. 这样的对象被命名为概形.

Grothendieck 曾打算写一个 13 卷的代数几何盘点——EGA[①]——以概形为基础，以 Weil 猜想的证明为结束. Grothendieck 和 Dieudonne 一起写了 4 卷 EGA，而剩下几卷的大部分材料则出现在 SGA[②] 中——IHÉS 代数几何讨论班的出版物.（我们经常提到的教材[H]是 EGA 中有关概形和上同调最有用信息的一个教材式的浓缩.）

我们现在谈谈代数几何中利用可表函子的一些构造. 对于范畴 $\mathscr{C}$ 中的一个对象 X，可以相伴一个从 $\mathscr{C}$ 到集合范畴的反变函子

$$h_X(Y) \operatorname{Mor}_{\mathscr{C}}(Y, X)$$

第一眼不太容易看出这样一个简单对应的价值，然而对这个函子的了解将完全确定（同构意义下）表示它的对象 X（这是 Yoneda 引理的内容）. 所以采用如下的定义是自然的：从 $\mathscr{C}$ 到集合范畴的一个反变函子称为"可表示的"（被 X），如果它同构于 h_X. Grothendieck 巧妙地利用可表示函子的性质构造了多种参数空间，我们在代数几何中经常碰到这样的空间. 一个极好的例子就是 Grassmanian，它参数化一个给定射影空间中所有给定维数的线性子空间. 自然可以问是否存在更一般的概形，

---

① 《EGA——代数几何原理》由 IHÉS 和 Springer 出版，[57] – [64].——原文注

② 《SGA——代数几何讨论班》由 Springer 在 LNM 丛书出版，(SGA2) 由 North-Holland 出版，[97] – [103].——原文注

它参数化给定射影空间中所有给定数值不变量的子簇.

设 S 是一个域 k 上的概形,$X \subset P^n \times_k S$ 是一个闭子概形,到 S 的投影诱导自然态射 $X \to S$,我们称它是以 S 为基的 P^n 中的闭子概形族. 设 P 是一个数值多项式,Grothendieck 考虑了从概形的范畴到集合范畴的函子 Ψ^P,对于概形 S,$\Psi^P(S)$ 是所有"以 S 为基的 P^n 中 Hilbert 多项式为 P 的闭子概形平坦族"的集合. 如果 f: $S' \to S$ 是一个态射,则 $\Psi^P(f): \Psi^P(S) \to \Psi^P(S')$ 将 $X \to S$ 对应到 $X' = X \times_S S' \to S'$. Grothendieck 证明了函子 Ψ^P 可由一个射影概形(称为 Hilbert 概形)表示[①]. 这是一个非有效性结果,例如,一个未解决的问题是找出 3 维射影空间中给定亏格和次数的曲线的 Hilbert 概形的不可约分支的个数. 然而在许多几何论证中,知道这样一个对象的存在性就足够了,这也是为什么 Grothendieck 的定理有许多应用的原因. 更一般地,Grothendieck 构造了所谓的 Quot 概形,它参数化一个给定连贯层的所有具有给定 Hilbert 多项式的平坦商层(flat quotient sheaves). Quot 概形在向量丛模空间的构造中有许多应用. Grothendieck 在这方面构造的另一个概形是 Picard 概形.

1966 年,Grothendieck 因为对泛函分析、Grothendieck-Riemann-Roch 定理和概形理论的贡献而获得 Fields 奖.

5. 平展上同调

Grothendieck 在 IHÉS 的一个最重要的课题是 Lefschetz 上同调理论. 回忆一下,Weil 猜想要求对正特征域

---

① 事实上,Grothendieck 发表了一个更一般的结果. ——原文注

上代数簇构造与复代数簇上同调理论相对应的上同调理论(要求系数在特征零的域中,以便有 Lefschetz 不动点定理,可以将一个态射的不动点个数表示为上同调群上迹的和). 在 Grothendieck 之前,利用代数几何中常用的 Zariski 拓扑(闭子集 = 代数子簇),有一些不成功的尝试. 对于同调理论,Zariski 拓扑太"粗糙"了. Grothendieck 发现,如果考虑一个代数簇加上它的所有非分歧覆盖,人们可以构造"好的"同调理论. 这是他和 M. Artin,J. L. Verdier 一起发展平展拓扑的出发点. Grothendieck 的辉煌思想是他对拓扑概念的革命性推广. 不同于经典拓扑空间的概念,Grothendieck 的"开集"不是全部包含于一个集合中,而是满足一些基本性质,以便可以构造"满意的"层的上同调理论.

对于这些想法的来源,Cartier 下面的讨论给出了一个梗概. 当我们在一个簇 X 上使用层,或者研究层的上同调时,起主要作用的是 X 的"开集格"(X 中的点起次要作用). 因此,用 X 的"开集格"代替 X 并不会丢失很多信息. Grothendieck 的想法是 Riemann 关于多值全纯函数思想的一个变通. 严格地讲,多值全纯函数并非栖居于复平面的开集上,而是在覆盖它的 Riemann 面上(Cartier 使用具启发性的描述"les surfaces de Riemann étalées"). Riemann 面之间有投影,从而成为某个范畴中的对象. "开集格"是一个范畴,其中任意两个对象之间最多有一个态射. 所以,Grothendieck 提出将"开集格"替换成平展开集的范畴. 这一想法在代数几何中的适当修正解决了代数函数缺乏隐函数定理这一根本困难. 它也使得函子性地考虑平展层成为可能.

让我们以数学上更正式的方式继续我们的讨论. 设

$\mathscr{C}$ 是一个存在纤维积的范畴，$\mathscr{C}$ 上的 Grothendieck 拓扑就是对 $\mathscr{C}$ 中每一个对象 X 定义一个由态射族 $\{f_i:X_i\to X\}_{i\in I}$（称之为 X 的覆盖）组成的集合 Cov X 满足如下条件：

(1) $\{\mathrm{id}:X\to X\}$ 属于 Cov X.

(2) 如果 $\{f_i:X_i\to X\}$ 在 Cov X 中，则由任何基变换 $Y\to X$ 得到的态射族 $\{X_i\times_X Y\to Y\}$ 属于 Cov Y.

(3) 如果 $\{X_i\to X\}_{i\in I}$ 属于 Cov X，并且对每一个 $i\in I$，如果 $\{X_{ij}\to X_i\}$ 属于 Cov X_i，则 $\{X_{ij}\to X\}$ 属于 Cov X. 如果 $\mathscr{C}$ 存在直和（我们假设如此），则态射族 $\{X_i\to X\}_{i\in I}$ 可以由一个态射

$$X' = \coprod_i X_i \to X$$

代替. 覆盖的明确定义，使得讨论层和它们的上同调成为可能. 从 $\mathscr{C}$ 到集合范畴的一个反变函子 F 称为集合层，如果对任意覆盖 $X'\to X$，以下条件成立

$$F(X) = \{s'\in F(X'):p_1^*(s') = p_2^*(s')\}$$

此处 p_1 和 p_2 是 $X'\times_X X'$ 到 X' 上的两个投影. 所谓 $\mathscr{C}$ 的典范拓扑，则是"覆盖最丰富"的拓扑使得所有可表函子成为层. 如果反过来，典范拓扑下的任意层一定也是可表函子，则 $\mathscr{C}$ 称为一个拓扑斯..

我们回到几何. 上述定义中的态射 f_i 不必为嵌入这一点非常重要. Grothendieck 拓扑中最重要的例子是平展拓扑，它的 $f_i:X_i\to X$ 都是平展态射[①]，诱导出满射 $\coprod_i X_i\to X$. 上同调构造的一般方法用于平展拓扑，就得到

———————

① 存在相对维数为零的光滑态射. 对于光滑代数簇，这些是在所有点的切空间诱导同构的态射——当然，这样的态射不必是单射，有关平展态射的一般讨论可在 [M] 中找到. ——原文注

了平展上同调 $H^i_{\text{ét}}(X, -)$. 基本思想相对比较简单,但平展上同调的性质的许多技术细节的验证则需要 Grothendieck 研究"上同调"的学生们: P. Berthelot, P. Deligne, L. Illusie, J. P. Jouanolou, J. -L. Verdier 等人多年的工作. 他们填补了由 Grothendieck 草拟的当时比较新的结果的一些细节.

Weil 猜想的证明需要平展上同调的不同版本 l-平展上同调. 它们的基本性质,特别是 Lefschetz 型公式,使得 Grothendieck 证明了 Weil 猜想的一部分,但未能证明最困难的部分(类似 Riemann 假设). 在 Weil 猜想的证明中,Grothendieck 的作用很重要,在大部分道路上担任着向导. Weil-Riemann 猜想最终由 Grothendieck 最有天赋的学生 Deligne 证明. (Grothendieck 通过证明所谓标准猜想来证明 Weil-Riemann 猜想的计划仍未实现.)

6. 重返 Montpellier

1970 年,Grothendieck 离开了 IHÉS. 法兰西学院为他提供了岗位. 然而,当时(他大约 42 岁)有比数学更令他感兴趣的事情,他觉得应该挽救面临多种威胁的世界. 他组织了一个环保组织称作"生存与生活"(Survive and Live). Chevalley 和 P. Samuel 两位伟大的数学家和他的朋友们加入了该团体. 在 1970～1975 年之间,该团体出版了与之相同名字的杂志. 和往常一样,他全身心地投入到这项工作中. 他在法国学院的讲座与数学没什么关系,而是大量关于如何环保地生活. 结果是他不得不寻找另一个岗位. 他的母校,Montpellier 大学为他提供了一个教授岗位. 他住到 Montpellier 附近的一个农场,像"苦行僧"似的在大学教书. 他也写了几个长长的新数学理论的提纲,希望在 CNRS[①] 找到工作和在巴黎高等师范学院找到好学生作为合作者. 他没有从巴黎高等师范学院得到好学生,但在他 60 岁退休的前 4 年,他在 CNRS 得到了一个位置. 他的提纲现正在被几组数学家推进. 至于这些提纲是什么,此处不做介绍.

在 Montpellier 时,Grothendieck 还写了他的"数学日记"*Récoltes et Semailles*(《收获与播种》)[G1]. 它记录了一些他看数学的方式的奇怪的想法. 日记中还大量描述了他与数学界的关系,也有些他对以前的学生们很负面的评价. 还是让我们谈论高兴的事情吧. Grothendieck 毫不犹豫地将 Galois 作为他心目中数学家的楷模. 应当指出的是,由物理学家 L. Infeld 写的 Galois 的生活故事 *Whom the Gods Love*(《上帝爱谁》)[②] 给年轻时的 Grothendieck 留下了深刻印象. Grothendieck 的特点是非常重视与数学家的交往. 在[G1]的某处他写道:

> Si dans Récoltes et Semailles je m'address à quelqu'un d'autre encore qu'à moi même, ce n'est pas à un"public". Je m'y address à toi qui me lisse comme à une personne, et à une personne seule. (大意:如果在《收获与播种》中,我针对某人而不是我自己,那绝不是对"公众",而是你,读者,你个人.)

可能是由于孤独伴随了他一生,以至于他在这一点

---

① CNRS,国家科学研究中心,研究人员没有教学任务.——原文注
② 我呼吁老师们,这本书应推荐给对数学有兴趣的中学生.——原文注

上如此敏感.

1988 年, Grothendieck 和 Deligne 一起获得瑞典皇家科学院的 Crafoord 奖, 该奖的奖金有很大一笔, Grothendieck 拒绝了它. 他给瑞典科学院的信中有这么一段, 我认为尤其重要:

> Je suis persuadé que la seule épreuve décisive pour la fécondité d'idées ou d'une vision nouvelles est celle du temps. La fécondité se reconnait par la progéniture, et non par les honneurs. (我印象中, 新思想是否富有成果, 时间是唯一的证明, 富有成就是由成果证明的, 而不是荣誉.)

7. 结束

下面是 Grothendieck 数学工作最重要的 12 个题目 (译自[G1]中的法文版, 我加了几条评论):

(1) 拓扑张量积和核空间.

(2) "连续"和"离散"的一些对偶定理 (导出范畴, "6 算法").

(3) Riemann-Roch-Grothendieck (K-理论和它与相交理论的关系).

(4) 概形.

(5) 拓扑斯理论.

(与概形不同, 拓扑斯提供了一种"没有点的几何"——参见[C1]和[C2]. 相对于概形, Grothendieck 对拓扑斯的研究倾注了更多的"爱". 他重视大多数几何研究中的拓扑方面, 利用它们可以导出适当的上同调理

论.)

（6）平展和 l-平展上同调.

（7）Motives 和 Motivic Galois 群（$\otimes$ – Grothendieck 范畴）.

（8）Crystals 和 Crystalline 上同调，de Rham 系数，Hodge 系数.

（9）"拓扑代数"：∞ – stacks，导数，拓扑斯的上同调化，激发了同伦的一个新概念.

（10）Mediated 拓扑.

（11）Abelian 代数几何；Galois-Teichmüller 理论.

（Grothendieck 把这项视为最困难和意义最深刻的一项，与这一题目相关的最新结果已由 F. Pop 得到. ）

（12）正则多面体及更一般的正则结构的概形或算术观点.

（在离开巴黎到 Montpellier 后，有一段没有工作的日子，Grothendieck 在其家庭葡萄酒农场研究过这一题目）.

许多数学家一直在继续这些课题的研究，他们的工作是 20 世纪末数学的主要组成部分. Grothendieck 的许多思想正在非常活跃地发展，必将对 21 世纪的数学产生重要影响.

下面提一些最重要数学家的名字（有些是 Fields 奖获得者），他们继续了 Grothendieck 的工作：

（1）Deligne 在 1973 年给出了 Weil 猜想的完全证明（用了相当多 SGA 中的技巧）.

（2）G. Faltings，他在 1983 年证明了 Mordell 猜想.

（3）Wiles，他在 1994 年证明了 Fermat 大定理.

（如果没有 EGA，难以想象能完成后面两项成果. ）

（4）V. Drinfeld 和 L. Lafforgue 在函数域上建立了一般线性群的朗兰兹对应.

（5）V. Voevodsky, 他负责 Motivic 理论和 Milnor 猜想的证明①.

第（5）项连接着 Grothendieck 的"梦想"：应该称作代数簇范畴的"Abel 化"——具有 Motivic 上同调的 Motives 范畴，通过它我们可以得到 Picard 簇，Chow 群等. A. Suslin 和 V. Voevodsky 构造了满足 Grothendieck 公理的 Motivic 同调.

1991 年 8 月, Grothendieck 没有通知任何人，突然离家去了 Pyrenees 的一个地方. 他沉浸于哲学的思考中. 他也写关于物理的东西. 他不想与外界有接触.

我们以几点反思作为结束.

我们引用 Grothendieck 在［G1］中的一段话，关于数学中什么东西让他最着迷：

> 如果说数学中有什么东西比其他事情使我更着迷（并总使我着迷）的话，那它既不是"数"也不是"量"而是"形式". 由形式选择的无数情况出现在我面前时，最使我着迷的和将继续使我着迷的是数学对象的结构.

令人惊奇的是, Grothendieck 关于形式和结构的思考结果是一种产生计算具体数值量和寻找明确代数关系工具的理论. 代数几何中这样一个工具的例子之一是

---

① 关于（4）~（5）项的详细讨论可在文章［L］和［CW］中找到. ——原文注

Grothendieck-Riemann-Roch 定理. 下面是一个不太为人所知的例子: Grothendieck λ - 环的语言使得将对称函数看成多项式环上的算子成为可能. 从而使得统一处理一些经典多项式(如对称, 正交多项式)和公式(例如, interpolation 公式, 或者由一般线性群和对称群的表示获得的公式)成为可能. 这些多项式和公式经常与一些数学家的名字连在一起, 例如, E. Bézout, A. Cauchy, A. Cayley, P. Chebyshev, L. Euler, C. F. Gauss, C. G. Jacobi, J. Lagrange, E. Laguerre, A-M. Legendre, I. Newton, I. Schur, T. J. Stieltjes, J. Stirling, J. J. Sylvester, J. M. Hoene-Wroński, 等等. 更进一步, λ - 环的语言使得对这些传统数学家的结果进行有用的代数组合推广成为可能[La]. Grothendieck 的工作表明在数学的量和质之间并没有根本的二分法.

毫无疑问, 这种观点帮助 Grothendieck 在统一处理几何、拓扑、算术和复分析中重要的课题语言做出了惊人的工作. 这种观点也与他喜好在最一般的情形下研究数学问题有关联.

Grothendieck 讲过一个故事[G1], 反映了他的工作方式. 假如我们想证明一个猜想, 有两种根本不同的方法. 一种是凭着蛮力, 就像用坚果钳轧碎坚果壳而得到里面的坚果仁一样. 另一种是, 我们把坚果放在装有软化液的杯里, 耐心地等待一段时间, 然后轻微的手指压力就足够把坚果打开. Grothendieck 文章的读者不会怀疑, 第 2 种方法正是他做数学的方法.

有一点注记, 我想与年轻的数学家们共享, Grothendieck 将他写下的数学想法赋予了极大的重要性. 他将写下和编辑他的数学文本过程视为他创造性工作的不可分割部分[He].

　　Dieudonne 是 Grothendieck 工作的忠实见证者,一个具有广博数学知识的数学家. 在 Grothendieck 60 岁生日(即 15 年前)会上,有如下的评论[D]:

　　　　数学中很少有这样的例子,一个如此富有成就、不朽的理论由一个人在如此短的时间内完成.

　　Grothendieck Festschrift 的编委们重申了 Dieudonne 的观点. 他们写道:

　　　　"完全了解 Grothendieck 对 20 世纪数学的贡献和影响是困难的. 他改变了我们在数学许多领域思考的方式. 他的许多思想在创建时是大的革命,而现在是如此的自然,仿佛它一直在数学中存在一样. 事实上,Grothendieck 的思想对整个新一代数学家而言是数学中的一道风景. 没有 Grothendieck 的贡献,他们不能想象现在的数学."

Motive——Grothendieck 的梦想[①]

> 当人们忘记 Aescheylns(古希腊悲剧诗人)时,大家还会记得 Archimedes. 因为语言会死亡而数学思想不会消逝.
>
> ——G. H. Hardy

1964 年,Grothendieck 在给 Searle 的信中引入了"Motive"的概念(因无合适的术语表达,Motive 暂不译出). 后来他写道,在所有他有幸发现的事物中,Motive 是最充满神秘感的,或许将成为最强有力的探索工具[②]. James S. Milne 曾解释了什么是 Motive 以及为什么 Grothendieck 对其如此看重.

1. 拓扑学中的上同调

设 X 为一个实 $2n$ 维紧流形,则有 X 的上

---

① 作者 James S. Milne. 原题:*Motive-Grothendieck's Dream*,译自:http://www.jmilne.org/math. 此文是作者根据在密西根大学"什么是……?"讨论班上的"普及"报告所写. 徐克舰,译. 付保华,校.

② 摘自 Grothendieck 的《收获与播种》中的引言. ——原文注

同调群

$$H^0(X,\mathbf{Q}),\cdots,H^{2n}(X,\mathbf{Q})$$

这些群为 $\mathbf{Q}$ 上的有限维向量空间且满足 Poincaré 对偶(H^i 对偶于 H^{2n-i})、Lefschetz 不动点公式等. 上同调群有多种不同的定义方法——如用奇异链、Čech 上同调、导出函子——但是这些不同的定义方法都给出相同的群[如果其满足 Eilenberg-Steenrod(艾伦伯格－斯延罗德)公理系]. 当 X 是复解析流形时, 还有 de Rham 上同调群 $H^i_{\mathrm{dR}}(X)$. 这些都是 $\mathbf{C}$ 上的向量空间, 但给不出新的群, 因为我们有 $H^i_{\mathrm{dR}}(X)\simeq H^i(X,\mathbf{Q})\otimes_{\mathbf{Q}}\mathbf{C}$[1](然而, 当 X 是 Kähler 流形时, de Rham 上同调群具有 Hodge 分解, 因而提供了更多的信息……).

2. 代数几何学中的上同调

现在考虑代数闭域 k 上的 n 维非奇异射影代数簇 X. 即 X 由 k 上的一些多项式定义, 非奇异射影条件意味着若 $k=\mathbf{C}$, 则簇上的点 $X(\mathbf{C})$ 构成一个 $2n$ 维紧流形.

Weil 关于代数簇上坐标在有限域中的点的个数的工作促使他提出了著名的"Weil 猜想", 其给出了有限域上方程的解的个数与相应的复系数方程定义的簇的拓扑性质的关系. 特别地, 他发现点的个数似乎可由一个相应的 $\mathbf{C}$ 上的代数簇的 Betti(贝蒂)数所控制. 例如, 对于 p 元域 $F_p=\mathbf{Z}/p\mathbf{Z}$ 上的亏格为 g 的曲线 X, 其点的个数 $|X(F_p)|$ 满足不等式

---

① 用 $\simeq$ 表示典范同构, 记 $M\otimes_{\mathbf{Z}}\mathbf{Q}$ 为 $M_{\mathbf{Q}}$. ——原文注

$$||X(F_p)|-p-1|\leqslant 2gp^{\frac{1}{2}}, g = X \text{ 的亏格} \qquad (1)$$

Weil 预言 **C** 上某些超曲面的 Betti 数能够通过计算 F_p 上具有相同维数和相同次数的超曲面上的点数来确定[他的预言被 Dolbeault（多比尔特）证实]. 显然大部分猜想可由具有良好性质的代数簇的上同调理论（如 **Q** 系数、正确的 Betti 数、Poincaré 对偶定理、Lefschetz 不动点定理……）推出. 事实上，正如我们将看到的，这种 **Q** 系数的上同调理论并不存在，但在此后的许多年中许多尝试都意在寻找系数在某个特征 0 的域（不是 **Q**）中的好的上同调理论. 最终，在 20 世纪 60 年代，Grothendieck 定义了平展上同调和晶体上同调，并证明这种代数方式定义的 de Rham 上同调当域特征为 0 时具有好的性质. 而问题则变成我们有太多的上同调理论!

在 **Q** 上，除了通常的赋值以外，对每个素数 ℓ 还有如下定义的赋值

$$\left|\ell \frac{m}{n}\right| = 1/\ell, m, n \in \mathbf{Z}, \text{且不被 } \ell \text{ 整除}$$

每个赋值都使 **Q** 成为一个度量空间，将其完备化后，我们得到域 $\mathbf{Q}_2, \mathbf{Q}_3, \mathbf{Q}_5, \cdots, \mathbf{R}$. 对每个不同于 k 的特征的素数 ℓ，平展上同调给出上同调群[1]

$$H_{\mathrm{et}}^0(X, \mathbf{Q}_\ell), \cdots, H_{\mathrm{et}}^{2n}(X, \mathbf{Q}_\ell)$$

这都是 $\mathbf{Q}_\ell$ 上有限维向量空间，并且满足 Poincaré 对

---

[1] 对 p（即 k 的特征）也有平展上同调群 $H^i(X, \mathbf{Q}_p)$，但其性质异常；例如，当 E 是超奇异椭圆曲线时，$H^1(E, \mathbf{Q}_p) = 0$. ——原文注

偶,Lefschetz 不动点公式,等等.另外,还有 de Rham 群 $H_{dR}^i(X)$,其为 k 上有限维向量空间,而且在特征 $p \neq 0$ 时,有晶体上同调群,其为某个特征 0 域[即系数在 k 中的 Witt(维特)向量环的分式域]上的有限维向量空间.

这些上同调理论不可能相同,因为它们给出完全不同的域上的向量空间.但是它们也不是不相关联的,例如,由一个正则映射 $\alpha : X \rightarrow X$ 诱导出的映射 $\alpha^i :$ $H^i(X) \rightarrow H^i(X)$ 的迹就是一个与上同调理论无关的有理数[1]. 因此,各种迹象表明似乎存在着代数定义的上同调群 $H^i(X, \mathbf{Q})$,使得 $H_{et}^i(X, \mathbf{Q}_\ell) \simeq H^i(X, \mathbf{Q}) \otimes_{\mathbf{Q}} \mathbf{Q}_\ell$ 等,但事实并非如此.

3.为什么不存在代数定义的 Q - 上同调

为什么没有代数定义的 **Q** - 上同调(即从代数簇到 **Q** - 向量空间的函子)以诱导出 Grothendieck 所定义的这些不同的上同调?

(1)第 1 种解释.

设 X 是特征 0 的代数闭域 k 上的非奇异射影簇.当我们取定一个嵌入 $k \rightarrow \mathbf{C}$ 时,我们即得到一个复流形 $X(\mathbf{C})$,熟知

$$H_{et}^i(X, \mathbf{Q}_\ell) \simeq H^i(X(\mathbf{C}), \mathbf{Q}) \otimes \mathbf{Q}_\ell$$

$$H_{dR}^i(X) \otimes_k \mathbf{C} \simeq H^i(X(\mathbf{C}), \mathbf{Q}) \otimes_{\mathbf{Q}} \mathbf{C}$$

换言之,每个嵌入 $k \rightarrow \mathbf{C}$ 确实在各个上同调群上定义

---

[1]目前,在非零特征的情形对此结论的证明需要用 Deligne 关于 Weil 猜想的结果.——原文注

一个 **Q** – 结构. 然而, 不同的嵌入可以给出完全不同的
Q – 结构.

为说明这一点, 注意因为 X 可由有限个多项式定义从而仅有有限个系数, 故存在 k 的子域 k_0 上的模型 X_0, 使得 k 是 k_0 的无限 Galois 扩张——令 $\Gamma = \mathrm{Gal}(k/k_0)$. 因此模型的选择定义了 Γ 在 $H^i_{\mathrm{et}}(X, \mathbf{Q}_\ell)$ 上的一个作用. 如果 k 到 **C** 的不同的 k_0 上的嵌入给出 $H^i_{\mathrm{et}}(X, \mathbf{Q}_\ell)$ 中的相同子空间 $H^i(X(\mathbf{C}), \mathbf{Q})$, 则 Γ 在 $H^i_{\mathrm{et}}(X, \mathbf{Q}_\ell)$ 上的作用将固定 $H^i(X, \mathbf{Q})$, 但是, 无限 Galois 群皆为不可数, 而 $H^i(X, \mathbf{Q})$ 可数, 这意味着可诱导出 Γ 的一个有限商群在 $H^i_{\mathrm{et}}(X, \mathbf{Q}_\ell)$ 上的作用. 然而, 一般情况下这是不对的[①].

同理可知, 能够在 $\mathbf{Q}_\ell$ – 上同调上给出 **Q** – 结构的代数定义的上同调, 将迫使 Γ 诱导出有限商群作用, 因此不可能存在.

(2) 第 2 种解释.

椭圆曲线 E 即是亏格为 1 且具有指定点 (群结构的零元) 的曲线. 在 **C** 上, $E(\mathbf{C})$ 同构于 **C** 关于一个格 Λ 的商 (因此, 从拓扑的角度看它是一个环面). 特别地, $E(\mathbf{C})$ 是一个群, E 的自同态即为由满足 $\alpha\Lambda = \Lambda$ 的复数 α 定义的映射 $z + \Lambda \to \alpha z + \Lambda$. 由此易知, $\mathrm{End}(E)$ 是秩 1 或 2 的 **Z** – 模, 并且 $\mathrm{End}(E)_{\mathbf{Q}}$ 等于 **Q**, 或为 **Q** 的一个 2 次

[①] 粗略地说, Tait (泰特) 猜想说的是, 当 k_0 是 **Q** 的有限生成扩张时, Galois 群在 $\mathrm{Aut}(H^i_{\mathrm{et}}(X, \mathbf{Q}_\ell))$ 中的像在很大程度上受代数链的存在性的约束. ——原文注

扩域 K. 上同调群 $H^1(X(\mathbf{C}),\mathbf{Q})$ 是 2 维 $\mathbf{Q}$ – 向量空间,因此在第 2 种情形它是 1 维 K – 向量空间.

当特征 $p \neq 0$ 时,还有第 3 种可能性,即 $\operatorname{End}(E)_{\mathbf{Q}}$ 可能是 $\mathbf{Q}$ 上 4 次除代数(非交换域). 这种除代数能作用于其上的最小的 $\mathbf{Q}$ – 向量空间是 4 维的.

因此不存在一种 $\mathbf{Q}$ – 上同调理论以诱导出 Grothendieck 所定义的所有这些不同的上同调理论,但我们又如何阐释种种迹象都显示其似乎存在这一事实呢? Grothendieck 的回答是 Motive 理论. 在对其讨论前,我们需要解释一下代数链.

4. 代数链

(1)一些定义.

设 X 是域 k 上 n 维非奇异射影簇. X 上的素链即为 X 的一个闭子簇 Z,且其不能写成两个真闭子簇的并. 它的余维数是 $n - \dim Z$. 如果 Z_1 和 Z_2 都是素链,则

$$\operatorname{codim}(Z_1 \cap Z_2) \leqslant \operatorname{codim}(Z_1) + \operatorname{codim}(Z_2)$$

当等式成立时我们说 Z_1 和 Z_2 是真相交.

X 的余维数为 r 代数链群 $C^r(X)$,即是由余维数 r 的素链生成的自由 Abel 群. 两个代数链 γ_1 和 γ_2 称为真相交是指 γ_1 的每个素链与 γ_2 的每个素链都真相交,在这种情况下其交积 $\gamma_1 \cdot \gamma_2$ 是有定义的——其为余维数 $\operatorname{codim} Z_1 + \operatorname{codim} Z_2$ 的链(图 1). 由此,我们得到部分有定义的映射

$$C^r(X) \times C^s(X) \to C^{r+s}(X)$$

为得到在整个集合上有定义的映射,我们需要能移动

代数链. X 的两个链 γ_0 和 γ_1 称为有理等价的[①]是指存在 $X \times P^1$ 上的一个代数链 γ, 使得 γ_0 是 γ 在 0 上的纤维, 而 γ_1 是 γ 在 1 上的纤维. 这给出了一个等价关系, 我们令 $C_{\mathrm{rat}}^r(X)$ 表示相应的商群. 可以证明, 交积定义了一个双线性映射[②]

$$C_{\mathrm{rat}}^T(X) \times C_{\mathrm{rat}}^S(X) \rightarrow C_{\mathrm{rat}}^{r+s}(X) \qquad (2)$$

设 $C_{\mathrm{rat}}^*(X) = \bigoplus_{r=0}^{\dim X} C_{\mathrm{rat}}^r(X)$, 此为一个 $\mathbf{Q}$ – 代数, 称为 X 的 Chow 环.

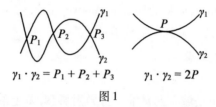

$$\gamma_1 \cdot \gamma_2 = P_1 + P_2 + P_3 \qquad \gamma_1 \cdot \gamma_2 = 2P$$

图 1

有理等价是能够在等价类上给出映射(2)的最细的代数链的等价关系. 而最粗的这种等价关系是数值等价: 两个代数链 γ 和 γ' 称为数值等价, 是指对所有的有补维数的代数链 δ, 有 $\gamma \cdot \delta = \gamma' \cdot \delta$. 代数链的数值等价类构成环 $C_{\mathrm{num}}^* = \bigoplus_{r=0}^{\dim X} C_{\mathrm{num}}^r(X)$, 其为 Chow 环的商环.

例如, 射影平面 P^2 上的余维数 1 的素链即是由不可约齐次多项式 $P(X_0, X_1, X_2)$ 定义的曲线. 分别由两个多项式定义的素链是有理等价的, 当且仅当这两个

---

① 这是同伦等价的代数类比. ——原文注

② 特别地, 任意两个代数链 γ_1 和 γ_2 都分别有理等价于真相交的代数链 γ'_1 和 γ'_2, 并且 $\gamma'_1 \cdot \gamma'_2$ 的有理等价类不依赖于 γ'_1 和 γ'_2 的选择. ——原文注

多项式有相同次数. 故群 $C_{rat}^1(P^2) \simeq Z$, 且以 P^2 中任意直线所在的类为基.

$P^1 \times P^1$ 中余维数为 1 的素链即为由一个关于每一对符号 (X_0, X_1) 和 (Y_0, Y_1) 皆为可分齐次的不可约多项式 $P(X_0, X_1; Y_0, Y_1)$ 定义的曲线. 此链的有理等价类由一对次数所决定. 故群 $C_{rat}^1(P^1 \times P^1) \simeq \mathbf{Z} \times \mathbf{Z}$, 且以 $\{0\} \times P^1$ 和 $P^1 \times \{0\}$ 的类为基; 对角 Δ_{P^1} 与 $\{0\} \times P^1 + P^1 \times \{0\}$ 有理等价.

从现在起, ~ 等于 rat 或 num.

（2）链映射.

对于所有的我们感兴趣的上同调理论, 皆有链类映射

$$\mathrm{cl}: C_{rat}^*(X)_{\mathbf{Q}} \to H^*(X) \overset{\text{def}}{=} \oplus_{r=0}^{2\dim X} H^r(X)$$

其将次数加倍且将交积映为杯积.

（3）对应.

我们仅对是反变函子的上同调理论感兴趣, 即由代数簇的正则映射 $f: Y \to X$ 可定义同态 $H^i(f): H^i(X) \to H^i(Y)$. 然而, 这是一个匮弱的条件, 因为一般来说一个代数簇到另一个代数簇之间的正则映射是很少的. 代之, 我们应该允许"多值映射", 或更确切地说, 是"对应".

从 X 到 Y 的 r 次对应群定义为

$$\mathrm{Corr}^r(X, Y) = C^{\dim X + r}(X \times Y)$$

例如, 正则映射 $f: Y \to X$ 的图 Γ_f 属于 $C^{\dim X}(Y \times X)$, 其转置 Γ_f^t 属于 $C^{\dim X}(X \times Y) = \mathrm{Corr}^0(X, Y)$. 换句话说, 从 Y 到 X 的一个正则映射定义了一个从 X 到 Y 的 0

次对应①.

从 X 到 Y 的一个 0 次对应 γ 定义一个同态 $H^*(X) \to H^*(Y)$,即

$$x \longmapsto q_*(p^*x \cup \mathrm{cl}(\gamma))$$

这里 p 和 q 是投影映射

$$X \xleftarrow{p} X \times Y \xrightarrow{q} Y$$

由 Γ_f^t 给出的上同调的映射与由 f 给出的是一致的.

我们采用记号

$$\mathrm{Corr}^r_-(X,Y) = \mathrm{Corr}^r(X,Y)/\sim \mathrm{Corr}^r_-(X,Y)_{\mathbf{Q}} =$$
$$\mathrm{Corr}^r_-(X,Y) \otimes_{\mathbf{Z}} \mathbf{Q}$$

5. Motive 的定义

Grothendieck 的想法是,应该存在一个泛上同调理论,它取值于由 Motive 构成的 $\mathbf{Q}$ - 范畴 $\mathscr{M}(k)$②.

(1)因此,$\mathscr{M}(k)$ 应该是一个像有限维 $\mathbf{Q}$ - 向量空间范畴 $\mathrm{Vec}_{\mathbf{Q}}$ 一样的范畴(但并不完全一致).特别地,Hom 应该是 $\mathbf{Q}$ - 向量空间(倾向于有限维);$\mathscr{M}(k)$ 应该是一个 Abel 范畴.

进而,$\mathscr{M}(k)$ 应该是一个 $\mathbf{Q}$ 上的淡中忠郎范畴(见下面).

---

① 这里逆反方向是不适宜的,但是在某些时候不得不这么做,因为要和 Grothendieck 以及大部分之后的作者保持一致.——原文注

② 称为 k 上的"Motive"是指像 k 上代数概形的 ℓ-进上同调群一样的东西,我们认为其与 ℓ 无关,并由代数链理论导出,它具有"整"结构,或暂称之为"$\mathbf{Q}$"结构.令人悲观的事实是,尽管此范畴正在形成非常缜密的哲学,但是,我暂时还不知道该如何去定义这个由 Motive 构成的 Abel 范畴.(Grothendieck 给 Searle 的信,1964 年 8 月 16 日.)——原文注

（2）应该存在一个泛上同调理论

$$X \rightsquigarrow hX: 非奇异射影簇 \rightarrow \mathcal{M}(k)$$

特别地，每个代数簇 X 应该定义一个 Motive hX，每个从 X 到 Y 的零次对应应该定义一个同态 $hX \rightarrow hY$.（特别地，一个正则映射 $Y \rightarrow X$ 应该定义一个同态 $hX \rightarrow hY$.）

每个好的①上同调理论应该能唯一通过 $X \rightsquigarrow hX$ 分解.

（1）初论.

我们可以简单地将 $\mathcal{M}_{\sim}(k)$ 定义为这样的范畴：对 k 上每个非奇异射影簇 X 有对象 hX，而态射由

$$\mathrm{Hom}(hX, hY) = \mathrm{Corr}_{\sim}^{0}(X, Y)_{\mathbf{Q}}$$

定义，态射的合成即为对应的合成，所以这是一个范畴. 然而，这存在着明显的不足. 例如，一个 $\mathbf{Q}$ – 向量空间 V 的自同态 e，若满足 $e^2 = e$，则它可将此向量空间分解成其 0 和 1 的特征子空间

$$V = \mathrm{Ker}(e) \oplus eV$$

若 (W, f) 为另一个这样的对，则在 $\mathrm{Hom}_{\mathbf{Q}-线性}(V, W)$ 中有

$$\mathrm{Hom}_{\mathbf{Q}-线性}(eV, fW) \simeq f \circ \mathrm{Hom}_{\mathbf{Q}-线性}(V, W) \circ e$$

同样的结论在任意 Abel 范畴中亦成立，因此，如果我们想让 $\mathcal{M}_{\sim}(k)$ 成为 Abel 范畴，我们至少应该把幂等态射的像也添加到

$$\mathrm{End}(hX) \overset{\mathrm{def}}{=} \mathrm{Corr}_{\sim}^{0}(X, X)_{\mathbf{Q}} \overset{\mathrm{def}}{=} C_{\sim}^{\dim X}(X \times X)_{\mathbf{Q}}$$

---

① 用专业术语说就是 Weil 上同调理论. ——原文注

中.

（2）再论.

现在我们定义 $\mathscr{M}_\sim(k)$ 为这样的范畴,其对象为二元对 $h(X,e)$,其中 X 如上,e 为环 $\mathrm{Corr}^0_\sim(X,X)_{\mathbf{Q}}$ 中的幂等元,而态射则由

$$\mathrm{Hom}(h(X,e),h(Y,f)) = f \circ \mathrm{Corr}^0_\sim(X,Y)_{\mathbf{Q}} \circ e$$

（$\mathrm{Corr}^0_\sim(X,Y)_{\mathbf{Q}}$ 的子集）定义. 这里是关于有理等价还是关于数值等价的有效 Motive 范畴是依赖于 $\sim$ 的选择的,我们将其记为 $\mathscr{M}^{\mathrm{eff}}_\sim(k)$. 前面定义的 Motive 范畴可看作是由 $h(X,\Delta_X)$ 为对象构成的全子范畴.

例如,上面的讨论表明 $\mathrm{Corr}^0_{\mathrm{rat}}(P^1,P^1) = \mathbf{Z} \oplus \mathbf{Z}$,且 $e_0 \overset{\mathrm{def}}{=} (1,0)$ 和 $e_2 \overset{\mathrm{def}}{=} (0,1)$ 分别由 $\{0\} \times P^1$ 和 $P^1 \times \{0\}$ 所代表. 相应的分解 $\Delta_{P^1} = h^0 P^1 \sim e_0 + e_2$,我们可得分解

$$h(P^1,\Delta_{P^1}) = h^0 P^1 \oplus h^2 P^1 \tag{3}$$

这里 $h^i P^1 = h(P^1,e_i)$（这在 $\mathscr{M}^{\mathrm{eff}}_{\mathrm{rat}}(k)$ 和 $\mathscr{M}^{\mathrm{eff}}_{\mathrm{num}}(k)$ 中都成立）. 我们记 $I = h^0 P^1$, $L = h^2 P^1$.

从某种意义上讲,有效 Motive 范畴是最有用的[①],但是一般地,人们更倾向于一个每个对象都存在对偶的范畴. 这极易通过将 L 取逆来实现.

（3）三论.

$\mathscr{M}_\sim(k)$ 的对象现在为三元对 $h(X,e,m)$,其中 X

[①] 例如,在探究具有 $\mathbf{Z}$（而不是 $\mathbf{Q}$）系数的有限域上的有效 Motive 范畴时,Ramachandran(拉马钱德冉)和我发现了此范畴中的 Ext 的阶数和 Zeta 函数的特殊值之间的一个优美的关系. 但是当从这种有效的 Motive 范畴过渡到 Motive 的整个范畴时,这个关系却消失了. ——原文注

和 e 如前文所述,而 $m \in \mathbf{Z}$. 态射定义为

$$\mathrm{Hom}(h(X,e,m),h(Y,f,n)) = f \circ \mathrm{Corr}^{n-m}_{\sim}(X,Y)_{\mathbf{Q}} \circ e$$

这是 k 上的 Motive 范畴. 前面定义的 Motive 范畴可看作是由 $h(X,e,0)$ 为对象构成的全子范畴.

有时称 $\mathscr{M}_{\mathrm{rat}}(k)$ 为 Chow Motive 范畴, 而称 $\mathscr{M}_{\mathrm{num}}(k)$ 为 Grothendieck(或数值)Motive 范畴.

6. $\mathscr{M}_{\sim}(k)$ 和 $X \rightsquigarrow hX$ 的已知性质

(1)范畴 $\mathscr{M}_{\sim}(k)$ 的已知性质.

(A)态射集合是 $\mathbf{Q}$ – 向量空间, 若 $\sim$ 为 num, 则它是有限维的(但是其他情形一般不是有限维的).

(B)Motive 的直和存在, 故 $\mathscr{M}_{\sim}(k)$ 是加法范畴. 例如

$$h(X,e,m) \oplus h(Y,f,m) = h(X \cup Y, e \oplus f, m)$$

(C)Motive M 的自同态环中的一个幂等元 f 能将 M 分解为 f 的核与像的直和, 故 $\mathscr{M}_{\sim}(k)$ 是一个伪Abel范畴. 例如, 若 $M = h(X,e,m)$, 则

$$M = h(X, e - efe, m) \oplus h(X, efe, m)$$

(D)$\mathscr{M}_{\mathrm{num}}(k)$ 是 Abel 范畴且为半单范畴, 但是 $\mathscr{M}_{\sim}(k)$ 一般不是 Abel 范畴, 只有 k 是有限域的代数扩张的情形, 才有可能是 Abel 范畴[①].

(E)$\mathscr{M}_{\sim}(k)$ 上有好的张量积结构, 定义为

$$h(X,e,m) \otimes h(Y,f,n) = h(X \times Y, e \times f, m+n)$$

记 $hX = h(X, \Delta_X, 0)$, 则 $hX \otimes hY = h(X \times Y)$, 故对于

---

① 一个众所周知的猜想断言: 当 k 是有限域的代数扩张时, 自然函子 $\mathscr{M}_{\mathrm{rat}}(k) \to \mathscr{M}_{\mathrm{num}}(k)$ 是一个范畴等价. ——原文注

$X \rightsquigarrow hX$ Künneth(屈内特)公式成立.

（F）上述结论对有效 Motive 范畴亦成立,但是在 $\mathscr{M}_{\sim}(k)$ 中,对象存在对偶. 这意味着对于每个 Motive M, 均存在对偶 Motive $M^{\vee}$ 和"赋值映射" ev: $M^{\vee} \otimes M \rightarrow I$, 并且满足某种泛性质. 例如,当 X 连通时有

$$h(X, e, m)^{\vee} = h(X, e^t, \dim X - m)$$

应该强调的是,尽管 $\mathscr{M}_{\mathrm{rat}}(k)$ 不是 Abel 范畴,但依然是非常重要的范畴. 特别地,它比 $\mathscr{M}_{\mathrm{num}}(k)$ 包含了更多的信息.

（2）$X \rightsquigarrow hX$ 是泛上同调理论吗?

当然,函子 $X \rightsquigarrow hX$ 将 X 映为其 Chow Motive 是有泛性质的. 这可叙述为:好的上同调理论即为可通过 $\mathscr{M}_{\mathrm{rat}}(k)$ 进行分解的理论.

然而对于 $\mathscr{M}_{\mathrm{num}}(k)$ 却存在着一个问题:一个数值等价于零的对应将给出 Motive 间的零映射,但是一般地,我们并不知道其是否在上同调上也定义了零映射. 为了使一个好的上同调理论能通过 $\mathscr{M}_{\mathrm{num}}(k)$ 进行分解,其须满足下述猜想:

猜想 1　如果一个代数链数值等价于零,则其上同调类也是零.

换言之,若 $\mathrm{cl}(\gamma) \neq 0$,则 γ 不会数值等价于零. 结合 Poincaré 对偶,我们可重述为:如果存在上同调类 γ' 满足 $\mathrm{cl}(\gamma) \cup \gamma' \neq 0$,则存在一个代数链 γ'' 满足 $\gamma \cdot \gamma'' \neq 0$. 因此,此猜想是一个关于代数链的存在性断言. 不幸的是,我们尚无方法能够证明代数链的存在性. 更具体地说,我们期望一个上同调类是代数的,即是代数链类,

但我们尚无途径能给出具体证明. 这是一个主要问题, 至少是算术几何和代数几何中的主要问题.

在特征为零时, 猜想 1 对于 Abel 簇是对的, 猜想 1 可由 Hodge 猜想推出.

（3）为什么 hX 不是分次的?

当我们假设猜想 1 成立时, 我们的好的上同调理论 H 确实能通过 $X \rightsquigarrow hX$ 来分解. 这意味着存在从 $\mathscr{M}_{\text{num}}(k)$ 到 H 的基域上的向量空间范畴的函子 w, 使得

$$w(hX) = H^*(X) \stackrel{\text{def}}{=} \bigoplus_{i=0}^{2\dim X} H^i(X)$$

显然应该存在 hX 的一个分解, 使其能够统一诱导出每个好的上同调理论所具有的 $H^*(X)$ 分解. 对 P^1, 由式（3）知这是对的. 下述猜想是由 Grothendieck 提出的.

猜想 2　在环 $\text{End}(hX) = C_{\text{num}}^{\dim X}(X \times X)$ 中, 对角 Δ_X 可典范地分解成幂等元之和

$$\Delta_X = \pi_0 + \cdots + \pi_{2\dim X} \tag{4}$$

此表示式决定一个分解

$$hX = h^0 X \oplus h^1 X \oplus \cdots \oplus h^{2\dim X} X \tag{5}$$

这里 $h^i X = h(X, \pi_i, 0)$, 此分解应该有这样的性质, 即对于每个满足猜想 1 的好的上同调理论, 分解式（5）可给出如下分解

$$H^*(X) = H^0(X) \oplus H^1(X) \oplus \cdots \oplus H^{2\dim X}(X)$$

此猜想也是关于代数链的存在性的断言, 因此证明是很困难的. 对于有限域上的非奇异射影簇［此时某种 Frobenius（弗罗贝尼乌斯）映射的多项式可用于

分解 Motive]和特征零的 Abel 簇(由定义知 Abel 簇具有交换群结构,映射 $m: X \rightarrow X, m \in \mathbf{Z}$,可用于分解 hX),这是对的.

假如猜想 2 是对的,则可谈论 Motive 的权(weight).例如,Motive $h^i X$ 的权为 i,而 $h(X, \pi_i, m)$ 的权为 $i - 2m$. Motive 称为是纯粹的,是指其具有单一的权.每个 Motive 都是纯粹 Motive 的直和.

只有证明了猜想 1 和猜想 2,Grothendieck 的梦想才能得以实现.

注1 Murre 曾经猜测分解式(4)在 $C_{\mathrm{rat}}^{\dim X}(X \times X)$ 中也是存在的.已证明他的猜想等价于 Beilinson(贝林森)和 Bloch(布洛赫)关于 Chow 群上的一个有趣的滤链的存在性猜想.

(4)什么是淡中忠郎范畴?

所谓仿射群,是指一个矩阵群(可能是无限维的)[①].对于 $\mathbf{Q}$ 上的仿射群 G,其在有限维 $\mathbf{Q}$ - 向量空间上表示的全体构成一个带有张量积和对偶的 Abel 范畴 $\mathrm{Rep}_{\mathbf{Q}}(G)$,而遗忘函子则是一个从 $\mathrm{Rep}_{\mathbf{Q}}(G)$ 到 $\mathrm{Vec}_{\mathbf{Q}}$ 保持张量积的忠实函子.

$\mathbf{Q}$ 上的一个中性的淡中忠郎范畴 T 是指一个 Abel 范畴,它带有张量积和对偶并存在到 $\mathrm{Vec}_{\mathbf{Q}}$ 的保持张量积的忠实的正合函子;这样一个函子 w 的张量积自同构构成一个仿射群 G,并且函子 w 的选取决定了

---

① 更确切地说,一个仿射群是域上的一个仿射群概形(未必是有限型的).每个这样的群都是那些能够实现为某 GL_n 的子群的仿射代数群概形的逆极限.——原文注

范畴的等价 $T \to \mathrm{Rep}_{\mathbf{Q}}(G)$. 因此，一个中性的淡中忠郎范畴即是一个没有指定"遗忘"函子的仿射群的表示范畴的抽象形式（正如向量空间是 k^n 的没有指定基的抽象形式一样）.

$\mathbf{Q}$ 上的一个淡中忠郎范畴 T（未必是中性的）是指一个 Abel 范畴，其带有张量积和对偶并存在到某特征零的域（未必是 $\mathbf{Q}$）上的向量空间范畴且保持张量积的忠实的正合函子；我们还要求 $\mathrm{End}(I) = \mathbf{Q}$ 成立；这样的函子的选取给出了 T 到仿射群胚范畴的一个范畴等价.

（5）.$\mathscr{M}_{\mathrm{num}}(k)$ 是淡中忠郎范畴吗？

不，不是淡中忠郎范畴. 在一个带有张量积和对偶的 Abel 范畴 T 中是可以定义一个对象的自同态的迹的. 其将被任何忠实的正合函子 $w: T \to \mathrm{Vec}_{\mathbf{Q}}$ 所保持，因此对于对象 M 的恒等映射 u，有

$$\mathrm{Tr}(u|M) = \mathrm{Tr}(w(u)|w(M)) = \dim_{\mathbf{Q}} w(M)$$

此为向量空间的维数，故为非负整数. 对于簇 X 的恒等映射 u，$\mathrm{Tr}(u|hX)$ 即为 X 的 Euler-Poincaré 特征（Betti 数的交错和）. 例如，若 X 是亏格 g 的曲线，则有

$$\mathrm{Tr}(u|hX) = \dim H^0 - \dim H^1 + \dim H^2 = 2 - 2g$$

这可以是负的，且证明不存在正合的忠实张量函子 w：$\mathscr{M}_{\mathrm{num}}(k) \to \mathrm{Vec}_{\mathbf{Q}}$.

为修正这一点，我们不得不变动张量积结构的内在机理. 假设猜想 1 成立，则每个 Motive 有分解式（5）. 如果当 ij 为奇数时，我们改变"典范"同构

$$h^i X \otimes h^j X \simeq h^j X \otimes h^i X$$

的负号,则 $\mathrm{Tr}(u|h(X))$ 就变成了 X 的 Betti 数的和而不是交错和. 这样 $\mathscr{M}_{\mathrm{num}}(k)$ 就成为一个淡中忠郎范畴(若 k 特征为零则其为中性,但其他情形不然). 因此,当 k 是有限域的代数扩张时,$\mathscr{M}_{\mathrm{num}}(k)$ 是非中性的淡中忠郎范畴.(但是,由于猜想 2 尚未被证实,所以我们不知道标准的上同调是否可通过其进行分解.)

7. 重温 Weil 猜想

(1)Zeta 函数.

设 X 是 F_p 上的非奇异射影簇,固定 F_p 的一个代数闭包 F,对每个 m,F 有唯一的 p^m 元子域 F_{p^m},记 $X(F_{p^m})$ 为 X 上坐标在 F_{p^m} 中的点的集合,此为有限集合.X 的 Zeta 函数 $Z(X,t)$ 定义为

$$\log Z(X,t) = \sum_{m \geqslant 1} |X(F_{p^m})| \frac{t^m}{m}$$

例如,设 $X = P^0 = $ 单点,则对任意的 m 有 $|X(F_{p^m})| = 1$,故

$$\log Z(x,t) = \sum_{m \geqslant 1} \frac{t^m}{m} = \log \frac{1}{1-t}$$

因此

$$Z(X,t) = \frac{1}{1-t}$$

作为第 2 个例子,设 $X = P^1$,则 $|X(F_{p^m})| = 1 + p^m$,故

$$\log Z(X,t) = \sum (1+p^m)\frac{t^m}{m}$$

$$= \log \frac{1}{(1-t)(1-pt)}$$

因此

$$Z(X,t) = \frac{1}{(1-t)(1-pt)}$$

（2）Weil 的奠基性工作.

20 世纪 40 年代,Weil 证明对于 F_p 上亏格 g 的曲线 X,有

$$Z(X,t) = \frac{P_1(t)}{(1-t)(1-pt)}, P_1(t) \in \mathbf{Z}[t] \quad (6a)$$

$$P_1(t) = (1-a_1 t)\cdots(1-a_{2g}t) \text{,其中} |a_i| = p^{\frac{1}{2}} \quad (6b)$$

特别地,有

$$|X(F_p)| = 1 + p - \sum_{i=1}^{2g} a_i$$

故

$$||X(F_p)| - p - 1| = |\sum_{i=1}^{2g} a_i| \leqslant 2g p^{\frac{1}{2}}$$

Weil 关于这些结论的证明,本质上用到曲线的 Jacobi 簇. 对于 $\mathbf{C}$ 上亏格 g 的曲线 X,$X(\mathbf{C})$ 即为亏格 g 的 Riemann 曲面,故 $X(\mathbf{C})$ 上的全纯微分构成一个 g 维复向量空间 $\Omega^1(X)$,并且同调群 $H_1(X(\mathbf{C}),\mathbf{Z})$ 是秩 $2g$ 的自由 $\mathbf{Z}$ - 模. $H_1(X(\mathbf{C}),\mathbf{Z})$ 的一个元素 γ 定义了 $\Omega^1(X)$ 的对偶向量空间 $\Omega^1(X)^{\vee}$ 中的一个元素 $w \longmapsto \int_{\gamma} w$. 在 Abel 和 Jacobi 的时代就已经知道此映射将 $H_1(X(\mathbf{C}),\mathbf{Z})$ 实现为 $\Omega^1(X)^{\vee}$ 中的一个格 Λ,故商 $J(X) = \Omega^1(X)^{\vee}/\Lambda$ 是复环面——选择 $\Omega^1(X)$ 的一个基即可定义一个同构 $J(X) \approx \mathbf{C}^g/\Lambda$. $J(X)$ 的自同态是 $\Omega^1(X)^{\vee}$ 的将 Λ 映为自身的线性自同态,由此知 $\mathrm{End}(J(X))$ 是有限生成 $\mathbf{Z}$ - 模. 所以 $\mathrm{End}(J(X))_{\mathbf{Q}}$ 是

一个有限秩的 **Q** 代数. X 的任何极化定义了 End $(J(X))_{\mathbf{Q}}$ 的一个对合 $\alpha \mapsto \alpha^{\dagger}$,由于对任意非零 α,迹 $\mathrm{Tr}(\alpha\alpha^{\dagger}) > 0$,故其为正定.

复环面 $J(X)$ 是一个代数簇. 20 世纪 40 年代,在 Weil 研究这些问题的时候,尚不知如何定义不同于 **C** 的域上的曲线的 Jacobi 簇. 事实上,那个年代的代数几何理论尚不适合用于这项工作,因此,为了使他对式 (6a)(6b) 的证明能基于坚实的基础理论,他不得不首先重新得出代数几何的基础理论,然后再在任意域上发展 Jacobi 簇的理论.

对于 F_p 上的任意簇 X,存在一个正则映射 $\pi: X \to X$(称为 Frobenius 映射),其在点上的作用为 $(a_0:\cdots:a_n) \mapsto (a_0^p:\cdots:a_n^p)$,并且具有性质:$\pi^m$ 在 $X(F)$ 上作用的不动点恰为 $X(F_{p^m})$ 中的元素. Weil 证明了不动点公式,这使他得以证明,对于 F_p 上的曲线 X,有

$$Z(X,t) = \frac{P_1(t)}{(1-t)(1-pt)}$$

其中 $P_1(t)$ 等于 π 在 $J(X)$ 上作用的特征多项式,并且他知道此多项式具有整系数. 极化的选择定义了 End$(J(X))_{\mathbf{Q}}$ 上的一个对合,Weil 证明其为正定. 由此他能够推出不等式 $|a_i| < p^{\frac{1}{2}}$.

(3) Weil 猜想的陈述.

由 Weil 关于曲线和其他簇的结果得到了下述猜想:对于 F_p 上的 n 维非奇异射影簇 X,有

$$Z(X,t) = \frac{P_1(t)\cdots P_{2n-1}(t)}{(1-t)P_2(t)\cdots P_{2n-2}(t)(1-p^nt)}$$

$$P_i(t) \in \mathbf{Z}[t] \tag{7a}$$

$$P_i(t) = (1 - a_{i1}t) \cdots (1 - a_{ib_i}t)$$

$$这里 |a_{ij}| = p^{\frac{i}{2}} \tag{7b}$$

进而,如果 X 来自于 $\mathbf{Q}$ 上的簇 $\widetilde{X}$ 的模 p 约化,则 $b_i(P_i$ 的次数)应是复流形 $\widetilde{X}(\mathbf{C})$ 的 Betti 数.

（4）标准猜想和 Weil 猜想.

在 Grothendieck 定义他的平展上同调群的时候,他和合作者们证明了一个不动点定理,这使得他们得以证明 $Z(X, t)$ 可表示成形式（7a）,其中 P_i 等于 Frobenius映射 π 在 $H_{\mathrm{et}}^i(X, \mathbf{Q}_\ell)$ 上作用的特征多项式.然而,尚不能断定多项式 P_i 的系数在 $\mathbf{Z}$ 中,而只能断定在 $\mathbf{Q}_\ell$ 中,并且不能排除其或许会依赖于 ℓ.

1968 年,Grothendieck 提出了两个猜想,被分别称为 Lefschetz 标准猜想和 Hodge 标准猜想.如果这些猜想能得以证实,则人们就可以通过用簇的 Motive 理论替代曲线的 Jacobi,来将 Weil 关于曲线情形的 Weil 猜想的证明扩展到任意维的代数簇的情形.

上述的猜想 1 是 Lefschetz 标准猜想的弱形式.如上所知,此猜想连同周知的猜想 2 都意味着存在一个好的 Motive 理论,也意味着式（7a）成立,并且 $P_i(t)$ 是 π 作用在 Motive $h^i X$ 上的特征多项式.特别地,$P_i(t)$ 的系数在 $\mathbf{Q}$ 中,不依赖于 ℓ,进而可证明其系数在 $\mathbf{Z}$ 中.

Hodge 标准猜想是一个正面的断言,其意味着每个 Motive 的自同态代数具有一个正定的对合.假设这是对的,则由 Weil 的讨论方法即能证明式(7b).

在零特征的情形,Hodge 标准猜想可用解析方法证明,但在非零特征的情形,仅对很少的簇知其成立. 然而,其亦可由 Hodge 猜想和 Tait 猜想推得.

Deligne 用了一个非常巧妙的办法成功地完成了 Weil 猜想的证明,但其证明不用标准猜想. 因此,Grothendieck 有下面的陈述:

> 解决标准猜想的证明连同奇点消解问题(非零特征的情形)对我来说似乎是代数几何中最紧迫的任务. 至今依然正确.

8. Motive 的 Zeta 函数

(1) $\mathbf{Q}$ 上的簇的 Zeta 函数.

假设 X 是 $\mathbf{Q}$ 上的非奇异射影簇. 我们先将定义 X 的多项式去分母使其具有整系数,然后将这些方程模素数 p,即得 F_p 上的一个射影簇 X_p. 如果 X_p 仍然是非奇异的,则称 p 是"好的". 除有限个以外,所有的素数都是好的,我们定义 X 的 Zeta 函数为[①]

$$\zeta(X,s) = \prod_{\text{好的}p} Z(X_p, p^{-s})$$

例如,当 $X = P^0 = $ 单点时

$$\zeta(X,s) = \prod_p \frac{1}{1-p^{-s}}$$

---

① 还应该包含对应于"坏"素数和实数的因子. 以下我将忽略有限多个因子.——原文注

这是 Riemann Zeta 函数 $\zeta(s)$;当 $X = P^1$ 时

$$\zeta(X,s) = \prod_p \frac{1}{(1-p^{-s})(1-p^{1-s})}$$

$$= \zeta(s)\zeta(s-1)$$

考虑 $\mathbf{Q}$ 上的椭圆曲线 E. 对好的 p,有

$$Z(E_p,t) = \frac{(1-a_p t)(1-\overline{a}_p t)}{(1-t)(1-p^t)} \quad (a_p + \overline{a}_p \in \mathbf{Z})$$

$$a_p \overline{a}_p = p, \ |a_p| = p^{\frac{1}{2}}$$

(见式(6a)(6b)). 故

$$\zeta(E,s) = \frac{\zeta(s)\zeta(s-1)}{L(E,s)}$$

其中

$$L(E,s) = \prod_p \frac{1}{(1-a_p p^{-s})(1-\overline{a}_p p^{-s})}$$

(2)Motive 的 Zeta 函数.

首先考虑 F_p 上的 Motive. 我们不能用一个 Motive M 的坐标在域 F_{p^m} 中的点来定义 F_p 上的 Motive M 的 Zeta 函数,因为这根本没有定义. 但是,我们知道 $\mathscr{M}(F_p)$ 是淡中忠郎范畴. 在任何淡中忠郎范畴中,对象的自同态具有特征多项式. 如果 i 是奇数,则我们定义 F_p 上的权为 i 的纯粹 Motive M 的 Zeta 函数 $Z(M,t)$ 为 M 的 Frobenius 映射的特征多项式. 如果 i 是偶数,则定义 $Z(M,t)$ 为其倒数. 此特征多项式的系数在 $\mathbf{Q}$ 中,如果 M 是有效的,则系数在 $\mathbf{Z}$ 中. 对于有相同权的 Motive M_1 和 M_2 有

$$Z(M_1 \oplus M_2, t) = Z(M_1, t) \cdot Z(M_2, t) \qquad (8)$$

用此公式即可将定义扩展到所有的 Motive.

这是如何与簇的 Zeta 函数相联系的呢？设 X 是 F_p 上 n 维光滑射影簇. 如上所知, Grothendieck 和他的合作者们证明了

$$Z(X,t) = \frac{P_1(t) \cdots P_{2n-1}(t)}{P_0(t) \cdots P_{2n}(t)}$$

其中 $P_i(t)$ 是 X 的 Frobenius 映射作用在平展上同调群 $H^i_{et}(X_F, \mathbf{Q}_\ell)$ 上的特征多项式(这里是对任意素数 $\ell \neq p$ 来说,因此, $P_i(t)$ 可能依赖于 ℓ). 现假设对于 ℓ-进平展上同调来说,猜想 2 成立,则存在函子

$$w : \mathscr{M}(F_p) \to \mathrm{Vec}_{\mathbf{Q}_\ell}$$

使得

$$w(h^i X) = H^i_{et}(X_F, \mathbf{Q}_\ell)$$

此函子保持特征多项式,这表明有[1]

$$Z(h^i X, t) = P_i(X, t)^{(-1)^{i+1}}$$

故

$$Z(X,t) = Z(h^0 X, t) \cdots Z(h^{2n} X, t)$$

由式(5)和式(8),我们知道此等式右边等于 $Z(hX, t)$,故

$$Z(X,t) = Z(hX, t)$$

$\mathbf{Q}$ 上的 Motive M 可以由一个 $\mathbf{Q}$ 上的射影光滑簇 X,一个 $X \times X$ 上的代数链 γ 和一个整数 m 所刻画. 除去有限多个,对所有的素数 p,约化 X 和 γ 可给出 F_p 上的 Motive M_p,因此我们可以定义

---

[1]　特别地, $P_i(X, t)$ 是 $\mathbf{Z}$ 系数的多项式,其不依赖于 ℓ,这表明由猜想 1 和 2 可推出式(7a),这得益于 Deligne 的工作. ——原文注

$$\zeta(M,s) = \prod_{\text{好的}p} Z(M_p, p^{-s})$$

例如

$$\zeta(h^0(P^1)) = \zeta(s), \zeta(h^2(P^1)) = \zeta(s-1)$$

对于椭圆曲线 E,有

$$hE = h^0E \oplus h^1E \oplus h^2E$$

故

$$\zeta(hE,s) = \zeta(h^0E,s) \cdot \zeta(h^1W,s) \cdot \zeta(h^2E,s)$$
$$= \zeta(s) \cdot L(E,s)^{-1} \cdot \zeta(s-1)$$

注意,在没有假设任何未被证明的猜想的情况下,我们定义了 **Q** 上的 Motive 范畴,并对此范畴中的每个对象赋予一个 Zeta 函数. 这是一个复变量 s 的函数,人们猜想它有许多奇妙的性质. 如此产生的函数称为 Motive 的 L - 函数. 另外,可以用完全不同的方法,即从模形式、自守形式,或更一般地,从自守表示来构造函数 $L(s)$——称为自守 L - 函数,其定义不用代数几何. 下面是 Langlands 纲领中的一个具有指导意义的基本原则:

模性大猜想 每个 Motive 的 L - 函数都是自守 L - 函数的交错积.

设 E 是 **Q** 上的椭圆曲线. 模性(小)猜想说的是, $\zeta(h^1E,s)$ 是模形式的 Mellin(梅林)变换、Wiles(等人)对此猜想的证明是 Fermat 大定理的证明中的主要步骤.

9. Birch(伯奇) - Swinnerton(斯温纳顿) - Dye(戴尔)猜想和一些神秘的平方

设 E 是 **Q** 上的椭圆曲线. 大约从 1960 年开始,

Birch 和 Swinnerton-Dye 便使用一种早期的计算机（EDSAC 2）研究 $L(E,s)$ 在 $s=1$ 附近的情况. 计算结果激发他们提出了的著名猜想. 记 $L(E,1)^*$ 为 $L(E,s)$ 关于 $s-1$ 的幂级数展开式中的第一个非零系数,则他们的猜想断言

$$L(E,1)^* = \{已知项\} \cdot \{神秘项\}$$

其中神秘项被猜想为 E 的 Tait-Shafalevich（沙法列维奇）群的阶数,已经知道其（如果是有限的）为平方数.

与此同时,他们研究了

$$L_3(E,s) = \prod_p \frac{1}{(1-a_p^3 p^{-s})(1-\bar{a}_p^3 p^{-s})}$$

在 $s=2$ 附近的情况. 通过计算,他们发现

$$L_3(E,1)^* = \{已知项\} \cdot \{神秘平方项\}$$

其中神秘平方项可以很大,例如 2 401. 这究竟是什么呢?

如上所知,$L(E,s)^{-1} = \zeta(h^1 E,s)$. 我们可将 Birch-Swinnerton-Dye 的猜想看作是关于 $h^1 E$ 的断言. 此猜想已被扩展到 **Q** 上的所有 Motive. 可以证明存在 Motive M 使得

$$h^1(E) \otimes h^1(E) \otimes h^1(E) = 3h^1(E,\Delta_E,-1) \oplus M$$

以及

$$\zeta(M,s) = L_3(E,s)^{-1}$$

因此,这个神秘平方项被猜想为 Motive M 的"Tait-Shafalevich 群".

忆 Grothendieck 和他的学派[①]

第 4 章

L. Illusie,南巴黎大学的一位名誉退休教授,曾是 Grothendieck 的学生.2007 年 1 月 30 日的下午,在 Beilinson 芝加哥的家里见到了芝加哥大学的数学教授 Beilinson,Bloch,Drinfeld(德林费尔德)以及其他几位客人,L. Illusie 在壁炉旁闲聊起来,回忆起他与 Grothendieck 在一起的那些日子. 以下是一篇由 Thanos Papaioannou,Keerthi Madapusi Sampath 和 Vadim Vologosky 提供的手稿经过修改和整理的记录.

1. 在 IHÉS

Illusie 说:我开始参加 Grothendieck 在 IHÉS 的讨论班是在 1964 年组织编写关于

---

① 作者 Luc Illusie, Alexander Beilinson, Spencer Bloch, Vladimir Drinfeld,等. 译自:Notices of the AMS, Vol. 57(2010), No. 9, p. 1106 – 1115,Reminiscences of Grothendieck and His School,Luc Illusie,with Alexander Beilinson,Spencer Bloch,Vladimir Drinfeld,etal. Reprinted with permission. All rights reserved. 胥鸣伟,译. 袁向东,校.

SGA 5 的第 1 部分[①]的时候. 第 2 部分在 1965～1966 年组织编写. 讨论班在每周二, 从下午 2 点 15 分开始, 持续一个半钟头. 大多数的报告是 Grothendieck 作的. 通常他整个夏天都在预先准备笔记, 并会把它们发给可能的演讲人. 他在自己的学生中分派报告人, 也要求他的学生写讲稿. 第一次见他我有些恐惧, 这是在 1964 年, 是 Cartan 把我介绍给他的, Cartan 说: "对于你在做的问题, 你应当见见 Grothendieck." 我的确正在研究一个在相关情形下的 Atiyah-Singer 指标公式. 当然, 所谓的相关情形是在 Grothendieck 研究的内容下的, 所以 Cartan 立即就看出了这个关键点. 我当时在做 Hilbert 丛, 包括具有有限的上同调的 Hilbert 丛的复形有关的一些东西, Cartan 就说, "这使我想起 Grothendieck 做过的一些东西, 你应该与他讨论讨论." 中国数学家施维枢将我引见给他. 施维枢当时正在普林斯顿的关于 Atiyah-Singer 指标公式的 Cartan-Schwartz 讨论班上; 那里还有一个并行的由 Palais 主持的讨论班. 我和施维枢一起做了一点示性类的东西, 后来他就去 IHÉS 访问了. 他与 Grothendieck 很要好, 建议向他引见我.

　　于是, 有一天的下午 2 点钟, 我去 IHÉS 的 Grothend-

　　① *l* - 平展上同调和 *L* - 函数, Séminaire Géométrie Algébrique du Bois-Marie 1965～1966, Grothendieck 主持, LNM(Lecture Notes in Math) 589. Springer-Verlag, 1977. ——原文注

　　SGA 即 Séminaire Geométrie Algébrique (代数几何讨论班) 的缩写. ——原译注

ieck 的办公室见他. 在相邻的一间会客室, 他接待了我. 我试着解释现在正在做什么方面的研究, 这时 Grothendieck 突然给我看某些自然的交换图, 并说: "它根本得不出什么. 让我来给你讲讲我的一些想法." 然后他开始长时间的给我讲起了导范畴中的有限性条件, 而我却一点儿也不懂导范畴! "你考虑的不应该是 Hilbert 丛的复形, 你应该研究环层空间和有限挠维的伪凝聚层复形." 看起来它很复杂, 但他向我做的解释在后来证明我所需要的东西时是有用的. 我做了笔记, 可懂得很少.

我那时还不懂代数几何, 但他说: "我要在秋天时开一个讨论班, 是 SGA 4 的延续①, 当时还不叫'SGA 4'而叫'SGA A'即"Séminaire de géométrie algébrique avec Artin(与 Artin 一起的代数几何讨论班)". 他说: "这个讨论班讨论的是关于局部对偶的. 下一年我们要讨论到 l – 进上同调、迹公式、L – 函数." 我说: "好的, 我会参加, 但我不知是否能跟得上." 他说: "事实上, 我想要你整理出第一讲的报告." 然而他没有给我事先准备的笔记, 我直接参加了第一讲.

他站在黑板旁精力充沛地讲着, 并留心复述所有必要的资料. 他做事是非常精确的, 表述也如此简洁准确, 甚至对此课题一无所知的我也能明白这种形式结构. 他讲述的快且清楚, 使我也能记下笔记. 他从简短

---

① 《拓扑斯理论和概形的平展上同调》, SGA du Bois-Marie, M. Artin, Grothendieck 及 Verdier(费尔迪尔)主持, LMN 269, 270, 305, Springer-Verlag, 1972, 1973. ——原文注

地回想整体的对偶以及 $f^{!}$ 和 $f_{!}$ 的形式规定开始. 那时我已经学了一点导范畴的语言,所以不怎么害怕诸如特异三角形(distinguished triangles)之类的东西. 然后他转到对偶化复形,这对我来说要难得多. 一个月后我写好了笔记,当把它们交给他时我非常担心. 它们总共大约 50 页. 对于 Grothendieck 来说这是一个合适的长度. 有一回,我过去在高等师范的助教 Houzel 在这个讨论班结束时对 Grothendieck 说:"我写了点东西,想请您看一看." 这是些关于复几何(analytic geometry,指解析空间理论——校注)的,大约 10 页,Grothendieck 对他说:"等你写了 50 页再拿回来"……(笑声)……不管怎样我写的这个长度是合适的,但我还是非常担心. 一个原因是,在此期间,我写了一些关于我对 Hilbert 丛的复形想法的笔记,已有了看起来很好的最终文本. Grothendieck 说:"或许我会看一看." 于是我将文本交给了他. 之后不久,Grothendieck 来找我说:"对你写的东西我有些话说,请你到我那里去,我要解释给你听."

2. 在 Grothendieck 的住所

当我见到他时,惊讶地发现我的文本已被铅笔的记号涂黑了. 我以为这应是最后的文本了,但还是需要修改. 事实上,他始终都是对的,甚至涉及语法问题. 他建议修改文体,组织结构,等等. 故而我对于自己写的关于局部对偶的报告也开始担心起来. 然而大约一个多月后,他说:"我已读过你的笔记了,还不错,但我还有些意见,请你再到我的住所来好吗?"那时他住在

Bures-sur-Yvette 的 Moulon 街的一座白色的房子里. 那里的办公室很简陋, 冬天很冷. 墙上挂着一幅他父亲的铅笔画肖像, 在桌上还有一尊他母亲的石膏遗容塑像. 在书桌后是个档案橱柜, 当他需要某个文件时, 可以转过身来马上找到它. 他将一切安排得井井有条. 我们坐在一起讨论他对我的修改本的意见, 从下午 2 点钟开始可能直到下午 4 点, 然后他说, "或许我们该歇一会儿了." 有时我们出去走一会儿, 有时喝茶, 之后再回来继续工作. 然后晚上 7 点左右与他的妻子、女儿和两个儿子一起吃晚饭. 再后来我们又去他的办公室碰面, 他喜欢向我讲一些数学. 我记得, 有一天他按各种不同观点给我讲了一堂基本群理论的课: 拓扑的、概形理论的 (比 SGA 3 扩大了的基本群), 还有拓扑斯理论的. 我力图把握住它们, 但太难了.

他以自己快速和优雅的手书进行即兴创作. 他说他不写就不能思考. 我发现自己更适合首先闭着眼睛想事, 或者干脆躺着, 但他这样却不能思考, 他必须拿张纸在上面写. 他写下 $X \to S$, 用笔多次划在上面, 直到字和箭头变得非常粗. 通常我们在晚上 11 点 30 分结束, 然后他陪我走到车站, 我要去赶回巴黎的末班火车. 在他住所的所有下午都是这样度过的.

3. 林中漫步

来过这个讨论班的人中我记得的有 Berthelot, Cartier, Chevalley, Demazure, Dieudonne, Giraud, Jouanolou, Néron, Poitou, Raynaud 及其夫人 Michèle, Samuel, Searle, Verdier. 当然还有国外的来访者, 其中有些待了较

长的时间(Tits;Deligne 从 1965 年起便参加了该讨论班;Tait;后来则有 Kleiman,Katz,Quillen,…). 那时每到下午 4 点钟我们就到 IHÉS 的会客厅喝茶,这是一个进行会面和讨论的场所. 另一个这样的场所是在 IHÉS 的餐厅,过了一段时间我也决定到那里看看. 在那里能看到 Grothendieck,Searle,Tait 在讨论主旨(motives,有人建议翻译为"母题"——译注)理论或其他话题,这是些那时被我完全忽视的东西. SGA 6① 开始于 1966 年,这是关于 Riemann-Roch 公式的讨论班. 此前不久,Grothendieck 对 Berthelot 和我说:"你们应该作报告了."他交给我一些预先准备的笔记,是关于导范畴有限性条件和关于 K - 群的. 于是 Berthelot 和我给了几个报告,并写了笔记. 这段时间我们通常在午餐时碰头,饭后 Grothendieck 带我们到 IHÉS 的树林中去散步,十分随意地向我们讲解他一直在考虑的事和在读的东西. 我记得有一次他说:"我在读 Manin(马宁)关于形式群的文章②,我想我明白他在做什么. 我认为应该引进斜率的概念,以及 Newton 多边形."然后他对我们解释 Newton 多边形应该在特定情况下产生,并首次提出了晶体(crystal)的概念. 就是这时,或许稍晚一些,他写了那封著名的给 Tait 的信:

---

① 相交论和 Riemann-Roch 定理,Grothendieck,Berthelot 和 Illusie 主持,LMN 225,Springer-Verlag,1971. ——原文注

② Yu. I. Manin, "Theory of commutative formal group over field of finite characteristic", Uspehi,Mat,Nauk. 18(1963),No. 6(114),3-90. (俄文)——原文注

······ Un cristal possède deux propriètès charactèristiques: larigidité. et la faculté de croître dans un voisinage approprié Il y a des cristaux de toute espéce de substance:des cristaux de soude, de soufre, de modules, d'anneaux,de schémas relatifs,etc.（晶体具有两个特征性质：刚性和在一个适当的邻域中的生长能力. 有各种物质的晶体：钠、硫磺、模、环、相对概形,等等.）

4. Künneth

Bloch：你怎么样？你的职责是什么？你一定一直想着你的学位论文吧？

Illusie：我必须说，进行得不怎么样. 当然，Grothendieck 给了我几个问题. 他说："EGA Ⅲ 的第 2 部分①实在叫人头痛,有十来个邻接于纤维积的上同调的谱序列,乱成一团,所以请你用引进导范畴的办法把它捋顺一下,在导范畴的一般架构下写出 Künneth 公式."我对此进行了考虑但很快就完全被卡住了. 当然我也能写出几个公式,然而只能在无挠的情况下. 我相信即便现在在文献中也没有出现过非无挠情形下的一般公式②. 为此需要用到同伦代数.

---

① 《代数几何基础》, Grothendieck, Dieudonne, IHÉS 4,8,11,17,20,24,28,32,以及 Grundlehren166,Springer-Verlag,1971.——原文注

② 这个话题在标题为"Cartier, Quillen"那一节还有讨论.——原文注

若存在两个环,则需要取这两个环的导张量积,得到的是单纯环的导范畴中的一个对象,或者可将它看成是在特征零情形时的一个微分分次代数,但是这些东西在那时还没有.在无挠情况下,通常的张量积便可以,而一般情形则卡住了我.

5. SGA 6

因此,我很高兴与 Grothendieck 和 Berthelot 一起搞 SGA 6. SGA 6 这个讨论班进行得很顺利,我们最终证明了在相当一般的背景下的 Riemann-Roch 定理,Berthelot 和我十分高兴.我记得我们都在尽力模仿 Grothendieck 的文风.当 Grothendieck 交给我他写的一些关于在导范畴中有限性的笔记时,我说:"这只是在一个点上,我们应该在某个拓扑斯上的一个纤维范畴上研究它."(笑声)它有点直接了,但不管怎样,它确实是一个正确的推广.

Drinfeld:SGA 6 的最终文本写成什么样子了?是不是就是这种一般性的情况?

Illusie:是的,自然如此.

Drinfeld:那么,这是你的建议,而不是 Grothendieck 的?

Illusie:是的.

Drinfeld:他赞同吗?

Illusie:当然,他喜欢它.至于 Berthelot,他把他的原创带到了 K - 理论部分. Grothendieck 算过了一个射影丛的 K_0. 我们那时不叫它"K_0",有一个 $K^{\bullet}$ 由向量丛构成,而有一个 $K_{\bullet}$ 由凝聚层构成,即现在记为的 K_0 和

K'_0. Grothendieck 证明了,在 X 上一个射影丛 P 的 K_0 由 $\mathcal{O}_p(1)$ 类在 $K_0(X)$ 生成,但他不喜欢这个结果. 他说:"不处在拟射影情形时,对于凝聚层就没有任何整体的分解. 最好去作利用完满复形(perfect complex)定义的 K – 群." 但是他不知道如何对其他的 K – 群去证这个类似的结果. Berthelot 考虑了这个问题,他将在 EGA Ⅱ 中对于模所作的 Proj 的某些结构改用到复形上解决了这个问题. 他将此方法告诉了 Grothendieck,然后 Grothendieck 对我说:"Berthelot est encore plus fonctorise que moi!"[①](笑声). Grothendieck 交给我们关于 λ 运算的详细笔记,这是他在 1960 年之前写的. Berthelot 在自己的报告中讨论了它们,并解决了许多 Grothendieck 当时还没有考虑到的问题.

Bloch:你为什么选择了这个课题? 已经有了 Borel 和 Searle 写的更早的文章,那也是基于 Grothendieck 关于 Riemann-Roch 的想法的. 我确信他并不喜欢这样做!

Illusie:Grothendieck 需要在一个一般基底和完全一般态射(局部完全交的态射)上的相对公式. 他还不想用移动闭链(cycles)的方法. 他更喜欢用 K – 群去做相交理论.

Bloch:难道他忘掉他要证明 Weil 猜想的纲领了吗?

6. SGA 7

Illusie:没有忘,他有许多方法和手段. 在 1967 ~

① "Berthelot 比我还要函子化!"——原文注

569

1968 年和 1968～1969 年有另一个讨论班 SGA 7[1]，这是关于单值性、消没闭链、$R\Psi$ 和 $R\phi$ 函子、闭链类、Lefschetz 束（Lefschetz pencils）的. 他确实在几年前已考虑过在闭链附近的形式体系. 他也读过 Milnor（米尔诺）关于超曲面的奇点的书. Milnor 计算了一些例子，并观察到对于这些例子，一个孤立奇点的现在称之为米尔诺纤维的单值性的特征值是单位根. Milnor 猜想，一般情形也是如此，作用是拟幂幺的. 于是 Grothendieck 说："在解决我们的问题中工具是什么呢？是广中平佑的消解（resolution）法. 于是你离开了孤立奇点的世界，你再也不能取到 Milnor 纤维了，你需要一个合适的整体的对象." 然后他意识到他曾定义过的消没闭链的复形正是他所要的. 利用奇点消解，他在拟半稳定约化情况下（带有重数）计算了消没闭链，于是在特征零的情形解答便十分容易地得到了. 他还得到了一般情形下的一个算术证明. 他发现了这个奇妙的论证，用它证明了：当你的局部环的剩余域不是那么大，意思是说它没有包含所有含有次数为 ℓ 幂次的单位根的有限扩张时，那么，ℓ-进表示是拟幂幺的. 他决定开一个关于它的讨论班，这就是顶呱呱的讨论班——SGA 7. 就是在这个讨论班上，Deligne 作了他的关于 Picard-Lefschetz 公式的漂亮报告（这是应 Grothendieck 的请求作的，他不懂 Lefschetz 的论证），还有 Katz 的关于

[1] 《代数几何中的单值群》，1967～1969，I 由 Grothendieck 主持，II 由 Deligne 和 Katz 主持，LNM 288,340,Springer-Verlag,1973.——原文注

Lefschetz 束的美妙演讲.

7. 余切复形和形变

但是我的学位论文还是空白的,我刚参加完 SGA 7,没有写报告的任务. 我已经放弃 Künneth 公式方面的问题很久了. 我也在《拓扑学》(Topology) 上发表了一篇关于有限群作用和陈(省身)数的小文章,但那还太少. 一天,Grothendieck 到我这里来说,"我有几个给你的关于形变的问题." 于是我们在某个下午见了面,他提了几个关于形变的问题,但它们都有相似的答案:模的、群的、概形的、概形态射的,等等的形变. 每次答案都涉及一个他近来构造出的东西,即余切复形. 在他与 Dieudonne 合作的关于 EGA Ⅳ 的工作中出现过一个态射的微分不变量,称之为"不完全性模"(module of imperfection). Grothendieck 意识到,事实上 Ω^1 和不完全性模是在导范畴中一个更精细的不变量的上同调对象,即一个长为 1 的复形,他称其为余切复形. 他把此写到了他的讲义《加性余纤维范畴与相对余切丛》(Catégories cofibrées additives et complexe cotangent relatif)(SLN 79)中. Grothendieck 观察到,当涉及 H^2 群的障碍时,他的理论很可能是不充分的,这是因为一个态射的复合对于它的余切复形不会产生一个好的特异三角形. 在同一段时间,Quillen 一直独立地做同伦代数,并且在稍后,构造出了在仿射情形的一个无限长的链复形,它将 Grothendieck 的复形作为其一个截段,而它对于态射的复合表现良好. ,Michel André 也独立地定义了一个相似的不变量. 我对他们的工作产生了兴趣,并且认识到,在 André 的构造中,起着关键作用的 Whitehead 的经典引理可以很容易地被层化. 几个月里我便得到了我论文的主要结果,但群概形的形变除外,后者在以后很长时间才被搞定(交换的情形需要做极多的工作).

8. 1968 年 5 月之后

在 1968 年 5 月, Grothendieck 开始思考其他的课题:物理(他告诉我他读了 Feynman 写的书),然后是生物学(特别是胚胎学). 我对他那个时期的印象是,尽管他仍旧非常活跃(例如 SGA 7 的第 2 阶段是在 1968 ~ 1969 年进行的),但数学慢慢地从他的主要兴趣中漂走了. 他一直考虑在此之后建立一个关于 Abel 概形的讨论班,但最终决定进行研讨 Dieudonne 的 p - 可除群的理论,以延续他关于晶体上同调的研究.

他在这方面的讲义(1966)已经由 Coates 和 Jussila 写出来了,他还让 Berthelot 将其发展成一个完全成熟的理论. 颇为遗憾的是他没能组织一个关于 Abel 概形的讨论班. 我确信如果讨论班能建立,那么一定会产生这个理论的一个漂亮统一的表述,它会比我们能在文献中找到的分散的资料要好得多. 1970 年,他离开了 IHÉS 并创建了生态团体“Survivre”[意思为“生存”——译注. 后改名为“Survivre et Vivre”(生存与生活)]. 在尼斯大会上,他从用纸板做的小箱子中取出要散发的文件,并对此做了宣传. 他逐渐地将数学看成是不值得研究的东西,因为还有人类生存方面更加紧迫的问题需要解决. 然而在 1970 ~ 1971 年,他还是在

法兰西学院上了一门关于 Barsotti-Tate 群的漂亮课程
（连同一个讨论班），后来在蒙特利尔也讲了同样主题的
课.

9. 随 Grothendieck 一起工作

许多人害怕与 Grothendieck 讨论，然而，事实上，
并不是有多么困难. 例如，我可以在任何时间打电话给
他，但中午前除外，因为那时他才起床. 他总是工作到
深夜，我可以问他任何问题，他总是非常和善地向我解
释他对此问题所知道的一切. 有时他有些事后的想法，
他便会写一封信给我来补充一些东西. 他对我非常友
善，但是有些学生就没有这样幸运了. 我记得 Lucile
Bégueri-Poitou 曾向 Grothendieck 要了一个题目作为她
学位论文的标题. 他提议她写关于拓扑斯的凝聚态射
理论以及在拓扑斯中的有限性条件. 那是困难且不讨
好的题目，事情进行得不顺利，她最终决定不再跟他做
了. 几年后，她写了一篇论文，解决了一个同他的研究
完全不同的问题①.

我说过，当我交给他一些笔记时，他会改得很多，
并提出许多修改的建议. 由于他所说的几乎总是能切
中要害，我也很高兴他能改进我的写法. 但有些人不是
这样，一些人认为自己写得很好了，没有改进的必要.
Grothendieck 在 IHÉS 举办过关于主旨理论的系列讲
座. 其中一部分是关于标准猜想的. 他要求 John Coates

---

① L. Bégueri：Dualité sur corps local á corps résiduel algébriquement
clos，Mém. Soc. Math. France，(N. S.)1980/81，N. 4，121pp. ——原文注

写出笔记. Coates 照此做了,然而同样的事情发生了:
回到他手上的笔记上面写了许多修改. 这使得 Coates
有些气馁,于是放弃了. 最后,是 Kleiman 写出了登在
Dix exposés sur la cohomplogie des schéma 中的报告[1].

Drinfeld:但是对于许多人来说,写一个关于拓扑
斯的凝聚态射的学位论文可不是那么好写的. 对大多
数学生来说就是件坏事.

Illusie:我想对于 Grothendieck 自己来说这是些好
题目.

Drinfeld:是的,的确如此.

Illusie:不止对学生如此. 同样对于 Monique Ha-
kim 的 *Relative schemes over toposes* 也是如此. 我担心这
本书[2]恐怕不是那么成功吧.

Illusie:Deligne 告诉我其中一些部分有问题[3]. 无
论如何,她对此课题不怎么感兴趣,并在此之后便去做
完全不同的数学了. 我想 Raynaud 也不喜欢 Grothend-
ieck 给他的题目,但他自己找到了另外一个题目[4]. 这
给了 Grothendieck 深刻的印象,同样还有 Raynaud 能
够懂得 Néron 的 Néron 模型的构造这件事也给了他这

① S. Kleiman:Algebraic cycles and the Weil conjectures, North Hol-
land Pub. Co. , Masson et Co. ,1968,356-386. ——原文注

② M. Hakim, Topos annelés et schémas relatifs, Erg. der Math. und
ihrer Grentzgebiete, Bd 64, Springer-Verlag,1972. ——原文注

③ 2010 年 4 月的补充:Deligne 不认为其中有任何错误的地方,他
记得她在解析空间上定义的东西不是所想要的. ——原文注

④ M. Raynaud:Faisceaux amples sur le schémas en groupes et les es-
paces homogènes, LNM 119, Springer-Verlag,1970. ——原文注

种印象. 当然 Grothendieck 非常聪明地在他的 SGA 7 的文章里使用了 Néron 模型的一般性质, 但他掌握不好 Néron 的构造.

10. Verdier

对 Verdier, 有个不同的故事. 我记得 Grothendieck 对于 Verdier 极为赞赏. 他羡慕我们现在所谓的 Lefschetz-Verdier 迹公式以及 Verdier 定义 $f^!$ 的想法: 首先作为一个形式伴随, 然后再计算它.

Bloch: 我想那或许是 Deligne 的想法.

Illusie: 不是的, 那是 Verdier 的想法. 但 Deligne 之后在凝聚层的背景下用了这个想法. Deligne 因不知不觉就将 Hartshorne 讨论班的讲义从 300 页砍成了 18 页而感到高兴. (笑声)

Drinfeld: 您说的具体是哪些页?

Illusie: 是 Hartshorne 讨论班的 *Residues and Duality*[1] 的附录的那些页. 我说"Hartshorne 的讨论班", 但实际上这是 Grothendieck 的讨论班. Grothendieck 写了预先的笔记, Hartshorne 是根据笔记举办的讨论班.

回到 Verdier, 他写了一篇出色的关于三角剖分和导范畴的"facicule de résultats (一小堆结果)"[2], 有人会问, 为什么他不着手写一份完整的报告呢? 在 20 世

---

① R. Hartshorne: Residues and Duality, LNM 20, Springer-Verlag, 1966. ——原文注

② Catécaries dérivées, Quelques résultats (État 0) in (SGA 4 1/2, Cohomologie étale, Degline 主持, LNM 569, Springer-Verlag, 1977), p. 266-316. ——原文注

纪 60 年代后期和 20 世纪 70 年代前期, Verdier 对于其他的东西产生了兴趣: 复几何 (Analytic geometry)、微分方程等. 当 Verdier 在 1989 年逝世时, 在他的追悼会上我作了一个关于他的工作的报告, 我不得不去了解这个问题: 为什么他不发表他的博士论文? 他写了一些概要, 但不是全文. 一个主要的原因很可能是在他手稿的修订本中他还没有处理导函子. 他已经讨论了三角剖分的范畴, 导范畴的形式体系, 局部化的形式体系, 但还没有讨论导函子[①]. 那时他已开始忙于其他的事情了. 推测起来, 他是不想出版一本没有导函子的关于导范畴的书. 这确实令人遗憾[②].

Drinfeld: 那么他写在 *Astérisque* 的那一卷上的内容到了什么地步?

Illusie: 相当于 Verdier 已写出来的到导函子前的内容[③]. 我想, 这一卷十分有用, 但对于导函子你不得不到别的地方去找.

11. 滤子导范畴

Drinfeld: 微分分次范畴的概念在 Verdier 的研究中曾出现过吗? 另一个对于导范畴不完满的潜在源头在于, 锥仅仅定义在同构的程度. 有许多自然的构造在 Verdier 所定义的导范畴中不能自然地起作用. 于是就

---

① 导函子已经定义了, 并在上面提到的 *facicule de résultats*, II §2 中有所研讨. ——原文注

② 2010 年 4 月的补充: 按 Deligne 说, Verdier 也受到记号问题的折磨, 他还没有找到满意的处理办法. ——原文注

③ J. -L. Verdier: Des catégories dérivées des catégories abéliennes, Astériisque 239 (1996). ——原文注

需要用微分分次范畴,或者到"稳定范畴"去,但这些仅仅在最近才真正地发展起来.事后看来,微分分次范畴的想法好像也是非常自然的.在讨论导范畴时您有过这种想法吗?

Illusie:Quillen 发现微分分次代数会给人一种与由单纯代数定义的导范畴类似却总的来说是与其不等价的范畴,但这是在 20 世纪 60 年代后期和 20 世纪 70 年代初期才成形的东西,从而并没有在与 Grothendieck 的讨论中出现过.我倒是知道一个关于滤子导范畴的故事.Grothendieck 认为,如果存在一个完满复形的三角形的自同态,那么中间部分的迹应该等于右边的迹与左边的迹的和.当在 SGA 5 中讨论迹时,他在黑板上进行了解释.Daniel Ferrand 是讨论班的参与者之一.那时没有人能看出其中有什么问题,它显得那么自然.但是,之后 Grothendieck 给了 Ferrand 写出一个完满复形的行列式的构造的任务,这是一个比迹更高的不变量.Ferrand 卡在某个地方了.当他看着较弱的形式时,他意识到他不可能证明中间部分的迹是两端的和,于是他构造了一个简单的反例.问题在于:我们如何能恢复它?那个时候能够修补走错了方向的任何东西的人是 Deligne,所以我们去问 Deligne.Deligne 构造出了一个叫作真三角形的范畴,它比通常的三角形更细,是由一个复形和一个子复形组成的对,经局部化过程得到的.在我的学位论文中,我要利用 Atiyah 扩张定义一个陈类.我需要陈类的某些加性,从而得到迹的加性和代数余子式;我还需要张量积,它使得滤子长增

577

大. 所以我想：为什么不就取滤子为对象，并对于在相伴的分次对象上诱导出拟同构的映射进行局部化呢？这是极其自然的. 所以我便将它写进了我的论文中，这让每个人都很高兴. 但在那个时候，只考虑有限的滤子.

Drinfeld：那就是说你将它写进了关于余切复形和形变的那本 Springer 的讲义中了？

Illusie：是的，在 SLN 239 中的第 5 章. Deligne 的真三角形范畴正好是 $DF^{[0,1]}$，即具滤子长为 1 的滤子导范畴. 那只是这个理论的发端. 但 Grothendieck 说，"在三角剖分的范畴中我们有八面体公理，那么在滤子导范畴中用什么去代替它呢？"或许这种情形在今天也还没有得到充分的了解. 在 1969 年，有一次 Grothendieck 告诉我说："我们有了由向量丛定义的 K – 群，但我们可以取具一个长为 1 的滤子的向量丛（其商是一个向量丛），一个具长为 2 的滤子的向量丛，具相伴分次的向量丛，……然后，你便有了一些诸如"忘记"滤子的一步，或者以一步去取商. 这样你便得到了一些单纯的结构，这是些值得研究的结构，能够产生有趣的同伦不变量.

Quillen 也已独立地作了 Q – 构造，这是滤子方法的一个替代手段. 然而，我以为，如果 Grothendieck 有更多的思考时间的话，他会定义出高阶 K – 群.

Drinfeld：但是这个方法看起来更像是 Waldhausen 的方法.

Illusie：是的，当然是.

Drinfeld：它出现得晚得多.

Illusie：是的.

12. Cartier, Quillen

Drinfeld：在 SGA 6 讨论班期间,你是否已经知道了 λ - 运算与 Witt 环有某种关联?

Illusie：是的,事实上,我想 G. M. Bergman 写的 Mumford 的关于曲面的书的附录[①]在那时已经可以找到了.

Drinfeld：在这个附录中有 λ - 运算吗?

Illusie：没有,但我在 Bures 写了一个关于泛 Witt 环(universal Witt ring) 和 λ - 运算的报告. 我记得我去参加在波恩的 Arbeitstagung(马普所的年度会——译注),在误了晚班火车后我乘了一趟第二天的早班车.令我惊讶的是我和 Searle 在同一个隔间里遇到了.我告诉了他我不得不准备的那个报告,而他非常慷慨地帮助了我. 在整个旅途中,他即兴地以一种极其聪明的方式向我解释了许多漂亮的公式,包括 Artin-Hasse 指数(同态)以及 Witt 向量的其他奇异之处. 对此的讨论一直延续到 1967 年 6 月 SGA 6 讨论班结束. 我对于 Cartier 的理论能在那时出现感到惊奇. 我想,Tapis de Cartier 是存在的.

Drinfeld：什么是 Tapis de Cartier?

Illusie：Tapis de Cartier 是 Grothendieck 对于 Carti-

---

① D. Mumford, Lectures on curves on an algebraic surface. With a section by G. M. Bergman. Annals of Mathematics Studies , No. 59 , Princeton University Press , Princeton , N. J. 1966. ——原文注

er 的形式群理论的叫法. Tapis（地毯）是一些 Bourbaki 成员使用的一种（略带贬义的）表达方式,将为一种理论辩护的人与地毯商人相比.

Bloch：如果你回头看一下,Cartier 是做了许多贡献的.

Illusie：是的,Cartier 的理论是有强大威力的,并对后来的发展有深远的影响. 但我不认为 Grothendieck 很普遍地用到了它. 另外, 那时 Grothendieck 对于 Quillen 的印象深刻,因为 Quillen 对于许多课题都有突出的新思想. 关于余切复形,我现在已记不太清楚了, 那时 Quillen 有一个将余切复形和 $\mathscr{O}$ 当作某个广拓扑（site, 亦可译为"景", 指拓扑化范畴——校注）的结构层来计算它们的 $Ext^{(i)}$ 的方法,这有点像晶体广拓扑（crystalline site）, 但其中的箭头是反转的. 这使 Grothendieck 颇为惊讶.

不知名者：这个思想显然被 Gaitsgory 重新发现[1].

Bloch：在 Quillen 的关于余切复形的讲义中,我首次见到了在一个导张量积上的一个导张量积.

Illusie：不错,是在（导）自交复形与余切复形之间的关联.

Bloch：我以为它有点像是 $B \otimes^L_{B \otimes^L_A B} B$. 我记得我对此研究了好几天,仍感到迷惑不解,不知所云.

Illusie：然而当我说我不能作出我的 Künneth 公式

---

[1] D. Gaitsgory：Grothendieck topologies and deformation theory Ⅱ, Compositio Math. 106(1997), No. 3, 321-348. ——原文注

时,它的一个理由是,这样一个东西在那时并不存在.

Drinfeld:恐怕即便现在在文献中也不存在(虽然可能存在某些人的脑海里). 几年前,我需要在一个环上代数的导张量积,那时我正在写一篇关于 DG 范畴的文章. 我既不能在文献中找到这个概念也不能简洁地定义出它. 所以我不得已写了一篇不太完美的东西.

13. Grothendieck 的爱好

Illusie:我说不出 Grothendieck 有多少爱好. 例如,你们知道他最喜欢什么乐曲吗?

Bloch:难道他会喜欢音乐吗?

Illusie:Grothendieck 对于音乐有非常强的感觉. 他喜欢巴赫,而他最钟爱的乐曲是贝多芬的晚期四重奏.

你们还知道他最喜欢什么树吗? 他喜爱大自然,比起其他树来有一种他特别喜欢,就是橄榄树.那是一种朴素的树,活得很久,非常坚实,充满了阳光和生机.他非常喜欢橄榄树.

事实上,在到蒙特皮埃(法国南部的城市——译注)之前他就非常喜欢南方. 他成了 Bourbaki 成员后,访问过 La Messuguiére,在那里举行过一些会议.

他试图把我带到那里去,但没能成功. 那是在戛纳地区高地上的一处美丽的庄园,高一点地方叫 Grasse,再高一点则是一个叫 Cabris 的小村庄,就是这个庄园,那里种着桉树、橄榄树、松树,有着宽阔的视野. 他非常喜欢那里并迷恋这样的景色.

Drinfeld:您提到他喜爱音乐. 那么您知道

Grothendieck 钟爱什么书吗?

Illusie:我不记得了. 我想他读得应该不多. 一天就只有 24 小时⋯⋯

14. 自守形式,稳定同伦,Anabelian 几何

Illusie:回想起来,我发现了一个奇怪的现象:在 20 世纪 60 年代表示论和自守形式的理论取得了良好的进展,不知为什么却在 Bures-sur-Yvette(指 IHÉS)被忽视. Grothendieck 对于代数群相当了解.

Bloch:哦,如你所说,一天只有 24 小时嘛.

Illusie:是的,但他是可以像 Deligne 那样构造出与模形式相关联的 ℓ-进表示的,但他没有. 他的确对算术非常有兴趣,然而或许是它的计算方面不能吸引他吧. 我不知道怎么回事.

他喜欢将数学的不同方面放到一起:几何、分析、拓扑⋯⋯,那么自守形式应该吸引他. 但出于某种原因,他那时没有对它产生兴趣. 我想,Grothendieck 与 Langlands 的会合点只是在 1972 年的安特卫普才得以实现. Searle 在 1967 ~ 1968 年开了一门关于 Weil 定理的课程. 但在 1968 年后 Grothendieck 有了其他的兴趣. 而在 1967 年之前事物还未成熟. 我也不知说得对不对.

Beilinson:对于稳定同伦理论有什么可说的?

Illusie:Grothendieck 当然对闭道空间、迭代的闭道空间感兴趣;n-范畴,n-叠形(stack)也隐藏在他的思想中,只是在那时没将它们做出来罢了.

Beilinson:它实际是在什么时候出现的? Picard

范畴大体是在 1966 年出现的.

Illusie：是的,它与他所做的余切复形有关. 那时他理解 Picard 范畴的概念,后来 Deligne 将它层化成了 Picard 叠形.

Beilinson：高阶叠形呢?

Illusie：他考虑过这个问题,但那只是在他写了手稿"追寻叠形"（Pursuing stacks）之后很久. 还有, $\pi_1(P^1 - \{0,1,\infty\})$ 也一直在他的思想之中. 他对 Galois 作用很着迷,我记得他曾想过这个与 Fermat 问题的联系. 在 20 世纪 60 年代,他也有关于 Anabelian 几何的一些想法.

15. 主旨理论

Illusie：我颇感遗憾的是,他没被允许在 Bourbaki 讨论班上讲有关的主旨理论. 他想要作 6 ~ 7 个报告,而组织者认为太多了.

Bloch：当时的情况有些特殊;没有人愿意讲自己的工作.

Illusie：是的, 但你看, FGA［《代数几何基础》（*Fondements de la Géométrie Algébrique*）］由若干专题报告组成. 他想要对主旨理论做点他曾对 Picard 概形、Hilbert 概形等做过的那些研究. 还有 3 个关于 Brauer 群的报告,它们是重要且有用的,然而如果有 7 篇关于主旨理论的报告则可能更会引起人们的兴趣. 但是我想它们也不会包含现在还没有做出来的东西.

16. Weil 和 Grothendieck

Bloch：有一次我问 Weil 写的关于 19 世纪的数

论,是否认为那里还有任何想法还没有得到解决,他说:"No."(笑声)

Illusie:我与 Searle 讨论过什么是他认为的 Weil 和 Grothendieck 各自的价值. Searle 把 Weil 置于更高的地位. 然而,尽管 Weil 的发现极其美妙,但我还是认为 Grothendieck 的工作更伟大.

Drinfeld:但正是 Weil 的著名文章[①]使得模形式理论得以复活. Grothendieck 大概做不出这些.

Illusie:是的,这的确是一个伟大的贡献. 说到 Weil 的书《代数几何基础》,它很难读. Searle 有一次告诉我说,Weil 写的用他的语言不能够证明对于仿射簇的定理 A. 甚至对 Weil 写的关于 Kähler 簇的书[②],我觉得也有点难以消化.

Bloch:那本书有特别重大的影响.

17. Grothendieck 的文风

Illusie:是的,但是我不太喜欢 Weil 的文风. Grothendieck 的文风也有一些缺点. 其一,是他的事后补记和脚注的习惯,这使人一开始对他说的难于感觉到而后却变得十分清晰. 这真的令人难以置信,如此多的,如此长的脚注! 在他给 Atiyah 的关于 de Rham 上同调的漂亮的结论的信里已经有了许多脚注,它们包

---

① A. Weil. Über die Beistimmung Dirichletscher Reihen durch Funktionalgleichungen, Math. Ann. 1967:168,149-156. ——原文注

② A. Weil. Introduction à l'étude des variétés kählériennes, Pub. de l'Inst. de Math. de l'Univ. de Nancago, Ⅵ. Actualités Sci. Ind. No 1267, Hermann, Paris, 1958. ——原文注

含了一些非常重要的东西.

Bloch：哦,我想起了看到过的影印资料,早期的那些影印件,那时复印机不太完善.他会打印一些信件,然后添上一些手写的,难以辨认的意见.

Illusie：是的,我已经习惯了他的笔迹,可以看懂了.

Bloch：我们就会围在一起来解谜.

Illusie：对他来说没有什么表述是最好的.他总能找到更好的,更一般的,更灵巧的.在研究一个问题时,他说他必须与它一起休眠一阵.他希望像机械装置那样给它们加些油.为此你必须大略估计,做功课(像一个钢琴家那样),考虑特殊情形,是否函子化.最后你才得到一个经得住考验的能旋开(dévissage)的形式体系.

为什么 Grothendieck 在 Searle 给了他在 Chevalley 讨论班的报告后就有信心断定,平展局部化会给出正确的这些 H^i,我想,其中的一个理由是,一旦你有了曲线的正确的上同调,那么用曲线的纤维化和旋开,你就也应该得到了高阶的 H^i.

我认为他是第一个将一个映射不写成从左到右的形式而是写成竖直形式的人[①].

Drinfeld：就是他将 X 放在 S 的上方.以前 X 在左边而 S 在右边.

---

① 2010 年 4 月的补充:Cartier 观察到,很久以前竖直的形式就被用来表示域的扩张,特别是在德国学派里.——原文注

Illusie：是的. 他想到的是在一个基底上. 基可以是一个概形，一个拓扑斯或任何东西. 基不具有特殊性质，它具有重要性的相对状态. 这就是为什么他要摆脱 Noether 假定（Noetherian assumptions）的原因.

Bloch：我记得在早期，概形、态射都是分离的，后来它们成了拟分离的.

18. 交换代数

Illusie：在 Weil 那个年代，研究都是先观察域，而后赋值，再到赋值环，以及正规环. 环通常都假定为正规的. Grothendieck 认为一开始就做这一系列的限制是可笑的. 在定义 Spec A 时，A 应该是任意的交换环.

Drinfeld：对不起，打断一下. 如果环被假定为正规的，那么结点曲线该如何处理？非正规簇出现了……

Illusie：当然，但他们常常去看其正规化. Grothendieck 留意到正规性的重要性，我想 Searle 的正规性判定法是他研究深度理论和局部上同调的动机之一.

Bloch：我怀疑今天这样一种风格的数学是否还能存在.

Illusie：Voevodsky 的工作是相当一般的. 有几位试图模仿 Grothendieck，但我恐怕他们永远不能达到 Grothendieck 所珍视的"老练"（oily，原意是"含油的"——校注）特性.

然而这并不是说 Grothendieck 不乐于研究具有丰富结构的对象. 说到 EGA Ⅳ，它当然是关于局部代数的杰作,这是一个他非常擅长的领域. 我们的许多东西都应该归功于利用余切复形的 EGA Ⅳ,尽管现在或许有些可以进行重写.

19. 相对陈述

Illusie:我们现在的确已习惯于将一些问题置于相对形式之下,结果我们忘记了那时它所具有的革命性. Hirzebruch(希策布鲁赫)对于 Riemann-Roch 定理的证明非常复杂,而它的相对形式即 Grothendieck-Riemann-Roch 定理的证明将其转移到一个浸没情形则是那么容易,简直妙不可言[①].

Grothendieck 无疑是 K – 理论之父. 但它正是 Searle 看待 χ 的思想. 我想,以前的人对曲线的 Riemann-Roch 公式的推广没有正确想法,对于曲面、公式的两端都难以理解. 是 Searle 认识到 Euler-Poincaré 特征数,即 $H^i(\mathcal{O})$ 或 $H^i(E)$ 的维数的交错和,才是你应该寻求的不变量. 那是在 20 世纪 50 年代初期的事. 后来 Grothendieck 看出一般的 χ 是在 K – 群中的.

20. 国家学位制论文

Drinfeld:Grothendieck 在为自己的学生选问题时,并不非常关心这个问题是否可解.

Illusie:当然,他关心的是问题,当他不知道如何解决它时,便把它留给了学生. 国家学位制论文

---

① 2010 年 4 月的补充:如 Deligne 看出的,Grothendieck 的另一个具有同样革命性的——同时与相对观点紧密相连的——思想,即它将概形想成为一个它所表示的函子,从而恢复了在环层空间处理法中几乎消失了的几何语言. ——原文注

(Théses d'état) 就像这样……

Drinfeld：那么完成一份学位论文要花多少年？比如说，你花了多少年？当你不得不一次一次地改变你的选题，期间你还要参与 SGA 的工作，这与你的论文也不相干，所以你花了几年？

Illusie：1967 年末，我开始着手余切复形的研究，整个问题可以说是在两年中结束的.

Drinfeld：但在此之前，由于所选问题的性质所致，你的一些努力似乎并不太成功. 你是什么时候开始做你的论文的？据我所知，直至现在，在美国，标准的总时间是 5 年.

Illusie：实质上我做了两年. 在 1968 年，我给 Quillen 写了一封信，概述了我已做好的东西. 他说，"很好."然后我就很快地写好了我的论文.

Drinfeld：在那（在你开始参加 Grothendieck 的讨论班）之前你是研究生吗？

Illusie：我在 CNRS（国家科学研究中心，Centre National de la Recherche Scientifique）.

Drinfeld：哦，你已经是……

Illusie：是的，它像是个天堂.

Drinfeld：是的，确乎如此，我明白.

Illusie：进去之后如果你干得相当不错的话，那么 Cartan 便会发现你，说："好，这个学生应该进 CNRS."如果你认为一旦进了 CNRS，那么以后就会永远在那里，那就错了，事实并非如此. 那时在 CNRS 的职位并不是"公务员"（fonctionnaire）. 由于我不是个懒人，于是我的合同一年接一年地更新.

当然,在巴黎高等师范学院我们可能有 15 个做数学的人,但在 CNRS 却没有那么多的职位.其他人可以得到"助教"的位置,它不像在巴黎高等师范学院那样好,但还说得过去.

Drinfeld:是否有人不时地催促你,到了你该完成论文的时候了?

Illusie:在 7 年之后,这可能就成了问题.从我于 1963 年开始进到 CNRS 起,到 1970 年完成了论文,我便安全了.

Drinfeld:你花了 7 年,这会影响到你未来的就业机会吗?

Illusie:不会.从 1963 ~ 1969 年我是 attaché de recherche(可能相当于我们的助理研究员——译注),1969 ~ 1973 年我是 chargé of recherche(副研究员),在 1973 年晋升为 maître de recherche(研究员).如今如果一个学生 5 年后还没有通过答辩,那么就成了问题.

Drinfeld:什么变了……?

Illusie:原来的国家学位制论文被废止,取而代之的是按照美国模式的标准学位制论文.

Drinfeld:明白了.

Illusie:典型的情形是,一个学生有 3 年时间来完成他的论文.3 年后,奖学金到期,他必须在某处找到一个职位,一个永久的或一个临时的[如像 ATER = attché d'enseignement et de recherche(教学和研究助理),或者博士后].

几年之后我们还有一个 nouvelle thése(新论文)的过渡体系,类似于我们现在的学位论文,之后的才是 Théses d'etat. 现在国家学位由 habilitation(取得教授职位的一种资格)替代. 它们不是同一类的东西. 你需要提交用以答辩的一组文章. 若要申请一个教授职位,则你就需要一个 habilitation.

21. 今天的 Grothendieck

不知名者:或许你能告诉我 Grothendieck 现在在哪里? 没人知道吗?

Illusie:或许有人知道,但我不知道.

Bloch:如果我们上 Google,输入"Grothendieck"……

Illusie:我们会找到 Grothendieck 网站.

Bloch:对,是这个网站. 他有一个拓扑斯网[1]……

不知名者:他的儿子怎么样? 成为数学家了吗?

Illusie:他有 4 个儿子,听说最小的那个在哈佛学习.

22. EGA

Bloch:你现在不能够告诉学生去读 EGA 来学代数几何……

Illusie:实际上,学生需要读 EGA. 他们懂得,对于特殊的问题,他们不得不读这本书,这是它们能找到满意答案的唯一的地方. 你不得不给他们进入那里的钥匙,对他们讲解基本的语言. 那时他们通常宁愿去读 EGA 而不是其他解释性的书本.

---

[1] Grothendieck Circle.——原文注

Bloch：读 EGA 时总让我抓狂的一件事就是它有过多的背景参考资料. 我的意思是说，出现一个句子，随后就是一个 7 位数的……

Illusie：不……你太夸张了.

Bloch：你根本不知道这个问题面纱后面的内容是否是些极有意思的东西，你应该回头到不同的书中去查找，或者事实上你只是参考一些完全显然而且不需要的东西.

Illusie：那是 Grothendieck 的一个原则——每个断言应该都被证明是正确的，或者由一个参考文献或者由一个证明去证实，哪怕是一个"平凡的"断言. 他讨厌诸如这样的句子"容易看出""容易验证"……你瞧，当他写 EGA 时，他是在一个未知的地域中. 尽管他有一个清晰的总体思路，还是容易走入歧途. 这就是他为什么要对每一件事都去证实的原因之一. 他也要求 Dieudonne 能够理解这点！

Drinfeld：Dieudonne 对 EGA 的贡献是什么？

Illusie：他属于重写，充实细节，添加补遗，完善证明. 而 Grothendieck 写的是最初的草稿（第一稿，编号 000），我见到过的一些草稿已是相当详尽了. 如今已经有如此有效的 TEX 系统，原稿看起来就非常棒了. 在 Grothendieck 那个时期，稿子在外观上看或许不是那么漂亮，但 Dieudonne-Grothendieck 的原稿仍然妙不可言.

我认为 Dieudonne 的最重要的贡献是 EGA Ⅳ 中处理完备局部环时的正特征下的微分运算的部分，它

591

是优环理论的基础.

还有, Grothendieck 是不吝笔墨的. 他认为, 一些补充, 即便不是马上就要用到, 但可能在以后会被证明是重要的, 因此不应该删掉它们. 他要看到一个理论的方方面面.

不知名者: 当 Grothendieck 开始写 EGA 时, 他是否已经洞察到以后出现的平展上同调……在他心中是否有了一些应用?

Illusie: 在 EGA Ⅰ 第一版(1960)中他给出了写全部 EGA 的计划, 充分展示了他在那时的洞察力.

Grothendieck 如何简化代数几何学[①]

第 5 章

> 概形的想法如孩童般简单——如此简单，如此谦逊，在我之前没人想到它能屈尊到这个地步…它由简单性和内在一致性的单一要求自发形成.
>
> ——A. Grothendieck, Récoltes et Semailles(R&S)(p. P32,P28)

代数几何学从来不是真的简单. 不管是在 Hilbert 把它在自己的代数体系下重铸后，还是当 Weil 把它引入数论的时候，代数几何学都不简单. Grothendieck 把关键想法变得简单. 正如早在 E. Noether 时期，就有了模糊直觉，他的概形概念给了空间一种最简洁的定义. 他的导出函子上同调理论将追溯到 Riemann 将见解修改

---

① 译自《数学译林》的《Grothendieck 如何简化代数几何学》. Notices of the AMS, Vol. 63(2016), No. 3, p. 256-265.

为一种适合平展上同调的灵活形式的时候. 需要澄清的是,平展上同调不是任何东西的简化. 这是一个根本的全新的想法,通过这些对 Riemann 的见解的简化变得可行.

Grothendieck 并不是直接从基础理论中获得这一结论,而是在与 Serre 共同研究 Weil 猜想时获得的. Weil 和 Serre 都贡献了自己全部的经历. 原始的想法与 Grothendieck 的重新提法接近.

1. 一般性的表象

Grothendieck 对一般性问题研究的偏好不足以说明他的影响. Bott(博特)在 54 年前通过描述 Grothendieck-Riemann-Roch 定理,更好地展示了这点.

Riemann-Roch 成为分析学的主流已经有 150 年的历史,分析学展示了 Riemann 面的拓扑如何影响了它上面的分析. 从 Dedekind 到 Weil,众多的数学家们把这个定理推广到了可以取代复数域的任何域的曲线上. 这使得算术的定理可以从模素数 p 整数的域 F_p 上的拓扑和分析得到,Hirzebruch 推广了复数域的情形使得定理可以适用于所有维数.

Grothendieck 在所有域的所有维数上证明了这个定理. 这已经是一项壮举,并且他以一种特有的方式使得结论更进了一步. 除了单个的簇,他还证明了定理对簇的一种适当的连续族也成立. 因此,Bott 说: "Grothendieck 已经把定理推广到不仅比 Hirzebruch 的版本更好应用,而且证明更简单自然的情形."

这是 Grothendieck 的新的上同调和初期概形理论的第一个成果. 在意识到很多数学家不相信一般性之

后,他写道:"我更喜欢强调'统一性',而不是'一般性'.但是对我来说这是一个方面的两种样子.统一性代表了深刻的一面,而一般性代表了浅显的一面."

2.上同调的开始

带洞的曲面不仅仅是一个有趣的消遣,

而且在方程理论中有非常基础的重要性.

——Atiyah(阿蒂亚)

Cauchy(柯西)积分定理告诉我们,沿着一个 Riemann 曲面的任意区域的完全边界[①]的任意一个全纯形式 ω 的积分为 0. 为了明确它的重要性,我们考虑 Riemann 曲面上的两条不是完全边界的闭曲线 C,每个都围绕一个洞,且每个都存在全纯形式 ω 使得 $\int_C \omega \neq 0$.

沿着环绕环面的中心洞的虚曲线 C_1 切开环面可以得到一根管子,且这条曲线 C_1 只能成为一端的边界(图 1(a)).

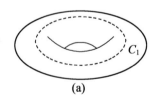

(a)　　　　　　　(b)

图 1

图 1(b)中这个带孔球面上的"★"表示孔(也即

---

① 即同调类为 0 的边界.——原译注

洞). C_2 两边的区域在孔上都是无界的.

Riemann 用了这一点来计算积分. 任意围绕同样的洞同样次数的曲线 C 和 C' 关于所有的全纯形式 ω 都有 $\int_C \omega = \int_{C'} \omega$. 这是因为 C 和 C' 的逆构成了避免这些洞的一类领口的完全边界, 因而 $\int_C \omega - \int_{C'} \omega = 0$.

现代的上同调把洞视为解方程的障碍. 给定 ω 和一条路 $P: [0, 1] \mapsto S$, 通过寻找满足 $df = \omega$ 继而 $\int_P \omega = f(P_1) - f(P_0)$ 的函数 f 来计算积分 $\int_P \omega$ 是一件非常棒的事情. 显然, 这样的函数并不总是存在, 因为这会推出对所有的闭曲线 P 都满足 $\int_P \omega = 0$. 但是 Cauchy, Riemann 和其他人发现如果 $U \subset S$ 不围绕任何的洞, 那么存在这样的函数 f_U 满足在整个 U 上有 $df_U = \omega$. 洞是导致这些局部解 f_U 无法粘成整个 S 上的方程 $df = \omega$ 的解的障碍.

这个概念被推广到代数和数论中:

"事实上, 现在人们本能地假设上同调群是用来描述所有的障碍的最好方式."[1]

---

[1] Peter Swinnerton-Dyer, A Brief Guide to Algebraic Number Theory, Cambridge University Press, 2001.

3. 上同调群

"有了同调,同调项按照一般加法法则结合."[①]

Poincaré 定义了曲线的加法,使得 $C + C'$ 定义为 C 和 C' 的并,而 $- C$ 表示 C 的逆方向,因此对所有的形式 ω 有

$$\int_{C+C'} = \int_C \omega + \int_{C'} \omega, \text{并且} \int_{-C} \omega = - \int_C \omega$$

当曲线 $C_1, \cdots, C_k$ 构成某个区域的完全边界时,Poincaré 把它记作 $\sum_k C_k \sim 0$,并称它们的和同调于 0. 有了这些术语,Cauchy 积分定理可以简单地表述为:如果 $\sum_k C_k \sim 0$,那么对所有的全纯形式 ω 有

$$\int_{\sum_k} C_k \omega = 0.$$

Poincaré 把同调的这个想法推广到高维作为他的位置分析学,现今被称为流形拓扑学.

值得注意的是,Poincaré 用不同的定义发表了 Poincaré 对偶的两个证明. 他的第 1 个表述是错的. 他的证明混合了一些不合理的推理. 对任意 n 维拓扑流形 M 和任意 $0 \leqslant i \leqslant n, M$ 的 i 维子流形和 $n - i$ 维子流形之间有紧密的联系. 不用同调很难表示这种关系,Poincaré 必须修正他的第 1 种定义使之正确.

拓扑学家花了数十年澄清了他的定义和定理并在此过程中得到了新的结果. 他们对所有的空间 S 和所

---

① Henri Poincaré, Analysis situs, and five complements to it, 1895-1904, Collected in G. Darboux et al., eds., Oeuvres de Henri Poincaré in 11 volumes, Paris: Gauthier-Villars, 1916-1956, Vol. VI, pp. 193-498. I quote the translation by John Stillwell, Papers on Topology: Analysis Situs and Its Five Supplements, American Mathematical Society, 2010, p. 232.

有的维数 $i \in \mathbf{N}$ 定义了同调群 $H^i(S)$. 在每个 H^1 中群加法是 Poincaré 关于曲线的加法模上同调关系 $\sum_k C_k = 0$. 他们还定义了相关的上同调群 $H^i(S)$,使得 Poincaré 对偶描述为对所有的可定向 n 维紧流形 $M, H_i(M)$ 同构于 $H^{n-i}(M)$.

Poincaré 关于同调的两种定义发展成单形、开覆盖、微分形式、度量的理论,一直到 1939 年:

"代数拓扑正在发展和解决问题,但是非拓扑学家对此非常怀疑. 在哈佛大学,Tucker(塔克),也或许是 Steenrod(斯廷罗德)给出了关于胞腔复形概念,并开展了关于同调理论的专家讲座. 之后据说有一位杰出的听众指出这个学科已经达到了一种不太可能继续深入发展的代数复杂性阶段."①

4. 变系数和正合列

"Grothendieck 在自己的论文中证明了对任意层的范畴能定义上同调群的概念."②

随着代数的复杂性的进一步加深,拓扑方法与 Galois 理论的方法融合在一起给出了群和拓扑空间的上同调的定义. 在这个过程中,Poincaré 的技术细节成了上同调定义形成的关键,即系数的选取. 当然他和其他人都用了整数、有理数、实数或模 2 的整数作为系

---

① Saunders Mac Lane,The work of Samuel Eileuberg in topology,in Alex Heller and Myles Tierney,editors,Algebra,Topology,and Category Theory:A Collection of Papers in Honor of Samuel Eilenberg,Academic Press,New York,1976,pp. 133-144.

② Pierre Deligne, Quelques idées maîtresses de l'oeuvre de A. Grothendieck,in Matériaux pour l'Histoire des Mathématiques an XXe Siècle (Nice,1996),Soc. Math. France,1998,pp. 11-19.

数,即

$$a_1 C_1 + \cdots + a_m C_m , a_i \in \mathbf{Z}, \text{或 } \mathbf{Q}, \text{或 } \mathbf{R}, \text{或 } \mathbf{Z}/2\mathbf{Z}$$

但只有少数几种相关的系数为了计算的便利被选中使用. 故而拓扑学家把 $H^i(S)$ 写作 S 的第 i 阶上同调群,而让系数群隐含在上下文中.

相比之下,群论学家用 $H^i(G,A)$ 来表示 G 的系数取自 A 的第 i 阶上同调,因为这时候用到许多不同种类的系数,而它们本身就和群 G 一样有意思. 举例来说,著名的 Hilbert 定理 90[①] 就变成了

$$H^1(\mathrm{Gal}(L/K), L^{\times}) \cong \{0\}$$

一个 Galois 域扩张 L/k 的 Galois 群 $\mathrm{Gal}(L/k)$ 有平凡的 1 维上同调,其系数落在所有非零 $x \in L$ 的乘法群 $L^{\times}$ 中. Olga Taussky 通过在 Gauss 数 $\mathbf{Q}[i]$ 中证明整数的每个 Pythagoras(毕达哥拉斯)三元组有以下形式

$$m^2 - n^2 , 2mn , m^2 + n^2$$

进而解释了定理 90[②].

平凡的上同调使得某些问题的解决变得没有障碍,由此,定理 90 说明了域 L 上某些问题有解, $H^1(\mathrm{Gal}(L/k), L^{\times})$ 和其他上同调群之间的代数关系蕴涵了那些问题的解. 当然在群上同调出现的数十年前,定理 90 就被引入用来解决许多问题,用上同调解决问题被推广得如此之好,使得 Artin 和 Tait(泰特)将其作为类域论的基础.

---

① Hilbert 定理 90 是循环域扩张的一个重要结论. 它的叙述如下:如果 L/K 是一个循环域扩张,则其 Galois 群为 $G = \mathrm{Gal}(L/K)$,生成元为 s. 如果 $a \in L$ 的相对范数为 1,则存在 $b \in L$,使得 $a = s(b)/b$. ——原校注

② Olga Taussky, Suins of squares, American Mathematical Monthly, 77:805-30,1970.

同样在 20 世纪 40 年代,拓扑学家们也采用了系数层理论. 空间 S 上的 Abel 群层 F 对有包含关系的开子集 $U \subseteq S$ 赋予 Abel 群 $F(U)$,对于每个子集的包含(关系) $V \subseteq U$ 赋予同态 $F(U) \to F(V)$. 因此全纯函数层 O_M 在复流形 M 的每个开子集 $U \subseteq M$ 上赋予了 U 上的全纯函数加法群 $O_M(U)$. 形如 $H^i(M, O_M)$ 的上同调群开始整合复分析.

这些领域的带头人把上同调作为统一的研究对象,但是技术上的定义却大相径庭. 在 Cartan 组织的研讨班上,报告者 Cartan, Eilenberg(爱伦伯格)和 Serre 围绕着"分解"组织了一次研讨会,论证了一个 Abel 群 A(或者模或者层)的分解是同态的正合列,也就是每个同态的像是下一个同态的核,即

$$\{0\} \to A \to I_0 \to I_1 \to \cdots$$

很快我们就能得到许多上同调群的列是正合的. 其证明依赖于"蛇引理",它因可以在网上广泛看到的一部好莱坞电影而变得不朽:"一个清晰的证明是在电影 *It's My Turn* 开头由 Jill Clayburgh 给出的. "[1]

把上同调群 $H^i(X, F)$ 放进合适的正合列可以证明 $H^i(X, F) \cong \{0\}$,因此由 $H^i(X, F)$ 衡量的障碍不存在. 或者这可以证明一些同构 $H^i(X, F) \cong H^k(Y, G)$,从而 $H^i(X, F)$ 衡量的障碍的意义正好对应于那些由 $Hk(Y, G)$ 衡量的障碍.

群上同调用内射模 I_i 作分解. 一个环 R 上的模 I 是内射的,如果对所有的 R 模包含 $j: N \to M$ 和同态

---

① Charles Weibel, An Introduction to Homological Algebra, Cambridge University Press, 1994.

$f:N\to I$, 则存在某个 $g:M\to I$, 使得 $f=gj$. 这个图表是简单的(图2):

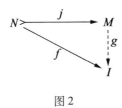

图2

这个[①]有效是因为任一环 R 上的每个 R 模 A 可以嵌入到某个内射 R 模里面, 没人相信这个简单的东西可以对层成立. 层上同调一开始只对充分正则的空间来定义, 用到了各种关于内射对象的更复杂的拓扑替代品. Grothendieck 发现了一个前所未有的证明, 得到了所有拓扑空间上的层都有内射嵌入. 类似的证明后来对任何 Grothendieck 拓扑上的层也都成立.

5. Tohoku[②]

"在给定的拓扑空间, 或是所有可以用来测量空间的'米尺'的集合上考虑所有层构成的几何. 我们在这种'集合'上赋予它最明显的结构, 看起来好像'就在你面前'; 这就是我们称之为'范畴'的结构."[③]

我们不会完整地定义层, 更不用说定义谱序列和其他那些在 Cartan 讨论班 [R&S, p. 19] 的时候

---

① "这个"指内射分解. ——原校注

② 指 Grothendieck 在 *Tohoku Math. Journal* 上发表的著名的关于上同调的文章. ——原校注

③ Alexander Grothendieck, Récoltes et Semailles, Université des Sciences et Techniques du Languedoc, Montpellier, 1985-1987. Published in several successive volumes.

Grothendieck"完全逃脱了"的"覆盖了黑板的箭头的画（称为'图'）". 我们将看到为什么 Grothendieck 在 1955 年 2 月 18 日给 Serre 的信中写道:"我摆脱了对谱序列的恐惧".[1]

　　Cartan 讨论班强调了群和模用在一些基本定理中的几个细节. 那些定理仅用了同态的图. 如, Abel 群 A 和 B 的和 $A+B$ 在同构意义下可以用如下事实唯一定义: 存在同态 $i_A : A \to A+B$ 和 $i_B : B \to A+B$, 并且任意两个同态 $f : A \to C$ 和 $g : B \to C$ 可以给出唯一的 $u : A+B \to C$ 满足 $f = ui_A$ 和 $g = ui_B$ (图 3):

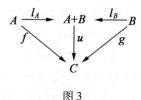

图 3

　　同样的图给出模或者 Abel 群层的和的定义.

　　Grothendieck[2] 采用了被 Cartan 讨论班使用的基本模型作为他的 Abel 范畴公理. 他在无限余极限上又加了一个公理——AB5. 如果一个 Abel 范畴满足 AB5 加一个集合论公理, 那么这个范畴里的任意对象可以嵌入一个内射对象. 这些从模范畴得到的公理对任意

　　① Pierre Colmez and Jean-Pierre Serre, editors, Correspondance Grothendieck-Serre, Société Mathématiquea de France, 2001. Expanded to Grothendieck-Serre Correspondence: Bilingual Edition, American Mathematical Society, and Société Mathématique de France, 2004.

　　② Alexander Grothendieck, Sur quelques points d'algébre homologique, Tôhoku Mathematical Journal, 9:119-221, 1957.

拓扑空间的 Abel 群层也成立,因此结论适用.

那些认为这只是一个层上的结果的人发现,他们错了.这些公理简化了已为人所知的定理的证明.尤其是他们将许多有用的谱序列(不是所有)包含在Grothendieck 谱序列中.

Lang(朗)的《代数学》的早期版本给出了 Abel 范畴公理以及一个著名的习题:"拿出任意一本关于同调代数学的书,并在不看那本书里的任何证明的情况下证明所有的定理①."当同调代数学的书中都开始用公理化的证明时,即使他们的定理仅对模的情形叙述,他还是放弃了这个事情.例如 David Eisenbud 称他对模的证明"只用一点努力就能推广到任何好的 Abel 范畴上"②.

任何 Abel 范畴里的内射分解都可以给出那个范畴的导出函子上同调.这显然比任何事后已知的命题都要一般.Grothendieck 确信这是正确的一般化:对任意一个问题,特别是 Weil 猜想的上同调解,可以找到合适的 Abel 范畴.

6. Weil 猜想

"这一真正革命性的想法使当时的数学家们兴奋不已,我可以见证."③

把算术和拓扑联系到一起的 Weil 猜想,立刻被人

---

① Serge Lang, Algebra, 3rd edition, Addison-Wesley, Reading, MA, 1993.

② David Eisenbud. Commutative Algebra. Springer-Verlag, New York, 2004.

③ David Eisenbud. Andre Weil: 6 May 1906 – 6 August 1998, Biographical Memoirs of Fellows of the Royal Society, 45: 520-529, 1999.

们意识到是一个巨大的成就. Weil 知道当把它们构想出来时就是他职业生涯中的一个伟大时刻. 他证明的过程令人印象深刻. 这个猜想太漂亮了, 不可能不是真的, 但却几乎不可能完全叙述.

Weil[①] 用了 19 世纪 Betti 数的术语展示了这里的拓扑. 但是他是公认的上同调专家:

"那个时候, Weil 正在用上同调和 Lefschetz 的不动点公式解释一些事情, 但是他并不想预测这真的能起作用. 事实上, 在 1949~1950 年, 没人认为这个是可能的. "[②]

Lefschetz 依据流形的连续性, 用上同调来计数流形上连续函数 $f: M \rightarrow M$ 的不动点 $x = f(x)$. Weil 猜想处理的是有限域上的空间, 在那里没有已知的版本是连续的. Weil 和任何人都不知道什么会有用. Grothendieck 说: "Serre 在 1955 年左右用上同调的形式向我解释了 Weil 猜想, 并且只有在这些形式下它们才可能'钩住'我. 没人知道怎样定义这样的一个上同调, 我也不知道, 除了 Serre 和我以外的任何人, 甚至不是 Weil, 如果可能的话, 我深深地信服这样的东西必须存在. "[R&S, p. 840]

7. 概形理论到底简化了什么

"事实上, Kroneker 试图描述并开始一个新的数学

① Alexander Grothendieck Number of solutions of equations in finite fields, Bulletin of the American Mathematical Society, 55:487-95, 1949.

② Colin McLarty, The rising sea: Grothendieck on simplicity and generality I, in Jeremy Gray and Karen Parshall, editors, Episodes in the History of Recent Algebra, American Mathematical Society, 2007, pp. 301-26.

分支,它包含数论和代数几何学."[1]

Riemann 对复曲线的处理留下了许多的几何直观. 因此 Dedekind 和 Weber 从"一个简单但是严谨,而且完全一般的观点"证明了任何包含有理数的代数闭域 k 上的 Riemann-Roch 定理. 他们注意到 k 可以是代数数的域.

任意紧 Riemann 面 S 上的亚纯函数构成了复数域 **C** 上超越度数 1 的域 $M(S)$. 每个点 $p \in S$ 决定了一个从 $M(S)$ 到 **C** $+ \{ \infty \}$ 的函数 e_p:也即当 f 在 p 上有定义时,$e_p(f) = f(p)$;当 f 在 p 处有极点时,$e_p(f) = \infty$. 那么,如果我们忽略和 $\infty + \infty$,则有

$$e_p(f + g) = e_p(f) + e_p(g)$$
$$e_p(f \cdot g) = e_p(f) \cdot e_p(g)$$
$$e_p\left(\frac{1}{f} \right) = \frac{1}{e_p(f)}$$

Dedekind 和 Weber 定义一般的代数函数域为任意代数闭域 k 的任意超越度数为 1 的扩张 L/k. 他们定义 L 的一个点 p 为任何从 L 到 $k + \{ \infty \}$ 的满足那些方程的函数 e_p. 他们的 Riemann-Roch 定理把 L 看作是某个 Riemann 面的域 $M(S)$.

Kronecke 实现了一些"绝对代数底域上的代数几何学"[2]. 这些域是 **Q** 的有限扩张或者有限域 $\mathbf{F}_p$ 的有限扩张. 它们不是代数闭的. 他的目标是"整数上的代数几何学",其中一个簇可以同时定义在所有这些域

① Colin McLarty Number-theory and algebraic geometry, in Proceedings of the International Congress of Mathematicians (1950: Cambridge, Mass). American Mathematical Society,1952,pp. 90-100.

② 同①.

上,但是这在当时是很困难的.

意大利代数几何学家依赖于复数簇 V 上的泛点的想法,这些点是没有明显特殊性质的复点 $p \in V$. 例如,它们不是奇性的点. Noether 和 van der Waerden 定义抽象的泛点为那些满足只有对所有 V 的点都通用的性质的点. van der Waerden 把它们变得很严谨,但是不如 Weil 希望的那么好用. 受训于意大利的 Zariski 一开始在普林斯顿和 Noether 共事,后来和 Weil 一起给代数几何学一个严格的代数基础.

Weil 精彩的《代数几何学基础》[①]把所有这些方法结合到一起构成了前所未有的最复杂的代数几何学的基础. 为了处理任意域 k 上所有维数的簇,他使用了无限超越度数的代数闭域扩张 L/k. 他纯粹地利用有理函数的域的术语不仅定义了点,还定义了一个簇 V 的子簇 $V' \subseteq V$. Raynaud 给出了优秀的概述,我们列出 3 个关键主题:

(1)Weil 有泛点. 事实上,用域 k 上的多项式定义的簇有无限多带有在 k 上超越的坐标的泛点,这些泛点通过 k 上的 Galois 作用,两两共轭.

(2)Weil 通过那些如何把由方程定义的簇粘合在一起的数据定义了抽象代数簇. 但是这些不作为单独的空间存在. 他们只作为具体簇加上粘合数据的集合存在.

(3)Weil 没有定义整数上的簇,尽管他可以系统地把 **Q** 上的簇和 $\mathbf{F}_p$ 上的簇联系到一起.

---

① André Weil, Foundations of Algebraic Geometry, American Mathematical Society, 1946.

8. Serre 簇和凝聚层

Serre 暂时把泛点和非闭域放到一起来描述代数簇的第一个意义深刻的上同调:"这依赖于著名的 Zariski 拓扑的运用,其中的闭集是代数子簇. 事实上,这个粗糙拓扑可以被用于真正的数学,这一非凡的事实最早是由 Serre 证得,并由此产生了一场语言和技术上的革命."[1]

称任何域 k 上的一个朴素簇是一个子集 $V \subseteq k^n$,它是由有限多个 k 上的多项式 $p_i(x_1, \cdots, x_n)$ 定义的,即

$$V = \{\vec{x} \in k^n \mid p_1(\vec{x}) = \cdots = p_h(\vec{x}) = 0\}$$

它们构成了 k^n 上的拓扑的闭集,称为 Zariski 拓扑. 因为多项式环 $k[x_1, \cdots, x_n]$ 是 Noether 的,所以它们的无限交也是由有限多个多项式定义的. 另外,它们每个都继承了 Zariski 拓扑,其中闭集是由更多的方程定义的子集 $V' \subseteq V$.

这些是非常粗糙的拓扑. 任意域 K 中的 Zariski 子集是 K 上的多项式族的零点集,也即一些有限子集以及所有的 k.

每个朴素簇都有一个结构层 O_V,它给每个 Zariski 开集 $U \subseteq V$ 赋予一个 U 上的正则函数环. 略去重要的细节

$$O_V(U) = \left\{ \frac{f(\vec{x})}{g(\vec{x})} \text{使得当} \vec{x} \in U \text{时,有} g(\vec{x}) \neq 0 \right\}$$

一个 Serre 簇是一个拓扑空间 T 加上一个局部同

---

① Michael Atiyah, The role of algebraic topology in mathematics, Journal of the London Mathematical Society, 41:63-69, 1966.

构于一个朴素簇结构层的层 O_T. 这类比于一个复流形上的全纯函数层 O_M. 层的工具使得 Serre 能在相容的小片上把簇粘贴到一起, 就如同可微流形的片被粘贴到一起一样. Weil 不能用自己提出的抽象簇来完成这件事情.

对应于结构层 O_T 的某类层叫作凝聚的. Serre 把它们变成如今和概形一起被广泛使用的上同调理论里的系数层. 凝聚层和结构层的紧密结合, 使得这个上同调不适用于 Weil 猜想. 当簇(或概形)V 是定义在一个有限域 $\mathbf{F}_p$ 上的时候, 它的凝聚上同调是模 p 定义的, 故只能数模 p 的映射 $V \to V$ 的不动点的个数.

9. 概形

概形明显简化了代数几何学. 当早期代数几何学家使用复杂的代数闭域的扩张时, 概形学家们则使用任意的环. 多项式方程被替换成了环的元素, 泛点变成了素理想. 复杂的概念在被需要的时候回归, 这很常见, 但不总发生也不是以最开始出现的样式回归.

事实上, 这种观念可追溯到 Noether, van der Waerden 和 Krull(克鲁尔)的未发表的文章中. 在 Grothendieck 之前:

"离概形思维最近的人是 Krull(大约 1930 年). 他系统地使用了局部化方法, 并证明了交换代数中很多非平凡的定理."(Serre 在 2004 年 6 月 21 日的电子邮件中写道.)

Grothendieck 实现了这个想法. 他让每个环都成为一个被称为 R 的谱的概形 $\operatorname{Spec}(R)$ 的坐标环. 点是 R 的素理想, 而这个概形在它的点的 Zariski 拓扑上有一个结构层 O_R, 就像 Serre 簇上的结构层一样. 继而从

$\mathrm{Spec}(R)$ 到另一个仿射概形 $\mathrm{Spec}(A)$ 的保持结构的连续映射正好对应于反向的环同态

$$A \xrightarrow{f} R, \mathrm{Spec}(R) \xrightarrow{\mathrm{Spec}(f)} \mathrm{Spec}(A)$$

概形的点可以非常错综复杂,"当你需要构造一个概形时一般不会从点集出发".[①]

举例来说,一元的实系数多项式 $\mathbf{R}[x]$ 是实数直线的自然的坐标环,所以概形 $\mathrm{Spec}(\mathbf{R}[x])$ 是实数直线的概形.每个非零素理想由一个首一不可约实系数多项式生成.这些多项式形如 $x-a(a \in \mathbf{R})$ 和 $x^2-2bx+c$ ($b,c \in \mathbf{R}$,且 $b^2 < c$).第 1 种点对应于实数直线的普通点 $x=a$.第 2 种点对应于一对共轭的复数根 $b \pm \sqrt{b^2-c}$.概形 $\mathrm{Spec}(\mathbf{R}[x])$ 自动包含了实数和复数点,这里细微的差别在于概形的复数点是一对共轭的复根.

一个形如 $x^2+y^2=1$ 的多项式有各种类型的解.我们可以把有理数和代数解看成复数解.但是模 p 的解,比如在有限域 $\mathbf{F}_{13}$ 中的 $x=2$ 和 $y=6$ 则不是复数.同时,模一个素数的解与模另外一个素数的解不相同.所有这些解被组织到单一的概形

$$\mathrm{Spec}(\mathbf{Z}[x,y]/(x^2+y^2-1))$$

中.

坐标函数是那些整系数多项式模 x^2+y^2-1.非零素理想不再简单,它们对应于这个方程在所有绝对代数域中的解,Weil 通过这种包含所有有限域的方式阐

① Pierre Deligne, Quelques idées maîtresses de l'oeuvre de A. Grothendieck, in Matériaux pour l'Histoire des Mathématiques an XXe Siécle (Nice,1996),Soc. Math. France,1998,pp. 11-19.

明了 Kroneker 的目标. 事实上, Grothendieck 在《收获与播种》中最接近概形的定义是将一个概形称为将所有这些域上的代数簇折叠起来的"魔术扇". 这是整数上的代数几何学.

现在考虑环 $\mathbf{Z}[x,y]$ 中由多项式 $x^2 + y^2 - 1$ 的倍数构成的理想 $(x^2 + y^2 - 1)$. 这是个素理想, 所以它是 $\mathrm{Spec}(\mathbf{Z}[x,y])$ 中的点. 概形都不是 Hausdorff(豪斯多夫)空间[①], 它们的点在 Zariski 拓扑中一般都不是闭的. 这个点的闭包是 $\mathrm{Spec}(\mathbf{Z}[x,y]/(x^2 + y^2 - 1))$. 这个理想是闭子概形

$$\mathrm{Spec}(\mathbf{Z}[x,y]/(x^2 + y^2 - 1)) \to \mathrm{Spec}(\mathbf{Z}[x,y])$$

的泛点. 任何概形的不可约闭子概形, 粗略地说, 都是由坐标环中的方程给出的, 且都有恰好一个泛点.

在环 $\mathbf{Z}[x,y]/(x^2 + y^2 - 1)$ 中理想 $(x^2 + y^2 - 1)$ 是 0 理想, 因为在这个环中 $x^2 + y^2 - 1 = 0$. 所以 0 理想在整个概形 $\mathrm{Spec}(\mathbf{Z}[x,y]/(x^2 + y^2 - 1))$ 中是泛点. 发生在泛点的事情在 $\mathrm{Spec}(\mathbf{Z}[x,y]/(x^2 + y^2 - 1))$ 中几乎处处都会发生. 这种泛点符合早期代数几何学家尝试追寻的概念.

概形也解释了更加古典的直观概念. 古希腊几何学家们曾争论, 切线与曲线是否除了交点外还相交于某些其他的东西?

抛物线 $y = x^2$ 与 x 轴在 $\mathbf{R}^2$ 中的交点由 $x^2 = 0$ 给出. 作为一个代数簇, 它仅仅是一个单点的空间 $\{0\}$, 但是它给出了一个非平凡的概形 $\mathrm{Spec}(\mathbf{R}[x]/(x^2))$. 坐标函数是模 x^2 的实多项式, 换言之, 即实线性多项

---

① 除非概形由孤立点组成, 比如 0 维概形. ——原译注

式 $a + bx$.

直观上, $\mathrm{Spec}(\mathbf{R}[x]/(x^2))$ 是包含 0 但是没有任何其他点的无穷小线段. 这个线段一定长, 使得其上的函数 $a + bx$ 都有斜率 b, 但又不够长, 以至于没有二阶导数. 直观上来说, 一个从 $\mathrm{Spec}(\mathbf{R}[x]/(x^2))$ 到任意概形 S 的概形映射 v 是一个 S 中的无穷小线段, 也即带有基点 $v(0) \in S$ 的切向量.

Grothendieck 的称为相对观点的特有方法, 同样反应了古典的思想. 早期的几何学家会把如 $x^2 + t \cdot y^2 = 1$ 称作 x, y 中参数 t 的二次方程. 故而它定义了依赖于参数的椭圆或双曲线或一对线的二次截面 E_t. 更深地, 这是把所有曲线 E_t 捆绑在一起得到的由 x, y, t 上的一个三次方程定义的曲面 E. 在实数上这给出了簇的一个映射

$$E = \{\langle x, y, t \rangle \in \mathbf{R}^3 \mid x^2 + t \cdot y^2 = 1\} \to \mathbf{R}, \langle x, y, t \rangle \to t$$

每个曲线 E_t 都是这个映射关于参数 $t \in \mathbf{R}$ 的纤维. 当提及二次曲线 E_t 的变化时, 古典几何学家表述成把曲线 E_t 的连续族捆绑成曲面 E, 但一般把三次曲面隐含掉了.

Grothendieck 用严谨的方式把概形映射 $f: X \to S$ 处理成比 X 和 S 中的任何一个都简单的单个概形. 他把 f 称为相对概形, 并把这个粗略地看成某个不定的 $p \in S$ 上的单个纤维 $X_p \subset X$. [①]

Grothendieck 早在概形概念出现之前就有了这个观点:

---

① 在 1942 年 Zariski 鼓励 Weil 研究类似的事情. Weil 将这个想法推进, 但最终没能使它成为一个有效的方法. ——原文注

　　"当然我们现在如此习惯把一些问题变成相对的形式,以至于我们忘记在当时这是多么具有革命性. Hirzebruch 关于 Riemann-Roch 定理的证明是非常复杂的,而其相对版本 Grothendieck-Riemann-Roch 定理的证明是如此简单,它把问题转化成一种浸入的情形. 这太棒了."①

　　Grothendieck 将 Hirzebruch 对复代数簇证明的东西推广到了对任意域 k 上的簇的适当映射 $f:X{\rightarrow}S$. 在诸多优点中,相对概形允许把证明归纳成有简单纤维的浸入映射 f 的情形.

　　这个方法依赖于把在一个基空间 S 上的相对概形 $f:X{\rightarrow}S$ 变换成另一个相关的基空间 S' 上的某个 $f':X'{\rightarrow}S'$ 的基变换. 纤维本身就是一个例子. 给定 $f:X{\rightarrow}S$,每个点 $p\in S$ 是定义在某个域 k 上的,且 $p\in S$ 相当于一个概形映射 $p:\mathrm{Spec}(k){\rightarrow}S$. 纤维 X_p 直观上是在 p 上的 X 的一个部分,准确来说是由拉回(图4)给出的相对概形 $X_p{\rightarrow}\mathrm{Spec}(k)$.

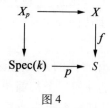

图4

　　基变换的其他例子包含把定义在实数上的概形 $f:Y{\rightarrow}\mathrm{Spec}(\mathbf{R})$ 扩张成复数上的概形 $f':Y'{\rightarrow}\mathrm{Spec}(\mathbf{C})$,这

　　① Luc Illusie, Alexander Beilinsion, Spencer Bloch, Vlandimir Drinfeld et al. Reminiscences of Grothendieck and his school, Notices of the A-mer. Math. Soc. ,57(9):1106-1115,2010.

是通过沿着从 Spec($\mathbf{C}$)到 Spec($\mathbf{R}$)唯一的概形映射的拉回(图5)得到的.

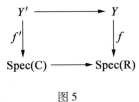

图 5

其他基变换沿着作为严肃几何构造的参数空间的概形 S,S' 之间的概形映射 $S'{\rightarrow}S$ 而得到. 每个都是范畴论意义下的拉回. 然而他们编码了复杂的信息并把早前几何学家曾处于探索初步的构造给表示出来，Grothendieck 和 Dieudonné 把这看成是概形理论的一个主要优点：

"得益于函子语言，我们引入基环'变换'的想法得到了简单的数学表示. 它的缺失无疑解释了早期尝试的胆怯."[①]

10. 平展上同调

在 1958 年 4 月 21 日 Chevalley 的讨论班上，Serre 给出了一个适用于 Weil 猜想的 1 维上同调群 $\tilde{H}^1(X,\underline{G})$："在报告的最后，Grothendieck 说这个想法可以给出任意维数的 Weil 上同调！我发现这个想法非常乐观"[②]. 那年 9 月 Serre 写道：

"我们可以问是否有可能在任意维数代数簇上定

---

①　Alexander Grothendieck and Jean Dieudonné, Éléments de Géométrie Algébrique I, Springer-Verlag,1971.

②　Alexander Grothendieck and Jean Dieudonné, Exposés de Séminaires 1950, Société Mathématique de France,2001.

义高阶上同调群 $H^q(X,\underline{G})$. Grothendieck(未发表)已经说明这是可行的,而且似乎当 G 是有限的时,这些(上同调群)提供了证明 Weil 猜想所需要的'正确的上同调'."[1]

之后 Grothendieck 在 1958 年描述了他未发表的结果. 他说:"提出与发展这种新几何学的两个决定性想法是概形和拓扑斯. 他们几乎同时出现且有共生关系."特别地,他构建了"Grothendieck 拓扑化范畴的概念,这是决定性概念拓扑斯的技术性和临时性的版本"[R&S, p. 31 和 p. 23]. 然而在追寻该想法用到高维上同调群之前,他利用 Serre 的想法,类比于 Galois 理论定义了代数簇或概形的基本群.

值得注意的是,相比于环面中心和管子中的洞,Zariski 拓扑更直接地表现环面上的小孔(图 6).

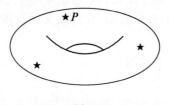

图 6

Zariski 闭子集(局部地)是多项式的零点集,于是环面上一个非空 Zariski 开子集就是整个环面去掉有限个点(也可以没有). 这样一个子集可以包含某个点 P 本身,也可以不包含,所以 Zariski 开集可以用是否

---

[1] Jean-Pierre Serre, Espaces fibrés algébriques, in Séminaire Chevalley, chapter expose no. 1, Secrétariat Mathématique, Institut Henri Poincaré, 1958.

包含那个给定点来做区分. 而每个非空 Zariski 开集都围绕着环面中心和内部的洞. 这些子集无法通过是否包含洞来区分. 凝聚上同调通过凝聚层表现这些洞, 如之前所述, 无法在 Weil 猜想中发挥作用.

于是 Serre 利用了多重覆盖. 考虑环面 T 的两个不同的二重覆盖, 令 T' 是一个圆周长度两倍于 T 而管截面等同于 T 的环面, 将 T' 沿着管道方向缠绕 T 两次 (图 7). 令环面 T'' 与 T 长度相等但管道截面两倍于 T. 让 T'' 沿着管道截面缠绕 T 两次. 这两个覆盖的不同之处均来源于 T 本身, 且反映了 T 的两个洞.

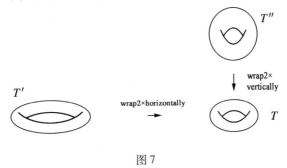

图 7

Riemann 类比于数域发明了 Riemann 面. 就如 $\mathbf{Q}[\sqrt{2}]$ 是有理数域 Q 的二重域扩张, $T'\rightarrow T$ 是一个 T 的二重覆盖. 类比于 $\mathbf{Q}[\sqrt{2}]/\mathbf{Q}$ 有一个二元的 Galois 群, 其非单位元交换了 $\sqrt{2}$ 和 $-\sqrt{2}$, $T'\rightarrow T$ 也有一个二元对称群, 其非单位的对称交换了 T' 在 T 之上的两叶.

Serre 有意识地将 Riemann 的类比推广至更深远的等价. 他给出了非分歧覆盖 $S'\rightarrow S$ 的纯代数定义, 其包含了上述 Riemann 面的覆盖作为特殊例子, 同时也包含了 Galois 域扩张甚至更多. 自然地, 在这种一般化下,一些定理和证明都有一定的技术性,但是一遍又一遍的,Serre 的非分歧覆盖理论使得 Riemann 面中的直观在所有这些例子下都行得通. Grothendieck 利用这些首次给出了关于代数簇或概形的基本群有用的理论,即 1 维同伦. 同时他研究了比非分歧覆盖略广泛的平展映射,这个概念包含了所有代数的 Riemann 覆盖空间.

Serre 计算了局部平凡纤维空间而不是层的上同调. 在一个环面 T 上这些局部平凡纤维空间粗略地说是那种某个空间到 T 的带扭转的映射,而这个扭转提升到另外某个缠绕 T 的每个洞若干圈的环面 $T''' \to T$ 上时会被解开. 虽然 Grothendieck 也为了定义 1 维上同调而使用了纤维空间,他发现他在 Tohoku 写的文章中的方法在高维上同调上更有前景. 他需要某种层的概念来与 Serre 的想法相匹配.

在 1958 年 Grothendieck 发现,与其使用某个空间 S 中的开子集 $U \subseteq S$ 来定义层,对于一个概形,他不如用平展映射 $U \to S$. 他在 1961 年的春季发表了自己的想法. 他利用 S 上的交换图(图 8)替代了包含关系 $V \subseteq U \subseteq S$. 他利用拉回 $U \times_S V$(图 7 右图)替代了 $U \cap V \subseteq S$. 于是概形 S 的一个平展覆盖就是一族像集的并,是整个 S 的平展映射 $U_i \to S$. 如今 Sites 经常被称为 Grothendieck 拓扑,而这种 site 被称为 S 上的平展拓扑.

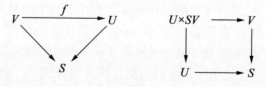

图 8

解决一个 S 上的平展拓扑局部的问题有两种基本的方法. 你可以在任意一族 S 的 Zariski 开集覆盖上解决, 也可以在一个 S 的坐标环的可分代数扩张上解决. 如果局部解在互相重叠部分相容, 那么第 1 种方法能给出一个正真的整体解. 第 2 种方法在局部解是 Galois 不变时给出一个整体解——这就像先将一个实系数多项式在复数域里分解, 然后证明因子确实都是实的一样. 平展上同调可以衡量能否将局部解通过它们的组合关系进行粘合的障碍.

在 1961 年, Michael Artin 证明了平展上同调中第一个高维的几何定理. 根据 Mumford 的描述, 去掉原点的平面有非平凡的 H^3. 在艾达尔上同调的语境下, 这是任意一个坐标域 k 上的坐标平面去掉原点, 即 $k^2 - \{0\}$. Weil 猜想暗示了当 k 是绝对代数时, 这个上同调应当与复数情形的 $\mathbf{C}^2 - \langle 0, 0 \rangle$ 的经典上同调有极大的相似性. 这恰好是 3 维球面 S^3 的上同调, 而它的 H^3 是非平凡的, 所以 Artin 的结果应该对任意 Weil 上同调都对. Artin 证明了在平展拓扑上层的导出函子上同调满足这个性质. 如今这个上同调被称为平展上同调.

简言之, Artin 证明了平展拓扑不仅能够得到某种层的上同调, 而且是好的有用的上同调. 经典的上同调的相关定理在微小且充分的修正下都能留存下来. Grothendieck 邀请了 Artin 到法国的讨论班进行合作, 在这个讨论班中诞生了《拓扑斯和平展上同调理论》[①]

---

① Michael Artin, Alexander Grothendieck, and Jean-Louis Verdier, Théorie des Topos et Cohomolpgie. Etale des Schémas, Séminaire de géométrie algébrique du Bois-Marie, 4. Spring-Verlag, 1972, Three volumes, cited as SGA 4.

(*Théorie des topos er cohomologie étale*). 这个课题得到了爆炸式发展, 我们不再深入叙述它.

拓扑斯在如今几何学中的知名度不及概形或者范畴. Deligne 谨慎地表达了自己的观点: "拓扑斯理论中的工具容许平展上同调的构造." 然而一旦构造完成, 这个上同调就"如此地接近经典的直观", 以至于对于多数的目的我们只需要一些经典的拓扑知识加上"一点点信仰"[1]. Grothendieck 也许会"建议读者们即使如此也要学习拓扑斯的语言, 因为它提供了一个非常方便的统一原理"[2].

我们以 Grothendieck 关于概形和它的上同调、拓扑斯是如何在平展上同调中汇集到一起的观点作为结束, 这恰恰在他和 Deligne 的手中成为了证明 Weil 猜想的手段:

"这里重要的是, 从 Weil 猜想的观点看, 这种新的空间的概念已经极其充分了, 以至于我们可以赋予任何一个概形一个'广义空间'或者'拓扑斯'"[3](在问题中称为这个概形的平展拓扑斯).

---

① Pierre Deligne, editor, Cohomologie Étale, Séminaire de géométrie algébrique du BoisMarie, Springer-Verlag, 1977. Generally cited as SGA 4 1/2. This is not strictly a report on Grothendieck's Seminar.

② Pierre Berthelot, Alexander Grothendieck, and Luc Illusie, T'eorie des intersections et théorème de Riemann-Roch, Number 225 in Séminaire de géométrie algébrique du Bois-Marie, 6, Springer-Verlag, 1971. Generally cited as SGA 6.

③ Alexander Grothendieck, Récoltes et Semailles, Université des Sciences et Techniques du Languedoc, Montpellier, 1985-1987. Published in several successive volumes.

仿佛来自虚空的 Grothendieck 的一生①

第
6
章

1. 新几何的诞生

按照 30 年后的"后见之明",现在我可以说就是在 1958 年,紧随着两个主要工具,概形(scheme,它代表旧概念"代数簇"的一个变形)和拓扑斯(topos,它代表空间概念的变体,尽管更加复杂)之后,新几何的观点真正诞生了.

——《收获与播种》(以下简记为"R&S")

1958 年 8 月,Grothendieck 在爱丁堡举行的国际数学家大会上作了一个大会报告. 这个报告用一种非凡的先见之明,

① 摘自 Allyn Jackson 所著,原题为 *Comme Appelé du Néant*——*As If Summoned from the Void*,译自:Notices of the AMS, Vol. 51 (2004), No. 10, p. 1196-1212. 欧阳毅,译. 陆柱家,校.

简要描述了许多他在未来 12 年里工作的主题. 很明显, 这个时候他的目标就是要证明 Weil 的著名猜想, 这个猜想揭示了离散的代数簇世界和连续的拓扑世界之间的深刻联系.

在这个时候, 代数几何的发展非常迅猛, 很多悬而未决的公开问题的研究并不需要很多背景知识. 起初, 这个学科主要是研究复数域上的簇. 在 20 世纪初, 这个领域是意大利数学家, 诸如 Castelnuovo, Federigo Enriques 和 Francesco Severi 等的专长. 尽管他们叙述了很多独创思想, 但他们的结果不都是通过严格证明得来的. 在 20 世纪 30 年代和 40 年代, 其他一些数学家, 包括 van der Waerden, Weil 和 Zariski, 打算研究任意数域上的簇, 特别是在数论上很重要的特征 p 域上的簇. 但是, 由于意大利代数几何学派缺乏严谨性, 故有必要在此领域建立新的基础. 这就是 Weil 在他 1946 年出版的《代数几何基础》中所做的事情.

Weil 的猜想出现在他 1949 年的文章中. 由数论中某些问题的启发, Weil 研究了一类其一些特殊情况是由 Emil Artin 引进的 Zeta 函数. 它被叫作 Zeta 函数是因为它是通过和 Riemann Zeta 函数作类比定义得来的. 给定定义于特征 p 的有限域上的一个代数簇 V, 则可以计算 V 在此域上有理点的个数, 以及在其每个有限扩域上有理点的个数. 再将这些数放入一个母函数 (它是 V 的 Zeta 函数) 中. 在曲线和 Abel 簇两种情况下, Weil 证明了这个 Zeta 函数的 3 个事实: 它是一个有理函数; 它满足函数方程; 它的零点和极点有某种特定的形式. 这种 (特定的) 形式, 经过换元后, 恰好和

Riemann 假设相对应. Weil 更进一步观察到, 如果 V 是由某个特征零簇 W 模 p 得到的, 那么当 V 的 Zeta 函数表示为有理函数时, W 的 Betti 数就可以从 V 的 Zeta 函数上读出. Weil 猜想就是问, 如果在射影非奇异代数簇上定义这样的 Zeta 函数, 是否同样的性质还是正确的. 特别地, 像 Betti 数这样的拓扑量是否会在 Zeta 函数里面出现? 这种猜想中的代数几何和拓扑的联系, 暗示当时的一些新工具, 比如说为研究拓扑空间而发展出来的上同调理论, 可能适用于代数簇. 由于和经典 Riemann 假设类似, 故 Weil 猜想的第 3 条有时也叫作 "同余 Riemann 假设", 这个猜想后来被证实是 3 个中最难证明的.

"Weil 猜想一经问世, 很显然它们会由于某种原因而将扮演一个中心角色," Katz 说道, "这不仅因为它们作为'黑盒子'式的论断是令人惊异的, 而且因为看上去要很清楚地解决它们需要发展很多不可思议的新工具, 这些工具本身将由于某种原因而具有不可思议的价值——这些后来都被证明是完全正确的." 高等研究院的 Deligne 说: "(Weil 猜想) 吸引 Grothendieck 的地方正是猜测中的代数几何和拓扑之间的联系, 他喜欢这种'将 Weil 的这个梦想变成强大的机器'的想法."

Grothendieck 不是由于 Weil 猜想很有名, 或者由于别人认为它们很难才对 Weil 猜想感兴趣的. 事实上, 他并不是想要靠挑战困难问题而使自己进步的. 他感兴趣的问题, 是那些看上去隐藏着更大秘密的东西. Deligne 注意到, "发现和创造问题是他感兴趣的, 尤甚于解决问题上."这种处理问题的方式和同时代的另一位伟大数学家 John Nash 形成鲜明对照. 在 John Nash 的数学黄金时代,他喜欢找那些被他的同事们认为是最重要、最有挑战性的特别的问题来研究."John Nash 像一位奥运会的运动员,"密歇根大学的 Hyman Bass 评论道,"他对众多的个人挑战感兴趣."如果 John Nash 算是一个善于解决问题的理想范例,那么 Grothendieck 则是善于建构理论的完美范例. Hyman Bass 说 Grothendieck"有一种关于数学可能是什么的高屋建瓴的观点".

1958 年秋,Grothendieck 第一次到哈佛大学数学系访问. Tate 此时正是那里的教授,而系主任是 Zariski. 那时候 Grothendieck 已经用新发展的上同调的方法,重新证明了连通性定理,这是 Zariski 最重要的成果之一, 于 20 世纪 40 年代被其证明. 根据当时是 Zariski 的学生,现在布朗大学的 David Mumford 的话, Zariski 自己从没有学会这些新方法,但是他明白它们的作用,希望他的学生们受到新方法的熏陶,因此他邀请 Grothendieck 来哈佛大学访问.

Mumford 注意到 Zariski 和 Grothendieck 相处得很好,尽管作为数学家他们处理问题的方式是完全不同的. 据说 Zariski 如果被一个问题难住的时候,就会跑到黑板前,画一条自相交曲线,这样可以帮助他将各种想法条理化."谣传他会将这条线画在黑板的一个角落里,然后会擦掉它,继续做代数运算."Mumford 解释说,"他必须通过创造一个几何图像,重新构建从几何到代数的联系来使自己思维清晰."根据 Mumford 的话,这种事 Grothendieck 是绝对不会做的;他似乎从不从例子开始研究,除了那些特别简单,几乎很平凡的例子外.除去交换图表,他也几乎不画图.

Mumford 发现,Grothendieck 在哈佛大学的讲座上向抽象化的跃进相当惊险.有一次他询问某个引理如何证明,结果得到一个高度抽象的论证作为回复.Mumford 开始时不相信如此抽象的论证能够证明那样具体的引理."于是我走开了,想了好几天,结果我意识到它是完全正确的."Mumford 回忆道,"他比我见到的任何人都更具有这种能力,去完成一个绝对令人吃惊的飞跃到某个在度上更抽象的东西上去……他一直都在寻找某种方法来叙述一个问题,看上去很明显地将所有的东西都从问题里抛开,这样你会认为里面什么都没有了.然而还有些东西留了下来,而他能够在这里面发现真正的结构."

2. 英雄岁月

> 在 IHÉS 的英雄岁月里,Dieudonne 和我是仅有的成员,也是仅有的可以给它带来声誉和科学世界的听众的人. ……我觉得自己和 Dieudonne 一起,有点像是我任职的这个研究院的"科学"共同创始人,而且我期望在那里度过我的岁月! 我最终强烈地认同IHÉS……
>
> ——《收获与播种》

1958 年 6 月,在巴黎索邦举行的发起人会议上,

IHÉS 正式成立. IHÉS 的创始人 Léon Motchane 是一位具有物理学博士学位的商人,他设想在法国成立一个和普林斯顿高等研究院类似的独立的研究型学院. IHÉS 的最初计划是集中做三个领域的基础研究:数学、理论物理和人类科学方法论. 尽管第三个领域从来没有在那立足过. 在 10 年时间里,IHÉS 已经建设成为世界上最顶尖的数学和理论物理中心之一,拥有一群为数不多但素质一流的成员和一个访问学者计划.

根据科学家 David Aubin 的博士论文,我们知道在 1958 年 Edinburgh 数学家大会上或者可能更早些,Motchane 说服 Dieudonne 和 Grothendieck 接受新设立的 IHÉS 的教授职位. Cartier 在自己的论文中说 Motchane 起初希望聘用 Dieudonne,而 Dieudonne 则将聘请 Grothendieck 为他接受聘请的一个条件. 两位教授在 1959 年 3 月正式履职,Grothendieck 在同年 5 月开始了他的代数几何讨论班. 1958 年的 Fields 奖章获得者 René Thom 在 1963 年 10 月加入了 IHÉS 的数学部,而 IHÉS 的理论物理学部随着 1962 年 Louis Michel 和 1964 年 David Ruelle 的就职开始开展活动. 就这样到 20 世纪 60 年代中期,Motchane 就已经为他的新研究院招募了一群杰出的研究人员.

到 1962 年的时候,IHÉS 还没有固定的活动场所. 其办公场所是从 Thiers 基金会租用的,讨论班也在那里或在巴黎的大学里举行. Aubin 曾报道说一位叫 Arthur Wightman 的 IHÉS 早期访问学者就被希望在自己的旅馆房间里工作. 据说,当时一位访问学者告之图书馆资料不足的时候,Grothendieck 回答说:"我们不读书,我们是写书的!"的确在最初几年里,研究院的很多活动是围绕"Publications Mathématiques de l'IHÉS(IHÉS 的数学出版物)"进行的,它以几卷奠基性著作 *Éléments de Géométrize Algébrique* 而开了头,该著作以首字母缩写 EGA 而闻名于世. 事实上,EGA 的撰写在 Dieudonne 和 Grothendieck 正式于 IHÉS 上任前半年就已经开始了.

通常认为 EGA 的作者是 Grothendieck. Grothendieck 将笔记和草稿写好,然后交由 Dieudonne 将内容充实和完善. 根据 Armand Borel 的解释,Grothendieck 是把握 EGA 全局的人,而 Dieudonne 是将内容逐一解释的人."Dieudonne 将它写得相当烦琐,"Armand Borel 评论说. 同时,"Dieudonne 又有令人难以置信的高效,没有任何人可以将它写好而不严重影响自己的工作."对于当时那些想进入这个领域的人来说,从 EGA 中学习是一件令人望而生畏的事情. 目前它很少被作为这个领域的入门书,因为有其他许多更容易入门的教材可供选择. 不过那些教材并没有像 EGA 一样完全而系统地解释清楚研究概形所需要的一些工具. 现在在波恩的马克斯 – 普朗克数学研究所的 Gerd Faltings,当他在普林斯顿大学的时候,就鼓励自己的博士研究生去学 EGA. 对当今很多数学家而言,EGA 仍然是一本有用而全面的参考书. IHÉS 的现任院长 Jean-Pierre Bourguignon 说,每年研究院仍然要卖掉超过 100 本的 EGA.

Grothendieck 的计划中,EGA 要包括的东西十分多. 在 1959 年 8 月给 Searle 的信中,他写了个简要的大纲,其中包括基本群、范畴论、留数、对偶性、相交数、Weil 上同调、同伦论. 后来的情况表明,EGA 在经过近乎指数式增长后失去了动力:第一章和第二章每章一卷,第三章两卷,而最后一章(第四章)则达到了四卷,它们一共有 1 800 多页. 尽管 EGA 没有达到 Grothendieck 计划的要求,但它仍然是一部里程碑式的著作.

EGA 这个标题仿效 Nicolas Bourbaki 的《数学原理》(*Éléments de Mathématique*) 系列的标题不是偶然的,正如后者仿效 Euclid 的《几何原本》(*Elements*) 也不是偶然一样. Grothendieck 从 20 世纪 50 年代后期开始,数年内都是 Bourbaki 学派的成员,而且他和学派内很多成员关系密切. Bourbaki 是一群数学家的笔名,其中大多数是法国人,他们在一起合作撰写了数学方面的一系列基础性的著作. Dieudonne, 小平邦彦, Chevalley, Jean Delsarte, Weil 等都是 Bourbaki 学派的创始成员. 一般情况下学派大约有 10 名成员,其成员随着岁月而变化. 第一本 Bourbaki 的书出版于 1939 年,而 Bourbaki 的影响在 20 世纪 50 年代至 60 年代达到了顶峰. 这些书籍的目的是为数学的中心领域的研究提供公理化的依据,使其能被更多的数学家所用. 这些著作都是经过成员间激烈的辩论和严格的论证才诞生的,而许多成员都有非常个性化的观点. 曾作了 25 年的 Bourbaki 成员的 Armand Borel 写道:"这个合作可能是'数学史上的独特事件'." Bourbaki 汇聚了当时的一些顶尖数学家,他们无私地并匿名地奉献自己的大量时间和精力来撰写教材,使得这个领域的一大部分内容变得容易让大家理解.

Bourbaki 和 Grothendieck 的工作有一些相似之处,这表现在它们都存在一定程度上的抽象化和一般化. 他们间的主要区别是 Bourbaki 研究数学的一系列分支领域,而 Grothendieck 主要关注代数几何上发展的新思想,以 Weil 猜想的证明作为其主要目标.

Armand Borel 描述了 1957 年 3 月 Bourbaki 的聚会,他称之为"顽固的函子大会",因为 Grothendieck 提议一篇关于层理论的 Bourbaki 草稿应该从一个更范畴论的观点来重写. Bourbaki 没有采用这个想法,认为这将导致无穷无尽的基础理论的循环往复利用. Grothendieck"不能真正做到和 Bourbaki 合作,因为他有自己的庞大的理论系统,而 Bourbaki 的理论对他而言,还不够一般化," Searle 回忆说. 另外,Searle 评论道:"我认为他不是很喜欢 Bourbaki 这样的体系,在 Bourbaki 我们可以详细讨论草稿并且评论或修改它们. ……这不是他做数学的方式. 他总想自己独立去做. "Grothendieck 在 1960 年离开 Bourbaki,之后他仍和其中很多成员关系密切.

有些传闻说 Grothendieck 离开 Bourbaki 是因为他和 Weil 的冲突,实际上他们在 Bourbaki 的时间仅有很短暂的重合. 根据惯例,Bourbaki 的成员必须在 50 岁的时候退休,所以 Weil 在 1956 年就离开了学派. 当然,Grothendieck 和 Weil 作为数学家,处理问题的方式很不一样倒的确是事实.

除了 EGA 外,Grothendieck《代数几何》全集的另外一个主要部分是 Séminaire de Géométrie Algébrique du Bois Marie,简称 SGA,其中包括他在 IHÉS 讨论班

演讲的讲义. SGA2 由 North Holland 和 Masson 两个出版社合作出版,而其他几卷则由 Springer-Verlag 出版. SGA1 整理自 1960~1961 年讨论班,而这个系列的最后一卷 SGA7 则来自 1967~1969 年的讨论班. 与 EGA 不一样,SGA 描述的是出现在 Grothendieck 讨论班上的正在进行的研究. Grothendieck 也在巴黎 Bourbaki 讨论班上介绍了很多结果,它们被合成为 FGA,即 Fondements de la Géoméotrie Algébrique,它于 1962 年出版. EGA,SGA 和 FGA 加起来大约有 7 500 页.

3. 魔术扇子

> 如果说数学里有什么东西让我比对别的东西更着迷的话(毫无疑问,总有些让我着迷的),它既不是"数"也不是"大小",而是形. 在一千零一张通过其形展示给我的面孔中,让我比其他更着迷的而且会继续让我着迷下去的,就是那些隐藏在数学对象下的结构.
>
> ——《收获与播种》

在 R&S 第一卷里,Grothendieck 对他的工作做了一个解释性的概括,意在让非数学家能够理解(p. 25~48). 在其中他写道,从最根本上来讲,他的工作是寻找两个世界的统一:"算术世界,其中(所谓的)'空间'没有连续性的概念;和连续物体的世界,其中的'空间'在恰当的条件下,可以用分析学家的方法来理解." Weil 猜想如此让人渴望证实,正是因为它们提供了此种统一的线索. 在 R&S 中,Grothendieck 解释了他工作中的一些主要思想，包括概形、层和拓扑斯.

几乎可以说，概形是代数簇概念的一个推广. 给定一组素特征有限域，一个概形就可以产生一组代数簇，而每一个都有它自己与众不同的几何结构. "这些具有不同特征的不同代数簇构成的组可以想象为一把'由代数簇组成的有无限扇面的扇子'（每个特征构成一个扇面），"Grothendieck 写道，"'概形'就是这样的魔术扇子，就如扇子的扇骨连接很多不同的'分支'一样，它连接着所有可能特征的'化身'". 而概形的推广则可以让大家在一个统一方法下，研究一个代数簇所有的不同"化身". 在 Grothendieck 之前，"我认为大家都不完全相信能够这样做，"Michael Artin 评论说，"这太激进了，没有人有勇气哪怕去想象这个方法可能行，甚至在完全一般的情况下可能行. 这个想法真的太出色了."

从 19 世纪意大利数学家 Betti 提出自己的想法开始，同调和它的对偶上同调被发展为衡量空间的这个或那个方面的"准尺". 由 Weil 猜想所激发产生的巨大期望就是拓扑空间的上同调方法可以适用于簇与概形. 这个期望在很大程度上由 Grothendieck 及其合作者的工作实现了. Mumford 注意到，"它完全颠覆了这个领域，这就像 Fourier（傅里叶）分析之前和之后的分析学. 你一旦知道了 Fourier 分析的技巧，当突然看到一个函数的时候，就会产生超强的洞察力. 这和上同调很类似."

层的概念是由 Jean Leray 所构想而后由 Henri Cartan 和 Jean-Pierre Serre 进一步发展的. 在他的奠基

性文章 FAC［*Faisceaux algébriques cohérents*（《代数凝聚层》）］中, Searle 论证了如何将层应用到代数几何中去. Grothendieck 在 R&S 中没有确切地说层是什么, 但他描述了这个概念如何改变了数学的全貌: 当层的想法提出来后, 就好像原来的五好标准上同调"准尺"突然间"繁殖"成为一组无穷多个新"准尺", 它们拥有各种各样的大小和形状, 每一个都完美地胜任它自己独特的衡量任务. 进一步说, 一个空间所有层构成的范畴包含了如此多的信息, 本质上人们可以"忘记"这个空间本身. 所有这些信息都包括在层里面——Grothendieck 称此为"沉默而可靠的向导", 引领他走向发现之路.

　　Grothendieck 写道, "拓扑斯的概念是'空间概念的变体'." 层的概念提供了一种办法, 将空间所依附的拓扑设置转化为层范畴所依附的范畴设置. 拓扑斯则可以描述为这样一个范畴, 它尽管无需起因于普通空间, 却具有层范畴所有"好"的性质. 关于拓扑斯的概念, Grothendieck 认为, 突出了这样的事实: "对于一个拓扑空间而言, 真正重要的根本不是它的'点'或者'点'构成的子集和它们的邻近关系等等, 而是空间上的层和层构成的范畴."

　　为了提出拓扑斯的概念, Grothendieck "很深入地思考了空间的概念". Deligne 评价道, "他为理解 Weil 猜想所创立的理论首先是创立拓扑斯的概念, 将空间概念推广, 然后定义适用于这个问题的拓扑斯." Grothendieck 也证实了"你可以真正在其上面工作, 我们关于普通空间的直觉在拓扑斯上仍然适用. ……这是一个很深刻的想法".

　　在 R&S 中 Grothendieck 评论道,从技术观点而言,他在数学上的很多工作都集中在发展所缺乏的上同调理论. 由 Grothendieck, Michael Artin 以及其他一些人所发展的平展上同调就是这样一种理论,其明确意图是应用于 Weil 猜想,而它确实是他们的证明中的主要因素之一. 但是 Grothendieck 走得更远,他发展了 Motive 的概念,他将此描述为"终极上同调不变量",所有其他的上同调理论都是它不同的实现或者变形. Motive 的完整理论至今还没有发展起来,不过由它已经产生了大量的数学理论. 比如,在 20 世纪 70 年代, IAS 的 Deligne 和 Langlands 猜想了 Motives 和自守表示间的精确关系. 这个猜想,现在是所谓 Langlands 纲领的一部分. 多伦多大学的 James Arthur 认为彻底证明这个猜想将是数十年后的事情. 但他指出,Wiles 的 Fermat 大定理的证明,本质上就是证明了这个猜想在椭圆曲线所产生的 2 维 Motives 的特殊情况. 另外一个例子是 IAS 的 Vladimir Voevodsky 在 Motive 上同调上的工作,为此他在 2002 年获得了 Fields 奖章. 这个工作延伸了 Grothendieck 关于 Motive 的一些原始想法.

　　在关于数学工作的简短回顾的追忆中他写道, "构成它的精华和力量的,不是结果或大的定理,而是猜测,甚至梦想."

4. Grothendieck 学派

　　　　直到 1970 年第一次"苏醒"的时候,我
　　和我的学生们的关系,就如我和自己的工作

的关系一样,是我感到满意和快乐——这些
是我生活的和谐感知的切实而无可指责的基
础之一——的一个源泉,至今仍有它的意义
……

——《收获与播种》

在 1961 年秋访问哈佛大学时,Grothendieck 曾致
信给 Searle:"哈佛大学的数学学术气氛真是棒极了,
和巴黎相比是一股清流,而巴黎的情况则是一年年越
来越糟糕.这里有一大群聪明的学生开始熟悉概形的
语言,他们别无所求,只想做些有趣的问题,我们显然
是不缺有趣问题."Michael Artin 于 1960 年在 Zariski
的指导下完成了自己的论文,此时哈佛大学的讲师正
是 Benjamin Pierce.完成论文之后,Michael Artin 马上
开始学习新的概形语言,他也对平展上同调的概念感
兴趣.当 Grothendieck1961 年来哈佛大学的时候,"我
向他询问平展上同调的定义,"Michael Artin 笑着回忆
说.这个定义当时还没有明确给出来.Michael Artin 说
道:"实际上整个秋天我们都在辩论这个定义."

1962 年搬到 MIT 后,Michael Artin 开了个关于平
展上同调的讨论班.接下去的两年,大部分时间他都是
在 IHÉS 度过的,他和 Grothendieck 一起工作.平展上
同调的定义完成后,仍然还有许多工作要完善这个理
论,让它变成一个可以真正使用的工具."这个定义看
上去很美,不过它不能保证什么东西是有限的,也不保
证可以计算,甚至不能保证任何东西,"Mumford 评论
道.这就是 Artin 和 Grothendieck 要投入的工作;其中

一个结果就是 Artin 可表示定理,与 Jean-Louis Verdier 一起,他们主持了 1963~1964 年的讨论班,其主题即平展上同调. 这个讨论班写成了 SGA4 的三卷书,一共差不多有 1 600 页.

可能有人不同意 Grothendieck 对 20 世纪 60 年代早期巴黎数学氛围"糟糕"的评价,但毫无疑问,当他在 1961 年回到 IHÉS,重新开始他的讨论班时,巴黎的数学氛围得到了相当大的改善. 那里的气氛"相当棒,"Artin 回忆说. 这个讨论班参加人数众多,包括巴黎数学界的头面人物以及世界各地来访的数学家. 一群出色而好学的学生围绕在 Grothendieck 周围,在他的指导下写论文(由于 IHÉS 不授予学位,名义上他们是巴黎市内外一些大学的学生). 1962 年,IHÉS 搬到了它的"永久之家",位于巴黎郊区 Bures-sur-Yvette 一个叫 Bois-Marie 的宁静而树木丛生的公园里. Grothendieck 是所有活动的激情四射的中心. "这些讨论班是非常交互式的,"Hyman Bass 回忆说. 他于 20 世纪 60 年代访问过 IHÉS,不过不管 Grothendieck 是不是发言人,他都拥有统治地位. 他特别严格甚至可能对人比较苛求. "他不是无情的,但他也不溺爱学生." Bass 说道.

Grothendieck 发展了一套与学生一起工作的固定模式. 一个典型例子是巴黎南大学的 Luc Illusie,他于 1964 年成为 Grothendieck 的学生. Luc Illusie 曾参加巴黎的小平邦彦和 Schwarz 的讨论班,正是小平邦彦建议 Luc Illusie 或者可以跟随 Grothendieck 做论文. Luc Illusie 其时只学习过拓扑,很害怕去见这位代数几何大师. 后来表明, 见面的时候 Grothendieck 相当友善, 他让 Luc Illusie 介绍自己曾经做过的工作. Luc Illusie 说了一小段时间后, Grothendieck 走到黑板前, 开始讨论起层、有限性条件、伪凝聚层和其他类似的东西. "黑板上的数学就像大海一样, 像那奔涌的海浪一样," Luc Illusie 回忆道. 最后, Grothendieck 说下一年他打算将讨论班主题定为 L – 函数和 l-平展上同调, Luc Illusie 可以帮助记录笔记. 当 Luc Illusie 提出异议, 说自己根本不懂代数几何时, Grothendieck 说没关系: "你很快会学会的."

Luc Illusie 的确学会了. "他讲课非常清楚, 而且他会花大力气去回顾那些必需的知识, 包括所有的预备知识," Luc Illusie 评价道. Grothendieck 是位优秀的老师, 非常有耐心而且善于清楚解释问题. "他会花时间去解释非常简单的例子, 来展示这个理论的有效性," Luc Illusie 说. Grothendieck 会讨论一些形式化的性质, 那些常常被人掩饰为 "平凡情况" 因而太显然而不需要讨论的性质. 通常 "你不会去详述它, 你不会在它上面花时间," Luc Illusie 说, 但这些东西对于教学却非常有用. "有时有点冗长, 但是它对理解问题很有帮助."

Grothendieck 给 Luc Illusie 的任务是给讨论班一些报告作笔记——准确地说, 是 SGA5 的报告 I, II 和 III. 笔记完成后, "当我将它们交给他时全身都在发抖," Luc Illusie 回忆道. 几个星期后 Grothendieck 告诉 Luc Illusie 到他家去讨论笔记, 他常常与同事和学生在家工作. Grothendieck 将笔记拿出来放在桌子上后, Luc

Illusie 看到笔记上涂满了铅笔写的注释. 两个人会坐在那里好几个小时来让 Grothendieck 解释每一句注释. "他可能批评一个逗号、一个句号的用法, 可能批评一个声调的用法, 也可能深刻批评关于一个命题的实质, 并提出另一种组织方法——各种各样的评论都有,"Luc Illusie 说道, "但是他的评语都说到了点子上."这样逐行对笔记做评论是 Grothendieck 指导学生的很典型的方法. Luc Illusie 回忆起有几个学生因为不能忍受这样近距离的批评, 最终请别人指导写了论文. 有个学生一次在见过 Grothendieck 后差点流了眼泪. Luc Illusie 说: "我记得有些人说很不喜欢这样的方式: '你必须照这样做……'(但)这些批评不是吹毛求疵."

1968 年 Nicholas Katz 以博士后身份访问 IHÉS 时也被给了个任务. Grothendieck 建议 Katz 可以在讨论班上作个关于 Lefschetz 束的报告. "我曾听说过 Lefschetz 束, 但除了听说过它们之外, 我对它们几乎一无所知,"Katz 回忆说, "但到年底的时候我已经在讨论班上作过几次报告了, 现在这些作为 SGA7 的一部分留传了下来. 我从这里学到了相当多的东西, 这对我的未来有很大影响."Katz 说 Grothendieck 一周可能会去 IHÉS 一次和访问学者谈话. "十分令人惊讶的是他不知怎么就可以让他们对某些事情感兴趣, 并给他们一些事情做,"Katz 解释说, "而且, 在我看来, 他有那种令人惊讶的洞察力, 知道对某个人而言什么问题是个好问题, 可以让他去考虑. 在数学上, 他有种很难言传的非凡魅力, 以至于大家觉得被请求和 Grothendieck

635

一起为未来架构相关的数学理论做些事情是一项荣誉."

哈佛大学的 Barry Mazur 至今仍然记得在 20 世纪 60 年代早期在 IHÉS 和 Grothendieck 最初一次谈话, Grothendieck 给他提出了问题, 那个问题起初是 Gerard Washnitzer 问 Grothendieck 的. 问题是这样的: 定义在一个域上的代数簇能否由此域到复数域的两个不同嵌入而得到拓扑上不同的流形? Searle 早前曾给了些例子说明两个流形可能不一样, 受这个问题的启发, Mazur 后来和 Artin 在同伦论上做了些工作. 但在 Grothendieck 说起这个问题的时候, Mazur 还完全只是个微分拓扑学家, 这样的问题本来他是不会碰到的. "对于 Grothendieck 来说, 这是个很自然的问题," Mazur 说道, "但对我而言, 这恰好是让我开始从代数方面思考问题的动力."

除了与 IHÉS 的同事及学生一起工作外, Grothendieck 和巴黎之外的一大群数学家都保持着通信联系, 有关他的纲领中的部分内容, 有些人正在进行相关的工作. 例如, 位于 Berkeley 的加州大学的 Robin Hartshorne 1961 年的时候正在哈佛大学上学, 从 Grothendieck 在那里的讲座中, 他得到了关于论文主题的启发, 即研究 Hilbert 概形. 论文完成后, Hartshorne 给已经回到巴黎的 Grothendieck 寄了一份. 在署期为 1962 年 9 月 27 日的回信中, Grothendieck 对该论文做了些简短的正面评价.

在他 1958 年于 Edinburgh 数学家大会的报告中, Grothendieck 已经概述了他关于对偶理论的想法, 但由于他在 IHÉS 讨论班中正忙着一些别的主题,没有时间来讨论它,于是 Hartshorne 提出自己在哈佛大学开一个关于对偶的讨论班并将笔记记录下来.1963 年夏天,Grothendieck 给了 Hartshorne 大约 250 页的课前笔记,这将成为 Hartshorne 这年秋天开始的讨论班的基础材料.讨论班成员提出的问题帮助 Hartshorne 提炼和发展了对偶理论,他将其系统地记录了下来.他将每一章都寄给 Grothendieck 来接受批评,"它被寄回来的时候整个都布满了红墨水,"Hartshorne 回忆道,"于是我将他说的都改正了并立即给他寄了新的版本.它被寄回时上面的红墨水更多."意识到这可能是个无穷尽的过程后,Hartshorne 有一天决定将手稿拿去出版,此书 1966 年出现在 Springer 的 Lecture Notes 系列里.

Grothendieck"有如此多的想法以至于他一个人几乎让那时候世界上所有在代数几何领域中认真工作的人都很忙碌,"Hartshorne 说道.他是如何让这件事情一直进行下去的呢?"我认为这并不简单,"Michael Artin 回答说.不过,Grothendieck 的充沛精力和知识宽度显然是其中的一些原因."他精力非常充沛,而且他的知识面涵盖很多领域,"Artin 说,"他能够完全控制这个领域达 12 年之久真是太不寻常了,这可不是个懒人集中营."

在 IHÉS 的岁月里,Grothendieck 全身心地投入到数学中.他的非凡精力和工作能力,以及对自身观点的顽强坚持,产生了思维的巨浪,将很多人冲入它的奔涌激流中.他没有在自己所设定的令人畏惧的计划面前退缩,反而勇往直前地投入进去,冲向大大小小的目标. 他将其中很多工作分配给他的学生们和合作者们来做, 而自己也做了很大一部分的工作. 给予他动力的, 如他在 R&S 里所解释的, 就只是对未知事物想要了解的渴望. "在那时, 从没有过这样迫切想要在别人之前证明某个东西的想法," Searle 解释道. 而且在任何时候, "他都不会和任何人竞赛, 一个原因就是他希望按自己的方式来做事情, 而几乎没有人愿意像他这样做, 因为那样需要做太多工作了."

在其 1988 年的教材《本科生代数几何》最后的历史注释中, Miles Reid 写道: "对 Grothendieck 的个人崇拜有些严重的副作用, 许多曾经花了一生中很大一部分时间去掌握 Weil 的代数几何基础的人觉得遭到了拒绝和羞辱……整整一代学生 (主要是法国人) 被洗脑而愚蠢地认为如果一个问题不能放置于高效能的抽象框架里就不值得去研究." 如此 "洗脑" 可能是当时时代无法避免的副作用, 尽管 Grothendieck 从来不是为抽象化而追求抽象化的. Miles Reid 也注意到, 除去少数可以 "跟上步伐并生存下来" 的 Grothendieck 的学生, 从他的思想里得益最多的是那些在一段时间里受影响的人, 特别是美国、日本和俄罗斯的数学家. Pierre Cartier 在俄罗斯数学家, 如 Vladimir Drinfeld, Maxim Kontsevich, Yuri Manin 和 Vladimir Voevodsky 的工作中看到了 Grothendieck 思想的传承. Pierre Cartier 说: "他们抓住了 Grothendieck 思想的精髓, 并且他们能够将它和其他东西结合起来."

5. 一种不同的思考方式

> 对发现工作而言,特别的关注和激情四
> 射的热情是一种本质的力量,就如同阳光的
> 温暖对于埋藏在富饶土壤里的种子的蛰伏成
> 长和它们在阳光下柔顺而不可思议的绽放所
> 起的作用一样.
>
> ——《收获与播种》

Grothendieck 有他自己的一套研究数学的方式. 正如麻省理工学院的 Michael Artin 所言,在 20 世纪 50 年代晚期和 60 年代"(数学)世界需要适应他,适应他抽象化(思维)的力量". 现在 Grothendieck 的观点已经如此深入地被吸收到代数几何里面,以至于对现在这个研究领域中的研究生而言它是再正常不过的了,他们中很多人没有意识到现在同以前的情形相比是相当不一样的. 普林斯顿大学的 Nicholas Katz 说,在他作为一个年轻数学家首次接触到 Grothendieck 思考问题的方式时,这种方式在他看来是与以前完全不同的全新的方式,但是却很难明确指出不同之处是什么. 如 Katz 所指出,这种观念的转换是如此的根本和卓有成效,而且一旦得到采用后是如此自然以至于"很难想象在你这样考虑问题之前的时代是什么样子的".

尽管 Grothendieck 通过一个非常一般化的观点来研究问题,但他并不只是为了利用一般化的观点而这样做的,而是因为利用一般化的观点可以成果丰硕. "这种研究方式对于那些天赋稍缺的人来说只会导致

大多数人所谓的'毫无果实的一般化',"Katz 评价说,"而 Grothendieck 不知何故却总能知道应该去思考哪样的一般问题."

　　Grothendieck 思考问题的一个很显著的特征是他好像几乎从不依赖例子. 这个可以从所谓的"素数"的传说中看出. 在一次数学讨论中,有人建议 Grothendieck 他们应该考虑一个特殊素数."你是说一个具体的数?"Grothendieck 问道. 那人回答说:"是的,一个具体的素数." Grothendieck 建议道:"行,就选 57.""但 Grothendieck 一定知道 57 不是一个素数,对吧? 完全错了,"布朗大学的 David Mumford 说道,"他不从具体例子来思考问题." 与他形成对照的是印度数学家 Ramanujan,他对很多数的性质都非常熟悉,其中有些数相当大. 那种类型的思考方式代表了和 Grothendieck 的思考方式相对的数学世界."他真的从没有在特例里下工夫,"Mumford 观察到,"我只能从例子中来理解事情,然后逐渐让它们更抽象些. 我不认为这样先看一个例子对 Grothendieck 的研究能有一丁点帮助,他真的是从最大限度的抽象方式中思考问题来掌握全局的. 虽然很奇怪,但这就是他的思维方式." 巴塞尔大学的 Norbert A'Campo 有次问及 Grothendieck 关于柏拉图体的一些情况,Grothendieck 建议他要注意点. 他说,柏拉图体是如此漂亮而特殊,人们不应该设想如此特别而美好的东西在更一般情形下仍然会保持.

　　Grothendieck 曾经这样说过,一个人从来就不应该试着去证明那些几乎不显然的东西. 这句话的意思不是说大家在选择研究的问题时不要有抱负,而是,"如果你看不出你正在研究的问题不是几乎显然的话,那么你还不到研究它的时候,"伯克利的加利福尼亚大学的 Arthur Ogus 如此解释道:"在这个方面多做些准备. 而这就是他研究数学的方式,每样东西都应该如此自然,看上去都是显然的."很多数学家都会选择一个描述清晰的问题来研究它,Grothendieck 很不喜欢这种方式. 在 R&S 中一段广为人知的段落里,他将这种方式比喻成拿着锤子和凿子去敲核桃. 他自己宁愿将核桃放在水里将壳慢慢地泡软,或者让它日晒雨淋,等待它自然爆裂的恰当时机(p. 552 ~ 553). "因此 Grothendieck 所做的很多事情就像是事情自然发展所呈现的那样,因为它看上去像是自己'长出来的',"Ogus 说道.

Grothendieck 具有给新的数学概念选取印象深刻、唤起大家注意力的名字的天赋. 事实上,他认识到给数学对象命名这种行为正是它们的发现之旅的一个有机组成部分,如同一种掌握它们的方式,甚至在它们还没有被完全理解之前(R&S, p. 24). 一个这样的术语是平展,在法语里面它原是用来表示平潮时候的海,也就是说,此时既不涨潮,也不退潮. 在平潮的时候海面就像展开的床单一样,这就会使人联想到覆盖空间的概念. 如 Grothendieck 在 R&S 中所解释的,他选用在希腊文里原意为"空间"的"topos"这个词,来暗示"拓扑直觉适用的'卓越对象'"这样一个想法(p. 40 ~ 41). 和这个想法相配,topos 就暗示了最根本、最原始的空间概念. 术语"motif"(英文里的"motive")这个概念意在唤起这个词的双重意思:一个反复出现的主题和造

641

成行动的原因.

Grothendieck 给数学概念取名时的关注点意味着他厌恶那些看上去不合适的术语:在 R&S 中,他说自己在第一次听到"perverse sheaf"这个术语时感到有种"本能的退缩"."真是一个糟糕的想法,去将这样一个名字给予一个数学对象!"

众所周知,Grothendieck 证明了某些结果并发展了某些工具,但他最大的贡献是创立了数学的一个新的观点. 从这方面来说,Grothendieck 和 Galois 相似. 的确,在 R&S 中有很多处,Grothendieck 都写到他强烈地认同 Galois. 他也提到过自己年轻时候读过一本由 Leopold Infeld 撰写的 Galois 的传记.

最终来说,Grothendieck 在数学上取得成就的根源是某种相当谦卑的东西:他对自己所研究的数学对象的爱.

6. 停滞的精神

> 从 1945 年(我 17 岁的时候)到 1969 年(我进入 42 岁的时候),25 年里我几乎将我的全部精力都投入到了数学的研究中. 这自然是过多的投入了. 我为此付出了越来越"迟钝"的长期精神上停滞的代价,这些我在《收获与播种》中不止一次提到过.
>
> ——《收获与播种》

在 20 世纪 60 年代,哈佛大学的 Barry Mazur 和他的妻子访问过 IHÉS. 尽管那时候 Grothendieck 已经有了自己的家庭和房子，他仍然在 Mazur 居住的大楼里保留了一间公寓，并且常常在那里工作到深夜. 由于公寓的钥匙不能开外面的门，而这道门到晚上 11 点的时候就锁上了，在巴黎度过一个晚上后再回到大楼就会有困难. 但是"我记得我们从来没有遇到过麻烦，"Mazur 回忆道，"我们会乘末班火车回来，百分之百地确信 Grothendieck 还在工作，而他的书桌靠着窗. 我们会扔小石子到他窗户上，他就会来为我们开门." Grothendieck 的公寓只是简单装修了一下，Mazur 记得里面有一只金属线做的山羊雕塑和一个装满西班牙橄榄的缸子.

Grothendieck 在一间斯巴达式的公寓里工作到深夜的这种略显孤独的形象刻画了 20 世纪 60 年代他的生活的一个掠影. 那个时候他不停地研究数学. 他和同事们讨论问题，指导学生们学习，开设讲座，和法国之外的数学家们保持广泛联系，还撰写一卷又一卷看上去没有尽头的 EGA 和 SGA. 毫不夸张地说他单枪匹马地推动了世界范围内代数几何的一个巨大而蓬勃的发展. 他在数学之外似乎没有多少爱好，同事们说他从不看报纸. "整整 10 年里 Grothendieck 一周 7 天，一天 12 个小时研究代数几何的基础，"他的 IHÉS 同事 David Ruelle 说到，"他已经完成了搭建这座数学高楼的 −1 层的工作，而正在第 0 层上工作……但到一定时候就会很清楚你永远也盖不成这座大楼."

谁是"唯一值得全世界知晓的数学家"？[①]

第 7 章

"在我们这个时代如果有一个数学家值得让全人类知晓，那就是 Grothendieck. 他不仅带来了新的数学，还告诉大家如何做学问."曾经在清华大学高等研究院工作、目前就职于南方科技大学[②]的孔良老师曾如是说.

"我在想如果能够让更广泛的中国读者接触到 Grothendieck 就好了. 这也是我一直不遗余力所做的事情"，孔良老师因此向时任《知识分子》主编、北京大学教授饶毅推荐了一篇 Grothendieck 的传记，也是传世的经典之作《仿佛来自虚空的 Grothendieck 的一生》.

每一门科学，当我们不是将它作为衡量能力和统治力的工具，而是作为人类世代以来

[①] 摘自《算法与数学之美》(《知识分子》2018 年 2 月 23 日).
[②] 原文为"美国新罕布什尔大学数学与统计系"，因受当时文章的发表时间的影响.——编者注

对知识孜孜以求的目标时,是这样的和谐,从
一个时期到另一个时期,或多或少,巨大而又
丰富.在不同的时代,对于依次出现的不同的
主题,它展现给我们微妙而精细的对应,仿佛
来自虚空.

——《收获与播种》

Grothendieck 是一位对数学对象极度敏感,对它们
之间复杂而优美的结构有着深刻认识的数学家.他生
平中的两个制高点——他是高等科学研究所的创始成
员之一,并在 1966 年荣获 Fields 奖——就足以保证他
在二十世纪数学伟人殿堂里的位置.但是这样的述说
远不足以反映他工作的精华,它深深植根于某种更有
机更深层的东西里面.正如他在长篇回忆录《收获与
播种》中所说:"构成一个研究人员的创造力和想象力
的本质的东西,正是他能聆听事情内部声音的能力."
今天,Grothendieck 的声音,蕴含在自己的著作中,到达
我们的耳中,就如同来自虚空.

用密歇根大学 Hyman Bass 的话来说,Grothend-
ieck 用一种"宇宙般普适"的观点改变了数学的全貌.
如今这种观点已经如此深入地被吸收到数学研究里
面,以至于对新来的研究者来说,很难想象以前并不是
这样的.Grothendieck 在代数几何学中留下了最深的印
迹,在其中他强调通过发现数学对象间的联系来理解
数学对象本身.他具有一种极其强大、几乎就是来自另
外一个世界的抽象能力,让他能够从非常普适的高度
来看待问题,而且他使用这种能力又十分精确.事实
上,从 20 世纪中叶开始,在整个数学领域里不断加深

的一般化和抽象化的潮流,在很大程度上归功于 Grothendieck. 同时,那些为了一般化而一般化,以至于去研究一些毫无意义的数学问题,是他从来都不感兴趣的.

Grothendieck 受当时社会环境的影响,他的教育背景并不是最好的. 他是如何在这样缺乏足够教育的情况下开始脱颖而出,成为世界上的领袖数学家之一,这是一出精彩的"戏剧". 同样,在 1970 年,正当他最伟大的成就在数学研究领域开花结果,而且数学研究的方向正深受他个性影响时,他突然离开了数学研究,也是富有戏剧性的.

§1 早期生活

> 对于我来说,我们高中数学课本最令人不满意的地方,是缺乏对长度、面积和体积的严格定义. 我暗自许诺,当我有机会的时候,一定得填补这个不足.
>
> ——《收获与播种》

2003 年 8 月,以八十岁高龄过世的普林斯顿高等研究院的 Armand Borel 生前曾回忆起他在 1949 年 11 月在巴黎的一次 Bourbaki 讨论班上第一次见到 Grothendieck 的情形. 在讲座的空歇时间,当时二十多岁的 Borel 正与时年 45 岁的法国数学界当时的一位领袖人物 Chales Ehresmann 聊天. Borel 回忆说,此时一位年轻人走到 Ehresmann 面前,不做任何介绍,当头就问:"你是拓扑群方面的专家吗?"为了显示自己的谦虚,Ehresmann 回答说是的,他知道一点点关于拓扑群的知识.年轻人坚持说:"可我需要一个真正的专家!"这就是 Grothendieck,时年 21 岁——性急、热情.Borel 记得 Grothendieck 当时问了一个问题:每个局部拓扑群是否是整体拓扑群的芽?Borel 恰好知道一个反例.这个问题表明 Grothendieck 那个时候就已经开始考虑用普适的观点研究问题了.

　　20 世纪 40 年代末在巴黎度过的那段时期是 Grothendieck 首次和数学研究的真正接触.在此之前,他的生活——至少就我们所知道的情况而言——几乎没有什么可以预示他能成为数学世界一位具有统治地位的人.大多关于 Grothendieck 的家庭背景和早期生活的情节都是简单的或者未知的.Münster 大学的 Winfried Scharlau 撰写了一部 Grothendieck 的传记,对他的这段历史做了详细研究.

　　Grothendieck 的父亲,其名字或许叫 Alexander Shapiro,于 1889 年 10 月 11 日生于乌克兰诺夫兹博科夫.Shapiro 参加过多次暴动,在 17 岁的时候被捕,尽管成功逃脱死刑的判决,但是数次越狱后又被抓获,他一共在狱中呆了大约 10 年时间.Grothendieck 的父亲,有时候常常被人混淆为另外一个更有名的 Alexander Shapiro,他也参加过了多次政治运动,这位 Shapiro 曾在 John Reed(美国著名记者)的名著《震撼世界的 10 天》里面出现过,后移民去了纽约,并于 1946 年去世,那时候,Grothendieck 的父亲已经过世 4 年了.另外一个关于 Grothendieck 父亲的显著特征是他只有一只手. 根据 Justine Bumby（她在 20 世纪 70 年代曾经与 Grothendieck 生活过一段时间, 并且和他育有一个儿子）的话来说, 他的父亲是在一次逃避抓捕而尝试自杀的行动中丢失了自己的一只胳膊. Grothendieck 本人可能在不知情的情况下使得人们将这两个 Shapiro 混淆, 举个例子, 高等科学研究所的 Pierre Cartier 在 ［Cartier2］中提到 Grothendieck 时, 坚持 John Reed 的书里面一个人物是 Grothendieck 的父亲.

1921 年, Shapiro 离开俄罗斯, 从那时起, 终其一生他都是一个无国籍人. 为了隐瞒他的政治历史, 他获得了一份名叫 Alexandre Tanalov 的身份证明, 从此他就用这个新的名字. 他在德国、法国和比利时都呆过一段时间, 在 20 世纪 20 年代中期, 他认识了 Grothendieck 的母亲——Joana Grothendieck. 她于 1900 年 8 月 21 日出生在汉堡的一个中产阶级家庭里. 出于对她所受的传统教育的反叛, 她被吸引来到柏林, 她和 Shapiro 都渴望成为作家. 他从没有发表过什么东西, 而她在报纸上发表过一些文章. 很久以后, 在 20 世纪 40 年代, 她写了一本自传小说 *Eine Frau*（《一个妇人》）, 不过从未发表.

在他一生的大部分时间里, 都是作为一位街头摄影师, 这项工作让他可以独立生活, 又不用违背自己的信仰去被人雇佣. 他和 Joana 曾经都结过婚, 而且都各有一个前次婚姻所生的孩子, 她有个女儿, 而他有个儿子. Alexandre Grothendieck 于 1928 年 3 月 28 日出生于柏林, 当时他们的家由 Joana , Tanalov, Joana 的女儿和比 Alexandre 大四岁的 Maidi 组成. 他被家人和后来的密友们叫作 Shurik. 尽管他从来没有见到过他同父异母的哥哥,Grothendieck 仍将他在 20 世纪 80 年代完成的手稿 A La Poursuite des Champs(《探索 Stacks》)献给了他.

1933 年,Shapiro 从柏林逃到了巴黎.同年 12 月,Joana 决定追随丈夫,于是她将儿子留在汉堡附近布兰肯尼斯的一个寄养家庭里面;Maidi 则留在柏林一个收养残疾人的机构里,尽管她并不是残疾人(《收获与播种》,472～473 页).这个寄养家庭的家长是威尔海姆·海铎,他的不平凡的一生在他的传记 Nur Mensch Sein 里面得到了详细描述.

Grothendieck 从 5 岁到 11 岁,在海铎家里呆了 5 年多,并且开始上学.代格玛·威尔海姆在回忆录里面说小 Grothendieck 是一位非常热爱自由,特别诚实,毫无顾忌的小孩.在他生活在海铎家这几年里,Grothendieck 只从他母亲那里收到过几封信,他的父亲根本就没有给他写过信.尽管 Joana 仍然还有些亲戚在汉堡,但从没有人来看过他.突然和父母分离,对 Grothendieck 来说是件非常伤心的事情,这可以从《收获与播种》中看出(473 页).Schalau 认为小 Grothendieck 可能在海铎家里过得并不愉快.从原本没有约束的原生家庭里出来,海铎家里的比较严肃的氛围可能让他觉得有些郁闷.事实上,他和海铎家附近其他一些家庭显得更亲近些,成年以后他仍然多年坚持给他们写信.他也给海铎家写信,并且数次回汉堡来拜访,最后一次是在 20 世纪 80 年代中期.

1939 年,战争迫在眉睫,海铎夫妇所承受的政治压力也越来越大,他们不能够再抚养 Grothendieck 了.尽管他父母的确切地址不为人知,但是代格玛·海铎写信给法国驻汉堡领事馆,设法给时在巴黎的 Shapiro 和时在尼姆兹的 Joana 带去消息. 联系到他的父母以后,11 岁的 Grothendieck 被送上从汉堡到巴黎的火车. 1939 年 5 月他和父母团聚,他们在一起度过了战前的短暂时光.

在《收获与播种》中,他也提到一些在 Mende 和 Chambon 上学时的情况. 很显然,尽管少年时遇到的诸多困难和混乱,他从很小的时候起就有很强的理解能力. 在数学课上,他不需要老师的提示就能区分什么东西是深层的、什么东西是表面的,什么是正确的、什么是错误的. 他发现课本上的数学问题老是重复,而且经常和那些可以赋予它意义的东西隔离开. "这是这本书的问题,不是我的问题." 他写道. 当有问题引起他注意时,他就完全忘我的投入到问题中去,以至于忘记时间(第 3 页).

§2 从蒙彼利尔到巴黎再到南锡

> 我的微积分老师舒拉先生向我保证说数学上最后一个问题已经在二三十年前就被一个叫 Lebesgue 的人解决了. 确切地说,他发展了一套测度和积分的理论(真是很令人惊讶的巧合!),而这就是数学的终点.
>
> ——《收获与播种》

1945 年 5 月 Alexandre Grothendieck 17 岁. 他和母

亲居住在蒙彼利尔郊外盛产葡萄的一个叫 Maisargues
的村子里. 他在蒙彼利尔大学上学,母子俩靠他的奖学
金和在葡萄收获季节打零工来维持生活;他的母亲也
做些清扫房屋的工作. 不久以后他呆在课堂的时间就
越来越少,因为他发现老师全是照本宣科. 根据 Jean
Dieudonne 的话来说,那时的蒙彼利尔是"法国大学里
面教授数学最落后的地区之一".

　　在这种环境下,Grothendieck 将他在蒙彼利尔三年
的大部分时间都放在弥补他曾经觉察到的高中教科书
的缺陷上,即绘出令人满意的长度、面积和体积的定
义. 完全靠自己的努力,他实际上重新发现了测度论和
Lebesgue 积分的概念. 这个小故事可以说是 Grothen-
dieck 和阿尔伯特·爱因斯坦两个人生平中几条平行线
之一:年轻的爱因斯坦根据自己的想法发展了统计物
理理论,后来他才知道这已经由 Josiah Willard Gibbs
发现了!

　　1948 年, 在蒙彼利尔完成理学学士课程后,
Grothendieck 来到了巴黎,这里是法国数学研究的中
心. 1995 年, 在一篇发表于一本法文杂志上关于
Grothendieck 的文章中,一位名叫安德烈·马格尼尔的
法国教育官员回忆起 Grothendieck 的去巴黎求学申请
奖学金时的事情. 马格尼尔让他说明一下在蒙彼利尔
干了些什么. "我大吃一惊",文章引用马格尼尔的话
说,"本来我以为 20 分钟会面就足够了,结果他不停
的讲了两个小时,向我解释他如何利用'现有的工
具',重新构造前人花了数十年时间构建的理论. 他显
示出了非凡的智慧."马格尼尔接着说:"Grothendieck
给我的印象是,他是一位才气惊人的年青人,但是所受

的苦痛和被剥夺自由的经历让他的发展很不顺利."
马格尼尔立刻推荐 Grothendieck 得到这笔奖学金.

Grothendieck 在蒙彼利尔的数学老师,舒拉先生推
荐他到巴黎去找他以前的老师 Cartan. 在 1948 年秋天
到达巴黎后,Grothendieck 给那里的数学家们看自己在
蒙彼利尔做的工作. 正如舒拉所说,那些结果已经为人
所知,不过 Grothendieck 并不觉得沮丧. 事实上,这段
早期孤独一人的努力可能对他成为数学家起了至关重
要的作用. 在《收获与播种》中,Grothendieck 谈到这段
时期时说:"在根本不知情的情况下,我在孤独的工作
中学会了成为数学家的要素——这些是没有一位老师
能够真正教给学生的. 不用别人告诉我,我从内心就知
道自己是一位数学家,也就是说,完全从字面上理解,
'做'数学的人."

他开始参加 Henri Cartan 在巴黎高等师范学院开
设的传奇性的讨论班. 这个讨论班采用了一种在
Grothendieck 在以后的职业生涯中更严格化的模式:每
一年所有的讨论都围绕一个选定的主题进行,讲稿要
系统地整理出来并最终出版. 1948~1949 年,Cartan 讨
论班的主题是单形代数拓扑和层论——当时数学的前
沿课题,还没有在法国其他地方讲授过. 事实上,那时
离 Jean Leray 最初构想层概念的产生并没有多久. 在
Cartan 讨论班上,Grothendieck 第一次见到了许多当时
数学界的风云人物,包括 Claude Chevalley, Jean
Delsarté, Jean Dieudonne, Roger Godement, Laurent
Schwartz 和 André Weil. 其时 Cartan 的学生有 Jean-Pi-
erre Serre. 除参加 Cartan 讨论班以外,他还去法兰西学
院听 Leray 开设的一门介绍当时很新潮的局部凸空间理

论的课程.

作为几何学家 Élie Cartan 的儿子，自己本人又是一位杰出的数学家，并且又是巴黎高等师范学院的教授，从多个方面来看 Henri Cartan 都是巴黎精英数学家的中心人物. Cartan 和当时的许多一流数学家——比如 Charles Ehresmann, Leray, Chevalley, Delsarte, Dieudonné 和 Weil——一样都有一个共同的背景，他们是"高师人"，即为法国高等教育的最高学府巴黎高等师范学院的毕业生.

当 Grothendieck 刚加入 Cartan 讨论班的时候，他还是个外来人：这不仅仅是说他居住在战后的法国而又讲德语，而且因为他与其他参加者比较起来显得特别贫乏的教育背景，然而在《收获与播种》里，Grothendieck 说他并不觉得自己像是圈子里面的陌生人，并且叙述了他对在那受到的"善意的欢迎"的美好回忆（《收获与插种》，第 19~20 页）. 他的坦率直言很快就引起了大家的注意：在给 Cartan100 岁生日的颂词中，Jean Cerf 回忆说，"当时在 Cartan 讨论班上看到一个陌生人（即 Grothendieck），此人从屋子后部随意向 Cartan 发话，就如同和他平起平坐一样."Grothendieck 问问题从不受拘束，然而，他在书上写道，他也发现自己很难明白新的东西，而坐在他旁边的人似乎很快就掌握了，就像"他们天生就懂一样"（《收获与播种》，第 6 页）. 这可能是其中一个原因，促使他在 Cartan 和 Weil 的建议下，于 1949 年 10 月离开巴黎的高雅氛围去了节奏缓慢的南锡. 另外，如 Dieudonné 所言，Grothendieck 那时候对拓扑线性空间比对代数几何更感兴趣，因此他去南锡再恰当不过了.

（我在这里受到的）欢迎弥漫开来……
从 1949 年首次来到南锡的时候我就受到这样
的欢迎,不管是在 Laurent 和 Hélène Schwartz 的
家（在那里我就好像是一个家庭成员一样）,
还是在 Dieudonné 的或者 Godement 的家（那
里也是我经常出没的地方之一）. 在我初次
步入数学殿堂就包容在这些挚爱的温暖中,
这种温暖虽然有时容易忘记,但对我整个数
学家生涯非常重要.

——《收获与播种》

1940 年后期,南锡是法国最强的数学中心之一;
事实上,虚构人物 Nikola · Bourbaki 据说是"Nancago
大学"的教授,就是指在芝加哥大学的 Weil 和在南锡
大学的他的 Bourbaki 同伴. 此时南锡的教员包括 The-
resa,Godement Dieudonné 和 Schwartz. Grothendieck 的
同学包括 Jacques-Louis Lions 和 Bernard Malgrange,他
们和 Grothendieck 一样均是 Schwartz 的学生;以及
Paulo Ribenboim,时年 20 岁,差不多与 Grothendieck 同
时来到南锡的巴西人.

根据现在是（加拿大）安大略省 Queens 大学名誉
教授 Ribenboim 的话来说,南锡的节奏不像巴黎那么
紧张,教授们也有更多时间来指导学生. Ribenboim 说,
他感觉 Grothendieck 来到南锡的原因是因为他基础知
识缺乏以致很难跟上 Cartan 的高强度讨论班. 这不是
Grothendieck 自己承认的,"他不是那种会承认自己也
会不懂的人!"Ribenboim 评论说. 然而,Grothendieck
的超凡才能是显而易见的,Ribenboim 记得自己当时将

他作为完美化身来景仰. Grothendieck 可能会变得非常极端,有时候表现得不太厚道. Ribenboim 回忆说:"他不是什么卑鄙的人,只是他对自己和别人都要求很苛刻."Grothendieck 只有很少几本书;他不是从读书中去学习新的知识,而是宁愿自己去重新建构这些知识. 而且他工作得很刻苦. Ribenboim 还记得 Schwartz 告诉他:你看上去是个很友善、均衡发展的年轻人;你应该和 Grothendieck 交个朋友,一起出去玩玩,这样他就不会整天工作了.

其时 Dieudonné 和 Schwartz 在南锡开设了关于拓扑线性空间的讨论班. 如 Dieudonné 在[D1]中所说,那时候 Banach 空间及其对偶已经理解得很清楚了,不过局部凸空间的概念当时刚刚引入,而关于它们的对偶的一般理论还没有建立起来. 在这个领域工作一段时间后,他和 Schwartz 遇到了一系列的问题,他们决定将这些问题交给 Grothendieck. 数月之后,他们大吃一惊,得知 Grothendieck 已经将所有的问题都解决了,并在继续研究泛函分析的其他问题."1953 年,在援予他博士学位的时候,需要在他写的六篇文章中选取一篇作为博士论文,可每一篇都有较高的水准,"Dieudonné 写道. 最后选定作为论文的是《拓扑张量积和核空间》,这篇文章初次显示出了他的一般性思考,而这将贯穿 Grothendieck 的整个数学生涯. 核空间的概念,在目前已经得到了广泛应用,而其首先是在这篇文章里面提出的. Schwartz 在巴黎的一次讨论班上宣传了 Grothendieck 的结果,其讲稿《Grothendieck 的张量空间》发表于 1954 年[Schwartz]. 此外, Grothendieck 的论文作为专著于 1955 年在美国数学会的 Memoir 系列出版,此书在 1990 年第七次重印.

    Grothendieck 在泛函分析方面的工作"相当出色",加州大学洛杉矶分校的 Edwards E. Effors 评论说. 从某些方面来说,Grothendieck 走在了他的时代的前面,Effors 注意到至少花了 15 年的时间,Grothendieck 的工作才结合到主流的 Banach 空间理论中去,这其中部分原因是大家对采用他的更代数的观点不积极. Effors 还说道,近年来由于 Banach 空间理论的"量子化",而 Grothendieck 的范畴论的方法特别适用于这种情况,他的工作的影响力进一步得到了加强.

    Laurent Schwartz 于 1952 年访问了巴西,并跟那里的人说起了他这个才华横溢的学生在法国找工作时遇到的麻烦. 结果 Grothendieck 收到了圣保罗大学聘请他为访问教授的提议,他在 1953 年和 1954 年都在这个职位上. 用当时为圣保罗大学的学生、现在是 Rutgers 大学名誉教授的 José Barros-Neto 的话来说,Grothendieck(和大学)做了特别安排,这样他可以回巴黎参加秋天在那里举行的讨论班,由于巴西数学界的第二语言是法语,教学和与同事交流对 Grothendieck 来讲是件很容易的事情. 通过去圣保罗,Grothendieck 延续了在巴西和法国的科学交流的传统:除 Schwartz 之外,Weil,Dieudonné 和 Delsarte 都在 20 世纪 40 年代和 50 年代访问过巴西. Weil 在 1945 年 1 月到圣保罗,在那里一直呆到 1947 年秋天他转赴芝加哥大学的时候. 而去法国和巴西进行数学交流一直延续到现在. 里约热内卢的纯粹与应用数学研究所(IMPA)就有一个促成许多法国数学家到 IMPA 去的法 – 巴合作协议.

    在《收获与播种》一书中,Grothendieck 将 1954 年形容为"令人疲倦的一年"(163 页). 整整一年时间,他试图在拓扑线性空间上的逼近问题上获得一些进展,而这个问题要到整整 20 年后才被一种和Grothendieck 尝试的办法完全不同的方法解决. 这是"我一生唯一一次感觉做数学是如此繁重!"他写道.这次挫折给了他一个教训:不管何时,都要有几个数学"铁器在火中(一起锻造)",这样如果一个问题被发现很难解决,就可以在别的问题上下功夫.

现在为圣保罗大学教授的 Chaim Honig, 当Grothendieck 在那里的时候他还是数学系的助教,他们成了好朋友. Honig 说 Grothendieck 过着一种斯巴达式的孤独生活,靠着牛奶和香蕉过日子,将自己完全投入到数学中. Honig 有次问及 Grothendieck 他为什么选择了数学? Grothendieck 回答说他有两个爱好,数学和音乐,他选择了数学是因为他觉得这样可能更容易谋生."他的数学天赋是如此显而易见,"Honig 说,"我当时相当惊讶他竟然在数学和音乐的选择之间犹豫不决."

Grothendieck 计划和当时在里约热内卢的 Leopoido Nachvub 一起合写一本拓扑线性空间的书,不过这本书从来没有实质化过. 但是,Grothendieck 在圣保罗教授了拓扑线性空间这门课程,并撰写了讲义,这个讲义后来由大学出版了. Barros Neto 是这个班上的学生,他写了讲义上的一个介绍性章节,讲述(学习这门课程)所需的一些基本的必备知识. Barros Neto 回忆说,当 Grothendieck 在巴西的时候说要转换研究领域."他很雄心勃勃,"Barros Neto 说道,"你可以感觉到他在行动——他应该做些很重要而又很基础的东西."

编辑手记

为什么要读这样一本大部头的书.

宋朝初年,宋太宗虽日理万机,但坚持每日阅读规模宏大的《太平御览》,大臣遂劝他少读.他却回答:"开卷有益,朕不以为劳也."当然这是一般泛泛而论的劝人读各类书的经典句子,其实更有说服力的还是它具有某种"功利性"——辅导奥数的需要.

在 2015 年于泰国清迈举行的国际数学奥林匹克竞赛——一年一度的"数学世界杯"——上,美国队破天荒地击败了老牌劲旅中国队,拿到了第一名.

据英国《卫报》7 月 16 日报道,国际数学奥林匹克竞赛英国队的领队、巴斯大学的杰夫·史密斯博士说,这是自 1959 年开始举办的奥赛历史上最难的一张试卷.

报道说,获得金牌的门槛分值——每年根据参赛选手的发挥而有所变化——被定为 26 分(总分为 42 分),是有史以来最低的. 美国队夺得五枚金牌, 击败了老赢家中国队.

比赛连续举行两天, 参赛者每天有四个半小时的时间来解决三个问题, 范围涵盖几何、数论和代数. 学生不需要掌握高等数学, 如微积分的知识, 但这些问题非常难.

每个国家最多有六名选手参加国际数学奥林匹克竞赛. 这些青少年是还未上过大学的世界上最好的数学天才. 除了非常有天赋外, 很多选手还接受了多年的培训, 练习解决奥赛的问题. 有可能选手能够理解问题在说什么, 但却仍然不知道如何解决它. 奥赛的问题都没有简单的答案, 否则这些最棒的数学天才就不需要在每道题上花 90 分钟的时间来解决了. 这年, 在 104 支参赛队中, 有 74 支队伍得了零分.

学奥数, 参加奥赛有两个目的: 一是考取功名, 获取金牌; 二是以此为契机, 窥现代数学全豹之一斑, 进而登堂入室走进数学研究的殿堂. 举办者和倡导者多半是抱着后一个目的, 而参加者 (特别是中国的一些参赛者) 更多的则是为着前一个目的而来.

补救的办法之一就是少讲技巧多讲背景, 使选手被现代数学理论的优美所吸引, 而不是仅仅停留在掌握某个具体解题技巧的沾沾自喜的阶段.

本书所做的正是这样一种尝试. 从一道 IMO 试题出发, 从历史及近况展开对代数几何这一现代数学的主流分支的介绍. 代数几何其实有着非常具体和直观的来源. 初中生都用过消元法来解多元多项式方程组, 这其实是一套显式算法程序, 数学家 Sylvester, Kronecker, Mertens, König, Hurwitz 等人将其发展成一套庞大的理论. 以至于在数学家中有这样的看法:消去理论是可以用严格的和构造的方式处理大部分代数几何的问题的. 而在消去法中 Bézout 定理扮演了重要角色.

但令人遗憾的是法国的 Bourbaki 学派渐成主流. "在其影响下,搞臭消去法竟然变成时髦的玩意儿" (S. S. Abhy ankar 语). Weil 也指出:"采用 C. Chevalley 的《Princeton 讲义》中的策略,可以指望最终能从代数几何中把消去理论的最后残迹抹掉."

代数几何的发展在亚洲国家中,日本是一个重镇,中国则还有些差距.

日本的代数学家高木贞治、小平邦彦、广中平佑、森重文等先后获 Fields 奖或 Wolf 奖. 后三位都是代数几何专家,而我国在国际上对代数几何的重要贡献目前仅周炜良等人. 代数几何是 Fields 奖比较集中的领域之一. 青岛大学教授徐克舰对此有一番高论. 在 2015 年 8 月笔者应邀参加了《数学文化》编委会在威海举办的会议,其间新任山东大学副校长的刘建亚教授对徐教授赞赏有加,故笔者找到其文章细读发现确实有创见. 虽然他人已退休,但仍文风锐利. 但由于《数学文化》是以香港的刊号进入到内地的,现行的出版法规并没有明文规定其合法性,所以尽管受到广大数学爱好者的追捧,但由于分销渠道的限制远未普及. 好文共赏,故在此摘录一部分供读者品读.

我们不妨来看看,数学中哪些研究方向获得 Fields 奖的概率要大一些.

截止到 2014 年,共有 57 位 Fields 奖获得者,其中数论方面的获奖者有 11 位(包

660

括算术代数几何），代数几何方面有 7 位，与代数拓扑、微分拓扑和微分几何相关的总共有 14 位，与分析、方程、动力系统相关的有 15 位，纯代数有 2 位，与代数相关的（李群与代数 K - 理论）有 3 位．与数论和代数几何相比，分析和代数都属于比较宽泛也比较大的领域，其中有许多研究分支，但是古典分析和纯代数方面的获奖者却并不多．应当指出，Fields 奖的评选似乎并不尊崇各研究领域方向平等的原则，因为事实是，有许多研究方向，从未有过获奖者．看来，相对获奖比较集中的研究方向是：数论、代数几何以及代数拓扑、微分拓扑、微分几何．所有与代数相关的方向（代数几何、群论、李群、代数 K - 理论）共有 12 位获奖者，如果再加上算术代数几何的获奖者，那就更多．基本上在与代数相关的研究方向中获奖最多的方向是代数几何．人们会问：国内的数学研究特别是与代数相关的研究主要集中在哪些方面？

首先，不妨让我们讨论得更具体一点，即看一看国内与代数相关的方向的研究状况．要了解这方面研究的大致状况，特别是了解平均水平，目前比较通用的办法就是看看在杂志上发表论文的情况．为了尽可能减少个人偏好的影响，我们不妨用数据说话．我们选择如下六个杂志，来考察一下：

A. Communication in Algebra

B. Journal of Algebra

C. Journal of *K*-Theory（2008 年以前为 *K*-Theory）

D. Journal of Algebraic Geometry

E. Inventiones Math

F. Annals of Mathematics

这六个杂志的水平质量基本上是依次上升的,其中杂志 A 水平比较低,B,C 属于中等水平,D 属于比较好的杂志,而 E,F 则是目前数学界公认的最顶尖的数学杂志. 英国数学家怀尔斯的震惊世界的 Fermat 大定理的证明就是发表在杂志 F 上,而 Lafforgue（拉福格）关于函数域的朗兰兹纲领的相关文章则发表在杂志 E 上. 杂志 A,B 主要发表群论、环论、模论、代数表示论、范畴等各种代数文章,杂志 C 主要发表代数 K - 理论、拓扑 K - 理论、算子代数 K - 理论、代数同伦等文章,杂志 D 主要发表代数几何文章,而杂志 E,F 则是数学综合期刊,主要发表基础数学的各种文章. 因此,这六个杂志的发表文章情况大致上能反映出一个国家的代数研究的整体状况,而在杂志 E,F 上发表文章的情况则基本上反映了一个国家的数学研究的水平.

表 1 是国人（不包括我国的台湾、香港、澳门地区）在这六个杂志上发表文章的统计.

662

表1

杂志	时间	发表论文篇数	与代数相关的文章
A	2001～2011	531	
B	2001～2011	349	
C	2002～2012	6	
D	2002～2012	3	
E	2003～2013	22	代数几何4篇,算术代数几何1篇
F	2003～2013	7	代数几何1篇,李群表示1篇

为了能更好地把握这些数据的客观性,我们需要有一个参照系.日本是代数几何强国,共产生过3个代数几何方面的Fields奖.现在,我们将日本在同一时期,在杂志C,D,E,F上刊出的文章统计如表2.

表2

杂志	时间	发表论文篇数	与代数相关的文章
C	2002～2012	13	
D	2002～2012	36	
E	2003～2013	36	代数几何9篇,算术代数几何5篇,代数 K – 理论2篇,代数6篇
F	2003～2013	17	代数几何7篇,算术代数几何2篇,代数4篇

从上述统计数据来看,两国在杂志 E,F 上的发文数量,差距较大,说明两国数学的整体水平有一定的差距. 在杂志 E,F 上的发文数量比是 29:53,其中代数几何文章的发文数量比是 5:16;与代数相关的文章的发文数量比是 7:35.

日本人在杂志 A,B 上的文章刊出情况,笔者没统计过,但是,杂志 A 上日本人的文章明显不是很多,这也说明,杂志 A 上的文章在日本不那么有市场.

总之,从这些简单的数据可以粗略地看出:

(1)中日代数的整体水平有些差距.

(2)中日代数几何的整体水平和普及程度相差略大.

(3)国内代数研究的力量主要集中在代数几何以外的领域.

对于我们来说,在高水平的杂志上的发文量显然是少了. 如果再考虑到人口因素,那么与日本的差距就有些明显. 实际上,在上述杂志 E,F 的数据统计过程中,我们发现,其中地道的"国产"作者很少,也就是说,有相当数量的文章是海外华人在国内兼职的挂名作品,文中标注双重地址,工作是在海外的学术环境中做出来的. 而日本人的文章双重地址相对较少. 其次,这其中可以说大部分作者特别是代数几何文章的作者都是在海外拿的博士,有的甚至是刚从国外回来没几年. 其实, 不仅代数领域如此, 整个数学的研究状况也大致差不多.

据统计, 在 2001~2011 这十年中, SCI 收录至少有一位中国学者(不包括我国的台湾、香港、澳门地区)发表的数学论文为 59 080 篇. 发文量最多的前 100 个期刊中大部分期刊水平不高, 这 100 个期刊发文总量为 44 634 篇, 占总发文量的 75.55%. 在这 100 个期刊中发文量最低的杂志是十年发表 133 篇. 这说明, 在 100 开外的那些比较好的数学杂志上, 我们国家的学者平均每年发不了几篇. 发文最多的前十个杂志的发文量总和是 17 927, 约占总发文量的 30%. 在这前十个杂志中, 有 4 个是国内的, 6 个是国外的. 国人的文章由于语言等原因, 许多都发在国内杂志上, 这一点可以理解, 但是, 发文最多的前四个杂志却都是国外的, 发文量分别是:

Applied mathematics and computations 3 370篇

Journal of Analysis and Applications 2 697篇

Nonlinear Analysis：Theory. Method& Applications 2 025篇

Chaos. Solitons&Fractals 2 001篇

这四个杂志上的发文总和为 10 093 篇, 约占国人十年来发文总量的 17%.

这些数据告诉我们：国人数学研究整

665

体实力离着拿 Fields 奖似乎还有着一段距离.

　其实,重要的并不只是能不能拿 Fields 奖,还在于如何提高国人的整体数学水平,在于我们能不能自己培养出能拿 Fields 奖的人才来.这些数据与我们的预期和自信心自然不符.人们不禁要追问:这样的局面是怎么造成的? 从宏观层面来说,答案不是线性的,有着多方面的甚至深层的历史原因.让我们暂且避开考据历史原因,在更为现实可操作的层面上进行一些思考.

　对科学研究影响最大的莫过于科研评价体系.因为这与研究者的职称、待遇和荣誉直接相关.目前,我国的各种评价体系繁多,但是总的来说,大同小异,本质上是类似的,基本上,都是以 SCI 论文检索及其影响因子为主导的评价体系.这种科研评价体系引导了整个科学研究风气的走向.

　用基于 SCI 检索体系的评价方法来了解一个大群体的平均科研水平或大致科研状况,是有一定道理的,但是,如果将这种更适用于大群体的科研评价方法,应用到个体研究者的评价上,不仅过于粗糙,而且也显得不够严肃,这势必会影响被评价群体的走向.

　实际上,SCI 检索体系显示的是一种与具体内容无关的纯数量关系,它并不具有把两篇发表在影响因子相同的杂志上并且引用率也相同的文章区别开来的功能,也就是说,两篇文章无论内容质量有多大差距,只要杂志的影响因子相同引用率也相同,就被认为是一样的.一个杂志的影响因子与该杂志上刊出的文章的引用率有关.但是明白人都知道,被上述杂志 E,F 引用一次和被杂志 A 引用一次,意义是大不一样的.因此,由于 SCI 检索体系的这种内在的纯数量性质决定,一旦进入这种评价体系,必然导致数篇数的风气.因为,一方面,在这种评价体系下,既然 1 页纸的文章和 10 页纸、100 页纸的文章都算是一篇文章、那么,为了增加 SCI 文章的数量,一篇长文往往会被拆开发表.因此,我们会发现,国人的数学文章好多都普遍偏短,经常是一个定理一篇文章,一篇文章一个定理,少有长篇巨制(研究表明,长文相对更具有影响力).另一方面,国内的许多评价体系都具有累加换算功能,譬如,多少篇影响因子低的杂志的文章能换算成一篇影响因子高的杂志的文章等.这进一步加剧了数篇数的风气.有道是,好文章难写,灌水的文章易出.于是,一些人便涌向数量,勤于灌溉.结果是,文章一篇篇洋洋洒洒,在申请基金或交差各种项目时,一列一大片.

问题的严重性还在于,数篇数的风气将一些人引向那些易写文章的领域,像代数几何这种难出文章的高难度研究领域,自然少有人问津. 这说明了为什么这么多年过去了, 国内的代数几何领域, 与其他人多势众的庞大领域如群论、李代数、代数表示论、环模、半群等相比, 至今依然属于"少数".

另外, 在这种评价体系中, 除了 SCI 检索外, 最重要的指标是影响因子(因为文章的引用率毕竟是文章刊出以后的事情, 在投稿前是未知的). 目前, 在这种科研评价体系的驱使下, 一些人对于影响因子已经痴迷到了一定程度, 似乎已经忘记了学科之间的差异特点, 更忘记了影响因子是可以人为操纵的. 关于这一点, 美国工业与应用数学学会前主席 Arnold(阿诺德)教授对影响因子操纵机理为我们做了绝好的剖析①, 笔者强烈推荐大家细读 Arnold 教授的这篇文章. 由此, 我们就不难理解, 为了提高文章的影响因子, 许多人甚至会不惜花重金(有的版面费每篇高达 1 200 美元)把文章投向影响因子挺高但却质量低劣的杂志上.

这种评价体系必然在实践层面上导致个别荒唐的事情出现. 就以国内某所大学为例, 该大学的科研评价体系是目前国内大学的科研评价体系的范例. 如果说在同一个研究领域里, SCI 影响因子尚有一定的参考价值的

① Douglas N. Arnold, 诚信的危机:学术出版的现状, 数学文化, 第 1 卷第 1 期, 85-91(2010).

话,那么该校颇感得意的创新之处在于,提出了更简单更省事的办法:干脆在不同专业行当之间实行统一的 SCI 影响因子计算标准. 众所周知,数学的 SCI 影响因子相对很低,而物理、化学、特别是生物和医学的影响因子相对较高. 按说 Acta Mathematica Sinica 的质量绝不低于甚至高于 Chinese Physics 的质量,但是按照该校的科研业绩评价体系计算,后者的分值却比前者的分值高出一倍还多. 最让人吃惊的是,按照该校的评价标准,学术诚信备受质疑的杂志 Chaos. Solitons&Fractals (影响因子曾经一度高达 3.4) 的分值竟高于世界上最顶尖的数学杂志 Annals of Mathematics 的分值. 更为奇怪的是,由于该校的评价体系与教授们心目中的评价标准相差太大,致使该校有许多特聘教授不是教授. 原因是,特聘教授是按照学校的科研评价体系评出来的,而教授则是由每个学院的教授们用内心的标准评出来的. 该校的特聘教授制度,像评年度先进模范一样,根据每年的业绩,一年一评. 如果今年是特聘教授,很可能明年就不是了,后来可能又是了,再后来可能又不是了. 这种"是"与"不是"的波动把短期效益的极大化推向了极致,同时,也掏空了人们对科学研究事业的情感.

总之,我们现行的科研评价体系鼓励的是研究成果数量,掣肘科学研究的质量,所以难以产生重大成果.

　　问题是,为什么要使用这种科研评价体系呢?

　　遗憾的是,这种科研评价体系所引导的学术研究的风气走向影响着我们对于尖端人才的培养,影响着为获 Fields 奖所必需的基础性建设,最终也影响着我们实现"Nobel(诺贝尔)奖的梦想"或"Fields 奖的梦想".

我们还是仅以代数几何为例.代数几何概念多,理论体系庞大,综合性强.要学习这一数学分支,需要读很多书,做较长时间的准备.标准的代数几何教材 *Algebraic Geometry*(R. Hartshorne 著),即便是由 Hartshorne 本人来教,也需要 5 个"Quarter".这还不算必备的前期课程.但是,我们的学术环境从多个方面来看都不利于这方面人才的培养和成长.

首先,从本科数学课程的设置来看,目前在大多数学校(在一些比较好的大学里,情况能好一些),开设的数学课程都比较陈旧.这集中体现在,本科数学课程中传统的分析课程过多,代数课程又明显太少.实际上,随着现代计算机科学的发展,由于计算机的性质决定,需要更多的是诸如"近世代数""数论"等这样的离散性质的数学.但是,目前大部分学校,在学完"高等代数"以后,只开设约每周三四个课时的"近世代数"课程,介绍一下群、环、域的基本概念和最基本的结果,就完事了.有的学校甚至到三年级以后才开设"近世代数"课程.这种状况既不能适应现代计算机的高速发展,也不能适应代数几何等数学分支学习的需求.对于一个打算学习代数几何的学生来说,如果在本科阶段不做一些准备,等到研究生阶段才从头开始,就目前国内研究生的学制来说,学习是很艰难的.实际上,就笔者所知,有些本科阶段学习成绩不错的学生,从硕士阶段开始学习代数几何,结果到硕士毕业时,却转行了,甚至放弃了数学.这其中的原因之一就是,本科阶段准备不足,起步太晚,致使自信心受到伤害.

硕士阶段的学习也同样存在着很大的问题.实际上,虽然国际上有许多优秀的代数几何教材,但是,那都是按照国外的教育体制来编写的,更多是适应国外的学习环境.国外大都是硕博连读,硕士没有必须发表文章的压力,所以时间上相对比较从容.而国内的情况却有很大的不同.硕士三年,不仅要学习许多数学以外的东西,而且大部分学校都要求写硕士论文,有许多学校甚至要求硕士毕业前必须发表一篇论文,这就使得学习时间相对较紧.在一般情况下,很难拿出太多时间去攻读像 Hartshorne 的 *Algebraic Geometry* 这样的大部头著作.在 2015 年暑期,笔者在北京航空航天大学出版社办的书店中看到了几本翻印的大字本的 Hartshorne 的《代数几何》,是毕业生毕业前处理的.笔者逐本翻了一下,发现每本书都认真地学了几十页(绝不到 100 页),这就是现实.另外,在国外,虽然专攻代数几何的人可能并不像想象的那么多,但是懂代数几何,能教代数几何的人却很多,也就是说,作为基础知识,代数几何还是有着相当的普及度的.而国内的情况却完全不同,许多喜欢代数几何的学生处于自学状态,这影响了这方面人才的产出量.代数几何是基础性的也是根本性的学科,其影响已渗透到许多其他数学领域.可以说,一个国家的代数几何研究水平基本上决定了这个国家的代数学的研究水平,当然,也影响着拿 Fields 奖.

造成这种局面的重要原因就是我们的科研评价体系.实际上,在这样的评价体系的指挥下,从教学的角度来讲,很少有人愿意花费巨大精力去开设像代数几何这样难度大、周期长的出力不讨好的课程,这就是为什么很少有学校能开出代数几何课程来,为什么国内至今也没有一本适合国情的代数几何教材.从科研的角度,大部分教师都在拼命地追赶论文数量,不愿花大气力从事像代数几何这样难度较高的研究.因为,这通常意味着,要么许多年出不了成果,要么即使出了成果,但数量上也难以符合评价体系的要求.从培养学生的角度,老一代的老师懂代数几何的很少,而刚从国外回来的年轻一代老师,大都面临各种考评,不得不忙于多写文章,申请和交差各种基金,以应付由考评带来的工资、住房等生活压力.但是,国内的环境不比国外,信息量大不一样,在这样一个环境里,如果导师在学生身上不投入相当的精力,即使原本是一个很优秀的学生,也难以成长起来.

所谓的人生来平等,并不是智力意义上的平等.鼓励每个人都去拿 Nobel 奖、Fields 奖,并不现实.人和人之间的资质还是有差别的.一个普通资质的人和一个天才一起学习竞争,未必就是一种理智的选择,而且用培养普通人的方式去培养天才也未必就是平等合理.事实上,许多表面上看起来的平等合理正是一些最根深蒂固的不合理的根源.

美国既是 Nobel 奖大国,也是 Fields 奖大国.让我们来看看美国是怎么做的. 张英伯[①]详谈了美国的英才教育, 特别是美国中学教育的分流培养. "美国一向尊重个体, 体现在教育上, 就是因材施教. 所以虽然各州的课标法规有诸多不同, 却有一个共同的特点: 因材施教, 突出英才. ……各个学校中把 5% 的天才学生划分出来, 天才学生从小学到大学都有特殊的教育方法. ……学校对数学等单科成绩比较突出的少数学生提供特殊辅导, 在某中学有一位数学成绩优异的学生, 每当上数学课的时候, 学校都会派校车送她到附近的一所大学, 由学校为她聘请的一位教授专门授课." 在弗吉尼亚州 Fairfax 郡的全美闻名的杰费逊科技高中, "学校提供十分优越的实验条件和学习环境, 学生可修习附近大学的课程, 进行一些相当于博士或硕士研究生水平的研究." 张英伯指出: "在 5% 的英才之外, 美国的教育"失败"了. 但是这成功的 5%, 支撑了美国经济 50 余年在世界上的长盛不衰."

法国也是 Fields 奖大国, 产生过 11 个 Fields 奖. 让我们再来看看法国是怎么做的. 实际上, 当今的法国高等教育为学生提供了两条并行的学习途径: 一条途径是大学制, 和其他各国的大学制相同, 学生取得了高中会考的合格文凭之后, 可以直接进入大学学习, 无须经过选拔考试, 这使得大多数高中毕业生能够获得进一步学习的机会, 属于大众教育. 另一种途径是重点高等专科学校制, 进入这种重点高等专科学校必须经过严格的考试选拔. 这其中最著名的就是创办于 1795 年

---

① 张英伯, 发达国家数学英才教育的启示, 数学文化, 第 1 卷第 1 期, 60-64 (2010).

的巴黎高等师范学院.该校在招生方面严格要求学生具有优异的成绩和鲜明的特长.一位巴黎高等师范学院毕业的法国数学家曾经告诉笔者,该校数学系每年招人很少,通常要经过数学竞赛式的选拔才能入学,入学试题非常之难.巴黎高等师范学院入学以后,学习的课程也比普通大学要难得多.譬如,法国数学大师 Serre(塞尔)写的名著《数论教程》,在国内属于硕士研究生教材,而在巴黎高等师范学院却只是本科二年级的课程讲义.巴黎高等师范学院部门院系精简、学生数量较少,学生有较多机会直接接触、参与最前沿的科学研究工作.同时,巴黎高等师范学院拥有一支学识渊博的师资队伍,其中包括法国国内诸多知名学者.

巴黎高等师范学院有着成功的办学历史,在既往的岁月中,诞生了无数的科学和人文艺术领域的天才和大师.曾经培养出开创生物学新纪元的亚雷斯和巴斯德,开创现代数学新纪元的数学天才 Galois,存在主义先锋萨特和生命哲学家亨利·柏格森,培养了现当代西方思想文化界的巨擘雷蒙·阿隆、马克·布洛克、皮埃尔·布尔迪厄、梅格·庞蒂、米歇尔·福柯、雅克·德里达等,还培养出了 11 位 Nobel 奖得主.很耀眼的是,巴黎高等师范学院培养出了 10 位 Fields 奖得主,这使得巴黎高等师范学院成为全世界获得此奖最多的大学.巴黎高等师范学院的成功最终归功于它的办学理念:"旨在通过在科技、文化方面高质量的教学,培养出一批有能力从事基础科学和应用科学研究,从事高校教育、科研培训或中学教育的优秀学生.更广意义上讲,也培养一定数量的有能力服务于国家行政机关、社会团体、公共事业机构和公私营企业的优秀学生."一句话,巴黎高等师范学院培养的是英才,而不是普通人才.实际上,巴黎高等师范学院的办学理念体现了一种真正意义上的平等合理.

美国和法国的英才教育特别是法国巴黎高等师范学院成功的经验给予我们的启示在于,应该用精英教育而不是大众教育的人才培养方式去培养冲击 Nobel 奖的英才,也就是说,不仅应当关注重金支持冲击 Nobel 奖的人才,更应该关注 Nobel 奖人才的培养机制,关注 Nobel 奖人才是怎么培养出的,这才是长久之计.

本书以大量篇幅讲述了代数几何的发展及国内外技术对代数几何做出过卓越贡献的数学大家.上海科学技术出版社的田廷彦是笔者多年的挚友,他也热衷于数学文化的传播.其责编的《数学与人类思维》一书中作者 Grothendieck(一位伟大的代数几何学家)昔日的同事大卫·吕埃勒关于代数几何与算术一览一章中,将代数几何、Bézout 定理及格氏风格讲得最为透彻.我们摘录一段:

> 如果要评选出 20 世纪最伟大的 10 位数学家,Hilbert 一定榜上有名.或许有的人还会列出 Gödel(哥德尔)(但也许他更应该算作逻辑学家而不是数学家)和 Poincaré(也许他更应该算作 19 世纪的数学家)的名字.除了这两三位公认的伟大人物之外,对于其他人的评选则是困难的,不同的数学家可能会列出不同的名单.我们离 20 世纪太近了,以至于不能做出一个令人满意的评价.有时,某位数学家证明了一个困难

的定理而获得一个重要奖项,但几年之后却淡出了历史舞台.而有时回头看某个数学家的工作,会发现它已经改变了整个数学的发展历程,于是他将作为一位最伟大的科学家名垂青史.而今,有一个人的名字绝对不会被忘却,他就是 Grothendieck.他是我在法国高等科学研究所(IHÉS)的同事.尽管我和他并不很熟,我们还是被一起卷入到一系列的风波中,这些风波最终导致他离开了 IHÉS,被整个数学界排斥在外.他放逐了自己.有人认为,他排斥法国数学界的故交,他们也排斥了他.这种相互之间的排斥究竟是怎么形成的,我将在之后叙述.

在此之前,我想谈谈 Grothendieck 所做的数学,最宏伟的法语数学巨著——几千页的《代数几何原理》(*Éléments de géométrie algébrique*) 和《代数几何研讨班讲义》(*Séminaire de géométrie algébrique*). Grothendieck 的数学生涯始于对分析学的研究,他对此也做出了有长久影响的贡献.不过他最辉煌的成就是在代数几何学方面.虽然他取得的成就专业性极强,但门外汉亦可领略其壮美——因为它过于宏伟,宛如一座雄峰,不必攀登,遥遥望去即可让人顿时肃然起敬.

我们知道,代数几何最初是用代数方程来描述平面上的几何曲线的,我们可以

676

将一条曲线记为

$$p(x,y)=0$$

曲线上的一个点 P 的坐标为 (x,y)，在之前我们考虑的例子中，坐标满足如下的方程 $x^2+y^2-1=0$（圆）或 $x-y=0$（直线）。现在，不考虑某种具体的表达式，而假设 $p(x,y)$ 为一般的多项式，也就是若干项 ax^ky^l 的和的形式。这里的 x^k 表示 x 的 k 次幂，y^l 表示 y 的 l 次幂，系数 a 是实数。如果 $k+l$（即单项式 ax^ky^l 的次数）只允许取 0 或 1，那么多项式 $p(x,y)$ 的形式为

$$p(x,y)=a+bx+cy$$

称作是一次多项式，此时由方程 $p(x,y)=0$ 所描述的曲线是一条直线。如果 $k+l$ 只允许取为 $0,1$ 或 2，那么多项式 $p(x,y)$ 的形式为

$$p(x,y)=a+bx+cy+dx^2+exy+fy^2$$

它在几何上对应着一条圆锥曲线。圆锥曲线（也称为圆锥截线）包括椭圆、双曲线和抛物线，曾被古希腊的几何学家［如 Apollonius（阿波罗尼斯，约前 262—前 190）］详细研究过。

借助方程描述曲线有以下好处：利用多项式，你可以在几何与代数计算之间自由转换。注意到下面这个几何事实：通过平面上的 5 个点，可以唯一确定一条圆锥曲线。这个定理更加准确的表述如下：如果两条圆锥曲线有 5 个公共点，那它们就有无

穷多个公共点. 这一几何定理在某种程度
上比较难以理解, 但如果将其转化为多项
式方程解的性质, 现代数学家就会觉得非
常自然, 这是以 Bézout 命名的 Bézout 定理
的一个特例. 一般地, 我们可以说, 将几何
的语言和直觉与对方程的代数操作结合起
来, 是非常有益的.

　数学某一分支的发展方向常常是由该
分支研究对象本身所引导的, 它们好像在
告诉数学家: "看看这个, 如果那样定义, 那
么就可以获得更加优美、自然的理论." 对
于代数几何来说就是如此: 正是这门学科
本身让数学家明白应该如何去发展它. 例
如, 我们使用点 $P = (x, y)$, 其中坐标 x, y 都
是实数, 但如果允许它们是复数, 则某些定
理有更简单的表述. 因此, 经典的代数几何
主要使用复数而不是实数. 这意味着作一
条曲线, 除了实点以外, 还可以考虑复点;
而且引入无穷远点也是自然的(恰如在射
影几何中见到的那样). 当然, 你可能不仅
只想研究平面上的曲线, 还想研究 3 维或
更高维空间中的曲线或曲面. 这就迫使你
必须要考虑由多个方程(而不是单个方程)
所定义的代数簇. 代数簇可以用平面或更
高维空间中的方程来定义, 不过也可以忘
掉我们周围的空间, 在不参照所围绕的空
间的条件下研究代数簇. 这一思路是由 Ri-
emann 在 19 世纪开创的, 并引导他得到了

678

复代数曲线的一个内蕴理论.

代数几何就是研究代数簇,这是一个困难而专业化的课题,但仍然可能以一般的方式来概述这门学科的发展.

回到刚才的话题,我要解释一下代数几何中不仅仅考虑实数还引入复数的有趣之处.我们可以用通常的方式对两个实数作加减乘除四则运算(0 不可以做除数).用比较专业的术语表达就是:全体实数构成一个域,也就是实数域.类似地,全体复数构成复数域.当然还存在其他许多域,其中有一些域只包含有限多个元素,称为有限域.Weil 系统地发展了任意域上的代数几何.

为什么要从实数或复数扩展到任意的一个域呢? 为什么要强行地做一般化呢? 我用一个例子来作为回答:与其写出这样的式子 $2+3=3+2$ 或 $11+2=2+11$,数学家宁愿采用 $a+b=b+a$ 这种抽象表达.它同样简单,但更一般化,也更有用.将事物用一般化的形式适当表述出来是一门艺术.其好处是,可以获得一个更自然、更一般的理论;而且更重要的是,可以对某些在不那么一般的框架下无法回答的问题提供一个答案.

此刻,我想将话题从代数几何转移到一个看似完全不同的东西:算术(数论).算术所考虑的问题是,例如,寻找满足方程

$$x^2 + y^2 = z^2$$

的正整数解. 例如, $x = 3, y = 4, z = 5$ 是一个
解 (勾三股四弦五). 当然还有许多其他解,
古希腊人早就研究过这个问题. 如果我们
不考虑二次幂, 而是将幂次数 2 换成某个
大于 2 的整数 n, 还能找到正整数解吗?
Fermat 大定理宣称, 当 $n > 2$ 时, 方程

$$x^n + y^n = z^n$$

没有正整数解. 1637 年, Fermat 自认为找到
了这一论断 (后世所称的 Fermat 大定理) 的
证明, 但他很可能搞错了. 最终的证明由怀
尔斯得到, 发表于 1995 年. 整个证明过程
非常冗长而且困难, 甚至有的人会问, 花费
这么多精力去证明一个基本没有实际用途
的结果是否值得. 实际上, Fermat 大定理最
有意思的地方在于它虽然极难证明, 却能
很简单地表述出来. 不然的话, 它只能算作
20 世纪后半叶数论发展中的一个结论.

　　算术基本上是研究整数的, 其中的一
个核心问题就是寻求多项式方程 (例如
$p(x, y, z) = 0$, 这里可以取 $p(x, y, z) = x^n + y^n - z^n$) 的整数解 (即 x, y, z 都为整数). 这
么说来, 算术与代数几何是非常类似的: 算
术是求多项式方程的整数解, 而代数几何
是求多项式方程的复数解. 那么可否将两
者合二为一呢? 实际上, 这两门学科有很
大的差别, 因为整数的性质与复数的性质
极为不同. 例如, 设 $p(z)$ 为一个只含有变量

680

z 的复系数多项式,那么方程 $p(z)=0$ 必定存在复数解(这一事实以代数基本定理著称). 但是对于整系数多项式来说,就没有这样的定理($z^2=2$ 就没有整数解). 长话短说,将代数几何和算术结合在一起是可能的,但其代价是,要有更一般的基础性研究. 代数几何必须重新建立在一个更一般的基础上,而这一伟大的任务就是 Grothendieck 完成的.

当 Grothendieck 进入这一领域时,一个非常有影响力的思想已经引入了代数几何的研究中:代之以将代数簇想象为点的集合,我们着眼于在代数簇或其一部分上有"良好定义"的函数. 特别地,这些函数可以是多项式的商,但只在使得其分母不等于零的那一部分代数簇上有意义. 上述提到的好的函数可以相加、相减、相乘,而除法则一般是不允许的. 这些好的函数不构成一个域,而是构成一个环. 所有整数也构成一个环. Grothendieck 的想法是,从任意一个环出发,看看它能在多大程度上表现代数几何中好的函数构成的环的那些性质,然后考虑要引入哪些条件,才能让代数几何中的通常结果仍然成立,至少是部分成立.

Grothendieck 的计划建立在过于一般化的基础之上,宏伟而又艰难. 回顾起来,我们知道这一事业取得了极大的成功,不过想想当时推动这一计划实施和进展所需要的才智上的勇气和力量,还是让人望而却步.我们知道,20 世纪后半叶的一些最伟大的数学成就都是建立在 Grothendieck 的基础之上,Weil 猜想的证明以及对于算术的新理解,使得攻克 Fermat 大定理成为可能.Grothendieck 的思想影响了其他许多人的工作,即使在他离开数学界之后也是如此.在下一章中我会详细描述到底发生了什么.不过至少有这样一部分原因:Grothendieck 的激情在于发展新的思想,揭示出数学中宏伟壮阔的前景.为了完成这一目标,聪慧的才智与勇往直前的魄力是不可或缺的.不过智慧绝对不是他的目标.有人或许会觉得遗憾,在他离开时,留下了一个未完成的构造,但 Grothendieck 对填充细节并没有兴趣.我们最大的损失不在于此,如果 Grothendieck 没有放弃数学或者说数学没有放弃他,他或许还能够开辟数学知识上的某些新的大道,然而这是我们永远也无法看到的了.

中国的现代化进程受法国影响很深.一百多年前的 1915 年 9 月 15 日《青年杂志》(《新青年》首期)创刊.在创刊号上,深受法国大革命影响的陈独秀发表创刊词"敬告青年",对青年提出六点要求:自由的而非奴隶的;进步的而非保守的;进取的而非退隐的;世界的而非锁国的;实利的而非虚文的;科学的而非想象的.他鲜明地提出:"国人而欲脱蒙昧时代,羞为浅化之民也,则急起直追,当以科学与人权并重."

此语虽说有一百多年了,但今天读起来仍有一定的现实意义.中国古语道:穷不离猪,富不离书,你信吗?反正我信.

刘培杰

2022 年 10 月 18 日

于哈工大